人気の講義

岡野の化学が初歩からしっかり身につく

無機化学・有機化学

岡野雅司
Okano Masashi

技術評論社

元素の周期表

周期＼族	1	2	3	4	5	6	7	8	9
1	1 H 1.0 水素								
2	3 Li 6.9 リチウム	4 Be 9.0 ベリリウム							
3	11 Na 23 ナトリウム	12 Mg 24 マグネシウム							
4	19 K 39 カリウム	20 Ca 40 カルシウム	21 Sc 45 スカンジウム	22 Ti 48 チタン	23 V 51 バナジウム	24 Cr 52 クロム	25 Mn 55 マンガン	26 Fe 56 鉄	27 Co 59 コバル
5	37 Rb 85.5 ルビジウム	38 Sr 88 ストロンチウム	39 Y 89 イットリウム	40 Zr 91 ジルコニウム	41 Nb 93 ニオブ	42 Mo 96 モリブデン	43 Tc (99) テクネチウム	44 Ru 101 ルテニウム	45 Rh 103 ロジウム
6	55 Cs 133 セシウム	56 Ba 137 バリウム	57～71 ランタノイド	72 Hf 178 ハフニウム	73 Ta 181 タンタル	74 W 184 タングステン	75 Re 186 レニウム	76 Os 190 オスミウム	77 Ir 192 イリジウ
7	87 Fr (223) フランシウム	88 Ra (226) ラジウム	89～103 アクチノイド	104 Rf (267) ラザホージウム	105 Db (268) ドブニウム	106 Sg (271) シーボーギウム	107 Bh (272) ボーリウム	108 Hs (277) ハッシウム	109 Mt (276) マイトネリウ
	アルカリ金属	アルカリ土類金属							

原子番号 — 1
元素記号 — H
原子量 — 1.0
元素名 — 水素

※ ▭ は遷移元素，その他は全て典型元素
※ ▭ で囲まれた部分は非金属元素，その他は全て金属元素

10	11	12	13	14	15	16	17	18
								2 He 4.0 ヘリウム
			5 B 11 ホウ素	6 C 12 炭素	7 N 14 窒素	8 O 16 酸素	9 F 19 フッ素	10 Ne 20 ネオン
			13 Al 27 アルミニウム	14 Si 28 ケイ素	15 P 31 リン	16 S 32 硫黄	17 Cl 35.5 塩素	18 Ar 40 アルゴン
8 Ni 59 ニッケル	29 Cu 63.5 銅	30 Zn 65.4 亜鉛	31 Ga 70 ガリウム	32 Ge 73 ゲルマニウム	33 As 75 ヒ素	34 Se 79 セレン	35 Br 80 臭素	36 Kr 84 クリプトン
Pd 106 ラジウム	47 Ag 108 銀	48 Cd 112 カドミウム	49 In 115 インジウム	50 Sn 119 スズ	51 Sb 122 アンチモン	52 Te 128 テルル	53 I 127 ヨウ素	54 Xe 131 キセノン
8 Pt 195 白金	79 Au 197 金	80 Hg 201 水銀	81 Tl 204 タリウム	82 Pb 207 鉛	83 Bi 209 ビスマス	84 Po (210) ポロニウム	85 At (210) アスタチン	86 Rn (222) ラドン
0 Ds (281) ームスタチウム	111 Rg (280) レントゲニウム	112 Cn (285) コペルニシウム	113 Nh (278) ニホニウム	114 Fl (289) フレロビウム	115 Mc (289) モスコビウム	116 Lv (293) リバモリウム	117 Ts (293) テネシン	118 Og (294) オガネソン

詳しいことがわからない元素

ハロゲン　貴ガス

（注）計算問題で原子量が必要な場合は，上の周期表の値を用いること。

無機化学・有機化学

CONTENTS

本書の見方

本書では4の講義で「無機化学」を，そして10の講義で「有機化学」を，どちらも基本から大学入試のやや応用レベルまでを学んでいきます。各講義では前半が導入の授業部分，後半が定着を図る演習問題で構成されています（例題も含め合計47問を用意）。授業は，初歩からしっかり身につくことができるように進めていきますので，化学が苦手だという人も，ムリなくムダなく力がついていくでしょう。

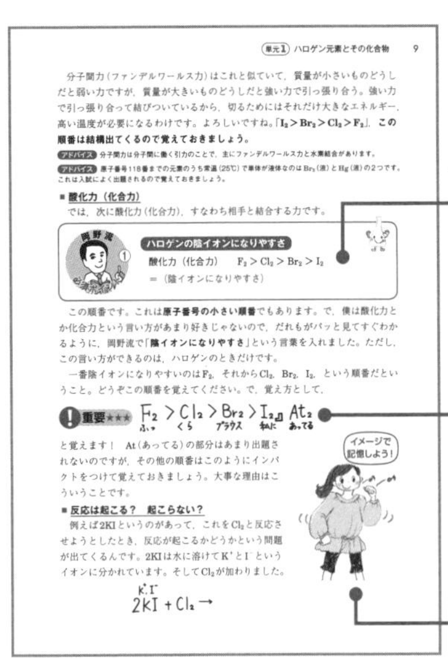

(単元1) ハロゲン元素とその化合物　9

分子間力（ファンデルワールス力）はこれと似ていて，質量が小さいものどうしだと弱い力ですが，質量が大きいものどうしだと強い力で引っ張り合う。強い力で引っ張り合って結びついているから，切るためにはそれだけ大きなエネルギー，高い温度が必要になるわけです。よろしいですね。「$I_2 > Br_2 > Cl_2 > F_2$」，**この順番は結構出てくるので覚えておきましょう。**

アドバイス　分子間力は分子間に働く引力のことで，主にファンデルワールス力と水素結合があります。

アドバイス　原子番号118番までの元素のうち常温（25℃）で単体が液体なのはBr_2（液）とHg（液）の2つです。これは入試によく出題されるので覚えておきましょう。

■ **酸化力（化合力）**

では，次に酸化力（化合力），すなわち相手と結合する力です。

岡野流① ハロゲンの陰イオンになりやすさ
酸化力（化合力）　$F_2 > Cl_2 > Br_2 > I_2$
＝（陰イオンになりやすさ）

この順番です。これは**原子番号の小さい順番**でもあります。で，僕は酸化力とか化合力という言い方があまり好きじゃないので，だれもがパッと見てすぐわかるように，岡野流で「**陰イオンになりやすさ**」という言葉を入れました。ただし，この言い方ができるのは，ハロゲンのときだけです。

一番陰イオンになりやすいのはF_2，それからCl_2，Br_2，I_2，という順番だということ。どうぞこの順番を覚えてください。で，覚え方として，

重要★★★　F_2（ふっ） > Cl_2（くら） > Br_2（ブラウス） > I_2（私に）』At_2（あってる）

と覚えます！　At（あってる）の部分はあまり出題されないのですが，その他の順番はこのようにインパクトをつけて覚えておきましょう。大事な理由はこういうことです。

イメージで記憶しよう！

■ **反応は起こる？　起こらない？**

例えば2KIというのがあって，これをCl_2と反応させようとしたとき，反応が起こるかどうかという問題が出てくるんです。2KIは水に溶けてK^+とI^-というイオンに分かれています。そしてCl_2が加わりました。

$$2KI + Cl_2 \rightarrow$$

岡野先生オリジナルの考え方，解き方です。岡野流でドンドン力がつく大事なポイントです。

重要★★★

ホントに重要なところに絞って，岡野流で取り上げています。絶対大事なところです。

イメージで記憶しよう！

化学の現象をイメージで記憶する秘伝の技です。

単元1 アルデヒドの性質　化学

1-1 アルデヒドの製法

ホルミル基を含む化合物はどのようにしてできるのでしょうか。1つは第7講でやったことです。**第一級アルコールを酸化するとアルデヒドができましたね。さらに酸化するとカルボン酸になるんでしたね**（→216ページ）。

あともう1つ。第6講に出てきましたね。**アセチレンに水を付加させてビニルアルコールができ，これが不安定でさらに変化が起こって，アセトアルデヒドになる反応**がありました（→185ページ）。これらはよく出題されるところです。さらにエチレンを酸化しても生成します。下のアドバイスを確認してください。

単元1 要点のまとめ①

- アルデヒドの製法
①第一級アルコールを酸化する。
②アセチレンに水を付加すると，アセトアルデヒドが生成する。
③エチレンに触媒を加えて酸化するとアセトアルデヒドが生成する。

アドバイス　エチレンC_2H_4に塩化パラジウム$PdCl_2$と塩化銅（Ⅱ）$CuCl_2$を触媒として加え，酸化するとアセトアルデヒドが生成されます。この触媒は軽く知っておけばいいです。

重要★★★　$2CH_2=CH_2 + O_2 \longrightarrow 2CH_3CHO$

1-2 アルデヒドの性質

■ **アルデヒドの検出反応**

ある化合物がホルミル基をもっているかどうかを調べる反応が2つあります。

1つは「**銀鏡反応**」。文字どおり銀の鏡をつくる反応なんです。もう1つは「**フェーリング反応**」。とりあえずこの2つはセットにして覚えておいてください。まずは，まとめておきます。

要点のまとめ

各単元の要点がシンプルにまとまっています。ここを見ることで要点がしっかり確認できます。

アドバイス

プラスαの知識や注意点など様々なアドバイスが書いてあります。

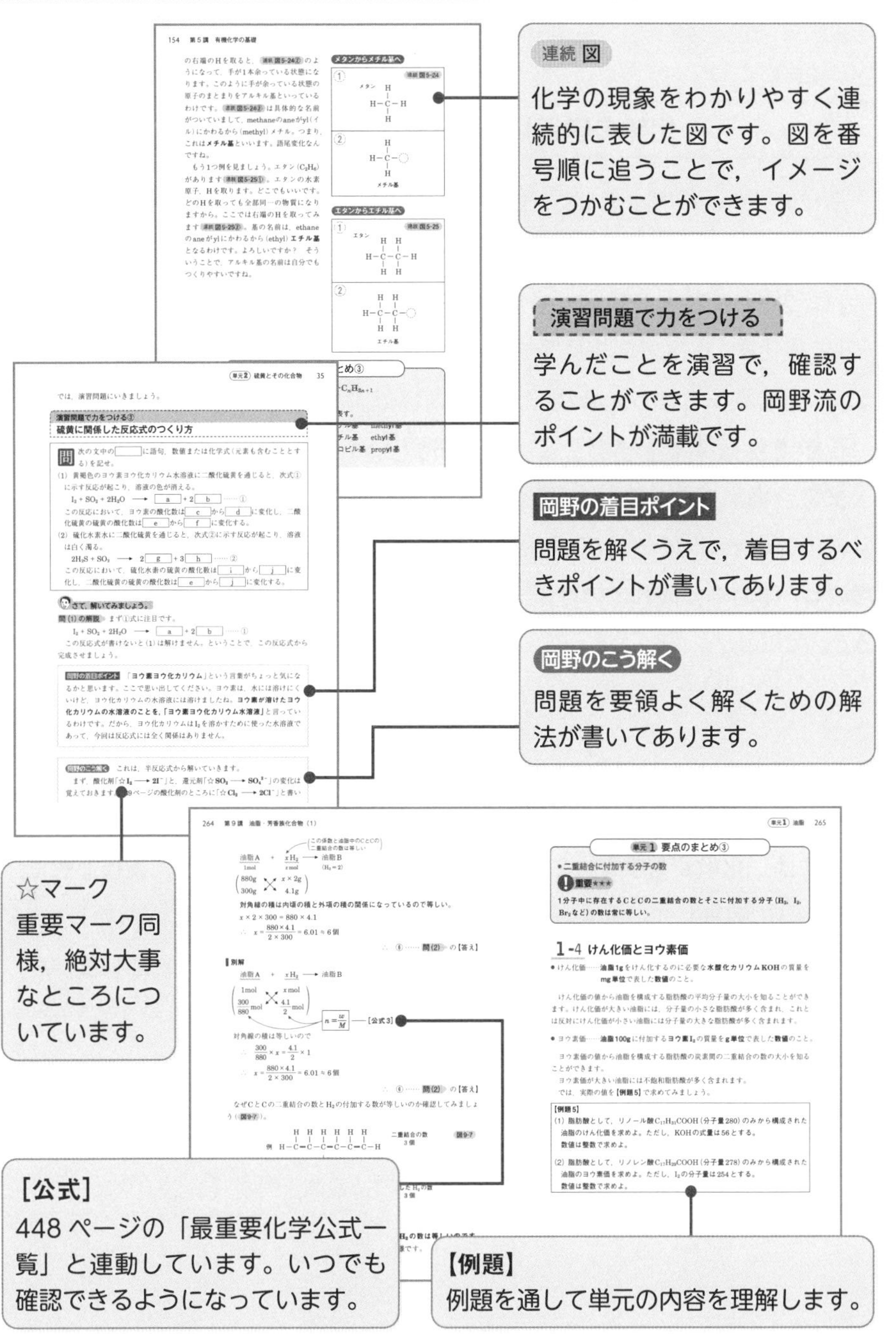
連続 図
化学の現象をわかりやすく連続的に表した図です。図を番号順に追うことで，イメージをつかむことができます。
演習問題で力をつける
学んだことを演習で，確認することができます。岡野流のポイントが満載です。
岡野の着目ポイント
問題を解くうえで，着目するべきポイントが書いてあります。
岡野のこう解く
問題を要領よく解くための解法が書いてあります。
☆マーク
重要マーク同様，絶対大事なところについています。
[公式]
448ページの「最重要化学公式一覧」と連動しています。いつでも確認できるようになっています。
【例題】
例題を通して単元の内容を理解します。

授業のはじめに

化学の学習は「バランスよく」が大事

高校の化学は「**理論化学**」,「**無機化学**」,「**有機化学**」の３分野から成り立っています。「理論化学」は計算が主な分野です。一方,「無機化学」と「有機化学」は理解して覚える内容が多い分野です。

「無機化学」は主に炭素原子を含まない物質を扱った内容であり,「有機化学」は炭素原子を含む化合物を扱った内容です。

化学を学習するときは，これら3分野をバランスよく勉強することで，入試の合格点である60 ～ 70点はもちろんのこと90点以上の高得点（共通テストであれば80 ～ 100点）を目指していきます。**きちんと整理しながら理解し，頭の中に入れていけば，化学がどんどん面白くなってくることでしょう。**

分かりやすい授業

本書は，**化学が苦手な人でも，初歩からしっかり学べるよう，講義形式で，ていねいに解説しています。**高校生はもちろん，卒業生のみなさんの「なぜ」「どうして」という疑問に，できるだけお答えしていけるように執筆しました。

本書「無機化学」「有機化学」の特徴

「無機化学」と「有機化学」は物質の性質，構造，製法などを理解する分野です。

本書で取り上げる内容は，無機分野では非金属元素と金属元素の全般，有機分野では基礎から始まり，異性体，炭化水素の分類，元素分析，酸素を含む脂肪族化合物，芳香族化合物，油脂，合成高分子，天然高分子，イオン交換樹脂，核酸などです。

これらの分野は，理論分野にくらべて暗記しなくてはいけない箇所も多く出てきます。とりわけ無機分野では，多く出てくると思ってください。有機分野は理屈がわかれば暗記は少なくてすみます。覚えるべき部分はゴロを交えてできるだけシンプルに説明していきますので，暗記が苦手な人でも大丈夫。私と一緒にがんばっていきましょう。

本書の執筆では，渡邉悦司・吉沢早織の両氏に，終始お世話になりました。感謝の意を表します。

2023年11月吉日　　岡野雅司

はじめまして，
私が化学の岡野です。
この授業は，化学が苦手な方でも，
次第に力がついてきますから，
どうぞがんばってついてきて
いただきたいと思います。

化学を学ぶ３つの目的

ところで，みなさんはなぜ化学を学びますか？　私は，化学には主に３つの目的があると思います。

目的その１　１つ目は「物質の中身を調べること」です。例えば，水は水素と酸素という原子からできているとか，食塩はナトリウムイオンと塩化物イオンからできているとかを調べることです（名称がよくわからないという方！　これから勉強していくので大丈夫ですよ）。あるいは汚染された河川の水質を調べることも，目的の１つです。

目的その２　２つ目は「物質がどのような反応を起こすかを調べたり，予測したりすること」です。過酸化水素水に酸化マンガン（Ⅳ）を加えると水と酸素を生じることとか，毎日の煮炊きに使うプロパンガスが燃えると，二酸化炭素と水を生じることとかを調べたり，予測したりすることです。後者の反応は実際に実験しなくても，実は予測ができるのです。

目的その３　３つ目は「量的な関係を計算により予測すること」です。例えばプロパンガス44gを燃やしてすべて反応し終えたとき，酸素が160g使われ，二酸化炭素は132g，水は72gを生じることが計算できます。このような予測も目的の１つなんですね。

いかがでしたか？　化学の目的というものが少しでもおわかりいただけましたか？　化学の目的がわかれば，化学を学ぶ意味が見えてきますね。

あせったり，不安にならなくても大丈夫です。では早速，やってまいりましょう。第１講は，「非金属元素（1）」というところです。さあ，私といっしょに，最後までがんばっていきましょう。

第 1 講

非金属元素（1）

単元 1　ハロゲン元素とその化合物　化学

単元 2　硫黄とその化合物　化学

第 1 講のポイント

今日からは無機化学の分野をやってまいります。化学でいう「**無機**」とは，一部の例外はありますが，「**炭素を含まない**」という意味です。この分野の勉強は，はっきり言って覚えることが中心ですが，僕が岡野流でポイントをまとめていきますから，理解しながら整理していけば大丈夫です。

ハロゲンや硫黄，それらの化合物の特徴は何か？　反応式は丸暗記ではなく，岡野流で自分でつくれるようになりましょう。

単元1 ハロゲン元素とその化合物

化学

1-1 非金属元素

では，さっそくやってまいりましょう。まずは非金属の無機物質です。

「金属か非金属か」というのは『**理論化学**』でやりましたね。1番～20番までの元素の中に金属元素は7個ありました（Li，Be，Na，Mg，Al，K，Ca）。非金属元素はそれ以外の13個です。見返しの周期表で確認しておきましょう。

1-2 ハロゲン元素

周期表の17族を見てください。17族の元素は「ハロゲン元素」とよばれます 図1-1。F（フッ素），Cl（塩素），Br（臭素），I（ヨウ素），At（アスタチン）ですが，アスタチンはまず入試に出ない。ということは最初の4つ，「フッ素，塩素，臭素，ヨウ素」をおさえておけばいい。

図1-1

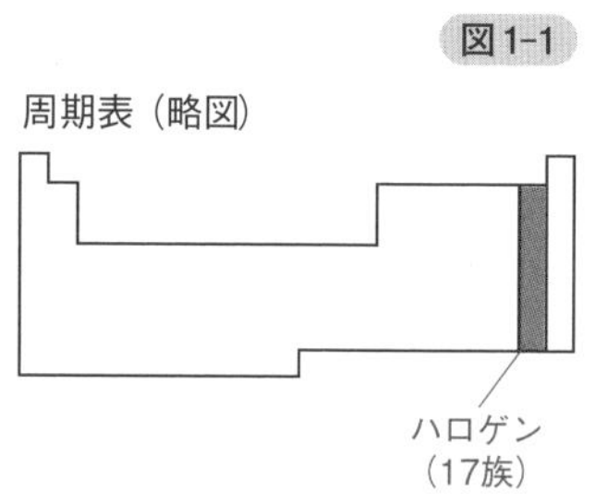

ではまず，ハロゲン単体の特徴を見ていきます。

■ 常温での状態と色

常温での状態ですが，**F_2は気体（淡黄色），Cl_2は気体（黄緑色），Br_2は液体（赤褐色），**それから**I_2が固体（黒紫色）**です。気体，気体，液体，固体というように，物質によって異なるわけです。**色もよく問われます。**

また，これはポイントですが，分子量が大きくなるにつれて，分子間力（ファンデルワールス力）が強くなり，沸点，融点が高くなります（沸点は沸騰する温度，融点は固体が液体になるときの温度）。では，ハロゲン単体を沸点，融点の高い順に並べると，

重要★★★ ㊓ $I_2 > Br_2 > Cl_2 > F_2$ ㊦

今，みなさん横に並んで座っているとします。お互い隣どうしの人と引っ張り合っているか？　って考えたときに，別にそんな力は感じられないですよね。ところが相手が地球であればどうか？　例えば2階の窓から外のほうに歩いていこうとすると，地面（地球）に引っ張られてドスンと落っこっちゃいますね。これは万有引力がはたらいているからなんです。

分子間力（ファンデルワールス力）はこれと似ていて，質量が小さいものどうしだと弱い力ですが，質量が大きいものどうしだと強い力で引っ張り合う。強い力で引っ張り合って結びついているから，切るためにはそれだけ大きなエネルギー，高い温度が必要になるわけです。よろしいですね。「**$I_2 > Br_2 > Cl_2 > F_2$**」，**この順番は結構出てくるので覚えておきましょう。**

アドバイス 分子間力は分子間に働く引力のことで，主にファンデルワールス力と水素結合があります。

アドバイス 原子番号118番までの元素のうち常温（25℃）で単体が液体なのはBr_2（液）とHg（液）の2つです。これは入試によく出題されるので覚えておきましょう。

■ 酸化力（化合力）

では，次に酸化力（化合力），すなわち相手と結合する力です。

ハロゲンの陰イオンになりやすさ

酸化力（化合力）　$F_2 > Cl_2 > Br_2 > I_2$

＝（陰イオンになりやすさ）

この順番です。これは**原子番号の小さい順番**でもあります。で，僕は酸化力とか化合力という言い方があまり好きじゃないので，だれもがパッと見てすぐわかるように，岡野流で「**陰イオンになりやすさ**」という言葉を入れました。ただし，この言い方ができるのは，ハロゲンのときだけです。

一番陰イオンになりやすいのはF_2，それからCl_2，Br_2，I_2，という順番だということ。どうぞこの順番を覚えてください。で，覚え方として，

重要★★★ F_2（ふっ） > Cl_2（くら） > Br_2（ブラウス） > I_2（私に）」 At_2（あってる）

と覚えます！　At（あってる）の部分はあまり出題されないのですが，その他の順番はこのようにインパクトをつけて覚えておきましょう。大事な理由はこういうことです。

■ 反応は起こる？　起こらない？

例えば2KIというのがあって，これをCl_2と反応させようとしたとき，反応が起こるかどうかという問題が出てくるんです。2KIは水に溶けてK^+とI^-というイオンに分かれています。そしてCl_2が加わりました。

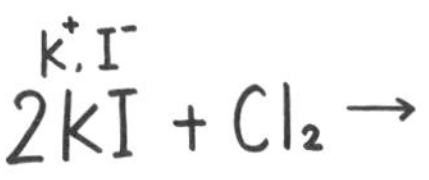

ちょっと見ていきましょう。まず，I_2とCl_2のどっちが陰イオンになりやすいか？　陰イオンになりやすいのはCl_2ですよね。**そのCl_2が陰イオンになってなくて，なりにくいほうのI_2が陰イオンI^-になってしまっている。だからこれは化学変化が起こらなくてはいけません。**

重要★★★　$\overset{K^+,I^-}{2KI} + Cl_2 \longrightarrow 2KCl + I_2$（赤褐色）

よろしいですね。次を見てみましょう。

$$\overset{K^+,Cl^-}{2KCl} + Br_2 \longrightarrow$$

2KClとBr_2の関係です。Cl_2とBr_2，どちらが陰イオンになりやすいかというと，Cl_2のほうが陰イオンになりやすいですね。**なりやすいほうが陰イオンCl^-になっていて，なりにくいBr_2がなっていない。だから，これで満足しているん**です。別に**変化を起こす必要はない**。よって，

重要★★　$\overset{K^+,Cl^-}{2KCl} + Br_2 \longrightarrow$ 反応は起こらない

陰イオンになりやすさを知っておけば，反応式を暗記する必要はありませんね。

■ **うがい薬の色**

さて，いつも質問されることがあります。さきほど「I_2（赤褐色）」と書きました。「あれっ，赤褐色はおかしいよ。I_2は黒紫色じゃないの？」とよく言われるんだけれども，黒紫色は固体の状態です。これは水溶液なんです。

のどがおかしくなったとき，色がついているうがい薬を使いますよね。あれは実はI_2の色なんです。固体では黒紫色だったのが，水に溶けて赤褐色になったのです。あれが原液の場合は濃い色でしょう。だから，この赤褐色というのは，水で薄めた水溶液の色だということで間違いじゃないんです。

■ **フッ素と水の反応**

では次にいきます。

重要★★★　$2F_2 + 2H_2O \longrightarrow 4HF + O_2\uparrow$

フッ素は水と激しく反応する。**これは入試でよく書かされる式**です。↑は気体が発生することを表す記号です。かならず付けなくてはいけないというわけではないのですが，わかりやすくするために，ここでは付けました。水素が発生するということはよくあるんだけれども，酸素が発生するのは大変珍しく，特徴的なんです。ですから，これは覚えてください。

■ **塩素は水に溶けて…**

重要★★★ $Cl_2 + H_2O \rightleftarrows HCl + HClO$

H^+, ClO^-（次亜塩素酸イオン）

この式も頻出です。塩素は水に溶け，塩化水素（HCl）と酸化力の強い次亜塩素酸（HClO）を生じる。ClO^-を「**次亜塩素酸イオン**」（巻末の「イオンの価数の一覧表」を参照）といいます。**この反応式も書けるようにしておきましょう。**ちなみに，「塩化水素」といいましたが，水に溶けているので「塩酸」でも構いません。また，Cl_2は一部だけが水に溶けるので，反応式の矢印は$\rightleftarrows$にする書き方が正式です。そして，ClO^-は強い酸化力をもっていて，HClOには**漂白作用，殺菌作用**があります。

■ **ヨウ素は水に溶けにくいが…**

ヨウ素（I_2）は本当に水に溶けない。だけど，ヨウ化カリウム（KI）溶液にはよく溶け，黄褐色の液体になります。**水には溶けないけれども，KI溶液には溶ける，この事実を知っておいてください。**

■ **ヨウ素はデンプンと反応して…**

ヨウ素はデンプンと反応して青紫（または青）色になります。「**ヨウ素デンプン反応**」といいます。ご飯粒をちょっと取ってきて，よくもんでうがい薬をたらしてやると，ちゃんと青紫色になります。

■ **臭素は水に少し溶けて…**

臭素（Br_2）に関しては入試にはそんなに出ませんが，軽めにおさえましょう。Br_2は水に少し溶け，臭素水になります。では，ここまでをまとめましょう。

単元1 要点のまとめ①

- **ハロゲン元素（17族）** F，Cl，Br，I，At（アスタチン）
- **ハロゲン単体**

①常温での状態と色

重要★★★

F_2	気体（淡黄色）	Cl_2	気体（黄緑色）
Br_2	液体（赤褐色）	I_2	固体（黒紫色）

分子量が大きくなるにつれて分子間力（ファンデルワールス力）が強くなり，沸点，融点は高くなる。

重要★★★ ㊫$I_2 > Br_2 > Cl_2 > F_2$㊦

②酸化力（化合力）

重要★★★ $F_2 > Cl_2 > Br_2 > I_2$ ＝（陰イオンになりやすさ）

重要★★★ 例：$2KI + Cl_2 \longrightarrow 2KCl + I_2$（赤褐色）

重要★★ $2KCl + Br_2 \longrightarrow$ 反応は起こらない。

③F_2は水と激しく反応する。

重要★★★ $2F_2 + 2H_2O \longrightarrow 4HF + O_2\uparrow$

④Cl_2は水に溶け，塩化水素と酸化力の強い次亜塩素酸を生じる。

重要★★★ $Cl_2 + H_2O \rightleftarrows HCl + HClO$

⑤I_2は水に溶けにくいが，KI溶液にはよく溶け，黄褐色の液体になる。

⑥I_2はデンプンと反応して，青紫（または青）色となる（ヨウ素デンプン反応）。

⑦Br_2は水に少し溶けて，臭素水となる。

1-3 ハロゲン化水素

今度は「ハロゲン化水素」です。これは水素との化合物で，HFとかHCl，HBr，HIです。これらは常温常圧（1.013×10^5Pa（パスカル），25℃）で，**すべて気体で無色です**。また，いずれも水に溶けやすく，水溶液は酸性です。覚えやすいですね。様々な状態，色のあったハロゲン単体とはきっちり区別しておきましょう。

■ 酸性の強さ

次に，ハロゲン化水素の水溶液について，酸性の強さを考えてみましょう。

重要★★★ HF ≪ HCl < HBr < HI
（HF：弱酸　HCl～HI：強酸）

HF（フッ化水素酸）だけが弱酸なんです。しかも，不等号2つでかなり弱い。HClからは強い酸で，HCl＜HBr＜HIと全部強酸なんです。でも驚きですよね。HCl（塩酸）は，すごく強い酸だって言うじゃないですか。だけど，それよりも，もっと強いのがHBr（臭化水素酸）で，さらにもっと強いのがHI（ヨウ化水素酸）なんです。ということで，この順番を覚えてください。

■ **沸点**

つづいて沸点について，高い順に並べてみます。

重要★★★ ㊂HF＞HI＞HBr＞HCl㊀

これは，**HFが水素結合という強い結合をもつため，最も沸点が高い。**その他は分子量が大きいほど高い。「単元1　要点のまとめ①」の「ハロゲン単体①」に，分子量と沸点の関係がありましたね。

本来は，分子量の大きい順に並べるとHI，HBr，HCl，HFとなりますが，HFが例外で水素結合をもつから，

HF＞HI＞HBr＞HCl (HF)

このように，一番前にHFが出ていったとイメージできれば，この順番は書けますね（水素結合については『化学基礎』第3講単元3または『理論化学』第0講単元9を参照）。

■ **フッ化水素はガラスを腐食する**

次も非常に重要な特徴です。

HF（フッ化水素）はガラスを腐食します。ガラスを侵すということ。これには2つの式があって，それでよく難しく感じられるんですね。要するに，HFとガラスの主成分であるSiO_2（二酸化ケイ素）との反応です。

「気体のとき」

重要★ $4HF + SiO_2 \longrightarrow SiF_4\uparrow + 2H_2O$ ……①

（HF：フッ化水素）

HFとSiO_2が反応して，SiF_4（四フッ化ケイ素）と水が生成されます。これは気体の場合なんです。つまり，ガラスに気体のHFを吹き込んだときに，反応を起こしてSiO_2が溶け，気体のSiF_4が水をともなって発生するんです。

ところが水溶液のHFになったら，次のように反応します。

「水溶液のとき」

重要★★★ $6HF + SiO_2 \longrightarrow H_2SiF_6 + 2H_2O$ ……②

（HF：フッ化水素酸）

水溶液になったHFは，「フッ化水素酸」といいます。①式の気体のHFはただのフッ化水素です。ちなみに，HClの場合，気体は塩化水素で，水溶液は塩酸と

いいました（『理論化学』第2講単元1を参照）。言葉がその都度，ちょっと変わってくるので注意しておきましょう。また，H_2SiF_6 はヘキサフルオロケイ酸といいますが，この名前は軽く覚えておけばいいです。

要するに，①式は気体状態で反応させた場合，②式はフッ化水素酸という水溶液の状態で溶かした場合。だから H_2SiF_6 という物質が水の中に溶けているということなんです。

では，②式は，①式とどこが違うか？　実は左辺に6倍のHFと書いたけれども，**①式に2個HFがさらに加わっていますね。**そこで，右辺にも2個HFを加えます。どこに加わるかというと SiF_4 に加わります。SiF_4 が H_2SiF_6 になります。あとは変わりません。

つまり　$4HF + SiO_2 \longrightarrow SiF_4 + 2H_2O$

（左辺に +2HF，右辺に +2HF）

$6HF + SiO_2 \longrightarrow H_2SiF_6 + 2H_2O$

①式さえ覚えておけば，②式は簡単につくれますね。

では，ハロゲン化水素について，まとめておきましょう。

単元1　要点のまとめ②

● ハロゲン化水素

①常温常圧ですべて気体で，無色である。

②酸性の強さ

重要★★★　$HF \ll HCl < HBr < HI$
（HF：弱酸，HCl・HBr・HI：強酸）

③沸点…**HFは水素結合をもつため最も高い。**その他は分子量が大きいほど高い。

重要★★★　(高) $HF > HI > HBr > HCl$ (低)

④HFはガラスを腐食する。

「気体のとき」

重要★　$\mathbf{4HF + SiO_2 \longrightarrow SiF_4\uparrow + 2H_2O}$
（HF：フッ化水素）

「水溶液のとき」

重要★★★　$\mathbf{6HF + SiO_2 \longrightarrow H_2SiF_6 + 2H_2O}$
（HF：フッ化水素酸，H_2SiF_6：ヘキサフルオロケイ酸）

1-4 水素との反応

次に，ハロゲンの単体が水素とどういうふうに反応するか。これもよく出るところです。最初にまとめておきます。

単元1 要点のまとめ③

● ハロゲン単体の水素との反応

① $F_2 + H_2 \longrightarrow 2HF$ 低温，暗所で爆発的に反応する。

重要★★★ **② $Cl_2 + H_2 \longrightarrow 2HCl$** 日光の直射で爆発的に反応する。

③ $Br_2 + H_2 \longrightarrow 2HBr$ 日光の直射で徐々に反応する。

④ $I_2 + H_2 \longrightarrow 2HI$ 高温，加熱で一部反応する。

さきほど，ハロゲン単体について原子番号の小さいものほど，化合力が強い(陰イオンになりやすい)と説明しました。水素との反応も，一番フッ素(F_2)が反応しやすい。①「低温，暗所で爆発的に反応」します。光が当たらず，冷たいところでも爆発的に反応します。

②が最もよく出題されます。塩素(Cl_2)の場合は，②「日光の直射で爆発的に反応」します。光を当てたとき，はじめて爆発的に反応するのは塩素なんです。4つの物質を区別するポイントとして，「**光を当てると**」と書かれたときには，「**塩素のことを言っているぞ**」と判断するわけです。

③は軽く触れておきます。臭素(Br_2)の場合は，③「日光の直射で徐々に反応」する。ヨウ素(I_2)は，④「高温，加熱で一部反応」です。反応性がだんだん弱くなっているのがわかりますね。

1-5 ハロゲン化物

最後に，ハロゲンの化合物について見ていきましょう。

■ ハロゲン化銀

ハロゲン化物イオンはF^-，Cl^-，Br^-，I^-といった具合に，全部－1価のイオンです。これらが銀イオン(Ag^+)と結びつきます。

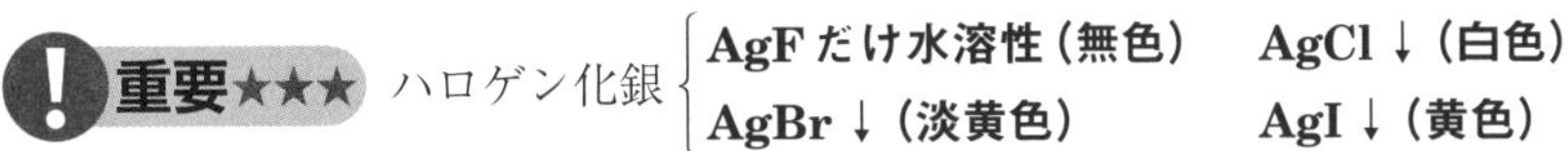

↓は沈殿という意味で，これらは全部大事です。AgFだけが水に溶けます。その他，**AgCl（白色）**，**AgBr（淡黄色）**，**AgI（黄色）**はほとんど溶けません。どうぞ色と合わせて覚えてください。AgClから順に**白いものがだんだん黄ばんできて最後にまっ黄色になるというイメージです。**

■ **水には溶けないけれど**

AgCl，AgBr，AgIは水には溶けないけれども，$Na_2S_2O_3$（チオ硫酸ナトリウム）溶液や，KCN（シアン化カリウム）溶液には溶けます。AgClと$Na_2S_2O_3$との反応の場合，

重要★★　$AgCl + 2Na_2S_2O_3 \longrightarrow [Ag(S_2O_3)_2]^{3-} + 4Na^+ + Cl^-$

（$Na_2S_2O_3$：チオ硫酸ナトリウム，$[Ag(S_2O_3)_2]^{3-}$：ビス（チオスルファト）銀（I）酸イオン）

となります。この反応式は，難問として入試で書かされることがあります。ビス（チオスルファト）銀（I）酸イオンという少し見慣れないイオンが出てきましたが，錯（さく）イオンというものを**第４講**でやりますので，軽く覚えておきましょう。

■ **AgClはアンモニア水に溶ける**

AgClの白色沈殿は水には溶けませんが，アンモニア水には溶けます。その反応式です。これもおさえておきましょう。

重要★★★　$AgCl + 2NH_3 \longrightarrow [Ag(NH_3)_2]^+ + Cl^-$

（$[Ag(NH_3)_2]^+$：ジアンミン銀（I）イオン）

■ **AgClは光（紫外線）を当てると分解する**

AgClは光によりAgとCl_2に分かれます。

重要★★★　$2AgCl \xrightarrow{光} 2Ag + Cl_2$

AgBrでも同様な反応が起きます。

重要★★★　$2AgBr \xrightarrow{光} 2Ag + Br_2$

これらの反応式は入試に出題されますので覚えておきましょう。

■ **ホタル石の反応**

さて，ハロゲンとCa^{2+}（カルシウムイオン）との化合物をハロゲン化カルシウムといいますが，そのうち，CaF_2だけは水に溶けにくい（$CaCl_2$，$CaBr_2$，CaI_2は水に溶ける）。CaF_2は「**ホタル石**」の成分です。水には溶けにくいのですが，CaF_2に硫酸を加えると，溶けてフッ化水素が発生します。

重要★★★　$CaF_2 + H_2SO_4 \longrightarrow CaSO_4 + 2HF\uparrow$

これもやっぱり入試で書かされます。ただし，ホタル石がCaF_2だということさえわかっていれば大丈夫。$CaSO_4 + 2HF\uparrow$は簡単に書けるんです。イオンに注目すると，

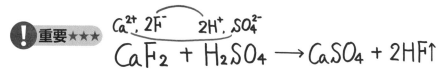

重要★★★

$Ca^{2+}, 2F^-$　$2H^+, SO_4^{2-}$

$$CaF_2 + H_2SO_4 \longrightarrow CaSO_4 + 2HF\uparrow$$

このように，＋と－を組み換えればいいだけです。よろしいですね。

単元1 要点のまとめ④

● ハロゲン化物

①ハロゲン化銀　AgFだけ水溶性（無色）　**AgCl↓（白色）**

重要★★★ **AgBr↓（淡黄色）**　**AgI↓（黄色）**

②AgCl，AgBr，AgIは$Na_2S_2O_3$溶液，KCN溶液に溶ける。

重要★★ $AgCl + 2Na_2S_2O_3 \longrightarrow [Ag(S_2O_3)_2]^{3-} + 4Na^+ + Cl^-$

（$Na_2S_2O_3$：チオ硫酸ナトリウム，$[Ag(S_2O_3)_2]^{3-}$：ビス（チオスルファト）銀（I）酸イオン）

③AgClはアンモニア水に溶ける。

重要★★★ $AgCl + 2NH_3 \longrightarrow [Ag(NH_3)_2]^+ + Cl^-$

（$[Ag(NH_3)_2]^+$：ジアンミン銀（I）イオン）

④AgCl，AgBrは光（紫外線）で分解する。

重要★★★ $2AgCl \xrightarrow{光} 2Ag + Cl_2$

重要★★★ $2AgBr \xrightarrow{光} 2Ag + Br_2$

⑤ハロゲン化カルシウムのうちCaF_2（↑ホタル石の成分）だけは水に溶けにくいが，硫酸に溶ける。

重要★★★ $CaF_2 + H_2SO_4 \longrightarrow CaSO_4 + 2HF\uparrow$

以上がハロゲンに関する内容です。では，演習問題にいきましょう。

演習問題で力をつける①

ハロゲンの特徴をつかもう！

問 次の文章を読んで，下の各問いに答えよ。

塩素，臭素，フッ素，ヨウ素のハロゲンの単体のうち，常温・常圧において気体は原子番号の小さい順に［ 1 ］と［ 2 ］，液体は［ 3 ］，固体は［ 4 ］である。それぞれの単体は有色であり，塩素は［ a ］色，臭素は［ b ］色，ヨウ素は［ c ］色である。また，これらの単体のうち最も反応性が激しいものは［ 5 ］である。

フッ素，塩素，臭素，ヨウ素の水素化合物のうち，沸点が最も高いものは［ 6 ］である。また，その水溶液が弱酸性を示すものは［ 7 ］だけであり，他の水素化物の水溶液は強酸性を示す。なお，［ 8 ］はガラスを侵すので，ポリエチレン製の容器に保存しなければならない。

(1)　文中の［ 1 ］～［ 8 ］にあてはまる物質を化学式で記し，［ a ］～［ c ］にあてはまる色を記せ。

(2)　ヨウ化カリウム水溶液に塩素を加えるときに起こる反応を化学反応式で記せ。

(3)　塩化銀の沈殿にアンモニア水を加えると沈殿は溶解する。このときの変化を化学反応式で記せ。

さて，解いてみましょう。

問(1)の解説　問題文に「**化学式**」で記せとあります。**名称**で書いてしまったらバツですよ。ここは注意しましょう。

まずは原子番号の小さい順に，

∴　F_2 …… 問(1)［ 1 ］の【答え】

∴　Cl_2 …… 問(1)［ 2 ］の【答え】

ハロゲン単体のうち，気体は上の2つです。［ 3 ］は液体，［ 4 ］は固体なので，

∴　Br_2 …… 問(1)［ 3 ］の【答え】

∴　I_2 …… 問(1)［ 4 ］の【答え】

岡野の着目ポイント　さきほど言ったように，気体，気体，液体，固体というところを覚えておくといいわけです。問題文を見ると「塩素，臭素，フッ素，ヨウ素」と書いてあって，原子番号順に並んでいないんですよ。わざわざ混乱させるように問題がつくられているんですね。

色も大切です。塩素は黄緑色，臭素は赤褐色，ヨウ素は黒紫色です。

∴ **黄緑** …… 問(1) a の【答え】

∴ **赤褐** …… 問(1) b の【答え】

∴ **黒紫** …… 問(1) c の【答え】

「また，これらの単体のうち最も反応性が激しいもの」ですが，これは 1-2 でやった「酸化力（化合力）」の強さ（陰イオンになりやすさ）のことを言っているわけですから，

∴ **F_2** …… 問(1) 5 の【答え】

> **岡野の着目ポイント** 6 は「フッ素，塩素，臭素，ヨウ素の水素化合物のうち，沸点が最も高いもの」です。普通は分子量が一番大きいものを選べばいいのですが，例外的に**HFが水素結合をもつ**ために沸点が一番高くなるというのがありましたね。

∴ **HF** …… 問(1) 6 の【答え】

「また，その水溶液が弱酸性を示すものは」どれか？　他のハロゲン化水素の水溶液は強酸性ですが，1つだけ弱酸性でした。それは何か？

∴ **HF** …… 問(1) 7 の【答え】

「ガラスを侵す」ので，ポリエチレン製の容器に保存するのも，

∴ **HF** …… 問(1) 8 の【答え】

です。ちなみに，水溶液の場合のガラスを侵す反応式は，

$$6HF + SiO_2 \longrightarrow H_2SiF_6 + 2H_2O$$

でした。これはぜひ，書けるようにしておきましょう。

問(2)の解説

> **岡野の着目ポイント** 「ヨウ化カリウム水溶液に塩素を加えるときに起こる反応を化学反応式」で書きます。ヨウ化カリウム（KI）は水の中に溶けるとK^+とI^-というイオンに分かれています。そうすると，陰イオンになりやすい順番は$F_2 > Cl_2 > Br_2 > I_2$なので，Cl_2のほうがI_2より陰イオンになりやすい。にもかかわらず，Cl_2は陰イオンになってなくて，ヨウ素が陰イオンI^-になっている。そこで，入れかわりが起きて反応が起こるわけです。

$\therefore$　$2KI + Cl_2 \longrightarrow 2KCl + I_2$ …… **問(2)** の【答え】

問 (3) の解説 「塩化銀の沈殿にアンモニア水を加えると沈殿は溶解する。このときの変化を**化学反応式**で記せ」ということです。

「単元1 要点のまとめ④」の③より

$AgCl + 2NH_3 \longrightarrow [Ag(NH_3)_2]^+ + Cl^-$ **（イオン反応式）**

> **岡野のこう解く** 塩化銀とアンモニアが反応すると，アンモニア分子が2つ銀イオンにくっついてしまうんですね。**でも，今回の問題は「化学反応式」と書いてあるんだから，イオンの形ではなくて化合物の形にしなくてはいけないのです。**そこで，次のように直します。

$\therefore$　$AgCl + 2NH_3 \longrightarrow [Ag(NH_3)_2]Cl$ …… **問(3)** の【答え】

「イオン反応式」と「化学反応式」の区別に注意しておきましょう。

単元2 硫黄とその化合物

化学

次は，16族の「硫黄」とその化合物について学習していきましょう。

2-1 硫黄の同素体

硫黄には「斜方硫黄（分子式はS_8），単斜硫黄（分子式はS_8），ゴム状硫黄」といった同素体が存在します。同素体をもつ単体は“**S（硫黄），C（炭素），O（酸素），P（リン）＝スコップ**”と覚えるんでしたね。『化学基礎』（→17ページ）と『理論化学』（→10ページ）でやりました。

単元2 要点のまとめ①

- **硫黄の同素体**

  斜方硫黄（分子式はS_8），単斜硫黄（分子式はS_8），ゴム状硫黄

2-2 硫酸の性質

■ **硫酸（希硫酸）は2価の強酸**

次にいきます。今度は硫黄の化合物の中で，「硫酸」を取り上げ，その性質を見てみましょう。

硫酸，特に希硫酸は水が多い硫酸で「**2価の強酸**」。濃硫酸は「**不揮発性**（ふきはつせい）」の酸です。「不揮発性」というのは，「蒸気になりにくい」という意味です。また，熱濃硫酸は濃硫酸を加熱したときで，このときは「**酸化力をもつ酸**」として知られています。

その他，濃硫酸は「**脱水作用**」（水を取ってしまう作用）や「**吸湿作用**」（乾燥剤としての役割）を示します。

これだけではイメージがつかめないでしょう。大丈夫，具体的に反応式を見ていきますよ。

! 重要★★★ $FeS + H_2SO_4 \longrightarrow FeSO_4 + H_2S$

（弱酸の塩＋強酸 ⇄ 強酸の塩＋弱酸）

この反応式は硫化水素（H_2S）の発生法としてよく出てきます。はい，ここで「弱酸の塩」とか「強酸の塩」とか，「塩（えん）」という言葉が出ています。**塩とは何か？**

酸の水素原子が金属原子やアンモニウムイオンと一部あるいは全部が置き換

わった化合物を塩といいました（『化学基礎』第6講単元3または『理論化学』第3講単元3）。

例えば，塩酸（HCl）があって，この酸の水素原子（H）をナトリウム（Na）という金属に置き換える。そうするとNaClになりますね。酸の水素原子が金属に置き換わったから，これは塩なんです。とりわけこれを“食べられる塩”ということで“食塩”といいます。

次は硫酸（H_2SO_4）の酸の水素原子（H）が金属に置き換わるとします。2個のHのうち1個がナトリウム（Na）という金属に置き換わると，硫酸水素ナトリウム（$NaHSO_4$）という塩になります。

アドバイス　$NaHSO_4$は特殊な塩で，これだけは強酸（H_2SO_4）と強塩基（NaOH）からできているにもかかわらず中性にはならず酸性を示します。

また，硫酸（H_2SO_4）の水素原子（H）が，全部カルシウム（Ca）という金属に置き換わると，硫酸カルシウム（$CaSO_4$）という塩になります。これは石膏（せっこう）の原料です。

ということで，これらは全部塩です。このことがさきほどの希硫酸が2価の強酸だと説明で使われます。ちょっと反応式を書いてみましょうか。

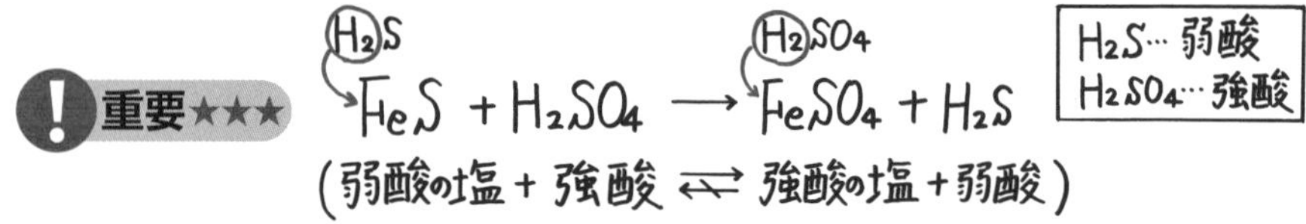

この反応式は必ず一方通行で，逆反応は成り立ちません。さて，H_2Sがなぜ弱酸だということが言えるのか？　強いか弱いかは電離のしやすさで決まります。例えば，希硫酸中ではH_2SO_4は100個の分子があったら，ほぼ100個ともイオンに分かれていく。ところがH_2Sというのは，だいたい100個分子があったとして，1個未満しかイオンに分かれていかない。ということで，硫化水素は弱酸なのです（$H_2S \rightleftarrows 2H^+ + S^{2-}$）。

いいですか，よく勘違いされるんですけど，**弱酸の塩というのは，“弱酸性の塩”という意味ではありません！　これは“弱酸からできた塩”という意味なんです。**だからFeSは，H_2Sという弱酸からできた塩なんです。酸のH原子2つがFeという金属に置き換わったわけです。

弱酸からできた塩と，それより強い酸が反応すると，強酸の塩と弱酸ができます。強酸の塩（$FeSO_4$）のもとの酸はH_2SO_4です。硫酸が硫化水素より強酸だということは，この式と共におさえておきましょう。

アドバイス　ここで，濃硫酸の酸性の度合いはといいますと，弱酸なんです。濃硫酸中には水が少ないため，イオンに分かれにくくなっているからです。

■ 反応式を予測する

もう1つ例を挙げましょう。

重要★★★ $FeS + 2HCl \longrightarrow FeCl_2 + H_2S$

（弱酸の塩＋強酸 ⇄ 強酸の塩＋弱酸）

さきほどの式のH_2SO_4が2HClに置き換わったものです。ただ，**「弱酸の塩と強酸は反応を起こし，強酸の塩と弱酸になる」，このことを知っていれば，実験しなくても反応が起こるか起こらないかがわかるんですよ。**

だから，「H_2SO_4と同じ強酸ならば，HClを加えても反応が起きるだろう」と予測ができる。確かに起きるんです。こういう予測が化学の目的の1つでもあるわけです。

■ 揮発性と不揮発性

次にいきます。まずは，これをちょっと見てください。

$$NaCl + H_2SO_4 \longrightarrow NaHSO_4 + HCl$$

（HCl，H_2SO_4）

重要★★★ （揮発性の酸の塩 ＋ 不揮発性の酸 ⇄ 不揮発性の酸の塩 ＋ 揮発性の酸）

★揮発性の酸 HCl，HNO_3，HF

★不揮発性の酸 H_2SO_4

これもかならず一方向しか反応しません。

ここで，揮発性の酸と不揮発性の酸に何があるかということは覚えておきましょう。**揮発性の酸は3つあります。HCl，HNO_3，HFです。**HFはあまり出ないので，軽く知っておけばいいです。**不揮発性の酸は，H_2SO_4だけ覚えておけばいいでしょう。**よろしいですね。

さて，揮発性の酸ってどういうものでしょう？　例えばここに希塩酸があって，それが今，机の上にこぼれました！　どうすればいいか？　しばらく黙って見ていればいいんです。そうすると水が蒸発するでしょう。塩化水素は常温常圧で気体だから，これも蒸発して気体として飛んでいってしまいます。基本的にはしばらく置いておけば，希塩酸はなくなってしまうわけです。

■ 硫酸は不揮発性

でも硫酸の場合はどうなるか？　希硫酸が机の上にこぼれたら，「まあ大丈夫だろう」なんて思っちゃダメ！　これは危ないんです。というのは，水だけどんどん蒸発していって，H_2SO_4分子は蒸気になっていかないからです。だからだんだん濃い硫酸，濃硫酸（濃度90％以上の硫酸）に変わっていく。こういうふうな酸のことを不揮発性の酸と言っています。よろしいですね。

そうするとNaClは，もとの酸がHClだから，揮発性の酸からできている塩なんです。それと不揮発性の酸H_2SO_4が反応すると，不揮発性の酸の一部が金属のNaに置き換わり，$NaHSO_4$(塩)と揮発性の酸HClができる。$NaHSO_4$は不揮発性の酸(H_2SO_4)からできた塩だということがおわかりいただけますね。これが反応機構なんです。この反応は，硫酸が不揮発性の酸だということを利用した例です。

■ 熱濃硫酸は酸化力のある酸

次は，熱濃硫酸(濃硫酸を加熱したもの)が酸化力のある酸ということを利用した反応です。

重要★★★　$Cu + 2H_2SO_4 \longrightarrow CuSO_4 + SO_2 + 2H_2O$

銅と硫酸の関係で，銅がイオンになるとき還元剤としてはたらくんです。

ん，よくわからない？　大丈夫，じっくり見ていきましょう。ではまず，『理論化学』第4講単元2でやった「酸化剤，還元剤のe^-を含む反応式(半反応式)」を思い出してください。

金属が還元剤としてはたらく例と，その半反応式です(→439ページ)。

☆ $Cu \longrightarrow Cu^{2+}$ (還元剤)

$Cu \longrightarrow Cu^{2+} + 2e^-$ ―― ㋑

そして，熱濃硫酸の場合は酸化剤としてはたらきます(→439ページ)。

希硫酸には酸化剤としての性質はありません。

☆ 熱濃$H_2SO_4 \longrightarrow SO_2$ (酸化剤)

$H_2SO_4 + 2H^+ + 2e^- \longrightarrow SO_2 + 2H_2O$ ―― ㋺

半反応式は自分でつくれるように，よく復習しておいてくださいね。

次に，この㋑と㋺の式から，e^-を消去して1本の式に直します。

㋑式と㋺式を1本の式にまとめると(e^-を消去する)，

㋑＋㋺

$$\begin{array}{rrl} & Cu & \longrightarrow Cu^{2+} + \cancel{2e^-} \\ +) & H_2SO_4 + 2H^+ + \cancel{2e^-} & \longrightarrow SO_2 + 2H_2O \\ \hline & Cu + H_2SO_4 + 2H^+ & \longrightarrow Cu^{2+} + SO_2 + 2H_2O \end{array}$$

この1本に直した式を「イオン反応式」といいます。さらにこれを化学反応式にしなければならない。左辺に$Cu + H_2SO_4 + 2H^+$とありますが，H^+に注目してください。この反応の操作は銅に熱濃硫酸を加えるものなので，H^+を硫酸にしないといけない。勝手にCl^-を加えて塩酸にしちゃったり，NO_3^-を加えて硝酸にしてはいけません！　だから，**硫酸イオンSO_4^{2-}を両辺に1個ずつ加えます。**

$$Cu + H_2SO_4 + \underset{\substack{\uparrow \\ SO_4^{2-}}}{2H^+} \longrightarrow \underset{\substack{\uparrow \\ SO_4^{2-}}}{Cu^{2+}} + SO_2 + 2H_2O$$

そうすると,

$$Cu + 2H_2SO_4 \longrightarrow CuSO_4 + SO_2 + 2H_2O$$

この反応式になるわけです。これは銅が普通の酸には溶けなくて，熱濃硫酸のような酸化力の強い酸には溶けるという例なんです。

■ 脱水作用

次に脱水作用です。$C_{12}H_{22}O_{11}$はショ糖（スクロース）といいますが，濃硫酸はこのショ糖から水を取る作用があります。

重要★★★ $$C_{12}H_{22}O_{11} \xrightarrow[H_2SO_4]{\text{炭化}} \overset{(\text{黒色})}{12C} + 11H_2O$$

炭素がむき出しになりますから，黒色になります。黒い"炭に化けた"と書いて「**炭化**」といいます。そして，このように分子から水が取れてしまうことを「**脱水**」といいます。

■ 吸湿作用

濃硫酸には乾燥剤としての性質，すなわち吸湿作用もあります。湿ったせんべいとか，のりを乾燥させることはまずないでしょうが，もし濃硫酸と同じ部屋に置いておくと湿気を取ることができます。

■ 硫酸の製法

硫酸をつくる前段階として，昔は次のような製法で二酸化硫黄をつくっていました。ただ，今は使われなくなったので，次の式は難関大を目指す人以外は覚える必要はないでしょう。

重要★★ $$4FeS_2 + 11O_2 \longrightarrow 2Fe_2O_3 + 8SO_2$$

このように，昔は**黄鉄鉱**を燃やして二酸化硫黄を発生させました。今は石油の精製過程で硫黄が除去され，そのためたくさん余っていますから，その硫黄を燃やして二酸化硫黄にします。その二酸化硫黄をさらに酸化するときに，酸化しにくいので触媒を使います。それが「**接触法**」，"触媒と接する法"なんです。

■ 接触法

重要★★★ $$S + O_2 \longrightarrow SO_2$$

重要★★★ $$2SO_2 + O_2 \xrightarrow{(V_2O_5)} 2SO_3$$

重要★★★ $$SO_3 + \underset{(\text{希硫酸中の水})}{H_2O} \longrightarrow H_2SO_4$$

では，詳しく見ていきます。

$$S + O_2 \longrightarrow SO_2$$

は，硫黄の単体が燃えるだけなので，サーッと反応してしまいます。次の行程が，反応速度が一番遅くて反応しにくいから，触媒を加えるのです。

$$2SO_2 + O_2 \xrightarrow{(V_2O_5)} 2SO_3$$

V_2O_5は「酸化バナジウム（V）」といいます。これを触媒として三酸化硫黄（SO_3）をつくるんです。そして，その三酸化硫黄と水を加えて硫酸をつくります。

$$SO_3 + \underset{\text{(希硫酸中の水)}}{H_2O} \longrightarrow H_2SO_4$$

これが「接触法」の3段階の反応式です。大事なところですよ。

■ 反応過程を詳しくおさえよう！

さて，今の反応式は意外と簡単でしたが，実際の反応過程はもうちょっと複雑です。いいですか。図1-2をちょっと見てください。

「SO_2＋空気」，要するに二酸化硫黄と空気の中の酸素を混ぜて反応させます。そして反応した炉の中に触媒「V_2O_5」を加えて「SO_3」をつくります。

図1-2

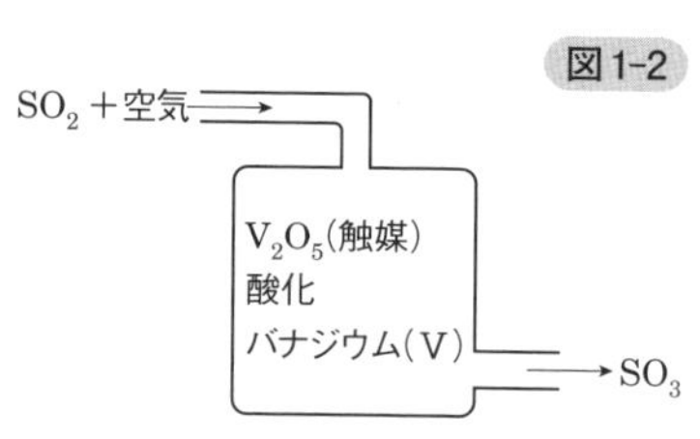

さて，その後です。今せっかくつくった三酸化硫黄を水に溶かすと，溶解エンタルピーで発熱反応を起こします。だから水が沸騰して水蒸気になるわけです。

その水蒸気と三酸化硫黄が結びついて，空気中に霧状の硫酸が飛び出ていきます。これは危ない！　しかも吸収されない。

それを避けるために，SO_3を水の中に直接入れるのではなくて，最初に濃硫酸に蓄えてあげて，そこでまず最初に吸収させておくのです 図1-3。このとき，SO_3を含んだ濃硫酸との混合溶液を「**発煙硫酸**」といいます（言葉を覚えましょう）。これは白煙が出ていて，不気味な硫酸です。

この発煙硫酸の中に希硫酸を加えていきます。その希硫酸中の水に三酸化硫黄が結びついて，希硫酸がだんだん濃い硫酸に変わっていくのです（$SO_3 + H_2O \longrightarrow H_2SO_4$）。これが濃硫酸をつくるという流れです。

ここはなかなか難しいところですよ。よく復習しましょう。

まとめ　　図1-3

SO_2 $\xrightarrow[\text{触媒}]{V_2O_5}$ **SO_3** $\xrightarrow[\text{蓄える}]{\text{濃硫酸に}}$ **発煙硫酸**（SO_3を含む濃硫酸） $\xrightarrow[\text{加える}]{\text{希硫酸を}}$ **濃硫酸**（希硫酸中のH_2OとSO_3からH_2SO_4を生じる）

単元2 要点のまとめ②

● 硫酸の性質

①2価の強酸である。

重要★★★ $FeS + H_2SO_4 \longrightarrow FeSO_4 + H_2S$
（弱酸の塩＋強酸 ⇄ 強酸の塩＋弱酸）

②不揮発性の酸である。

重要★★★ $NaCl + H_2SO_4 \longrightarrow NaHSO_4 + HCl$
（揮発性の酸の塩 ＋ 不揮発性の酸 ⇄ 不揮発性の酸の塩 ＋ 揮発性の酸）

③酸化力のある酸（熱濃硫酸）である。

重要★★★ $Cu + 2H_2SO_4 \longrightarrow CuSO_4 + SO_2 + 2H_2O$

☆ $Cu \longrightarrow Cu^{2+}$ （還元剤）

$Cu \longrightarrow Cu^{2+} + 2e^-$ ―― ㋑

☆ 熱濃 $H_2SO_4 \longrightarrow SO_2$ （酸化剤）

$H_2SO_4 + 2H^+ + 2e^- \longrightarrow SO_2 + 2H_2O$ ―― ㋺

㋑式と㋺式を1本の式にまとめると（e^- を消去する），

㋑＋㋺
$$Cu \longrightarrow Cu^{2+} + 2e^-$$
$$+)\quad H_2SO_4 + 2H^+ + 2e^- \longrightarrow SO_2 + 2H_2O$$
$$Cu + H_2SO_4 + 2H^+ \longrightarrow Cu^{2+} + SO_2 + 2H_2O$$
（$2H^+$ ← $SO_4{}^{2-}$，Cu^{2+} ← $SO_4{}^{2-}$）

$\therefore$ $Cu + 2H_2SO_4 \longrightarrow CuSO_4 + SO_2 + 2H_2O$

④脱水作用を示す。

重要★★★ $C_{12}H_{22}O_{11}$（スクロース） $\xrightarrow[H_2SO_4]{炭化}$ $12C$（黒色） $+ 11H_2O$

⑤吸湿作用を示す。（NH_3，H_2S の乾燥には不適。※詳しくは第2講で説明）

⑥製法（**接触法**）

重要★★ $4FeS_2 + 11O_2 \longrightarrow 2Fe_2O_3 + 8SO_2$

または，

重要★★★ $S + O_2 \longrightarrow SO_2$

重要★★★　$2SO_2 + O_2 \xrightarrow{(V_2O_5)} 2SO_3$

重要★★★　$SO_3 + H_2O \longrightarrow H_2SO_4$
（希硫酸中の水）

SO_3は水に溶けるとき，発熱反応が起こり吸収されにくいが，濃硫酸には吸収される。このとき「**発煙硫酸**」（SO_3と水蒸気により，白煙を生じる）になり，これに希硫酸を加えて濃硫酸をつくる。

まとめ

SO_2 $\xrightarrow[\text{触媒}]{V_2O_5}$ SO_3 $\xrightarrow[\text{蓄える}]{\text{濃硫酸に}}$ **発煙硫酸**（SO_3を含む濃硫酸） $\xrightarrow[\text{加える}]{\text{希硫酸を}}$ **濃硫酸**（希硫酸中のH_2OとSO_3からH_2SO_4を生じる）

演習問題で力をつける②

硫酸の性質と製法について理解しよう！

問　(1)　硫酸について，以下の問いに答えよ。

①　次の反応を化学反応式で示せ。
(a)　銅に濃硫酸を加えて加熱する。
(b)　グルコースに濃硫酸を加える。
(c)　塩化ナトリウムに濃硫酸を加えて加熱する。
(d)　亜鉛に希硫酸を加える。

②　①の各反応は硫酸のどの性質あるいは作用を利用したものか。次の（ア）～（オ）から適当なものを選び，記号で答えよ。
（ア）　酸化作用　（イ）　脱水作用　（ウ）　発熱性
（エ）　強酸性　　（オ）　不揮発性

(2)　硫酸の製法と性質に関する次の文を読み，以下の問いに答えよ。
硫酸は，工業的には接触法とよばれる方法で大量に得られる。この製法は，次の（ア）～（エ）の工程から成っている。

（ア） 硫黄を燃焼させて二酸化硫黄とする。
（イ） この二酸化硫黄を空気酸化して三酸化硫黄とする。
（ウ） この三酸化硫黄を濃硫酸に吸収させて発煙硫酸とする。
（エ） この発煙硫酸を希硫酸に加えると硫酸が得られる。

① 接触法において，酸化バナジウム(V)などが触媒として用いられる工程は，上述の（ア）～（エ）のうちどの工程か。その番号を記せ。

② 接触法によって硫酸490gをつくるには，少なくとも何gの硫黄が必要か。ただし，H = 1.0，O = 16，S = 32とし，数値は整数で求めよ。

さて，解いてみましょう。

問(1)①の解説 化学反応式を書く問題です。「単元2 要点のまとめ②」(→27ページ)を参考にしてください。

(a)

∴ $Cu + 2H_2SO_4 \longrightarrow CuSO_4 + SO_2 + 2H_2O$ … **問(1)①(a)** の【答え】

(b) グルコース(ブドウ糖)は$C_6H_{12}O_6$の分子式です。

∴ $C_6H_{12}O_6 \longrightarrow 6C + 6H_2O$ …… **問(1)①(b)** の【答え】

(c)

∴ $NaCl + H_2SO_4 \longrightarrow NaHSO_4 + HCl$ …… **問(1)①(c)** の【答え】

(d) 亜鉛に希硫酸の反応は水素よりイオン化傾向の大きい金属LiからSnは希塩酸，希硫酸と反応して水素を発生します。92ページを参照してください。

∴ $Zn + H_2SO_4 \longrightarrow ZnSO_4 + H_2$ …… **問(1)①(d)** の【答え】

問(1)②の解説

(a) 銅に濃硫酸を加える反応では“酸化”力のある酸として作用します。

∴ **(ア)** …… **問(1)②(a)** の【答え】

(b) スクロースやグルコースは濃硫酸で“脱水”反応を起こします。

∴ **(イ)** …… **問(1)②(b)** の【答え】

(c) 塩化ナトリウムと濃硫酸は揮発性の酸の塩と“不揮発性”の酸の反応です。

∴ **(オ)** …… **問(1)②(c)** の【答え】

(d) 水素よりイオン化傾向の大きい金属である亜鉛と希塩酸，希硫酸の反応では“強酸”として作用します。

∴ **(エ)** …… **問(1)②(d)** の【答え】

問 (2) ①の解説 酸化バナジウム（V）の触媒を加えるのはこの中で一番反応速度の小さい反応（一番反応が起こりにくい反応）の箇所です。それは

$$2SO_2 + O_2 \xrightarrow{V_2O_5} 2SO_3$$

∴　**（イ）**…… **問 (2) ①** の【答え】

問 (2) ②の解説 接触法の３本の式を１本にまとめてみましょう。

$$S + O_2 \longrightarrow SO_2 \text{ ―――― ⓘ}$$
$$2SO_2 + O_2 \longrightarrow 2SO_3 \text{ ―― ⓘⓘ}$$
$$SO_3 + H_2O \longrightarrow H_2SO_4 \text{ ―― ⓘⓘⓘ}$$

ⓘ × 2 + ⓘⓘ + ⓘⓘⓘ × 2（SO_2 と SO_3 と消去する）

$$2S + 2O_2 \longrightarrow \cancel{2SO_2}$$
$$\cancel{2SO_2} + O_2 \longrightarrow \cancel{2SO_3}$$
$$+)\ \cancel{2SO_3} + 2H_2O \longrightarrow 2H_2SO_4$$
$$\underset{2\text{mol}}{2S} + 3O_2 + 2H_2O \longrightarrow \underset{2\text{mol}}{2H_2SO_4} \quad \begin{pmatrix} S = 32 \\ H_2SO_4 = 98 \end{pmatrix}$$

$$\begin{pmatrix} 2 \times 32\text{g} & & 2 \times 98\text{g} \\ x\text{g} & \times & 490\text{g} \end{pmatrix}$$ 必要なSを xgとする

対角線の積は内項の積と外項の積の関係になっているので等しい。

$$x \times 2 \times 98 = 2 \times 32 \times 490$$

$$x = \frac{2 \times 32 \times 490}{2 \times 98} = 160\text{g}$$

∴　**160g** …… **問 (2) ②** の【答え】

別解

$$\frac{490}{98} \times 32 = 160\text{g}$$

H_2SO_4のmol数またはSのmol数　　Sのg数

∴　**160g** …… **問 (2) ②** の【答え】

物質量の計算は『化学基礎』（→118 ～ 123ページ），『理論化学』（→47 ～ 52ページ）を参照してください。

2-3 二酸化硫黄の性質

さて次は，二酸化硫黄（SO_2）の性質です。

二酸化硫黄は，無色，刺激臭で有毒な気体です。そして水に溶けて，**弱い酸性**

(弱酸性)，還元性，それから**漂白作用**を示します。

■ **酸性酸化物**

また，SO_2は酸化物ですが，水に溶かすと酸性を示すということで，「酸性酸化物」といいます。

$$SO_2 + H_2O \longrightarrow \underset{\text{(亜硫酸)}}{H_2SO_3} \quad \text{(弱酸)}$$

このように，硫酸(H_2SO_4)ではなくて「**亜硫酸(H_2SO_3)**」ができます。「亜」は「〜に準ずる」という意味です。熱帯に対して，それに準ずる気候ということで亜熱帯といいますね。同じことです。ですから，亜硫酸の酸性の度合いを調べると，弱酸なんです。

アドバイス 酸性酸化物は一般に非金属との酸化物をいいます。主なものはSO_2，NO_2，CO_2，P_4O_{10}などですが，水に溶けにくいNO，COは酸性酸化物には含みません。

■ **還元力が強い**

還元力が強いことも特徴です。

! 重要★★ $SO_2+I_2+2H_2O \longrightarrow H_2SO_4+2HI$
- ☆ $SO_2 \longrightarrow SO_4^{2-}$ （還元剤）
- ☆ $I_2 \longrightarrow 2I^-$ （酸化剤）

詳しくは35ページ「演習問題で力をつける③」を参照してください。

! 重要★★★ $SO_2 + H_2O_2 \longrightarrow H_2SO_4$

上の式はあまり出題されませんが，下の式がよく入試に出ます。二酸化硫黄に過酸化水素を加えると硫酸になる。こんなことは普通は知らないとまずわからないですよね。ここで知っておきましょう。

■ **H_2Sには酸化剤**

さて，ここで，439ページを参照してください。

今言ったように，二酸化硫黄というのは還元性を示すので，還元剤なんです。還元剤としてはたらく場合は，「☆$SO_2 \longrightarrow SO_4^{2-}$」としてはたらきます。

で，**99%還元剤なんですが，入試でよく出る例外があって，硫化水素に対してのみ酸化剤としてはたらきます。**

硫化水素は「☆$H_2S \longrightarrow S$」という，非常に強い還元剤なのですが，これが相手に来た場合には，二酸化硫黄は酸化剤として「☆$SO_2 \longrightarrow S$」となります。このとき，次のような式が成り立ちます。

! 重要★★★ $SO_2 + 2H_2S \longrightarrow 3S + 2H_2O$

■ **硫黄の反応式は自分でつくれる！**

さて，ここで示した2つの **! 重要★★★** の式をもう少し詳しく見ていきましょう。

重要★★★　$SO_2 + H_2O_2 \longrightarrow H_2SO_4$　{ ☆ $SO_2 \rightarrow SO_4^{2-}$（還元剤）　☆ $H_2O_2 \rightarrow 2H_2O$（酸化剤）

重要★★★　$SO_2 + 2H_2S \rightarrow 3S + 2H_2O$　{ ☆ $SO_2 \rightarrow S$（酸化剤）　☆ $H_2S \rightarrow S$（還元剤）

SO_2が還元剤としてはたらく場合と，酸化剤としてはたらく場合です。この酸化還元の反応式というのは，酸化還元滴定の計算問題や，電池・電気分解の式，そして今回の無機化学というように，様々な場面で生きてきます。そこで今回は，この反応式を自分でつくれるようにします。

■ SO_2が還元剤としてはたらく場合

上のSO_2が還元剤としてはたらく場合からいきますよ。『化学基礎』と『理論化学』の半反応式のつくり方でやったように，「☆$\mathbf{SO_2} \longrightarrow \mathbf{SO_4^{2-}}$」の変化（→439ページ）は覚えておかなければなりません。そして，

手順1：両辺を比べてO原子の少ない辺にH_2Oを加えて調整 **手順2**：両辺を比べてH原子の少ない辺にH^+を加えて調整 **手順3**：両辺を比べて電荷の総和の多いほうの辺にe^-を加えて調整

のようにして，e^-を含む反応式（半反応式）をつくると，

$$SO_2 + 2H_2O \longrightarrow SO_4^{2-} + 4H^+ + 2e^- \text{ —— ①}$$

さらに，酸化剤の「☆$\mathbf{H_2O_2} \longrightarrow \mathbf{2H_2O}$」の変化（→439ページ）は覚えておき，同様の手順から，

$$H_2O_2 + 2H^+ + 2e^- \longrightarrow 2H_2O \text{ —— ②}$$

①と②を見比べると左辺と右辺がちょうどe^-が2個ずつですから，ただ足し算をすればe^-は消去できる。①+②より，

$$
\begin{array}{rl}
 & SO_2 + \cancel{2H_2O} \rightarrow SO_4^{2-} + \cancel{4}^{\,2}H^+ + \boxed{2}e^- \text{ —— ①} \\
+) & H_2O_2 + \cancel{2H^+} + \boxed{2}e^- \rightarrow \cancel{2H_2O} \text{ —— ②} \\
\hline
 & SO_2 + H_2O_2 \rightarrow 2H^+ + SO_4^{2-} \\
\therefore & SO_2 + H_2O_2 \rightarrow H_2SO_4
\end{array}
$$

最終段階でイオンの部分を足してやって硫酸にすればいいですね。ということで，ほら自分でつくれたでしょう。もう1ついきますよ。

■ SO_2が酸化剤としてはたらく場合

今度はSO_2が酸化剤としてはたらく場合です。酸化剤「☆$\mathbf{SO_2} \longrightarrow \mathbf{S}$」の変化（→439ページ）を覚えておいて，手順を実行すると，

$$SO_2 + 4H^+ + 4e^- \longrightarrow S + 2H_2O \text{ —— ③}$$

となります。つづいて，還元剤「☆$\mathbf{H_2S} \longrightarrow \mathbf{S}$」の変化から手順を実行すると，

$H_2S \longrightarrow S + 2H^+ + 2e^-$ ―― ④

③と④を見比べると，$4e^-$と$2e^-$とあるので，e^-を消去するため④式を2倍して，③式と足し算をします。③＋④×2より

$$SO_2 + 4H^+ + 4e^- \longrightarrow S + 2H_2O \quad \text{—③}$$

$$+) \quad 2H_2S \longrightarrow 2S + 4H^+ + 4e^- \quad \text{—④×2}$$

$$SO_2 + 2H_2S \longrightarrow 3S + 2H_2O$$

このようにできちゃうんです。だから硫黄に関するところというのは，みなさん丸覚えでイヤだなぁと思っていらっしゃるかもしれませんが，酸化還元の半反応式が書ければ，意外と簡単にできるんです。

単元2 要点のまとめ③

● 二酸化硫黄の性質

無色，刺激臭で有毒な気体である。水に溶けて**弱い酸性，還元性，漂白作用**がある。

①酸性酸化物である。　$\mathbf{SO_2 + H_2O \longrightarrow H_2SO_3}$（亜硫酸）（弱酸）

②還元力が強い。

！重要★★　$\mathbf{SO_2 + I_2 + 2H_2O \longrightarrow H_2SO_4 + 2HI}$

！重要★★★　$\mathbf{SO_2 + H_2O_2 \longrightarrow H_2SO_4}$

③H_2Sには酸化剤としてはたらく。

！重要★★★　$\mathbf{SO_2 + 2H_2S \longrightarrow 3S + 2H_2O}$

SO_2は普通，還元剤としてはたらくがH_2Sとの反応のときだけは酸化剤として働く。

2-4 硫化水素の性質

最後に硫化水素についてやっていきます。硫化水素は，無色，**腐卵臭**（悪臭）をもっていて，有毒な気体です。水に溶け，**弱い酸性，還元性**を示します。さきほど2-2で硫酸が2価の強酸であると説明したとき，

重要★★★ $FeS + H_2SO_4 \longrightarrow FeSO_4 + H_2S$

という式を紹介しました（→22ページ）。これは，「弱酸の塩＋強酸」で反応させたのですから，硫酸を同じ強酸である塩酸に置き換えても，同じ機構の反応が起こります。すなわち，

重要★★★ $FeS + 2HCl \longrightarrow FeCl_2 + H_2S$
（弱酸の塩＋強酸 ⇄（逆向き×） 強酸の塩＋弱酸）

硫酸でも塩酸でも硫化水素より強酸であればいいわけですから，どちらも反応は起こるということです。これで，弱酸のH_2S（気体状のもの）が発生してきます。

それから還元力が強いということもポイントです。

重要★★ $H_2S + I_2 \longrightarrow S + 2HI$

この式も，還元剤「☆$H_2S \longrightarrow S$」，酸化剤「☆$I_2 \longrightarrow 2I^-$」の変化（→439ページ）を知っていればつくれます。

$$H_2S \longrightarrow S + 2H^+ + 2e^-$$
$$+) \quad I_2 + 2e^- \longrightarrow 2I^-$$
$$H_2S + I_2 \longrightarrow S + 2H^+ + 2I^-$$
$$\therefore H_2S + I_2 \longrightarrow S + 2HI$$

どうぞこんな感じで，できるだけ丸暗記しないように要領よく覚えていただきたいと思います。

単元２ 要点のまとめ④

● 硫化水素の性質

無色，**腐卵臭**（悪臭）をもち有毒な気体である。水に溶け**弱い酸性，還元性**を示す。

①弱酸である。

重要★★★ $FeS + H_2SO_4 \longrightarrow FeSO_4 + H_2S$
（弱酸の塩＋強酸 ⇄（逆向き×） 強酸の塩＋弱酸）

重要★★★ $FeS + 2HCl \longrightarrow FeCl_2 + H_2S$
（弱酸の塩＋強酸 ⇄（逆向き×） 強酸の塩＋弱酸）

②還元力が強い。

重要★★ $H_2S + I_2 \longrightarrow S + 2HI$

では，演習問題にいきましょう。

演習問題で力をつける③

硫黄に関係した反応式のつくり方

問 次の文中の［　　］に語句，数値または化学式（元素も含むこととする）を記せ。

(1) 黄褐色のヨウ素ヨウ化カリウム水溶液に二酸化硫黄を通じると，次式①に示す反応が起こり，溶液の色が消える。

$I_2 + SO_2 + 2H_2O \longrightarrow$ ［ a ］$+ 2$［ b ］…… ①

この反応において，ヨウ素の酸化数は［ c ］から［ d ］に変化し，二酸化硫黄の硫黄の酸化数は［ e ］から［ f ］に変化する。

(2) 硫化水素水に二酸化硫黄を通じると，次式②に示す反応が起こり，溶液は白く濁る。

$2H_2S + SO_2 \longrightarrow 2$［ g ］$+ 3$［ h ］…… ②

この反応において，硫化水素の硫黄の酸化数は［ i ］から［ j ］に変化し，二酸化硫黄の硫黄の酸化数は［ e ］から［ j ］に変化する。

さて，解いてみましょう。

問(1)の解説 まず①式に注目です。

$I_2 + SO_2 + 2H_2O \longrightarrow$ ［ a ］$+ 2$［ b ］…… ①

この反応式が書けないと(1)は解けません。ということで，この反応式から完成させましょう。

岡野の着目ポイント **「ヨウ素ヨウ化カリウム」**という言葉がちょっと気になるかと思います。ここで思い出してください。ヨウ素は，水には溶けにくいけど，ヨウ化カリウムの水溶液には溶けましたね。**ヨウ素が溶けたヨウ化カリウムの水溶液のことを，「ヨウ素ヨウ化カリウム水溶液」**と言っているわけです。だから，ヨウ化カリウムはI_2を溶かすために使った水溶液であって，今回は反応式には全く関係はありません。

岡野のこう解く これは，半反応式から解いていきます。

まず，酸化剤「☆$\mathbf{I_2 \longrightarrow 2I^-}$」と，還元剤「☆$\mathbf{SO_2 \longrightarrow SO_4^{2-}}$」の変化は覚えておきます。439ページの酸化剤のところに「☆$\mathbf{Cl_2 \longrightarrow 2Cl^-}$」と書い

てありますが，これはハロゲン全部に言えます。**それとSO_2は，硫化水素以外との反応では，還元剤としてはたらくと考えて構いません。**

で，ここから半反応式のつくり方の手順をそれぞれ実行して，

$I_2 + 2e^- \longrightarrow 2I^-$ …… ㋑

$SO_2 + 2H_2O \longrightarrow SO_4^{2-} + 4H^+ + 2e^-$ …… ㋺

㋑＋㋺より，e^-を消去します。すると，

$I_2 + SO_2 + 2H_2O \longrightarrow 2I^- + SO_4^{2-} + 4H^+$

＋と－を結びつけて，

$I_2 + SO_2 + 2H_2O \longrightarrow H_2SO_4 + 2HI$ …… ①

これで①式の完成です。

∴ **H_2SO_4** …… 問(1) a の【答え】

∴ **HI** …… 問(1) b の【答え】

実はこの式は 2-3 で出てきました。だけど正直言って，こんなのは丸暗記できない。だから，自分でつくれるようにしておくわけです。

岡野の着目ポイント　ヨウ素の酸化数は，I_2だったものが$2I^-$になるわけだから，

$$\overset{(0)}{I_2} \longrightarrow 2\overset{(-1)}{I^-}$$

∴ 0 …… 問(1) c の【答え】

∴ －1 …… 問(1) d の【答え】

単体の場合は酸化数は0（ゼロ）です。イオンの酸化数は価数のままで－1です。酸化数の求め方に関しては『化学基礎』の7講単元1，『理論化学』第4講単元1でやりましたね。**－でも＋でも，符号を絶対入れてくださいね。**

次に二酸化硫黄は，SO_2がSO_4^{2-}になるわけですから，

$$\overset{(+4)}{S}\overset{(-2)}{O_2} \longrightarrow \overset{(+6)}{S}\overset{(-2)}{O_4^{2-}}$$

化合物中の酸素の酸化数は－2と決まっています（H_2O_2は例外で酸素の酸化数は－1）。よって，SO_2では酸素（－2）が2個あるので，硫黄の酸化数は＋4。

一方，SO_4^{2-}は全体の酸化数の総和が－2ですから，硫黄の酸化数をxとおいて式を立てます。

$x + (-2) \times 4 = -2$

$\therefore \quad x = +6$

∴ +4 …… 問(2) e の【答え】

∴ +6 …… 問(2) f の【答え】

問(2)の解説

岡野の着目ポイント 二酸化硫黄を通じると，②式の反応が起こり，溶液は白く濁るということですが，「**白く**」に着目です。これは硫黄ができることを意味してます。硫黄というのは，見ると黄色なんですが，溶液で濁ったときの色が白です。注意しておきましょう。

ここは酸化剤「☆$SO_2 \longrightarrow S$」，還元剤「☆$H_2S \longrightarrow S$」からつくれるのですが(→439ページ)，33ページでやったとおりなので，結論だけ示します。

SO_2は普通は還元剤としてはたらくが，反応相手がH_2Sのときだけは酸化剤としてはたらく。

$$2H_2S + SO_2 \longrightarrow 2H_2O + 3S \cdots\cdots ②$$

H_2Sがかならず強い還元剤としてはたらくから，SO_2は酸化剤としてはたらきます。これは入試問題に大変よく出ます。丸暗記でもいいですが，**自分でe^-を含む反応式(半反応式)から書いていくことを岡野流ではオススメします。**

∴ H_2O …… 問(2) g の【答え】

∴ S …… 問(2) h の【答え】

硫化水素の硫黄の酸化数の変化は，H_2SがSになったわけですから，

$$\overset{(+1)}{H_2}\overset{(-2)}{S} \rightarrow \overset{(0)}{S}$$

∴ −2 …… 問(2) i の【答え】

∴ 0 …… 問(2) j の【答え】

化合物中の水素の酸化数は+1です。また，二酸化硫黄の硫黄の酸化数は［ e ］から［ j ］に変化するということで，+4から0ですね。

ポイントはあくまでも，まず反応式が書けるかどうかです。丸暗記ではなく，e^-を含む反応式（半反応式）からかなり書けるというその事実を知れば，無機化学も結構理論的に説明できますね。よく復習しておきましょう。

それでは第1講はここまでです。次回またお会いいたしましょう。

第 2 講

非金属元素（2）

- 単元 1　気体の製法と検出法　化学
- 単元 2　気体の乾燥剤　化学
- 単元 3　窒素とその化合物，リンとその化合物　化学
- 単元 4　炭素，ケイ素とその化合物　化学

第 2 講のポイント

今日は第 2 講「非金属元素 (2)」をやってまいります。入試にも頻出で，はっきり言って暗記が多いところです。がんばりどころですよ。

複雑な反応式も「岡野流」で理解できます。頭の中をきっちり整理しながら覚えましょう。

単元1 気体の製法と検出法

化学

1-1 気体の製法

まず気体の発生法についてやっていきます。何はともあれ，表にまとめたので見てみましょう。

単元1 要点のまとめ①

● 気体の製法と検出法

気体名	分子式	製法（薬品）	化学反応式	補集法	色	におい	見分け方（検出法）	装置図46ページ
酸素	O_2	(1)塩素酸カリウムに酸化マンガン（Ⅳ）を加えて熱する。 (2)過酸化水素に酸化マンガン（Ⅳ）を加える。	重要★★★ (1)$2KClO_3 \xrightarrow{MnO_2} 2KCl + 3O_2\uparrow$ (2)$2H_2O_2 \xrightarrow{MnO_2} 2H_2O + O_2\uparrow$	水上置換	無	無	マッチの燃えさしを入れると再び明るく燃え出す。	(A) (C)
オゾン	O_3	酸素中で無声放電をおこなう。	重要★★★ $3O_2 \longrightarrow 2O_3\uparrow$	―	淡青色	特異臭	KIデンプン紙を青変する。漂白性がある。	―
水素	H_2	(1)亜鉛に希硫酸を加える。 (2)ナトリウムを水と反応させる。	重要★★★ (1)$Zn + H_2SO_4 \longrightarrow ZnSO_4 + H_2\uparrow$ (2)$2Na + 2H_2O \longrightarrow 2NaOH + H_2\uparrow$	水上置換	無	無	空気と混ぜて点火すると爆発音を出して燃える。	(C) (C)
窒素	N_2	亜硝酸アンモニウムを加熱する。	重要★★★ $NH_4NO_2 \longrightarrow 2H_2O + N_2\uparrow$	水上置換	無	無	不燃性で，石灰水を入れても白濁しない。	(B)
塩素	Cl_2	(1)酸化マンガン（Ⅳ）に濃塩酸を加えて熱する。 (2)さらし粉に希塩酸を加える。 (3)高度さらし粉に希塩酸を加える。	重要★★★ (1)$MnO_2 + 4HCl \longrightarrow MnCl_2 + 2H_2O + Cl_2\uparrow$ (2)$CaCl(ClO)\cdot H_2O + 2HCl \longrightarrow CaCl_2 + 2H_2O + Cl_2\uparrow$ (3)$Ca(ClO)_2\cdot 2H_2O + 4HCl \longrightarrow CaCl_2 + 4H_2O + 2Cl_2\uparrow$	下方置換	黄緑色	刺激臭	KI水溶液に通じるとI_2を遊離する。水でぬらした青または赤色リトマス紙を漂白する。KIデンプン紙を青変する。	(B) (C)
塩化水素	HCl	食塩に濃硫酸を加えて熱する。	重要★★★ $NaCl + H_2SO_4 \longrightarrow NaHSO_4 + HCl\uparrow$	下方置換	無	刺激臭	濃アンモニア水をつけたガラス棒を近づけると濃い白煙を生じる。水溶液は強酸性。	(B)

硫化水素	H_2S	硫化鉄（Ⅱ）に希塩酸または希硫酸を加える。	重要★★★ $FeS + H_2SO_4 \longrightarrow FeSO_4 + H_2S\uparrow$	下方置換	無	腐卵臭	鉛糖紙（酢酸鉛（Ⅱ）水溶液をぬった紙）を黒変する。	(C)
アンモニア	NH_3	塩化アンモニウムに消石灰を加えて熱する。	重要★★★ $2NH_4Cl + Ca(OH)_2 \longrightarrow CaCl_2 + 2H_2O + 2NH_3\uparrow$	上方置換	無	刺激臭	濃塩酸をつけたガラス棒を近づけると濃白煙を生じる。水でぬらした赤色リトマス紙を青変する。	(A)
二酸化硫黄	SO_2	銅に濃硫酸を加えて熱する。	重要★★★ $Cu + 2H_2SO_4 \longrightarrow CuSO_4 + 2H_2O + SO_2\uparrow$	下方置換	無	刺激臭	$KMnO_4$の硫酸酸性溶液を無色にする（還元性）。水溶液は弱酸性。漂白作用がある。	(B)
一酸化窒素	NO	銅に希硝酸を加える。	重要★★★ $3Cu + 8HNO_3 \longrightarrow 3Cu(NO_3)_2 + 4H_2O + 2NO\uparrow$	水上置換	無	無	空気と混ぜるとNO_2となり，赤褐色の気体になる。	(C)
二酸化窒素	NO_2	銅に濃硝酸を加える。	重要★★★ $Cu + 4HNO_3 \longrightarrow Cu(NO_3)_2 + 2H_2O + 2NO_2\uparrow$	下方置換	赤褐色	刺激臭	赤褐色の気体。水溶液は強酸性。	(C)
一酸化炭素	CO	ギ酸に濃硫酸を加えて熱する。	重要★★★ $HCOOH \xrightarrow{H_2SO_4} H_2O + CO\uparrow$	水上置換	無	無	点火すると青い炎を出して燃える。CO_2だけができる。	(B)
二酸化炭素	CO_2	大理石に希塩酸を加える。	重要★★★ $CaCO_3 + 2HCl \longrightarrow CaCl_2 + H_2O + CO_2\uparrow$	下方置換	無	無	不燃性で，石灰水を入れて振ると白濁する。	(C)
エチレン	C_2H_4	エタノールに濃硫酸を加え，160℃以上で熱する。	重要★★★ $C_2H_5OH \xrightarrow{H_2SO_4} H_2O + C_2H_4\uparrow$	水上置換	無	無	臭素水を脱色する。	(B)
アセチレン	C_2H_2	炭化カルシウム（カーバイド）に水を注ぐ。	重要★★★ $CaC_2 + 2H_2O \longrightarrow Ca(OH)_2 + C_2H_2\uparrow$	水上置換	無	特異臭	燃やすと多量のすすを出す。臭素水を脱色する。	(C)
ホルムアルデヒド	HCHO	メタノールに赤熱した銅線をふれさせる。	重要★ $CH_3OH + CuO \longrightarrow H_2O + Cu + HCHO\uparrow$	―	無	刺激臭	銀鏡反応。フェーリング反応。	―

■ 酸素の製法

酸素の場合，製法は2つあります。塩素酸カリウムに酸化マンガン（Ⅳ）を加えて熱するか，過酸化水素に酸化マンガン（Ⅳ）を加える。この場合の酸化マンガン（Ⅳ）は共に触媒なんです。だから反応式には関係ありません。もし，どうしても書きたい場合には，反応式の→の上に書くのです。

重要★★★　(1) $2KClO_3 \xrightarrow{MnO_2} 2KCl + 3O_2\uparrow$

重要★★★　(2) $2H_2O_2 \xrightarrow{MnO_2} 2H_2O + O_2\uparrow$

アドバイス　触媒は一般に反応速度を大きくしますが，触媒自身は化学反応を起こしません。

■ オゾンの製法

オゾンの製法ですが，これは酸素中で無声放電をおこないます。ガラス管の中に酸素を入れておいて，両端にそれぞれプラスとマイナスの電圧をかけるんです。要するに正極と負極を結びます。それで1万ボルトとか2万ボルトとかすごい電圧をかけて反応させると，無声（無音）の放電が起きます。それでO_2がO_3になります。

重要★★★　$3O_2 \longrightarrow 2O_3\uparrow$

■ 水素の製法

水素は，亜鉛に希硫酸（または希塩酸も可）を加えたり，金属ナトリウムに水を加えたりすると発生します。

重要★★★　(1) $Zn + H_2SO_4 \longrightarrow ZnSO_4 + H_2\uparrow$

重要★★★　(2) $2Na + 2H_2O \longrightarrow 2NaOH + H_2\uparrow$

■ 窒素の製法

それから窒素の製法は，亜硝酸アンモニウムを加熱する。**第1講**で硫酸に対して亜硫酸というものが出てきましたよね。今回は亜硝酸アンモニウム（NH_4NO_2）の「2」がポイントです。ちなみに硝酸アンモニウムはNH_4NO_3ですね。亜硝酸アンモニウムの式がわかれば化学反応式は書けますね。

重要★★★　$NH_4NO_2 \longrightarrow 2H_2O + N_2\uparrow$

■ 塩素の製法

塩素は，酸化マンガン（Ⅳ）に濃塩酸を加えて加熱します。この場合の酸化マンガン（Ⅳ）は化学反応に関係します。酸素の製法のときの酸化マンガン（Ⅳ）は触媒ですから関係しない。そこを注意しておきましょう。

重要★★★　(1) $MnO_2 + 4HCl \longrightarrow MnCl_2 + 2H_2O + Cl_2\uparrow$

この反応式を半反応式よりつくってみましょう。

☆ $\boxed{MnO_2 \longrightarrow Mn^{2+}}$（酸化剤）　☆ $\boxed{2Cl^- \longrightarrow Cl_2}$（還元剤）

$MnO_2 + 4H^+ + 2e^- \longrightarrow Mn^{2+} + 2H_2O$ —— ㋑

$2Cl^- \longrightarrow Cl_2 + 2e^-$ —— ㋺

㋑と㋺を1本の式にする（e^-を消去する）。

㋑＋㋺　$MnO_2 + 4H^+ + 2e^- \longrightarrow Mn^{2+} + 2H_2O$

$+)\quad 2Cl^- \longrightarrow Cl_2 + 2e^-$

$MnO_2 + 4H^+ + 2Cl^- \longrightarrow Mn^{2+} + 2H_2O + Cl_2$

（$4H^+$ ↑ $2Cl^-$、Mn^{2+} ↑ $2Cl^-$）

両辺に$2Cl^-$を加える。

$\therefore\quad MnO_2 + 4HCl \longrightarrow MnCl_2 + 2H_2O + Cl_2\uparrow$

図2-1 は乾燥した塩素を発生させるための装置図です。この図は入試に頻出するので，覚えておきましょう。

重要★★★

図2-1

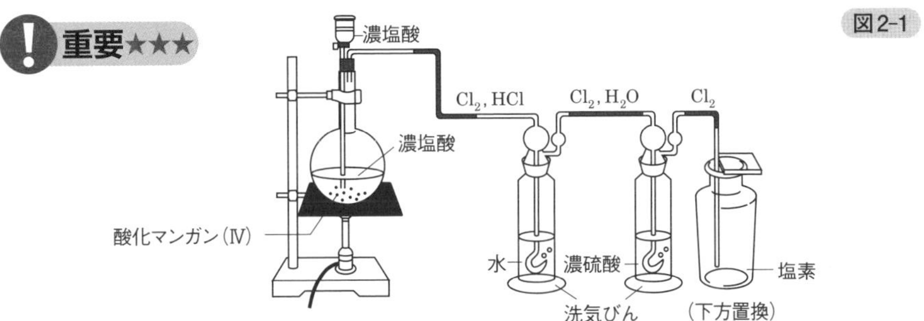

発生する塩素には，濃塩酸から生じる**塩化水素**が含まれているので，**洗気びん中の水に通してこれを取り除き**，次に水に通したときに加わった**水分**を，**洗気びん中の濃硫酸（乾燥剤→50ページ）に通して取り除きます。**

あとはさらし粉（$CaCl(ClO)\cdot H_2O$）や高度さらし粉（$Ca(ClO)_2\cdot 2H_2O$）に希塩酸を加えて発生させます。これらも知っておいてください。

重要★★★　**(2)** $CaCl(ClO)\cdot H_2O + 2HCl \longrightarrow CaCl_2 + 2H_2O + Cl_2\uparrow$

重要★★★　**(3)** $Ca(ClO)_2\cdot 2H_2O + 4HCl \longrightarrow CaCl_2 + 4H_2O + 2Cl_2\uparrow$

■ **塩化水素の製法**

塩化水素は，食塩に濃硫酸を加えて加熱します。

重要★★★　$NaCl + H_2SO_4 \longrightarrow NaHSO_4 + HCl\uparrow$

（NaClの係数）→ 2ではダメ

これは，NaClの係数がポイント。**2ではダメです。**2にしても，理論的には次のように化学反応式は書けるんです。

（$2NaCl + H_2SO_4 \longrightarrow Na_2SO_4 + 2HCl$）

だけど実際の反応はそうはなっていない。**かならずNaClの係数は1で反応は起きている。**ここはどうぞ注意してください。

■ 硫化水素の製法

硫化水素は**第1講**でやったように，硫酸でやっても塩酸でやってもどちらでも発生させられます。ここでは硫酸を用いた式を紹介しました。

重要★★★ $FeS + H_2SO_4 \longrightarrow FeSO_4 + H_2S\uparrow$

■ アンモニアの製法

アンモニアは，塩化アンモニウムNH_4Clに消石灰を加えて加熱し，生成させます。**「消石灰」とは，水酸化カルシウム$Ca(OH)_2$の固体のことです。**言葉を覚えておきましょう。

重要★★★ $2NH_4Cl + Ca(OH)_2 \longrightarrow CaCl_2 + 2H_2O + 2NH_3\uparrow$

■ 二酸化硫黄の製法

二酸化硫黄については，**第1講**で反応式を書きました。この反応式のCuとH_2SO_4の**1**と**2**という係数を覚えておくと簡単に書けます。

重要★★★ $Cu + 2H_2SO_4 \longrightarrow CuSO_4 + 2H_2O + SO_2\uparrow$

■ 一酸化窒素と二酸化窒素

一酸化窒素と二酸化窒素は，銅に希硝酸と濃硝酸をそれぞれ加えて発生させます。この反応式も大変よく出ます。**CuとHNO_3の，3と8という係数，1と4という係数を覚えておくと，自分で簡単に書けるようになります。**

重要★★★ 一酸化窒素　$3Cu + \underset{(希硝酸)}{8HNO_3} \longrightarrow 3Cu(NO_3)_2 + 4H_2O + 2NO\uparrow$

重要★★★ 二酸化窒素　$Cu + \underset{(濃硝酸)}{4HNO_3} \longrightarrow Cu(NO_3)_2 + 2H_2O + 2NO_2\uparrow$

■ 一酸化炭素の製法

一酸化炭素の製法は，ギ酸HCOOHという物質に濃硫酸を加えて加熱します。濃硫酸は触媒ですから，反応には関係ないので，→の上に書いておきます。

重要★★★ $HCOOH \xrightarrow{H_2SO_4} H_2O + CO\uparrow$

■ **二酸化炭素の製法**

それから二酸化炭素，これは大理石（主成分は炭酸カルシウム$CaCO_3$）に希塩酸を加えるという反応です。

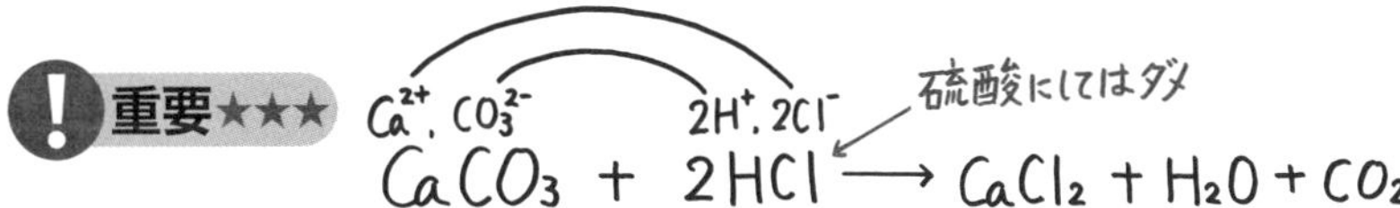

これは硫酸（H_2SO_4）を使ってはいけません。硫酸を使うと，硫酸カルシウム（$CaSO_4$）という水に溶けない沈殿物ができてしまいます。そうするとその水に溶けない硫酸カルシウムの膜が炭酸カルシウムの上を覆ってしまうんです。さらに硫酸を加えたとしても，硫酸カルシウムに硫酸は反応しないんです 図2-2 。弱酸の塩$CaCO_3$（弱酸である炭酸からできた塩）と強酸HClという関係なら反応するのですが，硫酸カルシウム（$CaSO_4$）は，もとの酸は強酸である硫酸なんです。だから強酸からできた塩$CaSO_4$に，それと同じ強酸である硫酸（H_2SO_4）を加えても反応しないのです。**塩酸で反応させるけど硫酸では反応させないということをおさえておきましょう。**

図2-2

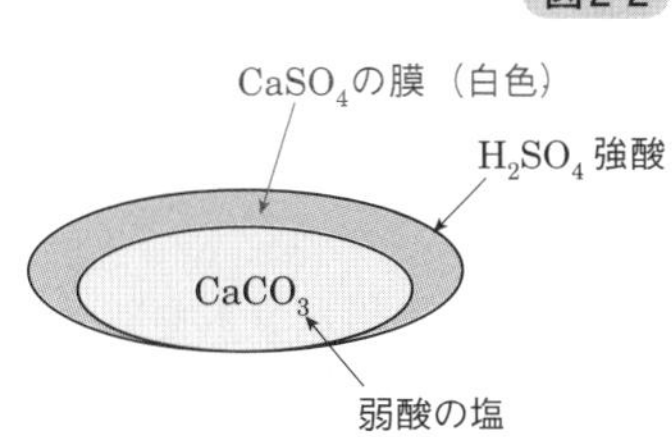

また，$2H^+$とCO_3^{2-}から，H_2CO_3ができると書いてはバツになります。炭酸（H_2CO_3）という便宜的なものがあるけれど，**実際にはこれは二酸化炭素と水の混合物なんです（炭酸飲料の泡など）。だから$H_2O + CO_2$という書き方をしなくちゃいけません。**

■ **エチレンの製法**

エチレンという気体ですが，これはエタノールに触媒（濃硫酸）を加えて**160℃**以上で加熱します。エチレンについては有機化学で詳しくやります。

重要★★★ $C_2H_5OH \xrightarrow[160^\circ C]{H_2SO_4} H_2O + C_2H_4 \uparrow$

■ **アセチレンの製法**

アセチレンは，有機でも無機でも両方とも出てきます。

重要★★★ $CaC_2 + 2H_2O \longrightarrow Ca(OH)_2 + C_2H_2 \uparrow$

CaC_2は炭化カルシウムあるいはカルシウムカーバイド，単にカーバイド，C_2H_2はアセチレンといいます（詳しくは有機化学で！）。

で，**H_2Oの係数は1ではダメ**。これは1だと，右辺が$CaO + C_2H_2$という形になってしまうんです（$CaC_2 + H_2O \longrightarrow CaO + C_2H_2$）。でも実際はこういう反応は起きない。CaOという形でとどまっていられないんです。これは水が加わるとすぐに$Ca(OH)_2$になってしまう。だから，この式は意識的に知っていなくちゃいけない。1ではダメ。いいですね。

■ **ホルムアルデヒドの製法**

ホルムアルデヒドは有機化学でやります。とりあえず**ホルムアルデヒドは気体だということを覚えておいてください**。よろしいですね。

重要★　$CH_3OH + CuO \longrightarrow H_2O + Cu + HCHO\uparrow$

1-2 気体の色やにおい

あとは頻出ポイントをおさえていきます。まずは色ですが，オゾンの「**淡青色**」，これは軽めでいいでしょう。頻出なのは，**塩素の「黄緑色」，二酸化窒素の「赤褐色」です**。残りの気体は全部無色なんです。よろしいですね。

次に，においはいろいろあります。「これだ」と特定できるのは，**硫化水素の腐卵臭（悪臭）です**。

1-3 気体の見分け方（検出法）

気体の見分け方（検出法）です。これもいろいろとあるので，みなさん「単元1 要点のまとめ①」（→40～41ページ）の表を時間をかけてきっちりと復習しておいてください。ここでは，**漂白作用**に注目しておきます。**オゾン，塩素，二酸化硫黄の3つです**。オゾンはそんなに出ませんが，塩素の漂白と二酸化硫黄の漂白がよく出ます。これはよく対比され，**塩素のほうは酸化剤，二酸化硫黄のほうは還元剤としての性質が強いために漂白作用が起こります**。

1-4 気体の発生装置

気体の発生装置についてまとめておきます。固体と固体から発生なのか，固体と液体から発生なのかで装置が異なります 図2-3 。

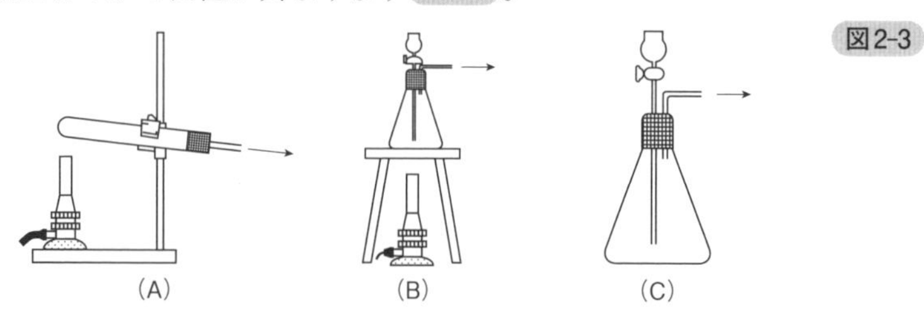

図2-3

単元1 要点のまとめ②

● 気体の発生装置

固体と固体（通常加熱を要する）… (A)

固体と液体 { 加熱を要する … (B)
加熱を要しない … (C)

加熱が必要なものをもっとわかりやすく岡野流でちょっとまとめてみました。

気体の発生装置で加熱が必要（8つ）

重要★★★

・濃硫酸との反応（4つ）

・固体と固体の反応 { $KClO_3$ と MnO_2
NH_4Cl と $Ca(OH)_2$

・その他 { MnO_2 と HCl
$NH_4NO_2 \longrightarrow 2H_2O + N_2$

まず，**濃硫酸が関係しているとき，これは全部加熱が必要なんです。**「単元1 要点のまとめ①」（→40～41ページ）の表から読みとっていくのはなかなか大変ですが，そうなっています。例えばHClは，**食塩に濃硫酸を加えて熱する。**次に SO_2 は，**銅に濃硫酸を加えて熱する。**それからCOも，**ギ酸に濃硫酸を加えて熱します。**さらに C_2H_4 も**エタノールに濃硫酸を加えて熱します。以上，4つがあります。**濃硫酸との反応は全部加熱なんです。ちなみに，希硫酸の場合は加熱じゃありません。

それから**固体と固体って，やっぱり反応しにくいから加熱するんです。**1つは酸素の発生法です。**塩素酸カリウム（$KClO_3$）と酸化マンガン（Ⅳ）MnO_2 は両方とも固体どうし**を**試験管に入れて加熱するんです。**それからもう1つはアンモニアの発生法で，**塩化アンモニウム（NH_4Cl）と消石灰（$Ca(OH)_2$）です。**これも固体と固体の反応なんです。

その他の2つは脈絡なく出てくるので注意しましょう。1つは**MnO_2 とHCl（塩酸）の反応**です。それとあとは**$NH_4NO_2 \longrightarrow 2H_2O + N_2$ という窒素の製法です。**以上あわせて**8つ**の反応で加熱が必要です。

もし，細かいところまでできるようであれば，ここまでやってください。ただし，**表の化学反応式，捕集法，色（O_3 の淡青色，Cl_2 の黄緑色，NO_2 の赤褐色，**

その他は無色），におい（腐卵臭のみ），見分け方は覚えておかないといけません。 よろしいですね。

1-5 気体の捕集方法

さて，ここからはまた大切です。今度は，気体の捕集方法をやります。方法は3つあって，水に溶けにくい気体は水上置換，水に溶けやすく空気より重い気体は下方置換，水に溶けやすく空気より軽い気体は上方置換を用います 図2-4 。

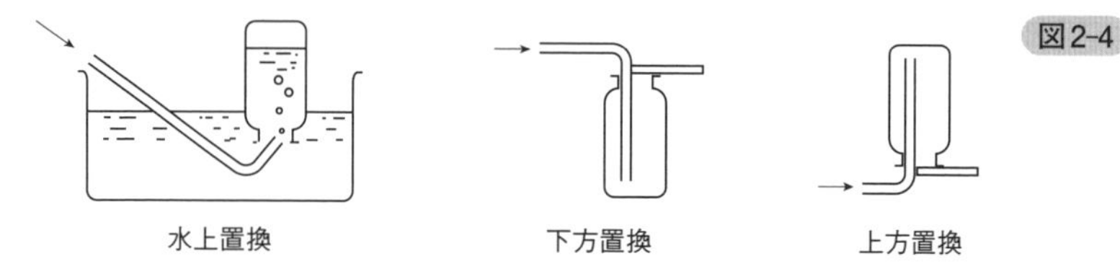

単元1 要点のまとめ③

● **気体の捕集方法**

重要★★★

水に溶けにくい気体……………………………**水上置換**

水に溶けやすい気体 ｛空気より重い……**下方置換**
　　　　　　　　　　 空気より軽い……**上方置換**

集気びんに全部水が入っていたけれども，気体のほうが水より軽いから上に上がっていき，水が下に押し下げられていって気体が集まっていく。これが水上置換です。

下方（置換）は管の先の向きが下向きです。上方（置換）は管の先が上を向いている。 そこで判断してください。

■ **水上置換はこう覚えよう！**

さて，これらの捕集方法を手際よく覚えるにはどうしたらいいか？　次の「岡野流　必須ポイント③」を見てください。

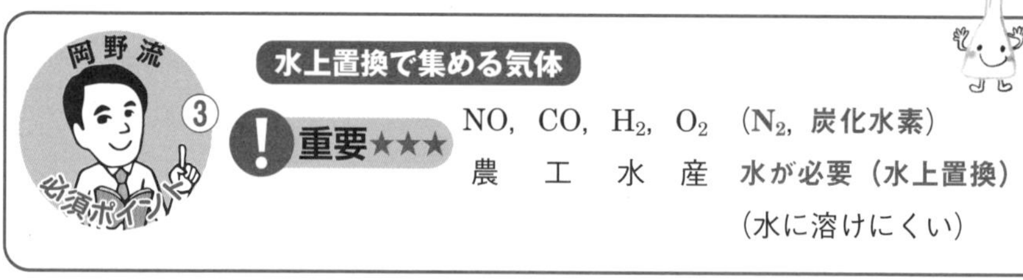

岡野流
必須ポイント
③
水上置換で集める気体
重要★★★
NO，CO，H2，O2　（N2，炭化水素）
農　工　水　産　水が必要（水上置換）
（水に溶けにくい）

「農工水産，水が必要」と覚えるんです。**農業（NO）・工業（CO）・水（H_2）産（O_2）業。**農業は水がないと干上がってしまう。工業も冷却水など多量の水が必要。水産業も水がないと魚が生きていけない。水が必要ということで，水上置換なんです。さらに**窒素（N_2）やすべての炭化水素（炭素と水素の化合物）も水上置換です。**これらは全て水に溶けにくい気体です。残りは全部，上方置換か下方置換です。

■ **上方置換**

まず上方置換は，水に溶けやすく空気より軽い気体。**これは調べてみると1つしかありません！　アンモニアNH_3だけ。**分子量17です。

上方置換……水に溶けやすく空気より軽い気体
NH_3＝17

■ **下方置換**

水上置換と上方置換以外の残りは全て下方置換ということになりますが，これは水に溶けやすく空気より重い気体。例としてNO_2やCO_2がありますが，NOやCOは水上置換でした。これらは2がつく（NO_2，CO_2）ともう水に溶けやすくなる。いいですね。他にもCl_2とかHClとかたくさんあります。だから，いちいち覚えない。

下方置換……水に溶けやすく空気より重い気体
例 NO_2，CO_2，Cl_2，HCl……。

ということで全部できあがりです。だから，一番のポイントは**「農工水産，水が必要」で水上置換**のものと**上方置換のNH_3**をおさえておくんです。それ以外の気体は全て下方置換です。

空気の平均分子量
風がフク（29）

空気の平均分子量は「**風がフク**」と覚えてください。**「フク」で29**（正確には28.8）。空気の流れは風ですから，空気と風は非常に関係がある。空気より重いか軽いかというのは，この29より分子量が多いか少ないかです。アンモニアの場合，分子量は17です。だから軽い。ところがNO_2は46だから重い。CO_2は44，Cl_2は71，HClは36.5と，あとは全部29よりも大きい，すなわち空気より重いのです。よろしいですね。

単元2 気体の乾燥剤

化学

次に気体の乾燥剤です。文字どおり気体を乾燥させるために使われるものを挙げます。

2-1 気体の乾燥剤は例外に注意

まずは，まとめておきます。

単元2 要点のまとめ①

● 気体の乾燥剤

重要★★★

乾燥剤 ＼ 気体		中性			酸性					塩基性
		H_2	O_2	CH_4	HCl	Cl_2	SO_2	CO_2	H_2S	NH_3
酸性	濃硫酸（H_2SO_4）	○	○	○	○	○	○	○	×	×
	P_4O_{10}	○	○	○	○	○	○	○	○	×
塩基性	CaO	○	○	○	×	×	×	×	×	○
	CaO＋NaOH（ソーダ石灰）	○	○	○	×	×	×	×	×	○
中性	$CaCl_2$	○	○	○	○	○	○	○	○	×

☆　酸性の乾燥剤と中性，酸性の気体は使用可能。

☆　塩基性の乾燥剤と中性，塩基性の気体は使用可能。

☆　中性の乾燥剤とどの気体とも使用可能。

×　例外

濃硫酸とH_2Sは，H_2Sが酸化されてSに変化してしまい使用不可。

また，$CaCl_2$はNH_3と反応して$CaCl_2$・$8NH_3$となるので使用不可。

表のタテの項目に，乾燥剤が5つあります。濃硫酸は液体で残り4つは固体です。

■ **酸性の乾燥剤**

まず，濃硫酸（H_2SO_4）は液体で，水を吸収する性質があります。それからP_4O_{10}は「十酸化四リン」といいます。これは固体です。水に溶かすとリン酸になります。濃硫酸，十酸化四リンは水に溶かすと両方とも酸性だから，酸性の乾燥剤です。

■ **塩基性の乾燥剤**

酸化カルシウム CaO は固体です。それから，CaO と NaOH の固体の混合物，これを「ソーダ石灰」といいます。これは共に水に溶かすと塩基性を示します。

■ **中性の乾燥剤**

$CaCl_2$ は中性の乾燥剤です。もとの酸は塩酸，もとの塩基は水酸化カルシウム 図2-5。強酸と強塩基からできた塩で，中性を示します。

図2-5

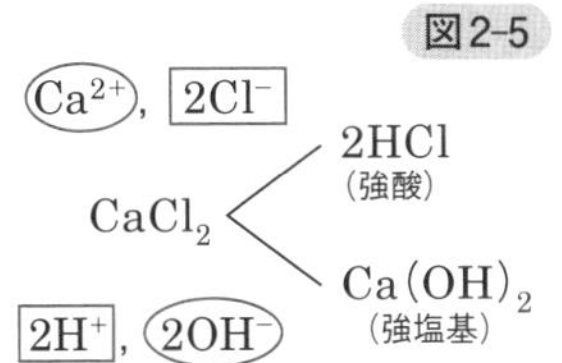

次に表のヨコの項目，気体の性質についてです。

■ **気体の酸性，中性，塩基性**

気体の中性，塩基性，酸性は気体の捕集法と関係づけるとわかりやすいです。

H_2，O_2，CH_4（メタン）は，気体としての性質はすべて**中性**です。**これら3つの気体はすべて水に溶けにくいことに注意。**さきほど**「岡野流　必須ポイント③」の「農工水産，水が必要」**で出た水上置換で捕集する気体はすべて**中性**です。**水に溶けにくいと中性なのです。** NO，CO，N_2 もこれに当てはまりますね。それから，**塩基性**はアンモニア（NH_3）だけしかない。上方置換で捕集する気体です。したがって，**酸性**のものは残り下方置換で捕集する全部の気体です。

アドバイス CH_4（メタン）の製法

酸酸ナトリウム（固体）と水酸化ナトリウム（固体）を混合し，加熱して発生させます。

重要★★★ $CH_3COONa + NaOH \longrightarrow Na_2CO_3 + CH_4$ この化学反応式も入試によく出題されますので，ぜひ覚えておいてくださいね。CH_4（メタン）は炭化水素の一種で水に溶けにくいので水上置換で捕集します。

■ **使用可能？それとも不可？**

それで「単元2　要点のまとめ①」の☆印3つを考えます。

☆印1番目，「酸性の乾燥剤と中性，酸性の気体は使用可能」。言いかえれば，**酸性の乾燥剤と塩基性の気体はダメということです。これは酸と塩基の中和反応を起こしてしまうからです。**表でいうと，塩基性のアンモニアが酸性の乾燥剤では×印です。

☆印2番目，「塩基性の乾燥剤と中性，塩基性の気体は使用可能」。**やっぱり中和反応を起こしてしまうから，酸性の気体はダメ。**

☆印3番目，「中性の乾燥剤とどの気体とも使用可能」。

この3つは原則論です。ところが必ず例外があります。いいですか。

まず酸性の乾燥剤である濃硫酸と酸性の気体 H_2S（硫化水素），この組み合わせはダメです。「単元2　要点のまとめ①」の表の×のところ。なぜなら，濃硫酸は酸化剤で，H_2S は還元剤だからです。H_2S が酸化されてSに変化してしまうので使用不可。つまり，酸化還元反応が起きるからダメなんです。

それからもう1つ，**中性の乾燥剤 $CaCl_2$ は塩基性の気体 NH_3 との反応で $CaCl_2 \cdot 8NH_3$（この化学式は覚えないでいいですよ）という物質をつくってしま**

います。つまり化学変化を起こしてしまうからダメです。こちらも「単元2　要点のまとめ①」の表の×のところです。

この2つの例外が入試によく出ますから，そこのところを注意してください。では，演習問題にいきましょう。

演習問題で力をつける④

気体の発生法をおさえよう！

問　次の①～⑤は通常，実験室で気体を発生させるときに必要な試薬の組み合わせを示したものである。これらの試薬を用いる気体の発生法および発生する気体の反応について以下の問いに答えよ。

① 塩化ナトリウムと濃硫酸
② 塩化アンモニウムと水酸化カルシウム
③ 亜鉛と希硫酸
④ 硫化鉄（Ⅱ）と希塩酸
⑤ 銅と濃硫酸

（1）右図は気体の発生および捕集に必要な装置の概略を示したものである。①～⑤の試薬の組み合わせによる気体の発生および捕集に最も適切な装置を選び，記号で答えよ。また，発生する気体を化学式で示せ。

（2）①～⑤で発生する気体のうち，水に溶解して酸性を示すものは何種あるか。

図2-6

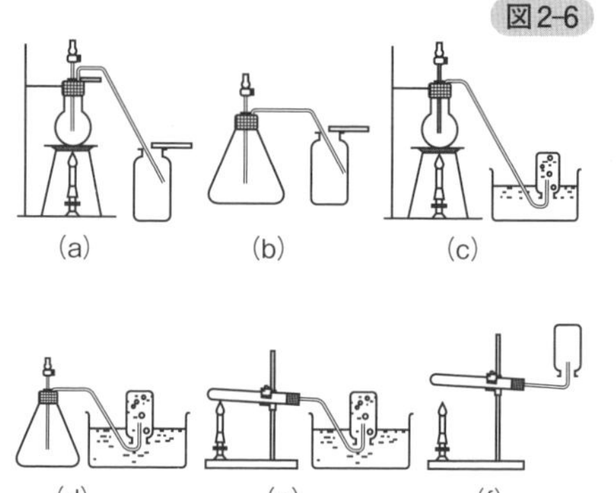

さて，解いてみましょう。

①～⑤で加熱が必要なものはどれかがポイントです。また「発生する気体を**化学式**で示せ」ですから，**化学反応式ではありませんよ。**注意しましょう。

問 (1) ①の解説　「塩化ナトリウムと濃硫酸」。希硫酸を加えても塩化ナトリウムとは何の反応も起こしません。ですから，濃硫酸を加える。**1-4** で，濃硫酸が関係している反応は，加熱が必要だと書きました。よって，

重要★★★ $NaCl + H_2SO_4 \xrightarrow{加熱} NaHSO_4 + HCl\uparrow$

岡野のこう解く 発生する気体は塩化水素です。**「農工水産」の中にHClは含んでいませんでした。**ということは，下方置換か上方置換です。上方置換は，空気より軽いからアンモニアしかないでしょう。そうすると，これは下方置換になります。下方置換で，しかも加熱が必要だから装置(a)ですね。

∴ 装置：(a)，気体：**HCl** …… **問(1)①** の【答え】

問(1)②の解説 「塩化アンモニウムと水酸化カルシウム」が反応するとアンモニアが発生します。

重要★★★ $\underset{(固)}{2NH_4Cl} + \underset{(固)}{Ca(OH)_2} \xrightarrow{加熱} CaCl_2 + 2NH_3\uparrow + 2H_2O$

アンモニアは上方置換でした。よって，

∴ 装置：(f)，気体：**NH$_3$** …… **問(1)②** の【答え】

岡野の着目ポイント さて，塩化アンモニウムと水酸化カルシウムは共に**固体で，固体と固体が反応する場合は試験管を使い，加熱が必要だと** 1-4 **で言いました。**ここで 図2-7 を見てください。塩化アンモニウムと水酸化カルシウムをガスバーナーで加熱します。

図2-7

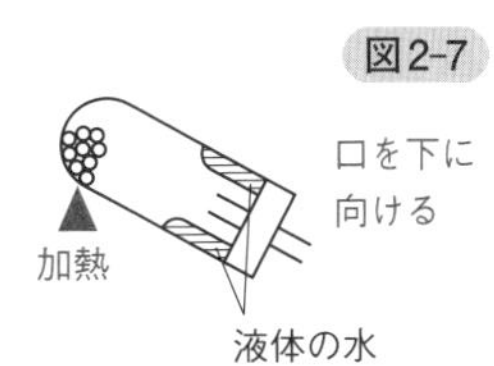

加熱すると，最初は温度が高いところでは水蒸気が出てきます。ところが，試験管の口のほうでは水蒸気が冷やされ，だんだん液体の水ができてきます。

仮に試験管の口を斜め上に向けたとすると，加熱しているところに液体の水がもどっていきます。すると，水になって冷えたものが温度の高いところに入っていきますから，急激に温度が下がり，この試験管が破損してしまうんです。非常に危ないんです！

ですから，**水が発生しているときには，試験管はいつでも口を下に向けておきます。**

問 (1) ③の解説「亜鉛と希硫酸」は，希硫酸ですから加熱する必要はありません。

重要★★★ $Zn + H_2SO_4 \longrightarrow ZnSO_4 + H_2\uparrow$

水素が発生します。「農工水産」に該当するから水上置換ですね。水上置換は(c)，(d)，(e)とありますが，加熱が必要ないから(d)です。

∴　装置：(d)，気体：H_2 …… **問 (1) ③** の【答え】

問 (1) ④の解説「硫化鉄（Ⅱ）と希塩酸」。FeS + 2HCl。これは，「弱酸の塩と強酸」から「強酸の塩と弱酸」という反応でした。

重要★★★ $FeS + 2HCl \longrightarrow FeCl_2 + H_2S\uparrow$
（弱酸の塩＋強酸 ⇄ 強酸の塩＋弱酸）

これは希塩酸を希硫酸と置き換えても構いませんでした。今回の場合は硫化水素（H_2S）が発生する。**硫化水素は，「農工水産」の中に含まれていないから，これは上方置換か下方置換です。**さらに上方置換はアンモニアのみだから，これは下方置換になります。下方置換で，加熱は必要ないので，

∴　装置：(b)，気体：H_2S …… **問 (1) ④** の【答え】

問 (1) ⑤の解説「銅と濃硫酸」は濃硫酸が関係する反応なので加熱が必要です。

重要★★★ $Cu + 2H_2SO_4 \xrightarrow{\text{加熱}} CuSO_4 + SO_2\uparrow + 2H_2O$

加熱で発生する気体がSO_2なので下方置換です。

∴　装置：(a)，気体：SO_2 …… **問 (1) ⑤** の【答え】

問 (2) の解説「①～⑤で発生する気体のうち，水に溶解して酸性を示すものは何種あるか」ですが，それぞれの気体の水に溶けたときの性質をここに書いてみました。51ページの「気体の酸性，中性，塩基性」でも言いましたが，**水に溶けにくい気体（水上置換で捕集する気体）は中性でしたね。するとアンモニアNH_3（上方置換で捕集する気体）だけが塩基性なので，残りの下方置換で捕集する気体は全て酸性でしたね。**以上より酸性の気体は“3種”です。

HCl	NH_3	H_2	H_2S	SO_2
酸性	塩基性	中性	酸性	酸性

∴　**3種** …… **問 (2)** の【答え】

単元3 窒素とその化合物，リンとその化合物 化学

ここでは15族の窒素やリン，およびそれらの化合物について見ていきます。

3-1 ハーバー・ボッシュ法

まずは窒素に関係あるものとして，アンモニア(NH_3)の製法を取り上げます。アンモニアの工業的製法を「**ハーバー・ボッシュ法**」といいます。1906年，ドイツのハーバーとボッシュによって発明されたことからそう呼ばれます。

さきほど実験室でつくる方法として，塩化アンモニウムに水酸化カルシウムを加えて加熱する方法を紹介しました(→53ページ 図2-7)。これは薬品を買いそろえておこなうので，値段が高くつきます。そこで，安く多量につくる工業的な方法としてハーバー・ボッシュ法ができました。式は次のようになります。

重要★★★ $N_2 + 3H_2 \rightleftarrows 2NH_3 \quad \Delta H = -92\,kJ$ (Fe触媒)
(発熱)

92という数字は覚える必要はありません。**ただ発熱反応だということと，鉄Feを主成分とする触媒(Fe_3O_4)を用いるということは大切なので知っておきましょう。**そして，実際には圧力を高くして，温度は割と低めの500℃ぐらいでおこなわれます。

3-2 オストワルト法

次も窒素に関してですが，硝酸の工業的製法として「**オストワルト法**」があります。手順は，まずハーバー・ボッシュ法でつくったアンモニアを酸化します。

重要★★★ $4NH_3 + 5O_2 \xrightarrow{\text{白金網}} 4\boxed{NO} + 6H_2O$ ——①

酸素と反応させるんです。ここが，一番反応しづらいので，白金の網を触媒に用います。気体なので，網の目を通して接触させたほうが，効果が大きいんです。すると酸素と窒素で一酸化窒素(NO)，酸素と水素で水(H_2O)ができます。係数は暗算法(『化学基礎』第4講(→114ページ)，『理論化学』第1講(→43ページ)で求めます。

次に①式で出てきた一酸化窒素(NO無色)を空気中で放っておくと，勝手に酸化されて，二酸化窒素(NO_2赤褐色)になります(②)。

重要★★★ $2\boxed{NO} + O_2 \longrightarrow 2NO_2$ ――②

重要★★★ $3NO_2 + H_2O \longrightarrow 2HNO_3 + \boxed{NO}$ ――③

それから最後にNO_2が水H_2Oと反応して，硝酸HNO_3と一酸化窒素NOができます。このNOは忘れやすいので注意しましょう。③式の係数は，未定係数法という，例の方程式を使った方法で求めるのが一般的ですが時間がかかります。そこで**NO_2とH_2Oの3と1の係数を覚えておくと簡単に書けるようになります。**

①～③式とも，一酸化窒素（NO）を含んでいることがポイントです。

さらに，これら①～③式を1本の式にまとめます。これはどうするかというと，「NOとNO_2を消去」して1本の式に直します。

■ **岡野流速攻オストワルト法完成**

①～③式のNOとNO_2を消去したらどうなるか？　結果的に**NOとNO_2以外の物質は全部残ります。**それで，「岡野流・速攻オストワルト法完成」として，簡単に1本にまとめた式をつくってしまいます。**残る4つの物質（波線で示したもの）（NH_3, O_2, H_2O, HNO_3）を両辺に振り分けて係数をつけるとできあがりです。**いいですか，ではやってみます。

$$4NH_3 + 5O_2 \longrightarrow 4\boxed{NO} + 6H_2O \quad ――①$$
$$2\boxed{NO} + O_2 \longrightarrow 2NO_2 \quad ――②$$
$$3NO_2 + H_2O \longrightarrow 2HNO_3 + \boxed{NO} \quad ――③$$

そもそも，オストワルト法は硝酸をつくる方法だからHNO_3を右辺におきます。次にNH_3は左辺です。硝酸のNが右辺にあるので，アンモニアのNは左辺におく必要がありますね。あとは水（H_2O）ですが，仮に左辺にもってくると「アンモニア＋水」となり，電離してアンモニウムイオンができるだけです。これではおかしいので，水は右辺にもってきます。残った酸素（O_2）は左辺です。

これであと係数をそろえれば完成です。**このとき係数はほとんど1だったと覚えておけば，**O_2を2倍すればうまくいきます。

重要★★★ $NH_3 + 2O_2 \longrightarrow HNO_3 + H_2O$ ――④

①～③式はどの式にもNOを含むことを覚えておいて，最後の④式は今みたいにつくれると，ずいぶんラクです。

この「**オストワルト法**」は入試でも頻出なので，製法名と反応式と触媒は書けるようにしておきましょう。では，ここまでをまとめておきます。

速攻オストワルト法完成

オストワルト法の４本の式のうち，最後の１本は，NOとNO_2を消去して残る４つの物質（NH_3，O_2，H_2O，HNO_3）を，両辺に振り分けて係数をつけて完成させる。

単元3 要点のまとめ①

● 窒素とその化合物

(1) アンモニア（ハーバー・ボッシュ法）

重要★★★ $N_2 + 3H_2 \rightleftarrows 2NH_3$ $\Delta H = -92\,kJ$（発熱）（Fe触媒）（Fe_3O_4）

(2) 硝酸（オストワルト法）

重要★★★ $4NH_3 + 5O_2 \xrightarrow{白金網} 4NO + 6H_2O$ ……①

重要★★★ $2NO + O_2 \longrightarrow 2NO_2$ ……②

重要★★★ $3NO_2 + H_2O \longrightarrow 2HNO_3 + NO$ ……③

岡野流・速攻オストワルト法完成

（NO，NO_2を消去して１本の式に直す）

重要★★★ $NH_3 + 2O_2 \longrightarrow HNO_3 + H_2O$ ……④

アドバイス 硝酸は光によって分解されるので褐色びんに入れて保存します。
重要★★★ $4HNO_3 \xrightarrow{光} 4NO_2 + 2H_2O + O_2$ この化学反応式も入試に出題されます。

3-3 リンとその化合物

次にリンについて見ていきます。

■ リンの同素体

リンの同素体には「**黄**(おう)**リン**」と「**赤**(せき)**リン**」があります。

まず黄リンの分子式はP_4で，色は淡黄色の固体です。また，**発火点が低く，34℃くらいで勝手に自然発火します**。非常に危ない。仮に実験室に黄リンを放置しておきますと，34℃ぐらいに温度が上がる場合だってあります。そんなとき燃えて火事になったら大変です！　だから，かならず水中に保存します。**黄リン**

の「水中に保存」に対して，のちほど金属ナトリウムが「石油中に保存」と出てきます。混乱しやすいのでしっかり区別しておきましょう。それから**黄リンは「有毒」（猛毒）**です。つまり，黄リンは危ないんですね。

そして赤リンです。赤リンは多数の原子が結びつくのでP_4という分子式にはならず，P（組成式）で表します。色は暗赤色です。要するに赤っぽい。それから，発火点が高いので水の中に保存する必要はありません。また，「**無毒**」なので，空気中に放っておいて大丈夫です。

リンについては次の式が出題されます。重要です。

重要★★★　$4P + 5O_2 \longrightarrow P_4O_{10}$　（共に空気中で燃焼する）

リンを燃焼させると十酸化四リン（P_4O_{10}）になります。

■ **十酸化四リン**

では次に，十酸化四リンについてですが，これは乾燥剤です。さきほど単元2で出てきましたね。P_4O_{10}が分子式です。白色粉末で吸湿性があります。そして，十酸化四リンに水を加えて加熱すると，リン酸（H_3PO_4）になります。

重要★★★　$P_4O_{10} + 6H_2O \longrightarrow 4H_3PO_4$

この式も，必ず書けるようにしておいてくださいね。

■ **リン酸**

それから，リン酸H_3PO_4は3価の弱酸です。H^+が3つ飛び出すということ。

■ **リン酸カルシウム**

最後にリン酸カルシウム$Ca_3(PO_4)_2$です。価数に注目するとCa^{2+}が3つで6＋，$PO_4{}^{3-}$が2つで6－。これらが結びついてできた物質です 図2-8。

図2-8

$Ca_3(PO_4)_2$

Ca^{2+}　　$PO_4{}^{3-}$
Ca^{2+}　　$PO_4{}^{3-}$
Ca^{2+}

リン酸カルシウムはリン鉱石に多く含まれ，骨，歯の主成分です。骨はカルシウムからできていると言われますが，カルシウム単体ではなく，リン酸カルシウムが主成分なんです。

リン酸カルシウムから黄リンができる式を下に示します。

重要★★　$2Ca_3(PO_4)_2 + 6SiO_2 + 10C \longrightarrow 6CaSiO_3 + 10CO + P_4$

では，まとめておきます。

単元3 要点のまとめ②

●リンとその化合物

①リンの同素体（黄リン，赤リン）

黄リン（P_4）… 淡黄色の固体　発火点低い（34℃）。空気中で自然発火するため水中に保存。有毒（猛毒）。

赤リン………… 暗赤色の粉末　発火点高い。無毒。

重要★★★ $4P + 5O_2 \longrightarrow P_4O_{10}$（共に空気中で燃焼する）

②十酸化四リン（P_4O_{10}）… 白色粉末，吸湿性がある。

重要★★★ $P_4O_{10} + 6H_2O \longrightarrow 4H_3PO_4$

③リン酸（H_3PO_4）… 3価の弱酸。

④リン酸カルシウム（$Ca_3(PO_4)_2$）…リン鉱石に多く含まれ，骨，歯の主成分。

重要★★ $2Ca_3(PO_4)_2 + 6SiO_2 + 10C \longrightarrow 6CaSiO_3 + 10CO + P_4$

演習問題で力をつける⑤

ハーバー・ボッシュ法とオストワルト法をマスターせよ！

問 次の文章を読み，以下の問いに答えよ。

銅に希硝酸を作用させても濃硝酸を作用させても，気体の窒素酸化物を生じる。これらは硝酸の（ア）としての性質を反映したものである。

硝酸を工業的につくるには，アンモニアと空気を混合し，約500℃の（イ）を通過させ，生じたNO_2を水に吸収させる。この反応は次の段階を経て進む。

（　）NH_3 +（　）O_2 $\longrightarrow$ （　）NO +（　）H_2O　　反応式1

（　）NO +（　）O_2 $\longrightarrow$ （　）NO_2　　反応式2

（　）NO_2 +（　）H_2O $\longrightarrow$ （　）HNO_3 +（　）NO　　反応式3

(1) 空欄（ア），（イ）には適する語句を記せ。

(2) 工業的なアンモニアの製法と実験室での製法を化学反応式で示せ。

(3) 反応式1～3の係数を求めて，化学反応式を完成せよ。

(4) 反応式1～3の全反応を1つの式にまとめて，化学反応式で示せ。

(5) この方法で，アンモニア6.8kgから60％硝酸は何kg得られるか。有効数字2桁で答えよ。H = 1.0，N = 14，O = 16

(6) 濃硝酸は本来無色であるが，光が当たると褐色を帯びてくる。その理由を記せ。

さて，解いてみましょう。

硝酸の工業的製法はオストワルト法ですよね。係数を決めるとき反応式1，反応式2は暗算法でできるけれども反応式3だけはNO_2とH_2Oの**3**と**1**の係数を覚えることがポイントでしたね。

問（1）の解説

> **岡野の着目ポイント**　銅，水銀，銀は酸化作用の強い酸としか反応しません。これらは硝酸の「酸化作用の強い酸」としての性質と言ってもいいんだけど，いわゆる“酸化剤”としての性質です。

∴　**酸化剤** …… **問（1）（ア）** の【答え】

（イ）は“白金網”です。「白金」でもいいと思いますが，一応，接触面積が大きくなるようにという意味で「白金網」がよりいいでしょう。

∴　**白金網** …… **問（1）（イ）** の【答え】

問（2）の解説　「工業的なアンモニアの製法と実験室での製法を化学反応式で示せ」です。

工業的な製法は，ハーバー・ボッシュ法でつくればいい。

∴　（工業的）$N_2 + 3H_2 \longrightarrow 2NH_3$ …… **問（2）** の【答え】

製法ですから，矢印は1本でも構いません。2本（往復）でもいいです。

実験室ではどうなるか？　はい，この式を書けばいい。

∴　（実験室）$2NH_4Cl + Ca(OH)_2 \longrightarrow CaCl_2 + 2NH_3 + 2H_2O$

…… **問（2）** の【答え】

問（3）の解説　これは **3-2** でやったとおりです。

$$\therefore \left.\begin{array}{lll} 4NH_3 + 5O_2 \longrightarrow 4NO + 6H_2O & \text{反応式1} \\ 2NO + O_2 \longrightarrow 2NO_2 & \text{反応式2} \\ 3NO_2 + H_2O \longrightarrow 2HNO_3 + NO & \text{反応式3} \end{array}\right\}$$

…… **問（3）** の【答え】

自分でもう一回確認してみてください。

問(4)の解説

岡野のこう解く　NOとNO_2を全部消してしまう。すると，NOとNO_2以外の物質（NH_3, O_2, H_2O, HNO_3）が残り，それらを両辺に振り分けて係数を決めます。すなわちこれが「岡野流・速攻オストワルト法完成」です。

$\therefore$ $NH_3 + 2O_2 \longrightarrow HNO_3 + H_2O$ …… **問(4)** の【答え】

問(5)の解説　アンモニアNH_3と硝酸HNO_3の関係がわかる反応式は1つにまとめた式です。

$$NH_3 + 2O_2 \longrightarrow HNO_3 + H_2O \quad \left(\begin{array}{l} NH_3 = 17 \\ HNO_3 = 63 \end{array}\right)$$

1mol　　　　　　1mol

$$\left(\begin{array}{ccc} 17\text{g} & \times & 63\text{g} \\ 6.8\text{kg} & & x \times 0.60\text{kg} \end{array}\right)$$

必要な60%硝酸をx kgとする。

純粋なHNO_3のkg数

対角線の積は内項の積と外項の積の関係になっているので等しい。

$$17\text{g} : 63\text{g} = 6.8\text{kg} : x \times 0.60\text{kg}$$

$$x \times 0.60 \times 17 = 6.8 \times 63$$

$$x = \frac{6.8 \times 63}{0.60 \times 17} = 42\text{kg}$$

$\therefore$ 42kg …… **問(5)** の【答え】
（有効数字2桁）

ここでNH_3 17gからHNO_3 63gが生成するということはNH_3 17kgからHNO_3 63kgが生成することでもあります。したがって上の比例関係はgをkgに置き換えても成り立つのです（すなわち17kg：63kg = 6.8kg：$x \times 0.60$kg）。

molの計算は『化学基礎』の第4講単元3（→118 ～ 123ページ）または『理論化学』の第1講単元3（→47 ～ 52ページ）を参照してください。

別解

NH_3とHNO_3は等しい物質量で反応する。

必要な60%硝酸をx kgとすると $\boxed{n = \frac{w}{M}}$ **[公式3]** より

純粋なHNO_3のg数

$$\underbrace{\frac{6.8 \times 10^3}{17}}_{NH_3\text{のmol数}}\text{mol} = \underbrace{\frac{x \times 10^3 \times 0.60}{63}}_{HNO_3\text{のmol数}}\text{mol}$$

$$\therefore \quad x = \frac{6.8 \times 63}{17 \times 0.60} = 42\text{kg}$$

∴　42kg …… 問(5) の【答え】
（有効数字2桁）

問(6)の解説 硝酸は光や熱によってNO_2，H_2O，O_2に分解します。この化学反応式はこの機会にぜひ覚えてください。係数は暗算法で求められます。

！重要★★★　$4HNO_3 \longrightarrow 4NO_2 + 2H_2O + O_2$

このような反応が起きるので硝酸は褐色ビンに入れて冷暗所に保存します。

∴　**硝酸は光や熱によって分解し，赤褐色のNO_2を生じるから。**… 問(6) の【答え】

演習問題で力をつける⑥

リンとその化合物についてマスターせよ！

問 次の文を読み，(1)(2)に答えよ。原子量はO＝16.0，P＝31.0とし，数値は整数で求めよ。

リンの単体は，リン酸カルシウムを主成分とするリン鉱石に，ケイ砂（主成分SiO_2）とコークスとを混合し，強熱してつくられる。このとき得られるリンを［ (a) ］とよぶ。［ (a) ］を250℃付近の窒素ガス中で数時間熱すると［ (b) ］が得られる。［ (a) ］は［ (c) ］毒で，皮膚につくと傷害を起こす。また，空気中で［ (d) ］するので水中に保存する。［ (a) ］と［ (b) ］は互いに［ (e) ］で，空気中で燃やすと，いずれも白色粉末状の十酸化四リンを生じる。十酸化四リンは強い吸湿性を示し，［ (f) ］として用いる。十酸化四リンに水を加えて煮沸するとリン酸になる。肥料に用いられる［ (g) ］は，リン鉱石を硫酸で処理してできたリン酸二水素カルシウム$Ca(H_2PO_4)_2$と硫酸カルシウム$CaSO_4$の混合物である。

(1)　空欄［ (a) ］～［ (g) ］に適当な語句を記せ。
(2)　リン70gを完全燃焼させると，何gの十酸化四リンを生じるか。

さて，解いてみましょう。

問(1)の解説「単元３　要点のまとめ②」を参照してください。

まず，$Ca_3(PO_4)_2$とSiO_2との反応を確認しましょう。

！重要★★　$2Ca_3(PO_4)_2 + 6SiO_2 + 10C \longrightarrow 6CaSiO_3 + 10CO + P_4$

この反応式は受験勉強後半には書けるようにしておきましょう。

［ (a) ］“黄リン”（P_4）です。

∴ **黄リン** …… 問(1) (a) の【答え】

(b) 黄リンを窒素中で加熱すると“赤リン”になります。

∴ **赤リン** …… 問(1) (b) の【答え】

(c) 黄リンは“有毒”で皮膚に触れると火傷(やけど)などの傷害を起こします。

∴ **有** …… 問(1) (c) の【答え】

(d) 空気中で“自然発火”するので水中に保存します。

∴ **自然発火** …… 問(1) (d) の【答え】

(e) 黄リンと赤リンは互いに“同素体”の関係です。

∴ **同素体** …… 問(1) (e) の【答え】

(f) P_4O_{10}は“乾燥剤”です。

∴ **乾燥剤** …… 問(1) (f) の【答え】

(g) リン鉱石($Ca_3(PO_4)_2$)と硫酸(H_2SO_4)を反応させるとリン酸二水素カルシウム($Ca(H_2PO_4)_2$)と硫酸カルシウム($CaSO_4$)が生じると本文に書かれているので係数を付けて化学反応式を完成させてみます。

$$1Ca_3(PO_4)_2 + 2H_2SO_4 \longrightarrow \underbrace{1Ca(H_2PO_4)_2 + 2CaSO_4}_{\text{過リン酸石灰}}$$

この反応式の右辺の混合物を“**過リン酸石灰**”といいます。初めて出てくる言葉ですがぜひ覚えておいてください。これも入試に出題されます。

∴ **過リン酸石灰** …… 問(1) (g) の【答え】

問(2)の解説 リンを完全燃焼させると次の反応が起きます。

$$\underset{4\text{mol}}{4P} + 5O_2 \longrightarrow \underset{1\text{mol}}{P_4O_{10}} \quad \begin{pmatrix} P = 31.0 \\ P_4O_{10} = 284 \end{pmatrix}$$

$$\begin{pmatrix} 4 \times 31.0\text{g} & & 284\text{g} \\ 70\text{g} & & x\text{g} \end{pmatrix}$$ 生じるP_4O_{10}をxgとする。

$$\therefore \quad x \times 4 \times 31.0 = 284 \times 70$$

$$\therefore \quad x = \frac{284 \times 70}{4 \times 31.0} = 160.3 \fallingdotseq 160\text{g}$$

∴ **160g** …… 問(2) の【答え】

別解

$$\underset{\text{Pのmol数}}{\frac{70}{31.0}} \times \underset{P_4O_{10}\text{のmol数}}{\frac{1}{4}} \times \underset{P_4O_{10}\text{のg数}}{284} = 160.3 \fallingdotseq 160\text{g}$$

∴ **160g** …… 問(2) の【答え】

単元4 炭素，ケイ素とその化合物 化学

14族の炭素やケイ素，およびそれらの化合物について見ていきます。

4-1 炭素の同素体

炭素の同素体にはダイヤモンド，黒鉛（グラファイト），フラーレンC_{60}があります。

■ ダイヤモンドと黒鉛（グラファイト）

『化学基礎』，『理論化学』でもやりましたが，ダイヤモンドは**共有結合の結晶**です。最も硬く，融点も非常に高い。**構造は正四面体構造でつながっています** 図2-9。

それから黒鉛，これは共有結合性と分子性を合わせ持ちます。やわらかく，金属の自由電子のような性質のある電子をもつため電気を通す。

黒鉛の構造は正六角形でつながっているんですね 図2-10。

図2-9

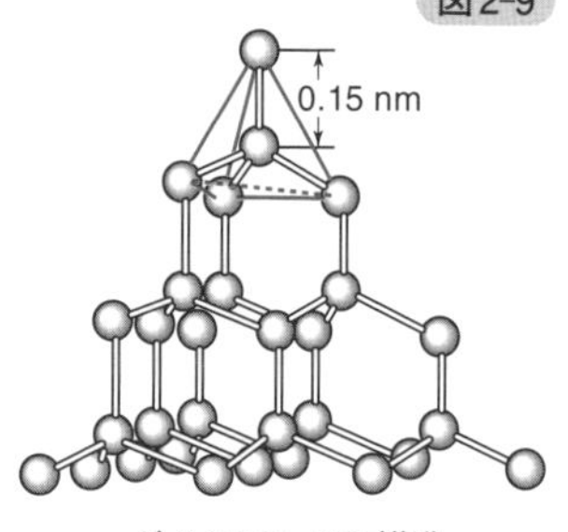

ダイヤモンドの構造

この正六角形でつながったものが層になっていますが，層と層の間を取りもつ力を「ファンデルワールス力（分子間力）」といいます（『化学基礎』（→82ページ），『理論化学』（→26ページ））。

また，黒鉛のそれぞれの炭素原子（球）に着目すると，4本の手のうち3本しか使われていません。

図2-10

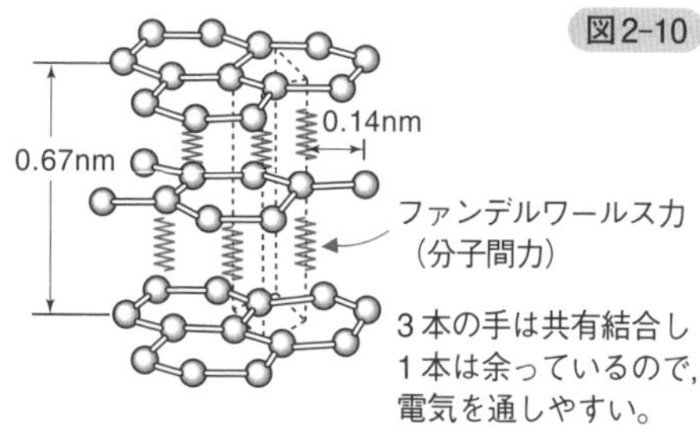

黒鉛（グラファイト）の構造

すなわち，3本の手は共有結合し，1本は余っていて，これが金属の自由電子のように自由に動き回れる電子になり，電気を通しやすくするのです。一方，ダイヤモンドはどの炭素も手が4本出ていて全部使われています。図2-9，図2-10は一部を切り取った図なので，本当はこの構造がずーっとつづいているのです。

■ なぜ鉛筆でものが書けるのか

では，黒鉛についてちょっと補足します。図2-11を見てください。個々の層の内部（炭素原子どうし）は完全に共有結合の結晶なんですが，層と層の間はファンデルワールス力という弱い力で結ばれています。

だからみなさん，鉛筆で何か書いたときに黒く出るでしょう。それは何が起こったかというと，この層の部分がはがれたんですよ。層と層は弱い結合だから，はがれ落ちたときに，そこが黒く出るわけです。ただ，**「黒鉛(グラファイト)はどういう結晶か」と聞かれたら，やはり共有結合の結晶と言って構いません。**

図2-11

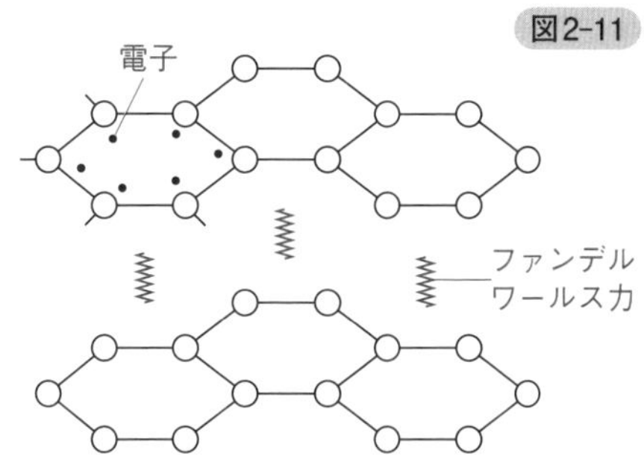

単元 4 要点のまとめ①

● 炭素の同素体（ダイヤモンド，黒鉛，フラーレン C_{60}）

①ダイヤモンド…共有結合の結晶。最も硬く，融点も非常に高い。「正四面体」を基本とする立体構造をしており，電気は通さない。

②黒鉛(グラファイト)…共有結合性と分子性を合わせ持つ。やわらかく，動き回れる電子をもつため，電気を通す。「正六角形」を基本とする平面構造をしている。

③フラーレンC_{60}…分子結晶なので電気は通さない。C_{60}などの分子式をもち，「正六角形」と「正五角形」を基本とする「球状」（サッカーボール）の構造をしている。

図2-12

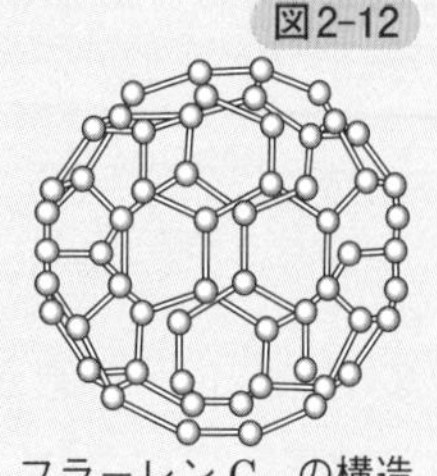

フラーレン C_{60} の構造

4-2 ケイ素とその化合物

では，ケイ素とその化合物を見ていきます。

■ ケイ素

ケイ素も**共有結合の結晶です。共有結合の結晶はC，Si，SiO_2，SiCの4つでしたね**（『理論化学』（→26ページ））。**ダイヤモンドと同じ正四面体構造で，半導体の材料になります。**

ゴムみたいに全く電気を通さないものを「**絶縁体**」といいます。それから金属みたいによく電気を通すものを「**良導体**」といいます。その良導体と絶縁体のちょうど中間ぐらいにあるものを「**半導体**」というわけです。だから半分電気を通すんだな，というぐらいでいいです。

■ 二酸化ケイ素

「二酸化ケイ素（SiO_2）」にいきます。SiO_2は，SiO_4の**正四面体**の繰り返しからなる**共有結合の結晶**（水晶とか石英の成分）です。ん，SiO_4？　よくわかりませんね。はい，最初にSiO_2とSiO_4の違いを説明します。

図2-13 を見てください。SiとOが規則正しく入った正四面体構造です。Siが1つにOを4つ，なるほどSiO_4という意味が何となくわかる感じがします。ではなぜ二酸化ケイ素は最後，“O_2”というか？

問題はそこです。

図2-13

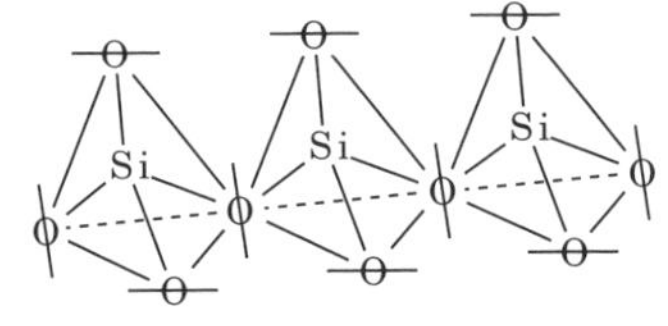

はい，この構造が延々と連なっているのをイメージしてください。すると，1つのOに関しては，2つのSiが共有されているとわかります。すなわち，Siのもち分としては，全部Oは$\frac{1}{2}$個分なんです。よって，

$$SiO_{\frac{1}{2}\times 4} \Rightarrow SiO_2$$

つまり$\frac{1}{2}$が4つでSiO_2なんですね。よろしいですね。

では，SiO_2に関する反応の流れを見てみましょう。

$$SiO_2 \xrightarrow[\text{融解}]{NaOH} Na_2SiO_3 \xrightarrow{HCl} H_2SiO_3 \xrightarrow{\text{乾燥}} \text{シリカゲル}$$

（Na_2SiO_3：ケイ酸ナトリウム，H_2SiO_3：ケイ酸）

まず二酸化ケイ素があって，ここに固体の「水酸化ナトリウム（NaOH）」を加えて融解させる。そして「ケイ酸ナトリウム（Na_2SiO_3）」という物質をつくります。「**融解**」とは，固体に熱を加えて溶かすこと，つまり固体が液体になることです。水酸化ナトリウムの固体に熱を加えて溶かし，そこの部分にいっしょに熱を加えて溶かされた二酸化ケイ素が混じっていると，ケイ酸ナトリウムができます。

そこに「塩酸（HCl）」を加えて「ケイ酸（H_2SiO_3）」，最後に「乾燥」させて「**シリカゲル**」という流れです。

■ ケイ酸ナトリウムの生成

今言ったSiO_2にNaOHを加え，Na_2SiO_3をつくる反応を，化学反応式で見てみましょう。この式は入試で書かされますよ。

$$SiO_2 \rightarrow Na_2SiO_3 \rightarrow H_2SiO_3 \rightarrow \text{シリカゲル}$$

ここの式（$SiO_2 \rightarrow Na_2SiO_3$）

! 重要★★★

$$SiO_2 + 2NaOH \longrightarrow Na_2SiO_3 + H_2O$$

とにかくこの式は覚えていただく。僕はどうやって覚えたか？　いいですか，これ，SiO_2だと，みなさんあまり見たことないですよね。だから Si を同じ14族のCに置き換えてみるんです。すると，

$$\left(\overset{CO_3^{2-}}{CO_2} + \overset{2Na^+,\ 2OH^-}{2NaOH} \longrightarrow Na_2CO_3 + H_2O \right)$$

これだとわかりますね。普通，水酸化ナトリウムの水溶液中では**二酸化炭素というのは炭酸イオンCO_3^{2-}になっています**。水酸化ナトリウムはNa^+，OH^-に分けておく。それで，$2Na^+$とCO_3^{2-}を結びつければ，Na_2CO_3になる。残りはH_2Oですね。ほら，**CがSiに変わっただけ**ですね。

これはこのあと学習するアルカリ金属のところに出てきます。77ページを参照してください。

ケイ酸ナトリウムの製法として，もう1つ，これも入試によく出ます。今度は水酸化ナトリウムじゃなくて，炭酸ナトリウム(Na_2CO_3)を加える場合です。

重要★★★

$$SiO_2 + Na_2CO_3 \longrightarrow Na_2SiO_3 + CO_2$$

反応式は簡単ですね。**CとSiが置き換わるだけです**。

■ **ケイ酸の生成**

では，次にケイ酸の製法にいきます。

$$SiO_2 \longrightarrow Na_2SiO_3 \longrightarrow H_2SiO_3 \longrightarrow \text{シリカゲル}$$

ここの式

重要★★★

$$\overset{2Na^+,\ SiO_3^{2-}}{Na_2SiO_3} + \overset{2H^+,\ 2Cl^-}{2HCl} \longrightarrow H_2SiO_3 + 2NaCl$$

弱酸の塩であるケイ酸ナトリウム(Na_2SiO_3)に，強酸である塩酸を加えます。そうしたら，弱酸であるケイ酸(H_2SiO_3)と強酸の塩である塩化ナトリウムができます。これはそんなに難しく考える必要はないです。**Na_2SiO_3を$2Na^+$とSiO_3^{2-}(ケイ酸イオン)に分けます。そしてH^+とCl^-に組み合せます。**

ただし大事なところは，$H_2O + SiO_2$と分けない点です。これはくっつけたままのH_2SiO_3が生成します。

■ **水ガラス**

あとは言葉を覚えてください。ケイ酸ナトリウムに水を加え，加熱してできた粘性の高い液を「**水ガラス**」といいます。

また，ケイ酸(H_2SiO_3)を乾燥させたものを「**シリカゲル**」といいます。シリカゲルの粒子には多数の細孔（さいこう）(小さな穴)があるため表面積が非常に大きく，水を吸いつける作用をもち，乾燥剤として用いられます。ケイ酸に関してはこれですべて大丈夫です。では，下にまとめておきましょう。

単元4 要点のまとめ②

●ケイ素とその化合物

①ケイ素…共有結合の結晶(ダイヤモンドと同じ構造)，**半導体材料**。

②二酸化ケイ素(SiO_2)…SiO_4の正四面体の繰り返しからなる共有結合の結晶(水晶，石英の成分)。

$$SiO_2 \xrightarrow[\text{融解}]{NaOH} Na_2SiO_3 \xrightarrow{HCl} H_2SiO_3 \xrightarrow{\text{乾燥}} \text{シリカゲル}$$

(Na_2SiO_3：ケイ酸ナトリウム，H_2SiO_3：ケイ酸)

ケイ酸ナトリウムに水を加えて加熱してできた，粘性の高い液を**水ガラス**という。

(1) ケイ酸ナトリウムは，次の2通りの方法で生成される。

重要★★★ ① $\mathbf{SiO_2 + 2NaOH \longrightarrow Na_2SiO_3 + H_2O}$

重要★★★ ② $\mathbf{SiO_2 + Na_2CO_3 \longrightarrow Na_2SiO_3 + CO_2}$

(2) ケイ酸の生成

重要★★★ $\mathbf{Na_2SiO_3 + 2HCl \longrightarrow H_2SiO_3 + 2NaCl}$

(弱酸の塩＋強酸 $\rightleftarrows$（逆向き不可） 弱酸＋強酸の塩)

演習問題で力をつける⑦

14族の元素の性質と化学反応式を理解しよう！

問 (1) 炭素とケイ素に関する記述として誤りを含むものを，次の①～⑤のうちから一つ選べ。

① 炭素の単体の黒鉛は，電気の良導体である。

② ケイ素の単体は，天然には存在しない。

③ 炭素の酸化物は，いずれも常温・常圧で気体である。

④ スクロース(ショ糖)に濃硫酸を加えると，濃硫酸の脱水作用により炭

素が残り黒く変色する。

⑤ 二酸化ケイ素をフッ化水素酸に溶かすと，水ガラスができる。

(2) 二酸化炭素は，空気中に体積で約［　　］％含まれており，年毎に増加する傾向にある。実験室では，(イ)炭酸カルシウムに希塩酸を加えてつくる。

二酸化炭素は，水に溶けて，水溶液は弱い酸性を示す。(ロ)水酸化カルシウムの水溶液に二酸化炭素を通すと，白色の沈殿が生じる。(ハ)さらに二酸化炭素を通じると，この白色沈殿は溶解する。

(a) 文中の空欄に記入する最も適当な数値を〔解答群〕の中から1つ選べ。

〔解答群〕0.8，0.6，0.4，0.08，0.06，0.04，0.008，0.006，0.004

(b) 下線部分(イ)(ロ)(ハ)の変化を化学反応式で示せ。

(3) 次の文中の空欄［(a)］～［(h)］に適当な語句や数字を記入せよ。また，下線部(ア)，(イ)を化学反応式で記せ。

ケイ素原子は，M殻に［(a)］個の電子をもつ。地殻におけるケイ素の存在度は，［(b)］に次いで多い。ケイ素の結晶は，金属と絶縁体の中間の電気伝導性を示す［(c)］であり，コンピューターなどに用いられている。

二酸化ケイ素は，［(d)］やケイ砂などとして天然に産出する。二酸化ケイ素の結晶中では，(SiO_4) の［(e)］が，互いに頂点の酸素原子を共有して規則的に配列している。(ア)二酸化ケイ素に炭酸ナトリウムを加えて融解すると，ケイ酸ナトリウムが生成する。ケイ酸ナトリウムに水を加えて加熱すると，粘性の大きな液体となる。この液体を［(f)］という。(イ)［(f)］に塩酸を加えると，ゼリー状で半透明の［(g)］が得られる。［(g)］を乾燥させた固体は，［(h)］と呼ばれ，吸湿性に富むので，乾燥剤に使われる。

さて，解いてみましょう。

問(1)の解説

① **正** 黒鉛は電気伝導性を持ちます。

② **正** ケイ素の単体は自然界に存在せず，工業的には電気炉中で二酸化ケイ素をコークスで還元してつくります。この化学反応式は初めて出てきますが軽く知っておきましょう。

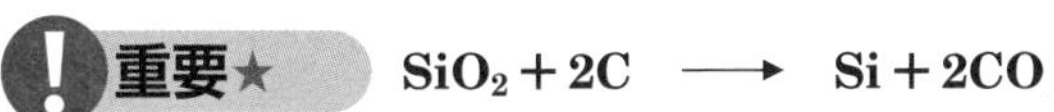

$$SiO_2 + 2C \longrightarrow Si + 2CO$$

③　**正**　CO と CO_2 は常温・常圧 (25℃, 1.0×10^5Pa) で気体です。

④　**正**　濃硫酸による脱水作用については27ページを参照してください。

重要★★★　$C_{12}H_{22}O_{11} \xrightarrow{\text{濃硫酸}} 12C + 11H_2O$

⑤　**誤**　二酸化ケイはフッ化水素酸と反応してヘキサフルオロケイ酸を生成し，水ガラスは生成しません。13，14ページを参照してください。

重要★★★　$SiO_2 + 6HF \longrightarrow H_2SiF_6 + 2H_2O$
（ヘキサフルオロケイ酸）

∴　⑤ …… **問(1)** の【答え】

問(2) (a) の解説　二酸化炭素は空気中に体積で約"0.04"%含まれます。この値は知っておきましょう。

∴　0.04 …… **問(2) (a)** の【答え】

問(2) (b) (イ) の解説　実験室での二酸化炭素の製法は45ページを参照してください。

重要★★★　$CaCO_3 + 2HCl \longrightarrow CaCl_2 + H_2O + CO_2$

…… **問(2) (b) (イ)** の【答え】

問(2) (b) (ロ) の解説　水酸化カルシウムの水溶液 (石灰水) に二酸化炭素を通すと次の反応が起きます。これはこのあと学習するアルカリ土類金属のところに出てきます。79ページを参照してください。

重要★★★　$Ca(OH)_2 + CO_2 \longrightarrow CaCO_3 + H_2O$

…… **問(2) (b) (ロ)** の【答え】

問(2) (b) (ハ) の解説　さらに二酸化炭素を通すと次の反応が起きます。これも80ページを参照してください。

重要★★★　$CaCO_3 + H_2O + CO_2 \longrightarrow Ca(HCO_3)_2$

…… **問(2) (b) (ハ)** の【答え】

(ロ) (ハ) の化学反応式は79，80ページでゆっくり説明します。今の時点でできなくても構いません。

問(3) (a) の解説 $_{14}Si$：$K^2L^8M^4$ の電子配置になります。

∴　4 …… 問(3) (a) の【答え】

問(3) (b) の解説

岡野の着目ポイント (b) ですが,「地殻中の元素の存在度」または「クラーク数」といって，地殻中の元素の割合を示した数があります。これによると，多い順にO，Si，Al，Fe，Ca，Naです。よって，酸素に次いで多いのはケイ素です。上位4つくらいを知っておくといいでしょう。

覚え方を紹介します。

重要★★★

O	Si	Al	Fe	Ca	Na
サン	ケイ 新聞	歩い	て	借り	な

たまたま親戚のおじさんが，よいことをやって新聞に載ったので，どうしてもその新聞をほしい。でも，家ではサンケイ新聞をとっていないので，近所を歩いて借りたという話。そんなゴロで覚えてください。

よってケイ素は (b) “酸素”に次いで多い。

∴　**酸素** …… 問(3) (b) の【答え】

問(3) (c) の解説 良導体と絶縁体の中間にくるものを“半導体”といいます。

∴　**半導体** …… 問(3) (c) の【答え】

問(3) (d) の解説 天然に存在する二酸化ケイ素は主に“水晶”，“石英”，ケイ砂です。

∴　**水晶**または**石英** …… 問(3) (d) の【答え】

問(3) (e) の解説 SiO_4は“正四面体”の繰り返しからなる共有結合の結晶。

∴　**正四面体** …… 問(3) (e) の【答え】

問(3) (f) の解説 Na_2SiO_3に水を加え，加熱してできた粘性の高い液を“水ガラス”といいます。

∴　**水ガラス** …… 問(3) (f) の【答え】

問(3) (g) の解説

重要★★★ $Na_2SiO_3 + 2HCl \longrightarrow H_2SiO_3 + 2NaCl$

の化学反応式によりH_2SiO_3“ケイ酸”がゼリー状で半透明な物質として生成します。

∴　**ケイ酸** …… 問(3) (g) の【答え】

問(3) (h) の解説 ケイ酸を加熱して乾燥させた固体を"シリカゲル"といいます。

∴　**シリカゲル** …… 問(3) (h) の【答え】

問(3)(ア)の解説

重要★★★　$SiO_2 + Na_2CO_3 \longrightarrow Na_2SiO_3 + CO_2$

…… 問(3)(ア) の【答え】

問(3)(イ)の解説

重要★★★　$Na_2SiO_3 + 2HCl \longrightarrow H_2SiO_3 + 2NaCl$

…… 問(3)(イ) の【答え】

それでは第2講はここまでです。重要★★★ の**化学反応式がたくさんありましたが，地道に覚えていってください。入試では，そのまま必ず出題されてくるところで，確実に得点源になります。**

第 3 講

金属元素（1）

単元 1　アルカリ金属とアルカリ土類金属　化学
単元 2　両性金属　化学
単元 3　金属のイオン化傾向　化学

第 3 講のポイント

今日は，「金属元素（1）」というところをやっていきます。この辺は一番覚えるところが多いです。アルカリ金属，アルカリ土類金属の性質や反応をきちんと整理し，覚えましょう。今が正念場だと思って，何とかついてきてくださいね。

単元1 アルカリ金属とアルカリ土類金属

化学

1-1 1族，2族の金属元素

1族のLi（リチウム），Na（ナトリウム），K（カリウム），Rb（ルビジウム），Cs（セシウム）という元素を「**アルカリ金属**」といいます。周期表で言うと1族の水素を除いた全部です。

それから2族のBe（ベリリウム），Mg（マグネシウム），Ca（カルシウム），Sr（ストロンチウム），Ba（バリウム）といった元素を「**アルカリ土類（どるい）金属**」といいます。どうぞ，しっかり覚えてください。

単元1 要点のまとめ①

- **アルカリ金属とアルカリ土類金属**

アルカリ金属（1族）の主な元素	Li，Na，K，Rb，Cs（Hは除く）
アルカリ土類金属（2族）の主な元素	Be，Mg，Ca，Sr，Ba

1-2 アルカリ金属の性質

■ 石油中に保存

アルカリ金属，Li，Na，K，Rb，Cs。特にNaはおなじみですね。これらは空気中の酸素や水に反応しやすいので，**石油中に保存します。**これはどうぞ知っておいてください。

■ 軽くてやわらかい

また，アルカリ金属は一般に軽くてやわらかい。カッターナイフか何かで軽く切れちゃうんですね。石油中に保存されていた金属ナトリウムをピンセットで取ってきて，カッターナイフでスパッと切るんですよ。そうすると，だれが見ても金属だとわかる銀色の光沢をしています。しばらくするとまた白くなります。酸化して，Na_2O（酸化ナトリウム）となるんですね。

ビーカーの中に水を入れておいて，米粒ぐらいの金属ナトリウムを入れると，反応が起こってグルグル回りながら浮いてきます。また，指示薬のフェノールフタレインを入れておくと，水酸化ナトリウム（NaOH）ができるので，水溶液は赤くなります。要するに水に浮くから軽いということが言いたかったわけです。

■ イオン化エネルギーは小さい

また，アルカリ金属はイオン化エネルギーが小さく，電子1個を放出して，1価の陽イオンになりやすい。『化学基礎』第2講単元1，『理論化学』第0講単元5で，金属はイオン化エネルギーは小さい，非金属は大きい，貴ガスは極めて大きいとやりましたね。

■ アルカリ金属の塩は水に溶ける

アルカリ金属の塩はすべて水に溶けます。ただし，例外があって，$NaHCO_3$（炭酸水素ナトリウム）の溶解度はあまり大きくない。つまり，水に溶けにくい。

塩の定義は**「酸の水素原子が金属原子やアンモニウムイオンと一部または全部が置き換わった化合物」**でしたね。例を挙げましょう。

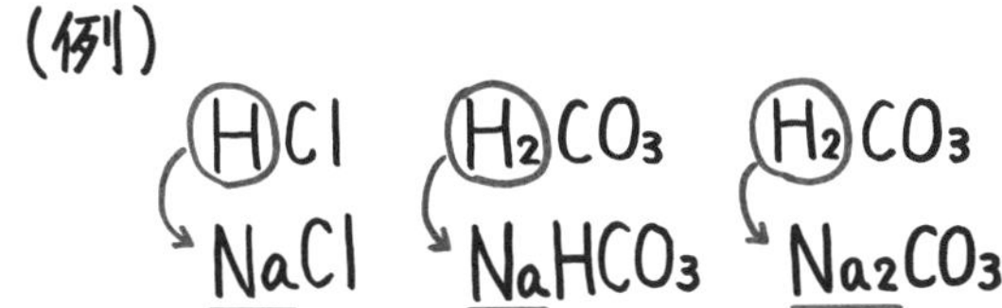

例えば塩酸HClの水素原子が，Naという金属原子に置き換わるとNaClという塩になりますね。NaClというのは食べられる塩で，本当に珍しい。だから「食塩」という名前がついているんですね。また炭酸（H_2CO_3）の水素原子の一部が，Naと置き換わると，$NaHCO_3$（炭酸水素ナトリウム）。これは「重曹」ともいいます。水にあまり溶けない。さらに全部がNaと置き換わるとNa_2CO_3（炭酸ナトリウム）になり，水に溶けやすい。上に挙げた例を全部「塩」というわけです。

■ イオン化傾向が大きい

アルカリ金属はイオン化傾向が大きい。すなわち，水に溶けたときに陽イオンになりやすい。一方，さきほどイオン化エネルギーが小さいと言ったのは，気体状態の金属にエネルギーを加えて陽イオンになりやすいということでした。ちょっと違いますが，両方とも同じような傾向にあります。

■ 炎色反応

実験室には白金線というものがあります。これを例えばリチウムやナトリウムといった金属が溶けたイオンの水溶液の中につけて，その後ガスバーナーで燃やすんです。ガスバーナーの炎の色は，あまり空気を供給されていない場合には，黄色っぽいボワッとした炎です。ところが酸素をよく供給してやると，ボーッと音を出して透明な色に変わってきます。そういうふうになった炎の中に，イオンの水溶液につけた白金線を入れて燃やしてやるんです。そうすると各元素によって特徴的な色が示されます。これを「**炎色反応**」といって元素の存在を知る手がかりとなります。「炎色反応」の色についてはこう覚えましょう。

炎色反応の色の覚え方

Li（赤）　Na（黄）　K（赤紫（せきし））　Cu（青緑）
リヤカー　なき　K村　動力

Ca（橙赤（とうせき））　Sr　（紅）　Ba（黄緑）
借りようと　するも　くれない　馬力

Cuやアルカリ土類金属もいっしょに覚えてしまいましょう。

リヤカーがないK村では動力を借りようとするも貸してくれないんで，しょうがないから馬力でやろうという話です。

ポイントは「動力」のCu **(青緑)** と「馬力」のBa **(黄緑)**。**この青緑と黄緑に注意しましょう。**これはしっかりと区別が必要です。

単元1　要点のまとめ②

● アルカリ金属の性質

①石油中に保存する。
②軽くてやわらかい金属である。
③イオン化エネルギーは小さく，電子1個を放出して1価の陽イオンになりやすい。
④アルカリ金属の塩はすべて水に溶ける（ただし，$NaHCO_3$の溶解度はあまり大きくない）。
⑤イオン化傾向が大きい。
⑥炎色反応　Li…赤　Na…黄　K…赤紫

1-3 アルカリ金属の反応

アルカリ金属やその化合物が，どのような反応を起こすかを見ていきます。反応式も書けるようにがんばりましょう。

■ 水との反応

ナトリウムは水と反応して，水酸化ナトリウムと水素を生じます。

重要★★★ $2H_2O + 2Na \longrightarrow 2NaOH + H_2$

この式は無味乾燥な丸暗記ではなく，次のようにイメージをつかんでおきましょう。

重要★★★ 2倍する

$$H\text{-}OH + Na \longrightarrow NaOH + H$$
$$2H_2O + 2Na \longrightarrow 2NaOH + H_2$$

OHを含んでいるものの特徴として，全部金属ナトリウムと反応して水素を生じるという現象が起きます。水をH－OHと考えて，このOHの**HがNaと置き換わるんです。**そうするとNaOHとHができるとわかりますね。Hだけではおかしいですね。H_2にならないと。そこで**上の反応式全体を2倍するんです。**

これはカルシウムが水と反応する場合だって同じなんですよ。

$$\begin{matrix} H\text{-}OH \\ H\text{-}OH \end{matrix} + Ca \longrightarrow Ca(OH)_2 + H_2$$

重要★★★ $2H_2O + Ca \longrightarrow Ca(OH)_2 + H_2$

カルシウムの場合，**水素2原子とCaが置き換わる**んですよ。この場合は2倍しなくてすむんです。

■ アルコールとの反応

アルコール(ROH)については有機化学(→204ページ)で詳しくやるので，ここでは，水の場合と同様のイメージで理解しておけば大丈夫です。つまりOHのHがNaと置き換わり，全体を2倍していくんでしたね。

重要★★★ $2ROH + 2Na \longrightarrow 2RONa + H_2$

■ 二酸化炭素との反応

二酸化炭素との反応は，第2講単元4(→67ページ)の二酸化ケイ素のところでやったのと同じです。

重要★★★ $2NaOH + CO_2 \longrightarrow Na_2CO_3 + H_2O$

■ 両性金属との反応

「両性金属」は単元2で詳しく説明します。反応式だけ紹介しておきます。

重要★★★ $2Al + 2NaOH + 6H_2O \longrightarrow 2Na[Al(OH)_4] + 3H_2$

単元 1 要点のまとめ③

- **アルカリ金属とその化合物の反応**

①水との反応

重要★★★ $2H_2O + 2Na \longrightarrow 2NaOH + H_2$

②アルコールとの反応

重要★★★ $2ROH + 2Na \longrightarrow 2RONa + H_2$

③二酸化炭素との反応

重要★★★ $2NaOH + CO_2 \longrightarrow Na_2CO_3 + H_2O$

④両性金属との反応

重要★★★ $2Al + 2NaOH + 6H_2O \longrightarrow 2Na[Al(OH)_4] + 3H_2$

1-4 アルカリ土類金属の性質

アルカリ土類金属は，アルカリ金属に次いで，イオン化エネルギーは小さく2価の陽イオンになりやすく，またイオン化傾向は大きい。アルカリ金属と似てますよね。炎色反応（Ca…橙赤（とうせき），Sr…紅，Ba…黄緑）はさきほどの「岡野流　必須ポイント⑤」のゴロに入っていましたね。ただしBe，Mgは炎色反応は起こしません。

単元 1 要点のまとめ④

- **アルカリ土類金属の性質**

①Be，Mgを除いて石油中に保存する。

②アルカリ金属に次いで，イオン化エネルギーは小さく2価の陽イオンになりやすい。

③イオン化傾向は大きい。

④炎色反応　Ca…橙赤　Sr…紅　Ba…黄緑
（Be，Mgは炎色反応は起こさない）

1-5 アルカリ土類金属の反応

今度はアルカリ土類金属とその化合物の反応を見ていきます。特にカルシウムに注目しました。

■ 水との反応

これは，さきほどアルカリ金属の反応でやりましたからいいですね。

重要★★★ $2H_2O + Ca \longrightarrow Ca(OH)_2 + H_2$

■ 酸化カルシウム（CaO 生石灰）と水の反応

生石灰(せいせっかい)（酸化カルシウムの固体のこと）と水の反応は次のようにイメージしておきましょう。

重要★★★ $CaO + H_2O \longrightarrow Ca(OH)_2$

重要★★★ $Na_2O + H_2O \longrightarrow 2NaOH$

アルカリ金属，アルカリ土類金属（Be，Mgを除く）の酸化物に水を加えると塩基ができる（塩基の素）

アルカリ金属，アルカリ土類金属（Be，Mgは除く）の酸化物に水を加えると塩基（ここでの塩基は水酸化物のこと）ができます。ですから，これらは「**塩基の素(もと)**」と覚えておきましょう。

例えばカップラーメンをイメージしてください。お湯を加えるとラーメンができる。この場合は水を加えると塩基ができる（笑）。同じイメージです。塩基の素の考え方は，いろいろなものに通用するんですよ。

■ 炭酸カルシウム（$CaCO_3$）の熱分解反応

大理石や石灰石の主成分である炭酸カルシウムを加熱したとき起きる反応です。

重要★★★ $CaCO_3 \longrightarrow CaO + CO_2\uparrow$

■ 水酸化カルシウムと CO_2 の反応

次の反応式は本当に頻出です。水酸化カルシウム（$Ca(OH)_2$）の水溶液を別名，「**石灰水**」といいます。これに二酸化炭素を吹き込むとどうなるか？

Ca^{2+}, $2OH^-$　　CO_3^{2-}

重要★★★ $Ca(OH)_2 + CO_2 \longrightarrow CaCO_3\downarrow + H_2O$

丸暗記だとなかなかきついので，イオンに分けて考えましょう。CO_2は水に溶けるとCO_3^{2-}（炭酸イオン）になります。このCO_3^{2-}とCa^{2+}が＋と－で結びつく。

$CaCO_3$，これは水に溶けません。また，$2OH^-$ の O 原子 1 個が，CO_2 が CO_3^{2-} になるときに使われ，残る物質が H_2O なのです。

さらに，二酸化炭素を吹き込むとどうなるか？　みなさんも小学生のころ実験されたんじゃないでしょうか。ストローで石灰水に息（二酸化炭素）をブクブク吹き込むと，だんだん白くなっていくんですよ。さらに吹き込むと透明になる。

重要★★★ $CaCO_3 + H_2O + CO_2 \underset{加熱}{\rightleftarrows} Ca(HCO_3)_2$

Ca^{2+}, HCO_3^-
HCO_3^-

$CaCO_3 + H_2O$ にもう一回二酸化炭素を吹き込むと，$Ca(HCO_3)_2$（炭酸水素カルシウム）になります。これは水に溶けるんです。

HCO_3^-（炭酸水素イオン）というイオンがあることを知っておきましょう。

そしてこれは，加熱するとまた逆反応が成り立つんです。せっかく溶けた水溶液をまた加熱すると，また $CaCO_3$ が白く沈殿してきます。気体は温度が高いと溶けにくいから，加熱すると二酸化炭素が溶けきれなくなって出てくるんですね。

■ さらし粉の製法

さらし粉に関しては，次の式を覚えておきましょう。

重要★★★ $Ca(OH)_2 + Cl_2 \longrightarrow CaCl(ClO)\cdot H_2O$

$CaCl(ClO)\cdot H_2O$ を「**さらし粉**」といいます。Ca^{2+}，Cl^-，ClO^-（次亜塩素酸イオン）という，それぞれ 1 個ずつのイオンと水和水 1 個からできています。

■ 弱酸の塩と強酸の反応

二酸化炭素の発生法（第２講単元１）に出ていた式です。

重要★★★ $CaCO_3 + 2HCl \longrightarrow CaCl_2 + H_2O + CO_2\uparrow$

■ 炭化カルシウム（カーバイド）の製法

この式も出題されることがありますので覚えておいてください。

重要★★★ $CaO + 3C \xrightarrow{強熱} CaC_2 + CO$

■ 炭化カルシウムと水の反応

詳しくは有機化学でやりますが，「アセチレン（C_2H_2）」という物質の製法です。

重要★★★ $CaC_2 + ②H_2O \longrightarrow Ca(OH)_2 + C_2H_2$

→ 1ではダメ

水の係数を「**1ではダメ**」と書きましたが，1 にしてしまう人が結構多い。1 にす

ると，

$CaC_2 + H_2O \longrightarrow CaO + C_2H_2$ **(誤り！)**

これは誤りです。確かに数は合いますが，実際にはCaOでとどまらない。炭化カルシウム（カーバイド）CaC_2は，水をジャバジャバ入れて反応させるので，CaOができたとしても，すぐに$Ca(OH)_2$に変わるんですよ。これはさきほどの「アルカリ金属，アルカリ土類金属（Be，Mgは除く）の酸化物に水を加えると塩基ができる」という基本にしたがっていますね。

では，まとめておきましょう。

単元1 要点のまとめ⑤

● カルシウムとその化合物の反応

①水との反応

重要★★★ $2H_2O + Ca \longrightarrow Ca(OH)_2 + H_2$

②酸化カルシウムと水の反応

重要★★★ $CaO + H_2O \longrightarrow Ca(OH)_2$

③炭酸カルシウムの熱分解反応

重要★★★ $CaCO_3 \xrightarrow{\text{加熱}} CaO + CO_2\uparrow$

④水酸化カルシウムとCO_2の反応

重要★★★ $Ca(OH)_2 + CO_2 \longrightarrow \underset{\text{水に不溶}}{CaCO_3}\downarrow + H_2O$

⑤$CaCO_3 + H_2O$とCO_2との反応

重要★★★ $CaCO_3 + H_2O + CO_2 \underset{\text{加熱}}{\rightleftarrows} \underset{\text{水に可溶}}{Ca(HCO_3)_2}$

⑥さらし粉の製法

重要★★★ $Ca(OH)_2 + Cl_2 \longrightarrow CaCl(ClO)\cdot H_2O$

⑦弱酸の塩と強酸の反応

重要★★★ $CaCO_3 + 2HCl \longrightarrow CaCl_2 + H_2O + CO_2\uparrow$

⑧炭化カルシウム（カーバイド）の製法

重要★★★ $CaO + 3C \xrightarrow{\text{強熱}} CaC_2 + CO$

⑨炭化カルシウムと水の反応

重要★★★ $CaC_2 + 2H_2O \longrightarrow Ca(OH)_2 + C_2H_2$（アセチレン）

①～⑨は全て入試に出題されます。整理して覚えておきましょう。

1-6 化合物の水に対する溶解度

化合物の水に対する溶解度です。これはある程度知っておいてください。最初にまとめておきます。

単元1 要点のまとめ⑥

●アルカリ土類金属の化合物の水に対する溶解度

①水酸化物の溶解度　$Mg(OH)_2 \ll Ca(OH)_2 < Ba(OH)_2$
溶けにくい　溶ける

②硫酸塩の溶解度　$MgSO_4 \gg CaSO_4 > BaSO_4$
溶けやすい　溶けにくい

③炭酸塩の溶解度　$MgCO_3$，$CaCO_3$，$BaCO_3$…すべて溶けにくい。
（すべて強酸で分解し，CO_2 を発生）

①アルカリ土類金属の水酸化物の中でもMgの水酸化物は極端に水に溶けにくいですが，CaとBaの水酸化物は水に溶けます。

②アルカリ土類金属の硫酸塩の場合はMgの硫酸塩である $MgSO_4$ は水に溶けやすいが，$CaSO_4$ と $BaSO_4$ の硫酸塩は，溶けにくい。

③アルカリ土類金属の炭酸塩の場合は $MgCO_3$，$CaCO_3$，$BaCO_3$ とも，すべて水に溶けにくい。以上のことを軽くおさえておきましょう。

1-7 アンモニアソーダ法

化合物の製法の「○○法」というのは全部で4種類あります。1つは**第1講**で硫酸の製法として紹介した「**接触法**」。それから**第2講**でアンモニアの製法として紹介した「**ハーバー・ボッシュ法**」，硝酸の製法として紹介した「**オストワルト法**」，そして今回の「**アンモニアソーダ法**」です。

アンモニアソーダ法は，1861年，この製法を工業化したベルギーのソルベーの名前をとって「**ソルベー法**」ともいいます。これは**炭酸ナトリウム（Na_2CO_3）をつ**

くるのが主な目的です。炭酸ナトリウムはガラスなどの原料として用いられます。

■ 5本＋1本の式

アンモニアソーダ法は，今から説明する5本＋1本の式から成り立ちます。これは覚えるしかないです。うろ覚えではいけません。では書き出します。

重要★★★ ① $CaCO_3 \xrightarrow{加熱} CaO + CO_2\uparrow$

重要★★★ ② $NaCl + NH_3 + CO_2 + H_2O \rightarrow NaHCO_3\downarrow + NH_4Cl$

重要★★★ ③ $2NaHCO_3 \xrightarrow{加熱} Na_2CO_3 + CO_2\uparrow + H_2O$

重要★★★ ④ $CaO + H_2O \rightarrow Ca(OH)_2$

重要★★★ ⑤ $2NH_4Cl + Ca(OH)_2 \xrightarrow{加熱} CaCl_2 + 2NH_3\uparrow + 2H_2O$

①式の反応は「**単元1　要点のまとめ⑤**」（→81ページ）の③にありましたね。

アンモニアソーダ法の式だけに出てくるのは上の②と③式です。この②と③式はしっかり暗記してください。あとの①，④，⑤式は他のところでもいろいろと出てくる式です。だから逆に言えば，この5本を覚えておけば，いろいろなものに応用できるということです。

②式は食塩水にアンモニアと二酸化炭素を加えてできあがったのが**$NaHCO_3$，これが沈殿するということです。**アルカリ金属からできている塩はすべて水に溶けると言いましたが，**$NaHCO_3$だけ例外**なんですね。

②式はアンモニアと二酸化炭素の順番を逆にしても間違いじゃないけれど，この順番で覚えたほうがいい。なぜなら，効率がいいからです。アンモニアは非常に水に溶ける。だから食塩水にアンモニアを加えてやると，全部アンモニアは食塩水に溶ける。塩基性になるので，そこに酸性の二酸化炭素は溶けやすい。これを逆にやると二酸化炭素を食塩水の中に溶かしても，そんなには溶けない。だから大部分の二酸化炭素は飛んでいってしまう。アンモニアを先に加えてから二酸化炭素を加えたほうが，非常に効率がいいんです。

③式で$2NaHCO_3$を加熱してやると，目的物であるNa_2CO_3ができます。ここで二酸化炭素ができてくる，これはまた②式に循環されます。

④式ではアルカリ土類金属（Be，Mgは除く）の酸化物である**CaOに水を加えると塩基$Ca(OH)_2$ができるという話です。塩基の素ですよ。**

⑤式は**第2講**のアンモニアの発生法でやりました（→41，44ページ）。$2NH_4Cl + Ca(OH)_2$で加熱です。発生したアンモニアは②式に循環されます。アンモニアソーダ法には加熱が合計3箇所ありますね。①，③，⑤の3式です。

■ 岡野流で１本にまとめよう！

問題は，①～⑤式を１本にまとめるというところなんですよ。これは計算問題などで必要な作業です。で，これを要領よくやるために**「岡野流・速攻アンモニアソーダ法完成」**の登場です！

もう一度①～⑤式に着目してください。**1回しか使われていない物質に注目し，波線を引いておきました。$CaCO_3$，NaCl，Na_2CO_3，$CaCl_2$ です。あとはこれらを両辺に振り分けて，係数をつけるんです。**

今回のアンモニアソーダ法というのは，Na_2CO_3 の製法だから，これは右辺。Naが両辺にまたがっていなくてはいけないから，NaClは左辺。あと CO_3 も両辺にまたがっていなくてはいけないから，$CaCO_3$ が左辺。Caを両辺に置くために，右辺に $CaCl_2$ がなくてはいけない。こういうふうに振り分け，**このとき係数はほとんど1だったと覚えておけば，NaClを2倍してできあがりです。**

重要★★★ $2NaCl + CaCO_3 \longrightarrow Na_2CO_3 + CaCl_2$

こうすれば1本にまとめた式は簡単につくれます。

岡野流　速攻アンモニアソーダ法完成

アンモニアソーダ法の１本にまとめた式は，５本目までの式に１回しか出てこない４つの物質（$CaCO_3$，NaCl，Na_2CO_3，$CaCl_2$）を，両辺に振り分けて係数をつけて完成させる。

単元１　要点のまとめ⑦

●アンモニアソーダ法（ソルベー法）

アンモニアソーダ法（ソルベー法）は主に Na_2CO_3（炭酸ナトリウム）の製法

重要★★★ ① $CaCO_3 \xrightarrow{加熱} CaO + CO_2\uparrow$

重要★★★ ② $NaCl + NH_3 + CO_2 + H_2O \longrightarrow NaHCO_3\downarrow + NH_4Cl$

重要★★★ ③ $2NaHCO_3 \xrightarrow{加熱} Na_2CO_3 + CO_2\uparrow$（②へ循環）$+ H_2O$

重要★★★ ④ $CaO + H_2O \longrightarrow Ca(OH)_2$

重要★★★ ⑤ $2NH_4Cl + Ca(OH)_2 \xrightarrow{加熱} CaCl_2 + 2NH_3\uparrow$（②へ循環）$+ 2H_2O$

①から⑤の式を1本の式に直す。

重要★★★ $2NaCl + CaCO_3 \longrightarrow Na_2CO_3 + CaCl_2$

演習問題で力をつける⑧

アルカリ金属とアルカリ土類金属をモノにする！

問 空欄に適当な語または化学式を下の解答群から記号で選べ。

リチウム，ナトリウム，カリウムは，いずれも（　ア　）金属とよばれ，周期表の（　イ　）族に属する金属である。反応性に富み，常温で水と反応して（　ウ　）を発生し，それぞれ（　エ　），NaOH，（　オ　）の化学式をもつ化合物を生じる。これらの化合物の水溶液は強い（　カ　）性を示す。

カルシウムは水と反応して（　キ　）を発生し，（　ク　）の化学式をもつ化合物を生じ，液は強い（　カ　）性を示すなど，ナトリウムと共通点をもっている。この溶液に二酸化炭素を通すと沈殿を生じ，さらに通じると再び溶けてしまう。沈殿の化学式は（　ケ　）。溶解したのは（　コ　）を生じたためである。（　ア　）金属の水酸化物は二酸化炭素によって沈殿を生じない。

カルシウムと似た金属として原子番号順に（　サ　）と（　シ　）があるが，これらの元素は（　ス　）金属とよばれ，周期表の（　セ　）族に属する元素である。（　サ　）と（　シ　）のイオンの炎色反応ではそれぞれ（　ソ　）色と（　タ　）色を示す。

解答群

a　ハロゲン　　b　アルカリ　　c　アルカリ土類　　d　1　　e　2
f　13　　g　14　　h　酸素　　i　水素　　j　LiOH　　k　KOH
l　$Ca(OH)_2$　　m　$Ba(OH)_2$　　n　$CaCO_3$　　o　$BaCO_3$
p　$Ca(HCO_3)_2$　　q　Ba　　r　Sr　　s　Rb　　t　紅　　u　青緑
v　黄緑　　w　塩基　　x　酸

さて，解いてみましょう。

問（ア）～（タ）の解説 さっそくやっていきます。リチウム，ナトリウム，カリウムはいずれも“アルカリ”金属です。周期表の“1”族ですね。

∴　（　ア　）b　　（　イ　）d……【答え】

これらは反応性に富み，常温で水と反応して“水素”を発生し，それぞれ“LiOH”，NaOH，“KOH”の化合物を生じます。ナトリウムの反応式を挙げると，

$$2Na + 2H_2O \longrightarrow 2NaOH + H_2$$

です。水素が発生し，塩基ができる。これらの化合物の水溶液は強い“塩基（アルカリ）”性を示します。

∴（ウ）**i**　（エ）**j**　（オ）**k**　（カ）**b**または**w**……**【答え】**

カルシウムは水と反応して“水素”を発生し，水溶液“$Ca(OH)_2$”を生じます。

$$Ca + 2H_2O \longrightarrow Ca(OH)_2 + H_2$$

水溶液は強い“塩基（アルカリ）”性を示すなど，ナトリウムと共通点をもっています。

∴（キ）**i**　（ク）**l**……**【答え】**

岡野のこう解く　この溶液に二酸化炭素を通すと沈殿を生じ，さらに通じると再び溶けてしまう。沈殿の化学式は“$CaCO_3$”です。溶解したのは“$Ca(HCO_3)_2$”を生じたためです。反応式を書いておくと，

$$Ca(OH)_2 + CO_2 \longrightarrow CaCO_3 + H_2O$$

$$CaCO_3 + H_2O + CO_2 \longrightarrow Ca(HCO_3)_2$$

です。これはすらすら書けるようにしておきましょう。

∴（ケ）**n**　（コ）**p**……**【答え】**

岡野の着目ポイント　アルカリ金属の水酸化物は二酸化炭素によって沈殿を生じません。**1-2** で，アルカリ金属の塩は水に溶けやすく，沈殿は生じないと説明しましたね。ただし，$NaHCO_3$だけは例外でした。

そして，カルシウムと似た金属として原子番号順にストロンチウム“Sr”とバリウム“Ba”があります。これらの元素は“アルカリ土類”金属で，周期表の“2”族です。

ストロンチウムとバリウムのイオンの炎色反応は，ゴロで言うと，ストロンチウムは「するも（Sr）くれない（紅）」だから“紅”色。バリウムは「馬（Ba）力（黄緑）」で“黄緑”色。でしたね。

∴（サ）**r**　（シ）**q**　（ス）**c**　（セ）**e**
（ソ）**t**　（タ）**v**……**【答え】**

単元2 両性金属

化学

普通，金属というのは酸には溶けるんですが，塩基には溶けません。ところが，酸にも塩基にも溶けるという特殊な金属があります。これを「**両性金属**」といいます。

2-1 両性金属の性質

両性金属は以下の4つです。

重要★★★

Al　Zn　Sn　Pb

酸にも塩基にも「あ　あ，すん なり　溶ける」と覚える

「アルミニウム，亜鉛，スズ，鉛」で「ああ，すんなり」と覚えるんですね。

■ 両性金属は酸にも塩基にも反応

両性金属は塩基に溶けると言いましたが，ここでの**塩基とは，水酸化ナトリウムみたいな強塩基を言っています**。ですから，酸とも(強)塩基とも反応して溶解し，H_2を発生するわけです。まずはアルミニウムの反応です。

重要★★★ $2Al + 6HCl \longrightarrow 2AlCl_3 + 3H_2\uparrow$

重要★★★ $2Al + 2NaOH + 6H_2O \longrightarrow 2Na[Al(OH)_4] + 3H_2\uparrow$

上の式の$AlCl_3$を「塩化アルミニウム」といいます。また，**$Na[Al(OH)_4]$を「テトラヒドロキシドアルミン酸ナトリウム」**といいます。化学式といっしょに名前も覚えておきましょう。上の2つの化学反応式を書けるようにしてください。申しわけないですが，特にNaOHを使った下の式は暗記するしかありません。

■ 両性酸化物

次にアルミニウムの酸化物，Al_2O_3を見てみます。

重要★★★ $Al_2O_3 + 6HCl \longrightarrow 2AlCl_3 + 3H_2O$

重要★★★ $Al_2O_3 + 2NaOH + 3H_2O \longrightarrow 2Na[Al(OH)_4]$

これで合計4式ですが，Al，Al_2O_3とも，**HClを加えたら$AlCl_3$ができ，NaOHを加えたら$Na[Al(OH)_4]$ができる**と覚えておくといいですね。

■ 両性水酸化物

次に，アルミニウムの水酸化物，$Al(OH)_3$を見てみます。

重要★★★ $Al(OH)_3 + 3HCl \longrightarrow AlCl_3 + 3H_2O$

重要★★★ $Al(OH)_3 + NaOH \longrightarrow Na[Al(OH)_4]$

やはり同じです。できあがってくる物質は**$AlCl_3$か$Na[Al(OH)_4]$かです。**そこをうまく利用して覚えておきましょう。

以上，6つの式はよく書かされるので，きっちりと書けるようにしましょう。

■ 両性金属のイオン　Al^{3+}，Zn^{2+}，Sn^{2+}，Pb^{2+}

今度は，両性金属のイオンがOH^-とどのような反応を起こすかを見てみます。アンモニア水とか水酸化ナトリウムの中にはOH^-が含まれていて，これと反応させると，白色の沈殿が生じます。

OH^-との反応　$Al^{3+} + 3OH^- \longrightarrow Al(OH)_3 \downarrow$　（白色）

$Zn^{2+} + 2OH^- \longrightarrow Zn(OH)_2 \downarrow$　（白色）

さらにこれらの沈殿は，過剰の水酸化ナトリウムに溶けます。

重要★★★ $Al(OH)_3 + NaOH \longrightarrow Na[Al(OH)_4]$ テトラヒドロキシドアルミン酸ナトリウム

重要★★★ $Zn(OH)_2 + 2NaOH \longrightarrow Na_2[Zn(OH)_4]$ テトラヒドロキシド亜鉛(Ⅱ)酸ナトリウム

$Al(OH)_3$は両性水酸化物で紹介した式と同じです。$Zn(OH)_2$は他の両性水酸物（$Sn(OH)_2$，$Pb(OH)_2$）に置き換えても成り立ちます。

単元2 要点のまとめ①

● 両性金属

Al，Zn，Sn，Pb

（あ　あ　すん なり溶ける）と覚える

①両性金属…酸とも（強）塩基とも反応して溶解し，H_2を発生する。

重要★★★ $2Al + 6HCl \longrightarrow 2AlCl_3 + 3H_2 \uparrow$

重要★★★ $2Al + 2NaOH + 6H_2O \longrightarrow 2Na[Al(OH)_4] + 3H_2 \uparrow$

②両性酸化物

重要★★★ $Al_2O_3 + 6HCl \longrightarrow 2AlCl_3 + 3H_2O$

重要★★★ $Al_2O_3 + 2NaOH + 3H_2O \longrightarrow 2Na[Al(OH)_4]$

③両性水酸化物

重要★★★ $Al(OH)_3 + 3HCl \longrightarrow AlCl_3 + 3H_2O$

重要★★★ $Al(OH)_3 + NaOH \longrightarrow Na[Al(OH)_4]$

④両性金属のイオン…Al^{3+}，Zn^{2+}，Sn^{2+}，Pb^{2+}

OH^-との反応　$Al^{3+} + 3OH^- \longrightarrow Al(OH)_3\downarrow$　（白色）

$Zn^{2+} + 2OH^- \longrightarrow Zn(OH)_2\downarrow$　（白色）

沈殿物は過剰の水酸化ナトリウムに溶ける。

重要★★★ $Al(OH)_3 + NaOH \longrightarrow Na[Al(OH)_4]$ テトラヒドロキシドアルミン酸ナトリウム

重要★★★ $Zn(OH)_2 + 2NaOH \longrightarrow Na_2[Zn(OH)_4]$ テトラヒドロキシド亜鉛(Ⅱ)酸ナトリウム

2-2 アルミニウムの製錬

「**ボーキサイト**」という鉱石からアルミニウムを取り出す方法について考えます。これをアルミニウムの製錬といいます。

■ 不純物から純粋なものを取り出す

流れを見てみると，

ボーキサイト(Al_2O_3)（不純物を含む） $\xrightarrow[①]{NaOH水}$ $Na[Al(OH)_4]$ $\xrightarrow[②]{多量の水で希釈}$ $Al(OH)_3$

$\xrightarrow[③]{加熱}$ 純Al_2O_3（純粋なもの） $\xrightarrow[（氷晶石）]{溶融塩電解}$ Al（陰極に析出）

ボーキサイトの主成分はAl_2O_3ですが，天然のものですから，**いろんな不純物を含んでいる**のです。

それを水酸化ナトリウム水溶液を加えて溶かす(①)と，$Na[Al(OH)_4]$（テトラヒドロキシドアルミン酸ナトリウム）という物質が出てきます。

重要★★★ $Al_2O_3 + 2NaOH + 3H_2O \longrightarrow 2Na[Al(OH)_4]$ …①

それに多量の水を加えてやると(②)，$Al(OH)_3$という物質になるんです。

重要★★★ $Na[Al(OH)_4] \longrightarrow Al(OH)_3 + NaOH$ …②

それをまた加熱する(③)と，**純粋なAl_2O_3を取り出すことができます**。これを

「**アルミナ**」といいます。

重要★★★ $2Al(OH)_3 \xrightarrow{\text{加熱}} Al_2O_3 + 3H_2O$ …③

①式②式はさきほどのアルミニウム6本の式と関係があります。6本の式が書ければ①と②の式も書けるのです。①，②，③の式は入試でも頻出なので覚えておきましょう。**最初に不純物を含んだAl_2O_3がボーキサイト中に存在し，それから純粋なAl_2O_3（アルミナ）を取り出す**，そういう話なんですね，ここは。

■ **Al_2O_3の溶融塩電解**

純粋なものになったAl_2O_3を今度は電気分解してアルミニウムをつくります。ただ，普通の電気分解と違って「**溶融塩電解**」（融解塩電解ともいう）という方法を使います。図3-1を見てください。

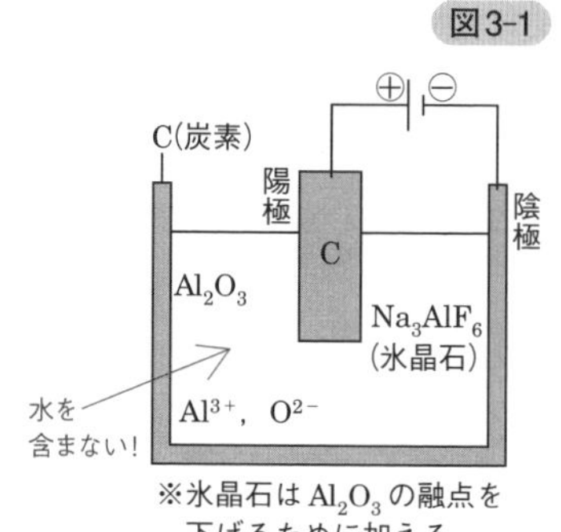

「炭素で内張りした」とよく表現されますが，容器の内側に炭素を張ってやるんです。これが陰極になります。陽極にも炭素をもってきて電気分解です。

そうした場合，普通ならAl_2O_3は水に溶けません。仮にもし水に溶けて，Al^{3+}とO^{2-}に分かれている水溶液中で電気分解をやったら，陰極での変化として水素が発生します！（『理論化学』第5講単元2）Li^+，K^+，Ca^{2+}，Na^+，Mg^{2+}，Al^{3+}までのイオン化傾向の大きい金属イオンが**水溶液中**に入っていた場合には，水素が発生してしまうんですよ。だから今回の場合は，水を入れないんです。これが**溶融塩電解**です。

Al_2O_3（酸化アルミニウムまたはアルミナ）に熱を加えて溶かすと，Al^{3+}とO^{2-}に分かれます。この温度は覚える必要はありませんが，約2000℃と言われています。

■ **氷晶石で融点降下**

そして2000℃で溶けていたものが，実は「**氷晶石（Na_3AlF_6）**」を入れると約1000℃で溶けるようになります。氷晶石は**Al_2O_3の融点を下げるため**に加えます。**氷晶石**という名称と化学式**Na_3AlF_6**を覚えておきましょう。

「**凝固点降下**」ってありましたね（『理論化学』第9講単元2）。あれと似たようなもので，今度は「**融点降下**」です。

■ **陰極での変化，陽極での変化**

では，陰極での変化，陽極での変化を見てみましょう。

重要★★★ 陰極：$Al^{3+} + 3e^- \longrightarrow Al$

重要★★★ 陽極：$C + O^{2-} \longrightarrow CO\uparrow + 2e^-$

または，

重要★★★ $C + 2O^{2-} \longrightarrow CO_2\uparrow + 4e^-$

陰極は水素が発生しないで，そのまま電子をもらって純粋なアルミニウムが析出されます。陽極は，その炭素と，融解液中に含まれているO^{2-}が結びついて一酸化炭素(CO)が発生します。陽極の炭素は，常に一酸化炭素になって飛んでいってしまうわけです。入試問題によっては，一番下の式のように「二酸化炭素が発生」と出てくる場合もあります。

よく正誤問題で，「陽極は常に炭素を補充する必要がある。○か×か」と出てきます。一酸化炭素になって飛んでいくから，答えは○です。

では，まとめておきましょう。

単元2 要点のまとめ②

●アルミニウムの製錬

ボーキサイト(Al_2O_3)（不純物を含む） $\xrightarrow[①]{\text{NaOH水}}$ $Na[Al(OH)_4]$ $\xrightarrow[②]{\text{多量の水で希釈}}$ $Al(OH)_3$

$\xrightarrow[③]{\text{加熱}}$ 純Al_2O_3（純粋なもの） $\xrightarrow[\text{(氷晶石)}]{\text{溶融塩電解}}$ Al（陰極に析出）

反応過程の①，②，③を化学反応式で示す。この反応は入試でも頻出なので覚えておこう。

重要★★★ ①$Al_2O_3 + 2NaOH + 3H_2O \longrightarrow 2Na[Al(OH)_4]$

重要★★★ ②$Na[Al(OH)_4] \longrightarrow Al(OH)_3 + NaOH$

重要★★★ ③$2Al(OH)_3 \xrightarrow{\text{加熱}} Al_2O_3 + 3H_2O$

アルミナAl_2O_3の溶融塩電解（融解塩電解）により得られる。

重要★★★ 陰極：$Al^{3+} + 3e^- \longrightarrow Al$

重要★★★ 陽極：$C + O^{2-} \longrightarrow CO\uparrow + 2e^-$

重要★★★ または，$C + 2O^{2-} \longrightarrow CO_2\uparrow + 4e^-$

単元3 金属のイオン化傾向

化学

『理論化学』第5講でも扱いましたが，今回はもう少し詳しく金属のイオン化傾向について学習しましょう。

3-1 金属のイオン化列

最初にまとめておきます。

単元3 要点のまとめ①

● 金属のイオン化傾向とイオン化列

金属が水または水溶液に溶けて電子を放出し，陽イオンになる性質を，金属の**イオン化傾向**という。

・金属のイオン化列

㊅ Li K Ca Na Mg Al Zn Fe Ni Sn Pb (H_2) Cu Hg Ag Pt Au ㊅

リッチニ カソウ カ ナ マ ア ア テ ニ スン ナ ヒ ド ス ギル ハク(借) キン

● 金属のイオン化列と化学的性質

イオン化傾向が大きい金属は酸化されやすく，反応性に富んでいる。逆に，イオン化傾向の小さい金属は不活発で安定である。その関係を酸素・水・酸についてまとめると，次表のようになる。

● 金属の酸素・水・酸に対する反応性の一覧表

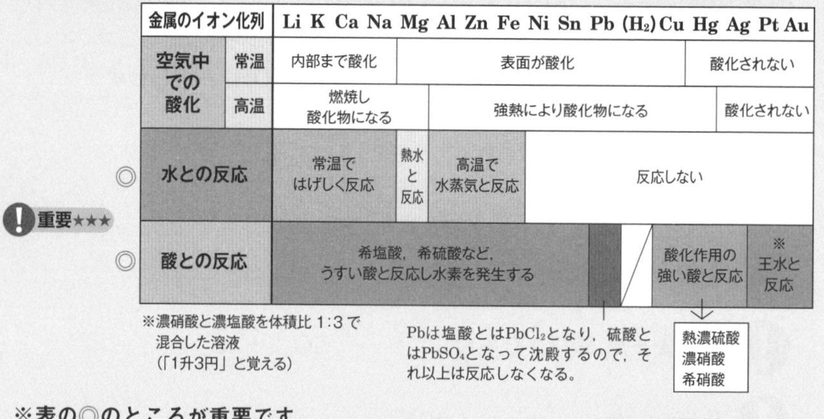

金属のイオン化列		Li	K	Ca	Na	Mg	Al	Zn	Fe	Ni	Sn	Pb	(H_2)	Cu	Hg	Ag	Pt	Au
空気中での酸化	常温	内部まで酸化				表面が酸化									酸化されない			
	高温	燃焼し酸化物になる					強熱により酸化物になる									酸化されない		
◎ 水との反応		常温ではげしく反応				熱水と反応	高温で水蒸気と反応			反応しない								
◎ 酸との反応		希塩酸，希硫酸など，うすい酸と反応し水素を発生する										(Pb)		酸化作用の強い酸と反応			※王水と反応	

重要★★★

※濃硝酸と濃塩酸を体積比 1:3 で混合した溶液（「1升3円」と覚える）

Pbは塩酸とは$PbCl_2$となり，硫酸とは$PbSO_4$となって沈殿するので，それ以上は反応しなくなる。

酸化作用の強い酸：熱濃硫酸，濃硝酸，希硝酸

※表の◎のところが重要です。

金属のイオン化列の覚え方はいいですね。陽イオンになりやすい順番です。さて，化学的性質の表のどこを覚えればいいか？

■ 水との反応

まず，前ページの◎のついた「水との反応」という部分です。これは**上から4つ，Li，K，Ca，Na（常温で激しく反応する）**，次に**1つ**，**Mg（熱水と反応）**，そして**3つ，Al，Zn，Fe（高温で水蒸気と反応）**。4，1，3と数字で覚えておきましょう。

最初の4つ，Li，K，Ca，Naは冷たい水とも反応して水素を発生します。次のMgは熱水でないと反応しないんですが，やはり水素が発生します。それでもまだ反応しないのは，もっと反応しにくいわけですから，Al，Zn，Feの3つは水蒸気を加えると，はじめて同じように水素が発生する。全部H_2Oとの反応ですが，冷たい水，熱水，水蒸気という順番で，4，1，3です。

■ 酸との反応

次の◎「酸との反応」ですが，Li～Snまでは「希塩酸，希硫酸と反応して水素を発生」です。**Pbは，塩酸とは$PbCl_2$，硫酸とは$PbSO_4$という沈殿物をつくってしまうから，それ以上反応しなくなってしまうんですよ。**ということで，Snまでだと覚えておきましょう。

また，**Cu，Hg，Agは「酸化作用の強い酸と反応」します。「酸化作用の強い酸」は「熱濃硫酸，濃硝酸，希硝酸」の3つ**だと覚えておいてください。熱濃硫酸というのは，濃硫酸を加えて加熱することをいいます。濃硝酸，希硝酸は加熱する必要はありません。

それから，PtとAuは「王水（おうすい）と反応」します。さて，「王水」とは何か？　注釈に“1升3円”とありますが，“1升が3円で買えた昔の話”というゴロです。“1の濃硝酸と3の濃塩酸”という意味ですね。濃硝酸と濃塩酸が1：3で混じった混合溶液を王水といい，それはPtとかAuを溶かすのです。

3-2 不動態

Al, Fe, Niの3つは，**濃硝酸**によって，金属の表面に緻密な酸化被膜ができます。この酸化被膜ができることで反応が進まなくなります。このような状態を「**不動態**」といいます。

不動態は濃硝酸によって起こり，希硝酸では起こりません。

その金属は「あ(Al)て(Fe)に(Ni)できない不動(不動態)産」と覚えてください。

ただ，気をつけてほしいのは，不動態の「あてに」の「**あ**」は**Al**です。一方，イオン化列の「リッチに貸そうかな，まああてに」の「**あ**」は**Zn**なんですよ。**混乱しないようにしましょう。**

単元3 要点のまとめ②

- **不動態**

重要★★★

濃硝酸によって，金属の表面に緻密な酸化被膜ができる。

この酸化被膜ができることで反応が進まなくなる。このような状態を「不動態」という（希硝酸では起こらない）。

Al, Fe, Ni
あ　て　に　できない　不動（不動態）産

演習問題で力をつける⑨

両性金属の問題に挑戦！

問 次の文を読み，下の各問いに答えよ。

アルミニウムは地殻中で酸素および［(A)］に次いで多量に存在する。周期表の［(B)］族に属し，その化合物のカリウムミョウバン［(イ)］・$12H_2O$は古くから知られている。アルミニウムは，酸とも塩基とも比較的容易に反応して塩をつくるので［(C)］金属とよばれ，アルミニウムの他によく知られているものとして［(D)］がある。アルミニウムの単体は銀白色で［(E)］性や延性に富み，電気伝導性もよい。酸素との親和性は高く，空気中では表面に薄い被膜ができて内部は保護される。濃硝酸には同じ理由で溶けにくく，このような状態を［(F)］という。

(1) (A)～(F)に適当な語句・名称を，(イ)には化学式を入れよ。

(2) アルミニウムに水酸化ナトリウムまたは塩酸を加えたときに起こる反応をそれぞれ化学反応式で示せ。

さて，解いてみましょう。

問(1)［(A)］の解説 第2講単元4（→71ページ）でもやった「地殻中の元素の存在度」または「クラーク数」のところです。

O	Si	Al	Fe	Ca	Na
サン	ケイ 新聞	歩い	て	借り	な

と覚えて頂きました。

したがってアルミニウムは酸素および“ケイ素”に次いで多量に存在します。よってケイ素が解答です。

∴ **ケイ素** …… 問(1)［(A)］の【答え】

問(1)［(B)］,［(イ)］の解説 「アルミニウムは“13”族に属し，その化合物のカリウムミョウバン」の化学式は，次のようになります。入試に出題されるので覚えておきましょう。

∴ **13** …… 問(1)［(B)］の【答え】

∴ $AlK(SO_4)_2$ …… 問(1)［(イ)］の【答え】

$AlK(SO_4)_2$ は，$Al_2(SO_4)_3$（硫酸アルミニウム）と K_2SO_4（硫酸カリウム）の2つの塩が結びついたので，特に「**複塩**（ふくえん）」といいます。2つを合せると $Al_2K_2(SO_4)_4$ となり，全体を2で割ると $\mathbf{AlK(SO_4)_2}$ の組成式で表せます。このとき水和水の数（$\mathbf{12H_2O}$）も覚えておきましょう。

問 (1) (C) , (D) の解説「アルミニウムは，酸とも塩基とも比較的容易に反応して塩をつくるので」“両性”金属とよばれます。「アルミニウムの他によく知られているもの」は「あ（Al）あ（Zn）すん（Sn）なり（Pb）」，どれでもいいでしょう。

∴　**両性** …… **問 (1) (C)** の【答え】

∴　**亜鉛，スズ，鉛**（のうちから1つ解答）…… **問 (1) (D)** の【答え】

問 (1) (E) , (F) の解説 アルミニウムの単体は「銀白色で“展”性や延性に富み」ます。『理論化学』第0講単元7の金属結晶のところで出てきました。

「酸素との親和性は高く，空気中では表面に薄い被膜ができて内部は保護される。濃硝酸には同じ理由で溶けにくく，このような状態を」何というか？これが“不動態”です。

∴　**展** …… **問 (1) (E)** の【答え】

∴　**不動態** …… **問 (1) (F)** の【答え】

問 (2) の解説 ここは単元2で紹介したとおりです。まず，水酸化ナトリウムを加えた式は，

∴　$\mathbf{2Al + 2NaOH + 6H_2O \longrightarrow 2Na[Al(OH)_4] + 3H_2\uparrow}$

…… **問 (2)** の【答え】

これが解答です。

もう1つ，塩酸との反応です。これは，

∴　$\mathbf{2Al + 6HCl \longrightarrow 2AlCl_3 + 3H_2\uparrow}$ …… **問 (2)** の【答え】

この辺りは暗記が大変な部分ですが，がんばっていきましょう。

演習問題で力をつける⑩

アルミニウムの製錬を理解しよう！

問　次の文を読み，問いに答えよ。

C = 12.0，0 = 16.0，Al = 27.0，ファラデー定数$F = 9.65 \times 10^4$C/mol

ナトリウム，マグネシウム，アルミニウムなどの金属は，[①]がきわめて大きいので，その塩の水溶液を電気分解しても，陰極では[②]が発生するだけで金属の単体は析出しない。これらの金属の単体を得るには，その無水の化合物を高温にして，融解状態で電気分解する。

アルミニウムの単体は，鉱石のボーキサイトから酸化アルミニウムをつくり，これを氷晶石とともに約1000℃で融解し，炭素を電極として，電気分解で製造する。

(1)　[①]，[②]に適した語句を入れよ。

(2)　アルミニウムの電気分解の全体の反応は次式で表される。

$$2Al_2O_3 + 3C \longrightarrow 4Al + 3CO_2$$

(a)　陰極で起こる変化を，e^-を含む反応式で表せ。

(b)　陽極で起こる変化を，e^-を含む反応式で表せ。

(c)　電気分解により50gのアルミニウムを得るために必要な電子は何molか。有効数字2桁で答えよ。

(d)　100Aの電流で，3.00時間電気分解して得られるアルミニウムの量は，何gか。有効数字3桁で答えよ。

さて，解いてみましょう。

問(1) [①]，[②]の解説　“イオン化傾向”の大きい金属イオンが水溶液中に存在するとき電気分解しても陰極ではその金属が析出することなく“水素”が発生します(90ページを参照してください)。

∴　**イオン化傾向** ……　**問(1) [①]** の【答え】

∴　**水素** ……　**問(1) [②]** の【答え】

問(2)(a)の解説　「単元２　要点のまとめ②」より

∴　陰極：$\mathbf{Al^{3+} + 3e^- \longrightarrow Al}$ ……　**問(2)(a)** の【答え】

問(2)(b)の解説　「単元２　要点のまとめ②」より

この問題では全体の反応式が与えられており，この中にCO_2が含まれているのでCO_2が発生していることがわかる（この問題ではCOは発生していない）。

$\therefore$　陽極：$\mathbf{C + 2O^{2-} \longrightarrow CO_2 + 4e^-}$ …… **問(2)(b)** の【答え】

問(2)(c)の解説　(a)の反応式より

$$Al^{3+} + 3e^- \longrightarrow Al$$

3mol　　　1mol

$$\begin{pmatrix} 3\text{mol} & \times & 27\text{g} \\ x\,\text{mol} & & 50\text{g} \end{pmatrix}$$ 流れる電子をx molとする。

$\therefore$　$27x = 3 \times 50$

$\therefore$　$x = 5.55 \fallingdotseq 5.6\text{mol}$

$\therefore$　**5.6mol** …… **問(2)(c)** の【答え】
（有効数字2桁）

問(2)(d)の解説　『理論化学』5講「単元2　要点のまとめ⑥」（→159ページ）を参照してください。

☆ **流れる電子(e^-)の物質量$= \dfrac{it}{9.65 \times 10^4}$mol** ―― **[公式12]** より

初めに流れる電子(e^-)の物質量を求めます。

$$\therefore \frac{100 \times 3.00 \times 3600}{9.65 \times 10^4} = 11.19\text{mol}\,(e^-)$$　（1時間＝3600秒）

次に得られるAlの質量をy gとすると

$$Al^{3+} + 3e^- \longrightarrow Al$$

3mol　　　1mol

$$\begin{pmatrix} 3\text{mol} & \times & 27\text{g} \\ 11.19\text{mol} & & y\,\text{g} \end{pmatrix}$$

$\therefore$　$3y = 27 \times 11.19$

$\therefore$　$y = 100.7 \fallingdotseq 101\text{g}$

$\therefore$　**101g** …… **問(2)(d)** の【答え】
（有効数字3桁）

第3講はここまでです。次回またお会いしましょう。

第 4 講

金属元素（2）

単元 1 遷移元素 化学

単元 2 金属イオンの反応と分離 化学

第 4 講のポイント

今日は 3 ～ 12 族の元素，いわゆる「遷移元素」について学んでいきます。『化学基礎』の第 1 講と『理論化学』の第 0 講でもやりましたが，元素には，遷移元素か典型元素か，このどちらかしかありません。遷移元素の特徴をしっかりつかみましょう。また，錯イオンはていねいに理解すれば，全然難しくありません。

単元1 遷移元素

化学

1-1 遷移元素の特徴

遷移元素は周期表の**3～12族**の元素をいいます。まず，遷移元素の特徴をまとめておきましょう。

単元1 要点のまとめ①

• 遷移元素の特徴

重要★★★

①すべて金属元素である。Sc以外は密度4g/cm³以上の重金属。
②周期表の隣り合う元素が似た性質をもっている。
③酸化数を複数もつものが多い。
④最外殻電子数は2個（1個のものも少数）である。
⑤錯イオンを形成するものが多い。
⑥化合物やイオンには有色のものが多い。
⑦触媒になる金属または化合物が多い。

これは繰り返し読んで，イメージをつかむようにしましょう。

■ すべて金属元素

遷移元素は**すべて金属元素**です。原子番号21番Sc（スカンジウム）は割と軽い。でもそれ以外の遷移元素は，密度4g/cm³以上の重金属なんですね。一方，軽金属というのはアルカリ金属とかアルカリ土類金属などで軽いんです。

■ 周期表の左右に似た性質

遷移元素は，**周期表の隣り合う元素どうしで互いに似た性質**をもっています。典型元素では，普通，1族，2族という周期表の縦の列で，性質の似たものが並んでいます。それは最外殻電子（価電子）の数が同じであるからです。

■ 酸化数を複数もつ

遷移元素は，**酸化数を複数もつものが多い。**例えば，Fe^{2+}やFe^{3+}。あるいは，『理論化学』第4講単元2の酸化剤一覧にMnO_4^-（過マンガン酸イオン）がMn^{2+}になるというのがありましたね。この場合のMn元素自体の酸化数は，MnO_4^-で＋7，Mn^{2+}で＋2です。酸化数が＋7になったり，＋2になったりするように，遷移元素は酸化数が複数あります。

■ **最外殻電子数は基本的に２個**

原子の性質は，最外殻電子の数で決まります。遷移元素の**最外殻電子数は，**例外的に1個のものが少数ありますが，**基本的に2個です。**遷移元素全体が2個ということは，遷移元素全体が似た性質をもっているということです。

■ **錯イオンを形成**

遷移元素は，錯（さく）イオンを形成するものが多い。「**錯イオン**」という言葉は，単元2の 2-3 で説明します。

■ **化合物は有色**

遷移元素の化合物やイオンには**有色のものが多い。**

例えば$CuSO_4 \cdot 5H_2O$は**青色**です。ところが，水が取れて$CuSO_4$となった場合は**白色**です。

他に，$KMnO_4$は赤紫色です。Mnという遷移元素からできている化合物ですね。K^+は無色で，MnO_4^-の色が**赤紫色**なんです。このように，遷移元素の化合物やイオンには特徴的な色があると理解してください。

■ **触媒になる**

遷移元素は，**触媒になる金属または化合物が多い。**みなさん，触媒は今まで3つぐらい出てきましたね。**接触法**におけるV_2O_5でしょ。V（バナジウム）は遷移元素です。次に，**ハーバー・ボッシュ法**では**鉄触媒**。**Fe**（鉄）も遷移元素です。それから，**オストワルト法**では**Pt**（白金）を用いました。これも遷移元素です。あと酸素の発生法で，塩素酸カリウム（$KClO_3$）に酸化マンガン（Ⅳ）（MnO_2）とか，または過酸化水素（H_2O_2）にMnO_2というのがありました。これも触媒であり，遷移元素Mnからなる化合物です。

次は遷移元素の1つ，銅について説明しましょう。

1-2 銅とその化合物

銅の特徴的な反応式（熱濃硫酸，希硝酸，濃硝酸との反応）を示します。

! 重要★★★ 熱濃硫酸 $\mathbf{Cu + 2H_2SO_4 \xrightarrow{\text{(加熱)}} CuSO_4 + SO_2\uparrow + 2H_2O}$

! 重要★★★ 希硝酸 $\mathbf{3Cu + 8HNO_3 \longrightarrow 3Cu(NO_3)_2 + 2NO\uparrow + 4H_2O}$

! 重要★★★ 濃硝酸 $\mathbf{Cu + 4HNO_3 \longrightarrow Cu(NO_3)_2 + 2NO_2\uparrow + 2H_2O}$

これらは気体の発生法でもしつこくやりましたね。この3本の反応式は，きっちり覚えておきましょう。次にいきますよ。

$$CuSO_4 \cdot 5H_2O \xrightarrow{250^\circ C} CuSO_4 + 5H_2O$$

（青色）　　（白色）

これはさきほども言いましたが，$CuSO_4 \cdot 5H_2O$（硫酸銅（Ⅱ）五水和物）だと**青色**だったのが，加熱して，水が飛ぶと**白色**になるという反応です。

■ **イオンの反応**

それから，イオンの反応です。

$$Cu^{2+} + S^{2-} \longrightarrow CuS\downarrow$$

（H_2Sを通じるとき酸性溶液でも沈殿する。**黒色沈殿**）

重要★★★ $Cu^{2+} + 2OH^- \longrightarrow Cu(OH)_2\downarrow$（**青白色沈殿**）

水酸化銅（Ⅱ）を過剰のアンモニア水で溶解すると，

重要★★★ $Cu(OH)_2 + 4NH_3 \longrightarrow [Cu(NH_3)_4]^{2+} + 2OH^-$

（深青色）（テトラアンミン銅（Ⅱ）イオン）

Cu^{2+}は硫化水素（H_2S）と反応して**黒色**の硫化銅（Ⅱ）（CuS）という硫化物の沈殿を生じる。これは119ページで詳しくやりましょう。

それから水酸化物イオンと反応すると，**青白色**の水酸化銅（Ⅱ）（$Cu(OH)_2$）という沈殿ができる。**青白**という色が見えたら，すぐに$Cu(OH)_2$だと判断して構いません。

そして，$Cu(OH)_2$を過剰のアンモニア水で溶解します。するとテトラアンミン銅（Ⅱ）イオン（$[Cu(NH_3)_4]^{2+}$）という，**深青色**の錯イオンになります。「**錯イオン**」の説明は120～122ページでやります。

単元1 要点のまとめ②

● **銅とその化合物**

①熱濃硫酸

重要★★★ $Cu + 2H_2SO_4 \xrightarrow{(加熱)} CuSO_4 + SO_2\uparrow + 2H_2O$

②希硝酸

重要★★★ $3Cu + 8HNO_3 \longrightarrow 3Cu(NO_3)_2 + 2NO\uparrow + 4H_2O$

③濃硝酸

重要★★★ $Cu + 4HNO_3 \longrightarrow Cu(NO_3)_2 + 2NO_2\uparrow + 2H_2O$

④硫酸銅(Ⅱ)

$$CuSO_4 \cdot 5H_2O \xrightarrow{(250℃)} CuSO_4 + 5H_2O$$

(青色)　(白色)

⑤イオンの反応

$Cu^{2+} + S^{2-} \longrightarrow CuS\downarrow$(H₂Sを通じるとき酸性溶液でも沈殿する。黒色沈殿)

重要★★★ $Cu^{2+} + 2OH^- \longrightarrow Cu(OH)_2\downarrow$ (青白色沈殿)

(過剰のアンモニア水で溶解する)

重要★★★ $Cu(OH)_2 + 4NH_3 \longrightarrow [Cu(NH_3)_4]^{2+} + 2OH^-$

(深青色)
(テトラアンミン銅(Ⅱ)イオン)

1-3 銅の電解精錬

不純物が含まれている銅を純粋な銅にするには，**粗銅**(そどう)(不純物が含まれている銅)**を陽極**，**純銅を陰極**として「**電解精錬**」(電気分解を利用して不純物を含む金属から純粋な金属を精製する操作)を行います。

図4-1のように陽極では主にCuがCu^{2+}となって溶け出し，陰極ではその溶けたCu^{2+}がe^-を受け取りCuが析出します。

図4-1

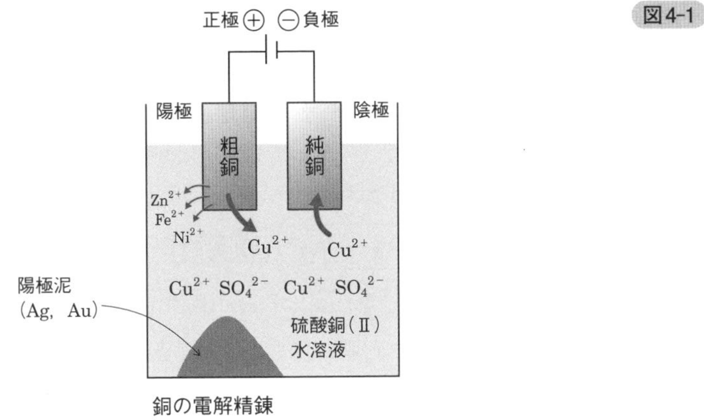

銅の電解精錬
(不純物としてNi，Fe，Zn，Ag，Auを含む。)

次に陽極と陰極で起こるイオン反応を示します。

重要★★★

陽極(粗銅)　$Cu \longrightarrow Cu^{2+} + 2e^-$

陰極(純銅)　$Cu^{2+} + 2e^- \longrightarrow Cu$

不純物がNi，Fe，Znなど，Cuよりイオン化傾向が大きい金属の場合，溶液中にイオンとして溶け出します。逆に，**AgやAuなど，Cuよりイオン化傾向が小さい金属の場合，陽極の下にたまります。**これを**「陽極泥」**といいます。水溶液中に溶け出すものと，下にたまるものがあるんですね。

単元１ 要点のまとめ③

- **銅の電解精錬**

粗銅を電解精錬すると，純銅が得られる。

陽極（粗銅）　$Cu \longrightarrow Cu^{2+} + 2e^-$

陰極（純銅）　$Cu^{2+} + 2e^- \longrightarrow Cu$

不純物
- Ni，Fe，Zn …溶液中にイオンとして溶け出す。（Cuよりイオン化傾向の大きい金属）
- Ag，Au …陽極の下にたまる。（**陽極泥**）（Cuよりイオン化傾向の小さい金属）

1-4 銀とその化合物

■ 熱濃硫酸，希硝酸，濃硝酸との反応

次は銀に関して説明しましょう。銀も銅と同様に，熱濃硫酸，希硝酸，濃硝酸との反応で，それぞれSO_2，NO，NO_2を発生します。この3つは酸化作用の強い酸です。第3講単元3でやりましたが，これらは，Cu，Hg，Agを溶かします。入試にはCuかAgがよく出てきます。もし余裕のある方は，以下を参考に，自分で反応式をつくって書いておきましょう。『理論化学』第４講「単元２ 要点のまとめ①，②」（→123，124ページ）でやった酸化剤，還元剤の知識も総動員します。

$Ag \longrightarrow Ag^+$は還元剤は$H_2SO_4 \longrightarrow SO_2$で酸化剤。

$Ag \rightarrow Ag^+$（還元剤）
熱濃$H_2SO_4 \rightarrow SO_2$（酸化剤）

これらの半反応式を，『理論化学』第４講「単元２ 要点のまとめ③」（→127ページ）で学んだ手順どおりつくってから，e^-を消去して1つの式にまとめる。あとは，この場合は$SO_4{}^{2-}$を両辺に加えてやると，反応式が書けます。次に化学反応式を示しますが，かならず自分の力で書けるようになってください（→24ページ）。

重要★★ 熱濃硫酸 $2Ag + 2H_2SO_4 \longrightarrow Ag_2SO_4 + SO_2 + 2H_2O$

同様に，Agと希硝酸，Agと濃硝酸の場合です。

$\begin{cases} \boxed{Ag \rightarrow Ag^+} (還元剤) \\ \boxed{希HNO_3 \rightarrow NO} (酸化剤) \end{cases}$ $\begin{cases} \boxed{Ag \rightarrow Ag^+} (還元剤) \\ \boxed{濃HNO_3 \rightarrow NO_2} (酸化剤) \end{cases}$

希硝酸や濃硝酸の場合，最後にNO_3^-を両辺に加えてやれば，かならずできます。下に化学反応式を示しますが，これも一度自分でつくるといいと思います。

重要★★ 希硝酸 $3Ag + 4HNO_3 \longrightarrow 3AgNO_3 + NO + 2H_2O$

重要★★ 濃硝酸 $Ag + 2HNO_3 \longrightarrow AgNO_3 + NO_2 + H_2O$

■ **アルカリとの反応**

銀イオンと銀の化合物が，塩基とどう反応するか見ていきましょう。

(i) 水酸化ナトリウム水溶液との反応

重要★★★ $2Ag^+ + 2OH^- \longrightarrow Ag_2O\downarrow$（褐色）$+ H_2O$

Ag^+がNaOHのOH^-と結びつき，Ag_2O（褐色の沈殿）と水を生成します。

(ii) アンモニア水との反応

アンモニア水では少量を加えるとやはりOH^-をもっているので同じ沈殿Ag_2Oができますが，過剰に加えると，この沈殿は溶けます。

重要★★★ （少量）$2Ag^+ + 2OH^- \longrightarrow Ag_2O\downarrow$（褐色）$+ H_2O$

重要★★★ （過剰）$Ag_2O + 4NH_3 + H_2O \longrightarrow 2[Ag(NH_3)_2]^+ + 2OH^-$

（ジアンミン銀（Ⅰ）イオン）

水酸化ナトリウム水溶液を過剰に加えても変化はありませんが，アンモニア水の場合には，さらに過剰なアンモニア水を加えると，Ag_2O（褐色）という沈殿が溶けて，「**ジアンミン銀（Ⅰ）イオン**」という無色のイオンに変化します。これは錯（さく）イオンです。120ページで詳しく説明します。

また，AgClを「塩化銀」といいます。第1講のハロゲンに出てきたハロゲン化銀です。AgFだけは水に溶けて，それ以外のAgCl，AgBr，AgIは全部沈殿するんでしたね。そして，AgClは水には溶けないけれども，アンモニア水には溶けます。そのイオン反応式を下に示します。**よく試験で書かされる重要な式ですよ。**

重要★★★ $AgCl + 2NH_3 \longrightarrow [Ag(NH_3)_2]^+ + Cl^-$

単元1 要点のまとめ④

●銀とその化合物

①熱濃硫酸，希硝酸，濃硝酸との反応で銅と同様に，それぞれSO_2，NO，NO_2を発生する。

②アルカリとの反応

(i) 水酸化ナトリウム水溶液

重要★★★ $2Ag^+ + 2OH^- \longrightarrow Ag_2O\downarrow$（褐色）$+ H_2O$

(ii) アンモニア水

重要★★★ （少量）$2Ag^+ + 2OH^- \longrightarrow Ag_2O\downarrow$（褐色）$+ H_2O$

重要★★★ （過剰）$Ag_2O + 4NH_3 + H_2O \longrightarrow 2[Ag(NH_3)_2]^+ + 2OH^-$
（ジアンミン銀（I）イオン）

重要★★★ $AgCl + 2NH_3 \longrightarrow [Ag(NH_3)_2]^+ + Cl^-$

1-5 鉄とその化合物

Fe^{2+}とFe^{3+}を含む水溶液の反応を見ていきます。ここは最初にまとめます。

単元1 要点のまとめ⑤

●Fe^{2+}とFe^{3+}を含む水溶液の反応

重要★★★

＊は鋭敏な反応で鉄イオンの検出反応として利用される。

加える化合物	陰イオン	Fe^{2+}（淡緑色）	Fe^{3+}（黄褐色）
NH_3 または NaOH	OH^-	**緑白**（または淡緑）**色**沈殿 $Fe(OH)_2$	**赤褐色**沈殿 $Fe(OH)_3$
$K_4[Fe(CN)_6]$	$[Fe(CN)_6]^{4-}$	**青白色**沈殿	**濃青色**沈殿＊
$K_3[Fe(CN)_6]$	$[Fe(CN)_6]^{3-}$	**濃青色**沈殿＊	**暗褐色**溶液
KSCN	SCN^-	**変化なし**	**血赤色**溶液＊

$K_4[Fe(CN)_6]$ …ヘキサシアニド鉄（Ⅱ）酸カリウム

$K_3[Fe(CN)_6]$ …ヘキサシアニド鉄（Ⅲ）酸カリウム

KSCN…チオシアン酸カリウム

表を見ながら進めましょう。Fe^{2+}の「**淡緑色**」，それからFe^{3+}の「**黄褐色**」という色は大事なポイントです。

■ NH_3 または NaOH を加える

Fe^{2+}にアンモニア水または水酸化ナトリウム水溶液を加える。そうすると，陰イオンはOH^-になります。その陰イオンがFe^{2+}と結びついたときに，**$Fe(OH)_2$（水酸化鉄（Ⅱ））**という**緑白**（または淡緑）**色**の沈殿ができます。緑白という字のほうがよく出てくると思います。色も大事です。

その右側です。OH^-がFe^{3+}と結びついたら，今度は**$Fe(OH)_3$（水酸化鉄（Ⅲ））**という**赤褐色**の沈殿ができます。この色は出題されますよ。沈殿の色というのは非常に重要なんです。

これは『理論化学』第9講単元4（→259～260ページ）でやったコロイド粒子です。$Fe(OH)_3$は正に帯電したコロイド粒子で，電気泳動すると陰極側に引っ張られると言いました。まさにそれです。

■ $K_4[Fe(CN)_6]$を加える

$K_4[Fe(CN)_6]$というのは，「**ヘキサシアニド鉄（Ⅱ）酸カリウム**」という物質です。これから$[Fe(CN)_6]^{4-}$という陰イオンができ，それをぶつけると，Fe^{2+}では**青白色沈殿**，Fe^{3+}では**濃青色沈殿**ができます。ここも色が大事です。

■ $K_3[Fe(CN)_6]$を加える

$K_3[Fe(CN)_6]$は「**ヘキサシアニド鉄（Ⅲ）酸カリウム**」といいます。陰イオンは$[Fe(CN)_6]^{3-}$です。これがFe^{2+}と結びつくと**濃青色沈殿**，Fe^{3+}と結びつくと**暗褐色**溶液になります。同じく色が大事です。

■ KSCN を加える

KSCN（チオシアン酸カリウム）という物質です。これはSCN^-という陰イオンができ，Fe^{2+}に加えても**変化しません**。しかしFe^{3+}に加えると**血赤色**の溶液になります。これは本当に毒々しい血のような赤。最近は「**濃赤色**」という言い方が出ている場合がありますが，同じだと思ってください。これは出ます。

■ 色には隠れた法則がある！

濃青色沈殿ができるのには，ちゃんと法則があるんです。

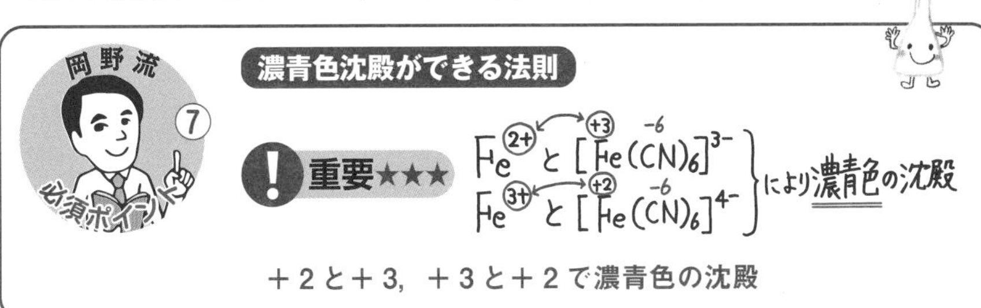

前ページの「**岡野流必須ポイント⑦**」を見てください。$[Fe(CN)_6]^{3-}$というイオンの価数に注目です。これはCN^-（シアン化物イオン）が6個あるから，まず合計で－6です。ところが全体で－3になっているということは，鉄のイオンの価数は＋3ですね。そこでポイントはこれです。**鉄イオンに着目し，＋2と＋3が結びついたときに濃青色の沈殿になります。**

その下も同じです。 CN^-が6個で－6。全体が－4になるためには，鉄は＋2ですよね。結びつく鉄イオンの価数が＋3のとき，濃青色の沈殿になる。**＋3と＋2が結びつくと，同じ濃青色になる**ということです。できあがった濃青色の物質というのは，最近では2つとも同じ物質だということがわかっています。これだけ知っておけば，暗記がずいぶん楽になりますよ。

補足しておくと，鉄イオンに着目して**＋2と＋2なら青白色の沈殿，＋3と＋3が結びつくと暗褐色になります。**そういう理屈を知った上で，「単元1　要点のまとめ⑤」の表をしっかりおさえてください。

1-6 鉄の製錬

次に「鉄の製錬」についてやっていきます。「鉄鉱石」というのは天然に存在している石ですが，2種類あります。

Fe_2O_3（赤鉄鉱），Fe_3O_4（磁鉄鉱）

1つは赤鉄鉱，もう1つは磁鉄鉱といいます。磁鉄鉱は磁力をもった鉄鉱石です。こうした鉄の酸化物から酸素を奪って，純粋な鉄をつくろうとする技術を「鉄の製錬」といいます。鉄鉱石（Fe_2O_3など）をコークス，石灰石と混ぜ，熱風を送り還元します。はい，「**コークス，石灰石**」で「**還元**」です。どうぞこの言葉を知っておきましょう。

では，その過程をひとつひとつ見ていきます。まずは石灰石とコークスで還元します。

$$\begin{cases} \underset{\text{石灰石}}{CaCO_3} \xrightarrow{\text{加熱}} CaO + CO_2 \\ \underset{\text{コークス}}{C} + O_2 \longrightarrow CO_2 \end{cases}$$

初めに石灰石を加熱すると，CaOとCO_2になります。これはアンモニアソーダ法の最初の式ですね。そしてもう1つ，石炭を蒸し焼きにして，水分や気体を取り除いたものをコークスといいますが，これを燃やすと二酸化炭素になります。

このようにして生じたCO_2にもう一度コークスを作用させるんです。そうすると，次のページのように一酸化炭素（CO）になります。

重要★★ $CO_2 + C \longrightarrow 2CO$

この一酸化炭素が重要です。相手から酸素を奪い取るはたらきをします。

$$\overset{(+3)}{3Fe_2O_3} + CO \longrightarrow \overset{(+\frac{8}{3})}{2Fe_3O_4} + CO_2$$

$$\overset{(+\frac{8}{3})}{Fe_3O_4} + CO \longrightarrow \overset{(+2)}{3FeO} + CO_2$$

$$\overset{(+2)}{FeO} + CO \longrightarrow \overset{(0)}{Fe} + CO_2$$

赤鉄鉱(Fe_2O_3)に一酸化炭素をぶつけると，酸素を奪われた後のものがFe_3O_4という物質になって，一酸化炭素自身は二酸化炭素になりました。それからまた，Fe_3O_4が一酸化炭素とぶつかってまた酸素を奪われ，FeOと二酸化炭素になった。また，このFeOを一酸化炭素とぶつけ，もう一回酸素を取ってFeにした。結局，Fe_2O_3が最終的にFeになった。すなわち酸化物の鉄が単体になった，という流れです。酸化数に着目すると，一酸化炭素によって徐々に**還元**されていく(酸化数が減っていく)のがわかりますね。

これらの反応式を1本に直したら，こうなります。

重要★★★ $Fe_2O_3 + 3CO \longrightarrow 2Fe + 3CO_2$

この式はよく出題されます(まとめる前の3本の式はまず出題されることはないです)。そして，こうしてできあがった後の鉄を「**銑鉄**(せんてつ)」といいます。これは炭素をたくさん含んでいて，**硬くてもろい性質を示します**。また**鋳物**(いもの)**などに使われます**。ところが，ここに酸素を吹き込んでやると，銑鉄に含まれている炭素が酸素と結びついて二酸化炭素になって飛んでいきます。炭素の含有量が激減する。こうしてできたものを「**鋼**(こう)」(または「鋼(はがね)」)といいます。鋼は**硬くて強い性質を示します。そのため建築材やレールなどに使われます**。

アドバイス $Fe_2O_3 + 3CO \longrightarrow 2Fe + 3CO_2$の反応式の係数のつけ方は，いつもの一番複雑な化合物を1とおくのではなく，COまたはCO_2を1とおくと，暗算で簡単に決められます。このことは偶然この反応式のときだけ成り立ちます。試してみてください。

1-7 テルミット反応

Alよりイオン化傾向の小さい金属の酸化物とAlが反応して単体の金属を生成する反応を**テルミット反応**といいます。具体的にはAlの粉末と酸化鉄(Ⅲ)Fe_2O_3の混合物に点火すると多量の熱が発生し，高温になり融解した鉄の単体が生じます。この反応はテルミット反応の代表例で，レールなどの溶接の際に利用されます。このときの反応を化学反応式で示します。

重要★★★ $2Al + Fe_2O_3 \longrightarrow Al_2O_3 + 2Fe$

イオン化傾向の大きいアルミニウムがAlからAl^{3+}になり，イオン化傾向の小さい鉄がFe^{3+}からFeになります。いわば「陽イオンになりやすさ」が引き起こした反応です。

単元１ 要点のまとめ⑥

● **鉄の製錬**

鉄鉱石（Fe_2O_3など）をコークス，石灰石と混ぜ，熱風を送り還元する。

$$\begin{cases} \underset{\text{石灰石}}{CaCO_3} \xrightarrow{\text{加熱}} CaO + CO_2 \\ \underset{\text{コークス}}{C} + O_2 \longrightarrow CO_2 \end{cases}$$

上のようにして生じたCO_2にCを作用させてCOを生成する。

重要★★ $CO_2 + C \longrightarrow 2CO$

$$\begin{cases} 3Fe_2O_3 + CO \longrightarrow 2Fe_3O_4 + CO_2 \\ Fe_3O_4 + CO \longrightarrow 3FeO + CO_2 \\ FeO + CO \longrightarrow Fe + CO_2 \end{cases}$$

1本の式にすると，

重要★★★ $Fe_2O_3 + 3CO \longrightarrow 2Fe + 3CO_2$

$$\text{銑鉄} \xrightarrow{O_2\text{（C除去）}} \text{鋼}$$

● **テルミット反応**

Alよりイオン化傾向の小さい金属の酸化物とAlが反応して単体の金属を生成する反応を**テルミット反応**といいます。具体的にはAlの粉末と酸化鉄（Ⅲ）Fe_2O_3の混合物に点火すると多量の熱が発生し，高温になり融解した鉄の単体が生じる。この反応はテルミット反応の代表例で，レールなどの溶接の際に利用される。

重要★★★ $2Al + Fe_2O_3 \longrightarrow Al_2O_3 + 2Fe$

演習問題で力をつける⑪

銅の電解精錬，鉄の製錬をマスターせよ！

問 (a) 黄銅鉱を石灰石，コークスなどとともに溶鉱炉で赤熱すると，硫化銅（Ⅰ）が分離される。この硫化銅（Ⅰ）を融解して空気を吹き込むと，粗銅が得られる。粗銅中の不純物を取り除いて高純度の銅を得る方法を［①］という。［①］は，粗銅板を［②］，純銅板を［③］として，硫酸酸性の［④］水溶液を約0.3Vの電圧で電気分解して行う。このとき，［②］では銅が［⑤］されて溶解し，［③］では銅（Ⅱ）イオンが［⑥］されて銅が析出する。また，粗銅板中に不純物として含まれている金属は，［⑤］されて溶解するか，または［⑦］として［②］の下に沈殿する。

(1) 文章の空欄［①］～［⑦］に適当な用語を入れよ。

(2) 粗銅中に不純物として含まれる次の金属のうち，イオンとなり溶解するものには○，［⑦］として沈殿するものには×と記せ。

(ア) 銀　(イ) 鉄　(ウ) 亜鉛　(エ) 金　(オ) ニッケル

(b) 次の文を読んで，下の問(1)～(4)に答えよ。

赤鉄鉱・磁鉄鉱などの鉄の鉱石に，［1］と［2］をまぜて溶鉱炉に入れ，空気に酸素を加えた熱風を下から吹きこむと，鉄鉱石は［3］され，単体の鉄が得られる。溶鉱炉から出てきた鉄は［4］と呼ばれ，約3.5%の［5］や他の不純物を含んでいる。［4］を転炉に入れて酸素を吹きこみ［5］の含量や他の不純物の量を少なくすると［6］が得られる。

(1) ［1］～［6］に適した語句を記せ。

(2) ［4］と［6］は鉄が主成分であるが，性質がかなり異なる。両方について，それぞれの性質と利用法を述べよ。

(3) 赤鉄鉱(Fe_2O_3)が一酸化炭素によって単体の鉄に変化する反応は実際には多段階で進むが，これを1つの化学反応式で記せ。

(4) Fe_2O_3とアルミニウムの粉末との混合物に点火するときに起こる変化を化学反応式で記せ。

さて，解いてみましょう。

「単元1　要点のまとめ③」より。

問(a)(1) ① の解説 粗銅中の不純物を電気分解を利用して純銅を得る操作を“電解精錬”といいます。

∴ **電解精錬** …… **問(a)(1) ①** の【答え】

問(a)(1) ②, ③ の解説 電解精錬では粗銅板を“陽極”に，純銅板を“陰極”にセットします。

∴ **陽極** …… **問(a)(1) ②** の【答え】

∴ **陰極** …… **問(a)(1) ③** の【答え】

問(a)(1) ④ の解説 電解液は硫酸酸性の“硫酸銅(Ⅱ)”水溶液を用います。

∴ **硫酸銅(Ⅱ)** …… **問(a)(1) ④** の【答え】

問(a)(1) ⑤ の解説 陽極では $\overset{(0)}{Cu} \longrightarrow \overset{(+2)}{Cu^{2+}} + 2e^-$ $(0 \rightarrow +2)$ の“酸化”反応が起こっています。

∴ **酸化** …… **問(a)(1) ⑤** の【答え】

問(a)(1) ⑥ の解説 陰極では $\overset{(+2)}{Cu^{2+}} + 2e^- \longrightarrow \overset{(0)}{Cu}$ $(+2 \rightarrow 0)$ の“還元”反応が起こっています。

∴ **還元** …… **問(a)(1) ⑥** の【答え】

問(a)(1) ⑦ の解説 陽極の下に“陽極泥”となって沈殿します。

∴ **陽極泥** …… **問(a)(1) ⑦** の【答え】

問(a)(2)(ア)～(オ)の解説 不純物がCuよりイオン化傾向の大きい金属のときは溶液中にイオンとして溶け出し，Cuよりイオン化傾向の小さい金属のときは陽極の下に陽極泥として単体のまま沈殿します。

ここでイオン化傾向の大小は，Zn，Fe，Ni＞Cu

Cu＞Ag，Auです。

∴ × …… **問(a)(2)(ア)** の【答え】

∴ ○ …… **問(a)(2)(イ)** の【答え】

∴ ○ …… **問(a)(2)(ウ)** の【答え】

∴ × …… **問(a)(2)(エ)** の【答え】

∴ ○ …… **問(a)(2)(オ)** の【答え】

「単元1　要点のまとめ⑥」より。

問(b)(1) [1] [2] [3] の解説 鉄鉱石に“コークス”と“石灰石”を混ぜて熱風を送ると“還元”されて鉄が生成されます。

∴ **コークス，石灰石** …… **問(b)(1) [1] [2]** の【答え】
（[1] [2] の順不同）

∴ **還元** …… **問(b)(1) [3]** の【答え】

問(b)(1) [4] [5] の解説 生成した鉄を“銑鉄”といい，“炭素”を多く含んでいます。

∴ **銑鉄** …… **問(b)(1) [4]** の【答え】

∴ **炭素** …… **問(b)(1) [5]** の【答え】

問(b)(1) [6] の解説 この銑鉄に酸素を吹き込み炭素の含有量や他の不純物の量を少なくなった“鋼”が得られる。

∴ **鋼** …… **問(b)(1) [6]** の【答え】

問(b)(2) [4] の解説 銑鉄の性質と利用法です。

∴ 性質　**硬くてもろい。**
∴ 利用法　**鋳物に用いる。** …… **問(b)(2) [4]** の【答え】

問(b)(2) [6] の解説 鋼の性質と利用法です。

∴ 性質　**硬くて強い。**
∴ 利用法　**建築材やレールに用いる。** …… **問(b)(2) [6]** の【答え】

問(b)(3) の解説 3段階の反応を1本にまとめた反応式です。

∴ $Fe_2O_3 + 3CO \longrightarrow 2Fe + 3CO_2$ …… **問(b)(3)** の【答え】

問(b)(4) の解説 テルミット反応の代表的な化学反応式です。

∴ $2Al + Fe_2O_3 \longrightarrow Al_2O_3 + 2Fe$ …… **問(b)(4)** の【答え】

単元2 金属イオンの反応と分離

化学

さて，次は「金属イオンの反応と分離」です。ここでは，金属イオンを分けていく操作についてやります。この操作によって，水溶液中にどのような成分が存在しているかを調べることができます。

2-1 金属イオンの系統分離

まずはまとめておきましょう。

単元2 要点のまとめ①

● 金属イオンの系統分離

金属イオンの混合溶液から，次の試薬を用いて6つの属（グループ）に分ける。

重要★★★

属	試薬	各属に存在する金属イオン	沈殿形
Ⅰ	HCl	(Ag^+), (Pb^{2+})	塩化物
Ⅱ	H_2S（塩酸酸性）	Pb^{2+}, (Cu^{2+}), Hg^{2+}, Cd^{2+}, Sn^{2+}	硫化物
Ⅲ	$NH_3 + H_2O$	(Al^{3+}), (Fe^{3+}), Cr^{3+}	水酸化物
Ⅳ	$(NH_4)_2S$	(Zn^{2+}), Co^{2+}, Ni^{2+}, Mn^{2+}	硫化物
Ⅴ	$(NH_4)_2CO_3$	(Ca^{2+}), Sr^{2+}, (Ba^{2+})	炭酸塩
Ⅵ	−	(Na^+), (K^+)（炎色反応で調べる）	−

金属イオンの混合溶液から試薬を用いて6つの属（グループ）に分けます。これは，塩酸（HCl）→硫化水素（H_2S）→アンモニア水（$NH_3 + H_2O$）→硫化アンモニウム（$(NH_4)_2S$）または硫化水素→炭酸アンモニウム（$(NH_4)_2CO_3$），**この順番で試薬を加えて沈殿させていくんです。**

ほとんどの入試がこの順番どおりで出題されますが，多少抜けていたり順番が変わったりするときもあります。しかし，基本がしっかりわかっていれば大丈夫です。

今ビーカーの中に何かイオン，Ag^+とかCu^{2+}，またFe^{3+}が入っているとします 図4-2 。普通，僕らはこれを見ても，何のイオンが入っているかわからない。

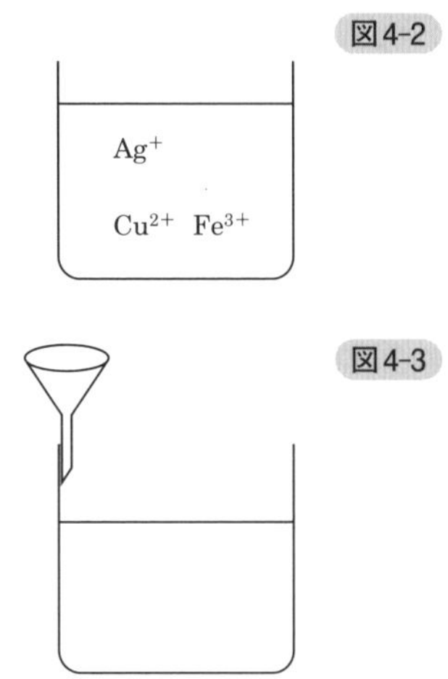

なぜならばイオンは大きさが原子と同じくらいですから，一生懸命ビーカーを見ていたってわからないわけです。そこで，何かマイナスのイオンを加えてやって沈殿すれば，何が入っていたかわかるわけです。

ろうとを使ってろ過してやると，沈殿物はろ紙の上に乗っかるでしょう。ろ液といって，まだ 図4-2 で沈殿しなかったものが下に出てくる 図4-3。これの繰り返しです。

■ 金属イオンを分離していこう！

最初に使う試薬は塩酸です。塩酸を加えると，Ag^+ の場合は Cl^- があるので，塩化物の **AgCl** が沈殿する。Pb^{2+} の場合は，**$PbCl_2$** が沈殿します。以下，表で◯をつけたものだけを覚えていただければ大丈夫です。

塩酸で**酸性**になっているろ液に硫化水素を加えます。そうすると，Cu^{2+} が S^{2-} と結びつき，**CuS** が沈殿する。Ⅱ属（グループ）では，Cu^{2+} だけでいいです。

次はここに，アンモニア水を加える。アンモニア水は OH^- の陰イオンができて Al^{3+} や Fe^{3+} と結びつき，**$Al(OH)_3$，$Fe(OH)_3$** が沈殿する。

アンモニア水で**塩基性**の状態にしたのち，次は $(NH_4)_2S$ を加える。ここでは H_2S を使っても構いません。同じことです。結局は，陰イオンの S^{2-} が関係しているので，**ZnS** の沈殿ができるのです。Ⅳ属（グループ）では Zn^{2+} だけ覚えておけば，あとはまず出題されることはないです。

次は $(NH_4)_2CO_3$ を加えます。CO_3^{2-} と Ca^{2+}，Ba^{2+} が結びついて **$CaCO_3$, $BaCO_3$** が沈殿していきます。

さて，ここまでやって，どうにも沈殿しないものがある。それがアルカリ金属の **Na^+** と **K^+** です。**この場合は，炎色反応で調べます。**

以上，全部で◯の数は10個です。**この10個のイオン（Ag^+, Pb^{2+}, Cu^{2+}, Al^{3+}, Fe^{3+}, Zn^{2+}, Ca^{2+}, Ba^{2+}, Na^+, K^+）を順番どおり覚えておけば，問題はかならず解けるんです。**

2-2 沈殿する塩とその色

次は，まずこれを見てください。

単元2 要点のまとめ②

●沈殿する塩とその色

重要★★★

試薬	沈殿する金属イオンとその塩の色（示されていないものは白）
Cl^-	Ag^+，Pb^{2+}……**$PbCl_2$は熱湯に溶ける。**
OH^-	●Cu^{2+}（**青白色**），Zn^{2+}，Ag^+……過剰のNH_3水で溶解。**（NH_3を含む錯イオンとなり溶ける）**（AgOHは不安定で，すぐにAg_2O（**褐色**）に変わる） ●Al^{3+}，Zn^{2+}，Sn^{2+}，Pb^{2+}……過剰のNaOH溶液で溶解。**（両性金属）** ●Mg^{2+}，Fe^{2+}（**緑白色**），Fe^{3+}（**赤褐色**）……過剰のNH_3水や過剰のNaOH水溶液でも溶解せず。
SO_4^{2-}	Ba^{2+}，Ca^{2+}，Pb^{2+}……酸には溶けない。
CO_3^{2-}	Ba^{2+}，Ca^{2+}，Pb^{2+}……強酸には溶解する。
CrO_4^{2-}	Ba^{2+}（**黄色**），Pb^{2+}（**黄色**），Ag^+（**赤褐色**）
H_2S（S^{2-}）	●Ag^+（**黒色**），Pb^{2+}（**黒色**），Hg^{2+}（**黒色**），Cu^{2+}（**黒色**），Cd^{2+}（**黄色**）……酸性，中性，塩基性で沈殿する（**すべての液性で沈殿する**）。**――イオン化傾向㊿小** ●Fe^{2+}（**黒色**），Ni^{2+}（**黒色**），Mn^{2+}（**淡赤色**），Zn^{2+}（**白色**）……中性，塩基性で沈殿する（**酸性では沈殿しない**）。**――イオン化傾向㊥** ●Li^+，K^+，Ca^{2+}，Na^+，Mg^{2+}，Al^{3+}の各イオンはH_2Sではすべての液性で沈殿しない。**――イオン化傾向㊅**

■ 表の意味の違い

さきほどの「単元2　要点のまとめ①」の表とどういう違いがあるか。「要点のまとめ①」の表は試薬に“HCl”と書いてありますが，この「要点のまとめ②」の表にある試薬（電離した陰イオン）は“Cl^-”と書いてあります。この違いは何なのか？

「要点のまとめ②」の表のCl^-のところは，NaClでも$CaCl_2$でも，何でも構わないんです。Cl^-を含んでいるものを加えれば沈殿するということ。ところが「要点のまとめ①」の表ではHClと限定されています。それはなぜか？

図4-4 を見てください。今，このビーカーの中にどういう金属イオンが含まれて

いるかを調べているとしましょう。そのときに，NaClを入れたらどうなりますか？

NaClを入れると，確かにAgClは沈殿します。だけど，**新たに，余計な金属イオンNa^+を増やしてしまった**んですよ。ビーカーの中に何が入っていたかという分析をしているのに，これでは困りますね。

図4-4

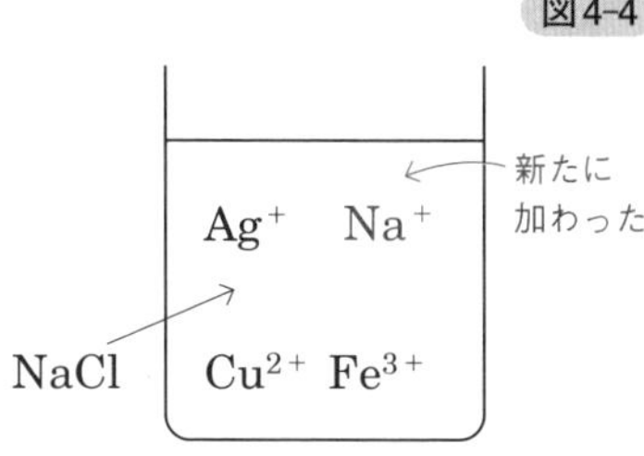

だから，「要点のまとめ①」の表の試薬の欄には金属イオンは含んでいません。見ていただくと，HCl，H_2S，NH_3などの陽イオンは，H^+，H^+，$NH_4{}^+$です。**金属イオンは含んでいませんね。**

一方，「要点のまとめ②」の表は，何でもいいから沈殿させて，あとは色を調べればいいんです。そういう意味の違いがあるんですね。

では，「要点のまとめ②」の表にもどりましょう。

■ 試薬がCl^-の場合

Cl^-を試薬として加えることで，Ag^+，Pb^{2+}と結びつき，**AgCl，$PbCl_2$**が沈殿します。**表に色が示されていないので，すべて白色です。ここが重要なポイント。**白色の場合がすごく多いんです。また，**$PbCl_2$は熱湯（熱水）に溶ける**ということを知っておきましょう。**溶けるということはイオンに分かれる**ということです。**冷たくなれば，また白く沈殿する**んですよ。

■ 試薬がOH^-の場合

OH^-は上段，中段，下段とあります。

上段はCu^{2+}，Zn^{2+}，Ag^+ですが，この3つの金属イオンは，過剰のNH_3水で溶解します。**「Cu^{2+}（青白色）」**とありますが，**正確には「$Cu(OH)_2$↓」が青白色ということです。**Zn^{2+}は正確には「$Zn(OH)_2$↓」。これは**色が示されていませんので，白色です。**Ag^+に関しては，AgOHは不安定で，すぐに**Ag_2O（褐色）**に変わります。これは覚えておいてください。

OH^-を含んでいる物質が少量加わると，これら3つの沈殿$Cu(OH)_2$，$Zn(OH)_2$，Ag_2Oが生成し，さらに過剰のアンモニア水で溶解し，NH_3を含む錯イオンとなり溶けます。錯イオンについてはまた120～122ページでやります。

次に**中段**です。Al^{3+}と$3OH^-$が結びついて，**$Al(OH)_3$**となります。以下，この段は全部OH^-が化合した水酸化物の話で，すべて**色が示されていないので白色沈殿**です。Al^{3+}，Zn^{2+}，Sn^{2+}，Pb^{2+}は**「あ　あ　すんなり」と覚えてください。これらは両性金属といいましたね。**

$Cu(OH)_2\downarrow$, $Zn(OH)_2\downarrow$, $Ag_2O\downarrow$ … NH_3を含む錯イオンとなり溶ける
↕同じ
$Al(OH)_3\downarrow$, $Zn(OH)_2\downarrow$, $Sn(OH)_2\downarrow$, $Pb(OH)_2\downarrow$ … 両性金属
あ　あ　すん　なり

$Al(OH)_3$, $Zn(OH)_2$, $Sn(OH)_2$, $Pb(OH)_2$はどうなるかというと，例えば過剰の水酸化ナトリウム（NaOH）で溶かすと，$Al(OH)_3$は$Na[Al(OH)_4]$という形になって溶けてしまうんです。例の**両性金属**の話ですね（→87，88ページ）。

ここで，注意してください。上段のZn^{2+}と，中段のZn^{2+}が同じなんですよ。ということは，**Zn^{2+}に関していえば，過剰なアンモニア水でも，過剰な水酸化ナトリウム水溶液でも溶ける。**過剰のアンモニア水には$[Zn(NH_3)_4]^{2+}$，過剰の水酸化ナトリウムは水溶液には$[Zn(OH)_4]^{2-}$の錯イオンになり溶けます。これは特例，この**Zn^{2+}**の細かい話が入試に出てくるんですよ。

OH^-の**下段**を見てください。Mg^{2+}，Fe^{2+}はまず出ません。最後の**Fe^{3+}は，$Fe(OH)_3$の赤褐色沈殿**になります。これは過剰のアンモニア水や過剰の水酸化ナトリウム水溶液を加えても沈殿が溶けません。

■ 試薬がSO_4^{2-}，CO_3^{2-}の場合

116ページの表のSO_4^{2-}（硫酸イオン）のところを見てください。Ba^{2+}，Ca^{2+}，Pb^{2+}，この3つの金属イオンは**色が示されていないので，すべて白色沈殿**をつくる。沈殿すると**$BaSO_4$，$CaSO_4$，$PbSO_4$**となります。

ここは，次のようにゴロで覚えておきましょう！

重要★★★

Ba^{2+}，Ca^{2+}，Pb^{2+}
硫ちゃんはバ　カ　な やつ
SO_4^{2-}
CO_3^{2-}

「**硫ちゃんはバカなやつ**」と覚えます。「硫ちゃん」の“硫”は「**硫酸イオン**」の“硫”。「バリウム，カルシウム，鉛」で「バカな」です。もう1つ便乗させていただいて，硫酸イオン（SO_4^{2-}）の下に**炭酸イオン（CO_3^{2-}）**を入れておきます。これも**同様に全部白い沈殿をつくります。**

実はここで『化学基礎』第8講（→219ページ），『理論化学』第5講（→151ページ）でやった鉛蓄電池とつながってくるのです。$PbSO_4$，（硫酸鉛（Ⅱ））が沈殿するから，反応式に硫酸イオンをかならず加えるんでしたね。よろしいでしょうか。

■ 試薬がCrO_4^{2-}の場合

次は，CrO_4^{2-}（クロム酸イオン）です。これは，**$BaCrO_4$が黄色，$PbCrO_4$が黄色，Ag_2CrO_4が赤褐色**です。**$PbCrO_4$が最もよく出ます。**

アドバイス K_2CrO_4は黄色結晶，$K_2Cr_2O_7$は赤橙色結晶で共に水によく溶けます。
$CrO_4{}^{2-}$と$Cr_2O_7{}^{2-}$の間では次のような関係が成り立ちます。

$$2CrO_4{}^{2-} + H^+ \underset{\text{塩基性}}{\overset{\text{酸性}}{\rightleftarrows}} Cr_2O_7{}^{2-} + OH^- \text{ ―― ①}$$
（黄色）　（赤橙色）

酸性にするとH^+が増加するので①式の両辺にH^+を加えると右向きの反応が起きて$\mathbf{Cr_2O_7{}^{2-}}$（**赤橙色**）に変化します。

$$\mathbf{2CrO_4{}^{2-} + 2H^+ \longrightarrow Cr_2O_7{}^{2-} + H_2O} \text{ ―― ②}$$

塩基性にするとOH^-が増加するので①式の両辺にOH^-を加えると左向きの反応が起きて$\mathbf{CrO_4{}^{2-}}$（**黄色**）に変化します。

$$\mathbf{Cr_2O_7{}^{2-} + 2OH^- \longrightarrow 2CrO_4{}^{2-} + H_2O} \text{ ―― ③}$$

②式，③式のイオン反応式と**色の変化**は入試によく出題されます。是非，理解して覚えておきましょう。

■ 試薬が$H_2S(S^{2-})$の場合

H_2Sも，上段，中段，下段と3段階あります。

S^{2-}との沈殿（Ag_2S，PbS，HgS，CuS，FeS，NiS）については**「黒黒黒」と覚えておいて，**そうじゃない残り3カ所は**CdSが黄色，MnSが淡赤色，ZnSが白色**です。全体的に白色沈殿が多い中，ここは黒色沈殿が多くなります。

上段は，Ag^+，Pb^{2+}，Hg^{2+}，Cu^{2+}，Cd^{2+}，これらはH_2Sを加えるときに酸性，中性，塩基性，**すべての液性で沈殿します。**ということは，もともと沈殿しやすい金属イオンなんですよ。すなわち，陽イオンになりにくい，**イオン化傾向が小さい**ということです。

中段は，Fe^{2+}，Ni^{2+}，Mn^{2+}，Zn^{2+}です。これらは中性，塩基性で沈殿します。ということは，**酸性では沈殿しない，イオン化傾向が中ぐらい**のものということですね。

下段はLi^+，K^+，Ca^{2+}，Na^+，Mg^{2+}，Al^{3+}まで，これらは**イオン化傾向が大きい上から6番目までの金属イオン**です。この各イオンはH_2Sでは**すべての液性で，沈殿しません。**陽イオンになりやすいから沈殿しないんです。

このH_2Sによって沈殿する金属イオンの分類を，うまく覚えるためにはどうするか？　これをちょっと見てください。

Li K Ca Na Mg Al Zn Fe Ni Sn Pb (H_2) Cu Hg Ag Pt Au
|←── ㊅ ──→|←㊥ Mn→|←── ㊈ Cd ──→|

金属のイオン化傾向（列）に注目しましょう。ゴロは「リッチニ　カソウ　カ　ナ　マ　ア　ア　テ　ニ　スン　ナ　ヒ　ド　ス　ギル　ハク（借）キン」です。

イオン化傾向㊅は「リッチニ　カソウ　カ　ナ　マ　ア」の上から**6番目まで**，リチウムからアルミニウムまで（Li　K　Ca　Na　Mg　Al）です。

次に**イオン化傾向㊥**は「アテニ」の**3つ**，亜鉛，鉄，ニッケル（Zn　Fe　Ni）です。それから**イオン化傾向㊈**はスズから銀まで（Sn　Pb　Cu　Hg　Ag）です。

普通，Pt，Auは陽イオンになった形で出てくることはありませんので銀までです。

あと，残りのカドミウム（Cd）はこのイオン化傾向㊁のところに入れておく。それから，マンガン（Mn）も含んでないんで，イオン化傾向㊥のところに入れておく。

このように整理しておくと，ずいぶん覚えやすいですよ。

2-3 主な錯イオン

「錯イオン」は，金属イオンに，非共有電子対をもつ分子や陰イオン（この分子とか陰イオンのことを「**配位子**」という）が配位結合して生じたイオンです。配位結合とは，

配位結合…一方的に電子を貸し与える結合

でしたね。

錯イオンは，名前が「ジアンミン銀（Ⅰ）イオン」とか，「テトラアンミン銅（Ⅱ）イオン」とか書いてあるから難しく見えますが，原理さえわかれば非常にわかりやすいところです。

■ ジアンミン銀（Ⅰ）イオンの原理

では，ちょっとやってみましょう。最初に，ジアンミン銀（Ⅰ）イオンの原理です。

NH_3は電子式で書くと，連続 図4-5①のようになってます。非共有電子対が1個ありますね。この非共有電子対が，Ag^+の両側へ一方的に電子を貸し与えます連続 図4-5②。

銀の場合は，このアンモニア分子という**配位子**を2つとります。自然界にそういう現象が起こっているわけです。

そして，配位結合した配位子の数を「**配位数**」といいます。ここでは，アンモニア分子の数ですから，**配位数は2**です。さらに，銀の場合は絶対一直線，すなわち形状は**直線形になることが決まっている**んです。

それで，名前はジアンミン銀（Ⅰ）イオンですが，この**「ジ（di）」**は**「2つの」**という意味です。詳しくは123ページを参照してください。また有機化学でも出てきます。そして，配位子のよび方で，**アンモニア分子のことを「アンミン」**といいます（**Cl^-のことをクロリド，CN^-をシアニド，H_2Oをアクア，OH^-をヒドロキシド**という）。

そうしていきますと，ジアンミン銀（Ⅰ）イオンは，ほら，2つ（ジ）のアンモニア

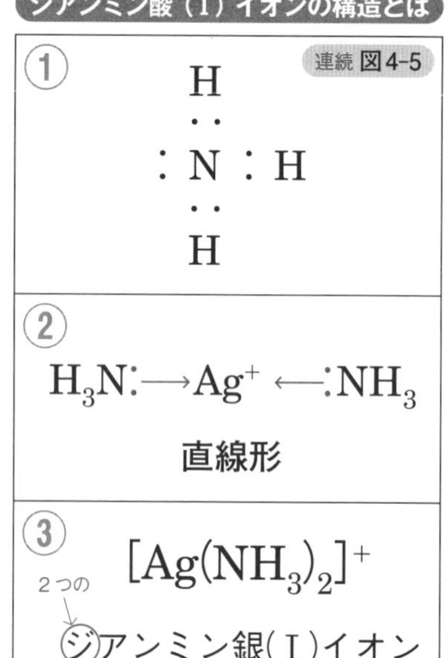

分子（アンミン）がくっついた銀のプラス1価（Ⅰ）のイオンです。わかりますね 連続 図4-5③。

こういうことだってあります。銀イオンにH_2Oが配位結合してもいい 図4-6。何が配位結合しても同じようにできるんです。ポイントは，とにかく銀は配位数2，直線形の構造だということです。

$[Ag(H_2O)_2]^+$だから，名前は「ジアクア銀（Ⅰ）イオン」ですね。

図4-6

$$[Ag(H_2O)_2]^+$$

ジアクア銀(Ⅰ)イオン

$$H_2O\colon\longrightarrow Ag^+ \longleftarrow\colon OH_2$$

■ **テトラアンミン銅(Ⅱ)イオンの原理**

次に$[Cu(NH_3)_4]^{2+}$，テトラアンミン銅（Ⅱ）イオンです。「**テトラ (tetra)**」は「**4つの**」という意味で，アンモニア分子「アンミン」4つがくっついた銅のプラス2価（Ⅱ）のイオンです。**このイオンの色は深青色です。**入試によく出題されます。銅の2価のイオンはかならず**配位数が4**で，形状が**正方形**だという事実があります 図4-7。

これはもう自然界でそうなっているということで覚えてください。

図4-7

$[Cu(NH_3)_4]^{2+}$

テトラアンミン銅(Ⅱ)イオン

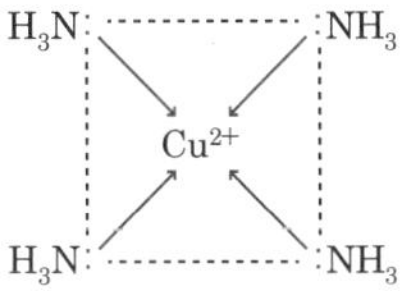

正方形

■ **テトラアンミン亜鉛(Ⅱ)イオンの原理**

それから，$[Zn(NH_3)_4]^{2+}$，テトラアンミン亜鉛（Ⅱ）イオンです 図4-8。このイオンの色は無色です。亜鉛の場合も**配位数が4**です。でも，こちらは**正四面体形**なんですね。**同じ4ですが，片一方の銅は正方形で，亜鉛は正四面体形**です。**どうぞ，この違いをしっかりとおさえてください。**4つのことを「**テトラ**」といい，アンミン(NH_3)，亜鉛(Zn)のプラス2価（Ⅱ）のイオンだから，テトラアンミン亜鉛（Ⅱ）イオンとよびます。

図4-8

$[Zn(NH_3)_4]^{2+}$

テトラアンミン亜鉛(Ⅱ)イオン

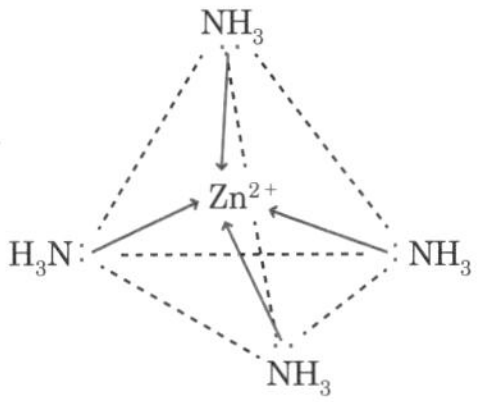

正四面体形

■ **ヘキサシアニド鉄(Ⅱ)酸イオンの場合**

最後に$[Fe(CN)_6]^{4-}$，ヘキサシアニド鉄（Ⅱ）酸イオン。このイオンの色は淡黄色です。次のページの 図4-9 を見てください。Fe^{2+}（鉄（Ⅱ）イオン）があって，そこにCN^-（シアン化物イオン）「シアニド」が6つくっつくんです。6つのことを「**ヘキサ(hexa)**」とよびます。ちょうどテントが張られたような形で，正八面体形になります。正三角形が全部で8つある，だから**正八面体形**です。

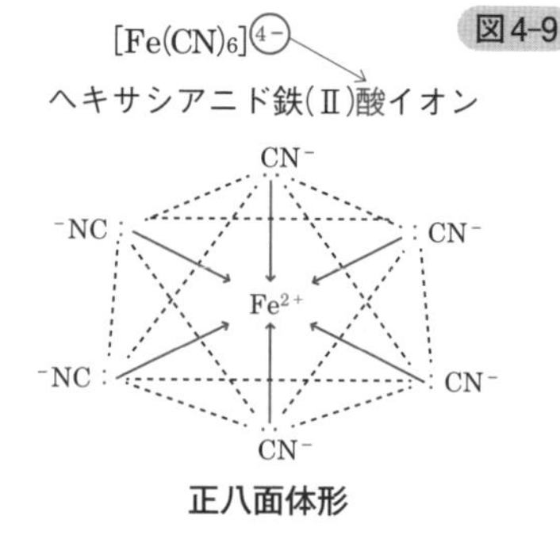

図4-9
正八面体形

それで，今までと違う点として，CN^-はマイナスイオンですね。マイナスが全部で6つあるんですよ。プラスイオンは，Fe^{2+}が1つだけ。

価数に注目すると$-6+2=-4$だから，全体で価数が-4でしょう。**全体にマイナスがついた場合には「酸」という言葉が入ります。**

つまり，錯イオンが陰イオンのとき名前に「酸」をつけるわけです。逆に$[Cu(NH_3)_4]^{2+}$みたいにプラスのイオンには「酸」をつけません。ここまでがわかっていただければ，もう錯イオンは全然怖くないですよ。

ただ，さきほどからしつこく言いますが，銀の場合は直線形で配位数2，銅の場合は正方形で配位数4，亜鉛の場合は正四面体形で配位数4，鉄の場合は正八面体形で配位数6といった，自然界の事実だけは覚えておいてください。

単元2　要点のまとめ③

●主な錯イオン

重要★★★

名　称	化学式	配位数	形　状
ジアンミン銀（Ⅰ）イオン	$[Ag(NH_3)_2]^+$	2	直線形
テトラアンミン銅（Ⅱ）イオン	$[Cu(NH_3)_4]^{2+}$	4	正方形
テトラアンミン亜鉛（Ⅱ）イオン	$[Zn(NH_3)_4]^{2+}$	4	正四面体形
ヘキサシアニド鉄（Ⅱ）酸イオン	$[Fe(CN)_6]^{4-}$	6	正八面体形
ヘキサシアニド鉄（Ⅲ）酸イオン	$[Fe(CN)_6]^{3-}$	6	正八面体形

配位子：NH_3……アンミン，Cl^-……クロリド，
CN^-……シアニド，H_2O……アクア，
OH^-……ヒドロキシド
（注）錯イオンが陰イオンのとき「酸」をつける。

錯イオン：金属イオンに非共有電子対をもつ分子や陰イオン（配位子）が配位結合して生じたイオン。

配位数：配位結合した配位子の数。

図4-10

直線形　正方形　正四面体形　正八面体形

［M：中心金属イオン、○：配位子］
→：配位結合

(配位数2)　(配位数4)　(配位数4)　(配位数6)

数を表す接頭語

1 − mono（モノ）	6 − hexa（ヘキサ）
2 − di（ジ）	7 − hepta（ヘプタ）
3 − tri（トリ）	8 − octa（オクタ）
4 − tetra（テトラ）	9 − nona（ノナ）
5 − penta（ペンタ）	10 − deca（デカ）

演習問題で力をつける⑫

錯イオンを自由自在にマスターせよ！

問 下の各問いに答えよ。

(1) 遷移元素の性質には多くの共通点が見受けられる。次の記述のうちで，その性質に該当しないものを1つ選び，記号で答えよ。

① 複数の酸化数がとれる（酸化数の異なるいろいろな化合物をつくる）。
② 周期表中で上下の元素間だけではなく，隣どうしの元素にも性質は類似する。
③ 酸化物は酸にも塩基にもよく溶ける。
④ 単体は重金属で，融点が高い。
⑤ 化合物は有色のものが多い。

(2) 下の表の金属イオンと配位子の組み合わせにより生じる錯イオンの名称，化学式，配位数およびその形状を記せ。

	(a)	(b)	(c)	(d)
金属イオン	Ag^{+}	Cu^{2+}	Fe^{2+}	Zn^{2+}
配　位　子	NH_3	H_2O	CN^{-}	NH_3

(3) 塩化銀の沈殿にアンモニア水を加えると，沈殿は溶解する。このときの変化をイオン反応式で記せ。

さて，解いてみましょう。

問（1）の解説「単元1 要点のまとめ①」（→100ページ）を参照してください。遷移元素の性質に該当しないものを1つ選びます。

「①複数の酸化数がとれる」のは，遷移元素の特徴でしたね。

「②周期表中で上下の元素間だけではなく，隣どうしの元素にも性質は類似する」，はい，これも正しかった。

> **岡野の着目ポイント**「③酸化物は酸にも塩基にもよく溶ける」。これは間違いです。これは両性金属の性質であって，遷移元素の特徴ではありませんね。

「④単体は重金属で，融点が高い」。正しい。遷移元素のほとんどすべてが重金属だということですね。

「⑤化合物は有色のものが多い」。これもそのとおり，正しいですね。

∴　③……**問（1）**の【答え】

問（2）（a）～（d）の解説 錯イオンの問題です。(a) はさきほどやったとおりです。

名称：**ジアンミン銀（Ⅰ）イオン**　　化学式：$[\mathrm{Ag(NH_3)_2}]^{+}$

配位数：**2**　　形状：**直線形**　　……**問（2）（a）**の【答え】

> **岡野の着目ポイント**
> (b) は，まず 連続 図4-11① を見てください。H_2O は非共有電子対が2ヵ所あります。そのうちの1ヵ所が，一方的に電子を貸し与えます 連続 図4-11②。
> 合計4つの配位子をくっつけます。配位数4という銅の性質があるわけです。そして，形としては正方形になります。

テトラアクア銅（Ⅱ）イオンの構造とは

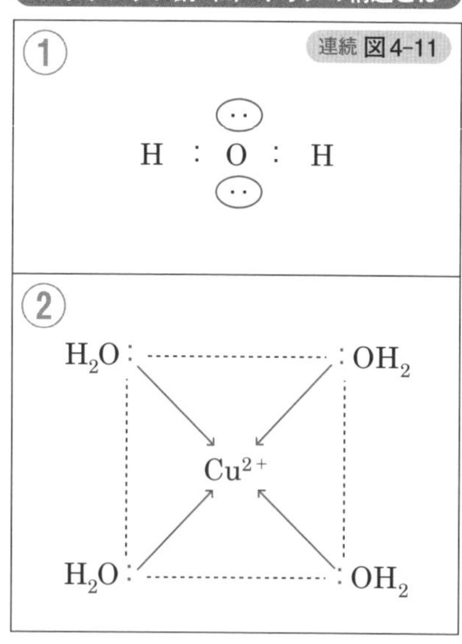

名称：**テトラアクア銅（Ⅱ）イオン**

化学式：$[\mathrm{Cu(H_2O)_4}]^{2+}$

配位数：**4**　　形状：**正方形**

……**問（2）（b）**の【答え】

(c), (d) については，さきほど詳しく紹介したとおりです。

名称：**ヘキサシアニド鉄(Ⅱ)酸イオン**
化学式：$\mathbf{[Fe(CN)_6]^{4-}}$
配位数：**6**　　形状：**正八面体形**　……**問(2)(c)** の【答え】

名称：**テトラアンミン亜鉛(Ⅱ)イオン**
化学式：$\mathbf{[Zn[(NH_3)_4]^{2+}}$
配位数：**4**　　形状：**正四面体形**　……**問(2)(d)** の【答え】

問(3)の解説「塩化銀の沈殿にアンモニア水を加えると沈殿は溶解する」ですが，これは第1講の「ハロゲン化物」でもやったイオン反応式です。

$\therefore$　$\mathbf{AgCl + 2NH_3 \longrightarrow [Ag(NH_3)_2]^+ + Cl^-}$ ……**問(3)** の【答え】

このように，錯イオンとなって溶けるわけです。

演習問題で力をつける⑬

陽イオンの分離をマスターせよ！(1)

問 Ag^+, Al^{3+}, Ba^{2+}, Cu^{2+}, Pb^{2+}, Zn^{2+} の6種の金属イオンを含む硝酸水溶液がある。これを次のような操作で分離した。

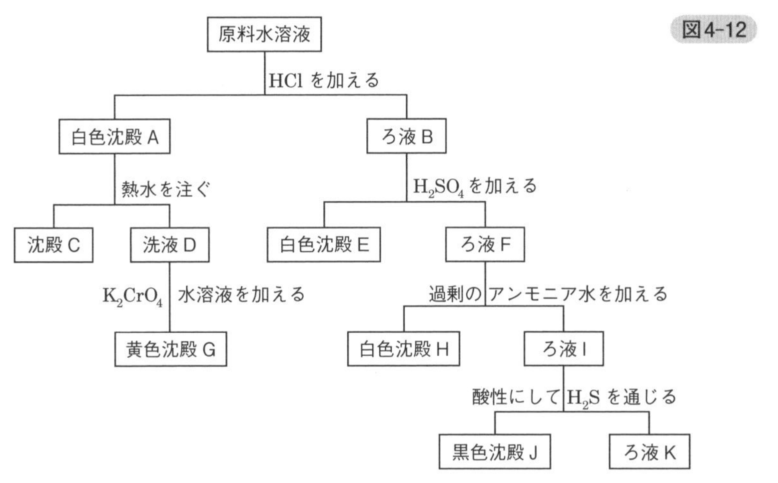

図4-12

(1) 沈殿Cはアンモニア水に溶解した。沈殿Cの化学式を記せ。
(2) 洗液Dの中に含まれる金属化合物の化学式を記せ。
(3) 沈殿E, H, Jの化学式を記せ。
(4) ろ液Kの中に最も多く含まれる金属イオンをイオン式で記せ。

さて，解いてみましょう。

問(1)(2)(3)(4)の解説 これは今までの沈殿の知識を総合して解く問題です。これはいきなり解答を示してしまいましょう 図4-13。

では，見てください。Ag^+，Al^{3+}，Ba^{2+}，Cu^{2+}，Pb^{2+}，Zn^{2+}という6つの金属イオンがあります。そこに塩酸を加えました。そうするとAgClと$PbCl_2$が沈殿してきます。これが「白色沈殿A」と書いてある部分です。

図4-13

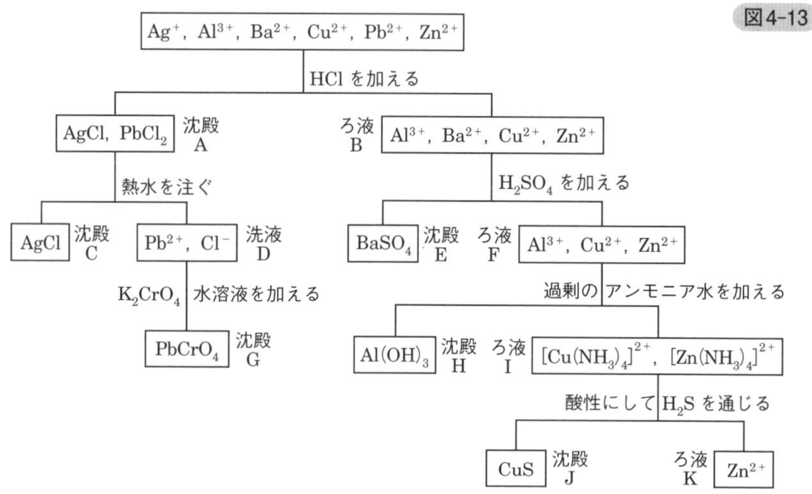

そこに熱水を注ぐと，$PbCl_2$は溶けてしまいます。洗液Dですね。どういうふうにして溶けるか？ これはただPb^{2+}とCl^-になって分かれるだけです。AgClは溶けませんから，そのまま沈殿Cとなります。

∴ C：**AgCl** …… **問(1)** の【答え】

∴ 洗液D：**$PbCl_2$** …… **問(2)** の【答え】

Pb^{2+}とCl^-というイオンに分かれた洗液DにK_2CrO_4水溶液を加えると，$PbCrO_4$になる。これが黄色沈殿Gです。

岡野の着目ポイント さて，Ag^+とPb^{2+}が取れたから，残り4つ(Al^{3+}，Ba^{2+}，Cu^{2+}，Zn^{2+})がろ液Bに含まれているわけです。そこに硫酸を加えると，**「硫ちゃんはバカなやつ」**で$BaSO_4$が沈殿します(白色沈殿E)。

残りの3つ(Al^{3+}，Cu^{2+}，Zn^{2+})がろ液Fに出てきます。これらは少量のアンモニア水では，$Al(OH)_3$，$Cu(OH)_2$，$Zn(OH)_2$という形で全部沈殿します。過剰なアンモニア水では，Cu^{2+}，Zn^{2+}が，テトラアンミン銅(Ⅱ)イオン，テトラアンミン亜鉛(Ⅱ)イオンという形で溶ける。

$Al(OH)_3$だけは溶けないので，白色沈殿Hが生じます。

岡野の着目ポイント 最後に，ろ液Iを酸性にして硫化水素を通じます。**酸性で硫化水素を加えて沈殿を生じるのは，もともとイオン化傾向の小さい金属です。**ですから，CuSが沈殿して黒色沈殿Jとなります。一方，テトラアンミン亜鉛(Ⅱ)イオンは酸性では沈殿しません。**ZnSにならない。**

∴ E：$\mathbf{BaSO_4}$ H：$\mathbf{Al(OH)_3}$ J：**CuS** …… 問(3) の【答え】

ろ液Iを酸性にすることによって酸とNH_3が中和反応を起こすから，$[Cu(NH_3)_4]^{2+}$と$[Zn(NH_3)_4]^{2+}$は錯イオンではいられなくなってイオンに分かれます。Cu^{2+}はS^{2-}と沈殿しますが，Zn^{2+}とは沈殿しません。したがってろ液KにはZn^{2+}が残ります。

∴ ろ液K：$\mathbf{Zn^{2+}}$ …… 問(4) の【答え】

演習問題で力をつける⑭
陽イオンの分離をマスターせよ！（2）

問 次の文を読み，(1)～(3)に答えよ。

Na^+，Ag^+，Ca^{2+}，Zn^{2+}，Cu^{2+}，Fe^{3+}

を含む混合水溶液がある。これら6種類の金属イオンを分離するために次の操作1～6を行った。

操作1 最初に，混合水溶液に希塩酸を十分に加えると，沈殿Aが生じた。これをろ過し，ろ液Bを得た。

操作2 ろ液Bに硫化水素を通じると沈殿Cが生じた。これをろ過し，ろ液Dを得た。

操作3 ろ液Dを，(a)おだやかに煮沸したのち(b)希硝酸を加えた。その後アンモニア水を十分加えると沈殿Eが生じた。これをろ過し，ろ液Fを得た。ろ液Fをリトマス試験紙で調べたら塩基性であった。

操作4 ろ液Fに再び硫化水素を通じると，沈殿Gが生じた。これをろ過し，ろ液Hを得た。

操作5　ろ液Hに炭酸アンモニウム水溶液を加えたら，沈殿Iが生じた。これをろ過し，ろ液Jを得た。

操作6　ろ液Jを白金線につけてガスバーナーの外炎に入れると黄色の炎色反応が観察された。

(1)　沈殿A，C，E，G，Iの化学式と色をそれぞれ記せ。

(2)　沈殿Aにアンモニア水を加えると溶けた。この変化の化学反応式を記せ。

(3)　下線部(a)および(b)の目的を，それぞれ簡潔に記せ。

(4)　ろ液Jの中に最も多く含まれる金属イオンをイオン式で記せ。

さて，解いてみましょう。

問(1)の解説　今までの沈殿の知識を総合して解く問題です。

操作1から操作5までを 図4-14 に示します。

図4-14

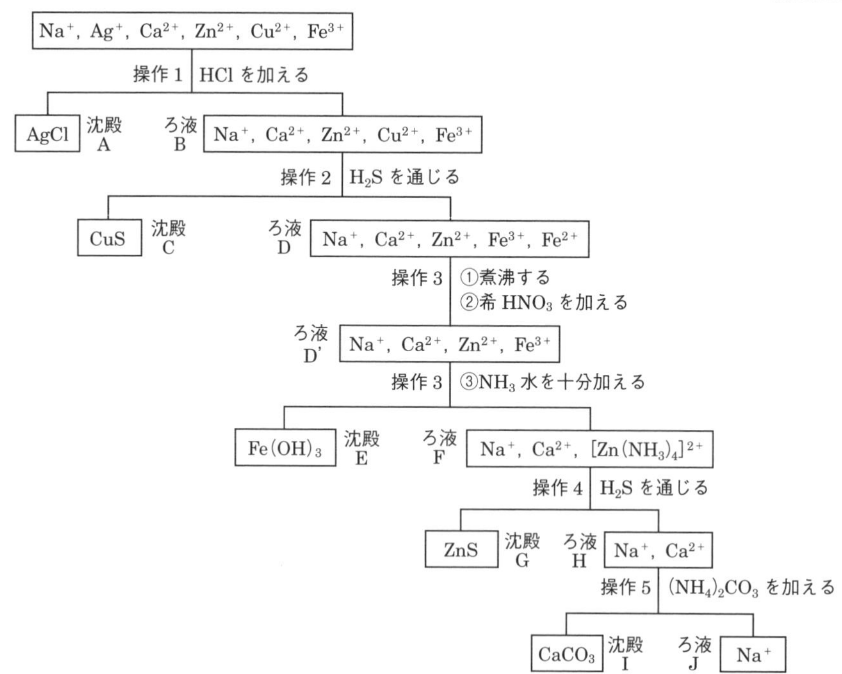

操作3の①, ②, ③の説明！

図4-14 を見てください。

① 煮沸するのはH_2Sを除去するためです。操作2でH_2Sを通じたので，それを取り除くため煮沸します。H_2Sは気体なので温度が高くなると溶けにくくなり除去できます。

② 希HNO_3（酸化剤）を加えるのはH_2S（還元剤）によって一部Fe^{3+}がFe^{2+}に変化していたものを完全にFe^{3+}に戻すためです。

$$\underset{(+3)}{Fe^{3+}} \xrightarrow[\text{還元剤}]{H_2S} \underset{(+2)}{Fe^{2+}} \xrightarrow[\text{酸化剤}]{\text{希}HNO_3} \underset{(+3)}{Fe^{3+}}$$

③ Zn^{2+}は少量のNH_3水で$Zn(OH)_2$の沈殿を生じますが，十分量を加えると$[Zn(NH_3)_4]^{2+}$の錯イオンになって溶解します。一方Fe^{3+}は少量のNH_3水で$Fe(OH)_3$の沈殿を生じますが，十分量を加えても沈殿は溶解しません。

では解答にいきます。

沈殿AはAgClで白色です。

∴ **AgCl 白色** …… **問(1)** 沈殿Aの【答え】

沈殿CはCuSで黒色です。Cu^{2+}は酸性でもH_2Sと沈殿することに注意してください。

∴ **CuS 黒色** …… **問(1)** 沈殿Cの【答え】

沈殿Eは$Fe(OH)_3$で赤褐色です。

∴ **$Fe(OH)_3$ 赤褐色** …… **問(1)** 沈殿Eの【答え】

沈殿GはZnSで白色です。Zn^{2+}は塩基性でH_2Sと沈殿し，酸性では沈殿しません。

∴ **ZnS 白色** …… **問(1)** 沈殿Gの【答え】

沈殿Iは$CaCO_3$で白色です。「硫ちゃんはバカなやつ」でCa^{2+}はSO_4^{2-}やCO_3^{2-}で沈殿します。

∴ **$CaCO_3$ 白色** …… **問(1)** 沈殿Iの【答え】

沈殿の色は「単元2　要点のまとめ②」（→116ページ）」で確認してください。

問(2)の解説 AgClがNH_3水に溶けるときのイオン反応式を下に示します（→106ページ）。

$$AgCl + 2NH_3 \longrightarrow [Ag(NH_3)_2]^+ + Cl^-$$

ここでは化学反応式を問われているので化合物に直した式にします。**演習問題**⑫(3) と似ているので注意しましょう。

∴ $AgCl + 2NH_3 \longrightarrow [Ag(NH_3)_2]Cl$ …… **問(2)** の【答え】

問(3)(a)(b)の解説 129ページの操作3の①，②の説明を見て下さい。

下線部(a)は操作3の①のところです。

∴ **水溶液中の硫化水素を除去するため。**…… **問(3)(a)** の【答え】

下線部(b)は操作3の②のところです。

∴ **硫化水素によって還元されて生じた Fe^{2+} を酸化して Fe^{3+} に戻すため。**

…… **問(3)(b)** の【答え】

問(4)の解説 炎色反応で黄色を示すのは Na^{+} です。

∴ Na^{+} …… **問(4)** の【答え】

結局この辺りは，今日の講義の内容をしっかりおさえて覚えるしかないんです。丸暗記だと忘れてしまうから，理論的に，ある程度理屈を知った上で覚えましょう。

これで無機化学の分野が終わりました。しっかりやっておけば**確実に点が取れるところです**。きっちりと復習をしておきましょう。次回からは有機化学の分野をやっていきます。

第 5 講

有機化学の基礎

単元 1　有機化合物の初歩　化学

単元 2　有機化合物の命名法　化学

第 5 講のポイント

第 5 講からは「有機化学の基礎」について説明していきます。異性体と同一物質の区別がわかるようになりましょう。有機化合物の国際名のつけ方もマスターしましょう。ひとつひとつていねいにおさえていってください。

単元1 有機化合物の初歩

化学

1-1 有機化合物って何？

有機化合物とは「**炭素を含む化合物**」という意味です。炭素を含まなければその逆，無機化合物なんです。一般的に無機化合物は炭素を含んでいないと言われてます。

だけど，中には例外がありまして，例えばCO_2（二酸化炭素）またはCO（一酸化炭素），それから「炭酸塩」は無機化合物です。

炭酸塩とは何か？　酸の水素原子が金属に置き換わったものを塩（えん）といいました（『理論化学』第13講単元1）。

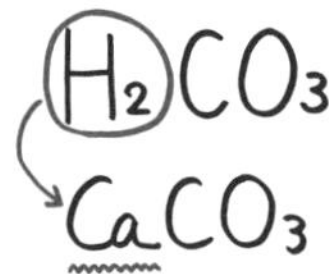

炭酸（H_2CO_3）のH_2のところがCaやNaなどの金属に置き換えてできた物質，これを炭酸塩というんです。具体的には，$NaHCO_3$やNa_2CO_3さらに$CaCO_3$のようにCO_3を含んでいる塩は，Cがあっても有機化合物とはいいません。

このような一部の例外があっても，炭素を含んでいればほとんどすべて有機化合物だといって構いません。

無機化合物の場合は，118種類の元素がただ組み合わされるだけです。しかし，有機化合物の場合は，Cが2個でHが6個のときC_2H_6（エタン），Hが4個のときC_2H_4（エチレン），Hが2個のときC_2H_2（アセチレン）とか，場合の数で考えるとすごい数になるわけです。物質の種類として非常に多くなってしまい，現在1000万以上存在すると言われています。

単元1 要点のまとめ①

- **有機化合物**

炭素を含む化合物（ただし，CO_2，CO，炭酸塩は除く）。

1-2 式の分類

■ **①分子式：1個の分子に存在する原子の数を右下に小さく書き表した式**

例えば$\mathbf{C_6H_{12}O_6}$，これはグルコース（ブドウ糖）といっています。それから

H_2O，こういうのは全部「分子式」です。

■ **②組成式（実験式）：原子数を最も簡単な整数比で表した式**

例えば分子式に出てきたグルコース（ブドウ糖）$C_6H_{12}O_6$は，各原子の数が全部6で割れますね。そうすると1対2対1になって，CH_2Oという形になる。この一番簡単な整数比に直したものが，「組成式」または「実験式」です。だから，H_2Oのように，これ以上簡単な整数比がないものは，分子式も組成式も同じになるんです。

重要★★★ $C_6H_{12}O_6 \Rightarrow CH_2O$，$H_2O \Rightarrow H_2O$
分子式　組成式　分子式　組成式

■ **③構造式：価標を用いて表した式**

価標，これは「手」とよぶことがあります。1対の共有電子対を1本の線で表したものです。図5-1を見てください。原子の結びつきを表す線のことを「**価標**」といいます。このような書き方の式を「**構造式**」といいます。価標の数は元素ごとに決まっています。**主な元素の価標の数をぜひ覚えてください**図5-2。

図5-1

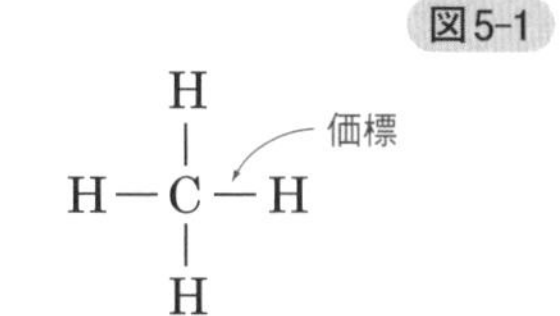

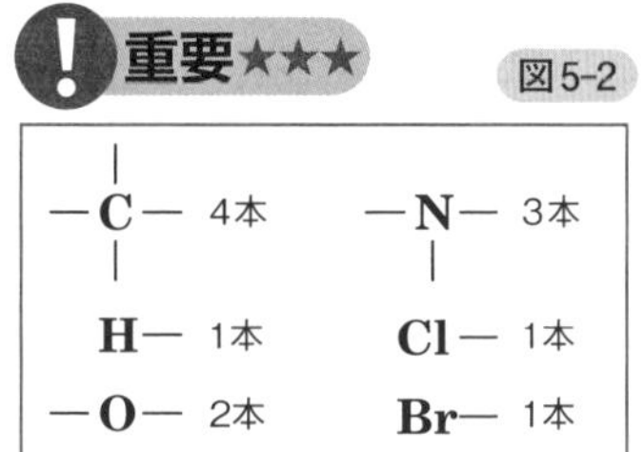

まず**Cが4本，Hは1本，Oが2本**。それから，**N**が**3本**，**Cl**が**1本**，**Br**が**1本**。これは知っておいたほうがいいですよ。

有機の反応の多くは，ちゃんと理屈があるんです。だから，構造式を使って反応式を書く練習をして，暗記じゃなくて自分でつくれるようにしておく。そうすると非常にわかりやすく説明ができるんです。

■ **④示性式：官能基を区別して表した式**

「示性式」は官能基を区別して表した式です。官能基とは何か。**第6講**で詳しくやりますが，一言で言うと原子のまとまりなんです。官能基がこれから出てくるたびに，付録の「主な官能基」の表（→440ページ）をチェックしていただければいい。

例を4つ挙げましょう。1つ目は，CH_3OH。

CH_3を「**メチル基**」，OHを「**ヒドロキシ基**」といいます。また，メチル基（CH_3）とヒドロキシ基（OH）が結びついてできたものを「メチルアルコール（CH_3OH）」

または「メタノール」といいます。もう1つの例は，CH_3COOH。CH_3はメタノールと同じメチル基で，COOHは「**カルボキシ基**」といいます。メチル基(CH_3)とカルボキシ基(COOH)が結びついてできたのがCH_3COOHで「酢酸」といいます。3つ目4つ目はCとCの二重結合，三重結合は価標を書き入れます。

こういう原子のまとまりを組み合せたものが示性式です。

単元１　要点のまとめ②

● 式の分類

！重要★★★

①**分子式**……1個の分子に存在する原子の数を右下に小さく書き表した式

例：$C_6H_{12}O_6$，H_2O

②**組成式**（実験式）……原子数を最も簡単な整数比で表した式

例：$C_6H_{12}O_6$（分子式） ⟶ CH_2O（組成式）

③**構造式**……価標を用いて表した式

④**示性式**……官能基を区別して表した式

例：CH_3OH，CH_3COOH，$CH_2=CH_2$，$CH\equiv CH$

1-3　異性体

分子式は同じで構造の異なる化合物が2種類以上存在する場合，それらの物質を「**異性体**」といい，大きく2つに分類できます。最初にまとめておきましょう。

単元１　要点のまとめ③

● 異性体

異性体
- **構造異性体**……分子式が同じで構造式が異なる物質。（骨格構造が異なるもの。官能基や二重結合の位置が異なるもの。）
- **立体異性体**
  - **シス-トランス異性体**（シス形，トランス形の関係にあるもの。）
  - **鏡像異性体**（不斉(ふせい)炭素原子をもつもの。）

まず「**構造異性体**」，これは「分子式が同じで構造式が異なる物質」です。

もう1つは，「**立体異性体**」で，その中にさらに2つあるわけです。立体異性体のグループは，言葉として大事なところを覚えていただければOKです。

「**シス-トランス異性体**」，「**シス形**」，「**トランス形**」，「**鏡像異性体**」，あと，「**不斉炭素原子**」。これらの言葉をいずれ覚えてください。言葉の意味はまた第6講（→162ページ）以降で詳しく説明していきます。

ここでは構造異性体，「分子式が同じで構造式が異なる物質」について説明します。まず例ですが，「C_2H_6O」と，どこかに書いてみてください。

$$C_2H_6O$$

これは分子式です。図5-3の2つを見比べてください。この2つはC_2H_6Oですが，確かに構造が違うでしょう。こういう場合に「2つの異性体がある」といいます。名前がよくわからなくても今は大丈夫。こういう構造がわかっていくように，練習していきましょう。

図5-3

```
     H   H              H       H
     |   |              |       |
  H—C—C—O—H       H—C—O—C—H
     |   |              |       |
     H   H              H       H
  エタノール         ジメチルエーテル
```

エタノールの構造式を見てください。C2個に続いてO，Hが並んでいる。1-2 ③（→133ページ）でやった手の数を思い出して。Cは手が4本と決まっています。だから，左側のCに4本入っているわけです。右側のCも4本入っていますね。Hは手が1本あるわけ。Oは手が2本でしょう。数がちょうど合っていますよね。

今度はジメチルエーテルを見てください。これもCの手が4本あるでしょう。Oが2本。Hが1本ですよね。だから，これで構造式がきれいに成り立つんですよ。

エタノールというのは飲めるアルコール。これを飲むと多少明るくなって陽気になる人もいますね。

だけど，ジメチルエーテルはエーテルです。これは気体なんです。これは冷却剤に使用し，飲めません。エタノールは飲める。このように性質が全然違うでしょう。

でもほら，Cが2個，Hが6個，Oが1個ずつだから，分子式は同じですね。だけど構造式が違うから，性質も全然違う。このことを「異性体の関係」といいます。有機化学の第1関門は異性体であるのか，同一物質であるのかの区別です。詳しくは「**演習問題で力をつける⑮**」（→142ページ）のところで説明しましょう。

1-4 炭化水素の分類

次に炭化水素の分類です。**炭化水素とは，炭素と水素だけでできている化合物です。**

Oが入っちゃいけない。CとHしか入れない。その炭化水素には**鎖状の化合物**と**環状の化合物**があります。これはまとめた表を見て覚えてください。今から覚えるべきところを説明していきます。

単元1 要点のまとめ④

●炭化水素の分類

重要★★★

	種　類	一般式	化合物
鎖式炭化水素	メタン系炭化水素 **アルカン** （単結合のみ）	$\mathbf{C_nH_{2n+2}}$ （飽和炭化水素）	CH_4 …… メタン C_2H_6 …… エタン C_3H_8 …… プロパン
鎖式炭化水素	エチレン系炭化水素 **アルケン** （二重結合１個を含む）	$\mathbf{C_nH_{2n}}$　$(n \geqq 2)$ （不飽和炭化水素）	C_2H_4 …… エチレン C_3H_6 …… プロピレン またはプロペン
鎖式炭化水素	アセチレン系炭化水素 **アルキン** （三重結合１個を含む）	$\mathbf{C_nH_{2n-2}}$　$(n \geqq 2)$ （不飽和炭化水素）	C_2H_2 …… アセチレン C_3H_4 …… プロピン
環式炭化水素	脂環式炭化水素 **シクロアルカン** （単結合のみ）	$\mathbf{C_nH_{2n}}$　$(n \geqq 3)$ （飽和炭化水素）	C_3H_6 …… シクロプロパン C_4H_8 …… シクロブタン
環式炭化水素	**シクロアルケン** （二重結合１個を含む）	C_nH_{2n-2}　$(n \geqq 3)$ （不飽和炭化水素）	C_6H_{10} …… シクロヘキセン
環式炭化水素	芳香族炭化水素 （ベンゼン環を含む）	C_nH_{2n-6}　$(n \geqq 6)$	C_6H_6 …… ベンゼン C_7H_8 …… トルエン

鎖式炭化水素…炭素原子が鎖状の構造をもつ炭化水素。脂肪族炭化水素ともいう。

環式炭化水素…炭素原子が環状の構造をもつ炭化水素。ベンゼンのように特殊な形の環状構造をもつものを芳香族炭化水素といい，それ以外の環式炭化水素を脂環式炭化水素という。

飽和炭化水素…炭素原子間のすべての結合が単結合である炭化水素。

不飽和炭化水素…炭素原子間に二重結合や三重結合を含む炭化水素。

1-5 鎖式炭化水素の種類

鎖式炭化水素は脂肪族炭化水素ともいいます。図5-4を見てください。Cがずっとつながっていて，途中，炭素が枝分かれして出てきたりしても構わないけれど，とにかく鎖状に並んでいるものを「**鎖式炭化水素**」といいます。それに対して，輪っか状につながってる，こういうのを「**環式炭化水素**」といいます。

図5-4

```
C－C－C－C        C－C
   |              |   |
   C              C－C
  鎖式             環式
```

■ メタン系炭化水素（アルカン）

まずは，鎖式炭化水素の中の「**メタン系炭化水素**」，「**アルカン**」。この2つは同じことです。日本語名で言うとメタン系炭化水素になるし，国際名で言うとアルカンという言い方になる。でも両方とも覚えてください。それから，一般式も覚えてください。

重要★★★ $\mathbf{C_nH_{2n+2}}$

C_nH_{2n+2}という形をしています。あと「単結合のみ」ということも要チェックです。アルカンは二重結合を含みません。

■ エチレン系炭化水素（アルケン）

そして鎖式炭化水素の中の「**エチレン系炭化水素**」，「**アルケン**」。2つとも試験に出てきますよ。中でもアルケンが頻出です。

この2つは同じことだということを知っておいてください。あと一般式は，

重要★★★ $\mathbf{C_nH_{2n}}$

さらに「二重結合1個を含む」ということも要チェックです。

■ アセチレン系炭化水素（アルキン）

次に鎖式炭化水素の中の「**アセチレン系炭化水素**」，「**アルキン**」。この2つも同じことで，一般式は，

重要★★★ $\mathbf{C_nH_{2n-2}}$

ここは「三重結合」を1個含むんです。

覚えることをまとめましょう。「**アルカン**」，「**アルケン**」，「**アルキン**」という名前と，アルカンが「単結合のみ」，アルケンが「二重結合1個を含む」，アルキンが「三重結合1個を含む」。それから，一般式が「$\mathbf{C_nH_{2n+2}}$」，「$\mathbf{C_nH_{2n}}$」，「$\mathbf{C_nH_{2n-2}}$」となること。これらのことをしっかりとおさえてください。

「単元1　要点のまとめ④」の表の中に代表的な化合物が書いてあります。メタン，エタン，プロパンとか，エチレン，プロピレンとか，アセチレン，プロピンとか。この辺も書けるようにしておきましょう。

■ 一般式のつくり方

一般式は次のように理解しましょう。図5-5 を見てください。

図5-5

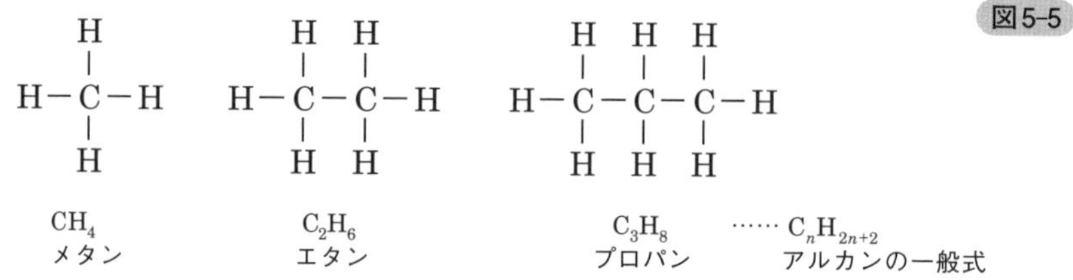

一番左はアルカンのメタン。それから次に，Cが2個のエタン。それから，Cが3個のプロパン。一般式C_nH_{2n+2}を見るとCが1個から2，3と1個ずつ増えていくと，Hのほうは4，6，8と増えていく。いわゆる数列です。数列が得意な人は一般式を導き出してみてください。僕は**C_nH_{2n+2}，ここを覚えてるわけ。**一般式を覚えていれば，すぐに化合物が頭の中に浮かびます。

アルカンはCとCが二重結合を含まず，全部単結合なんです。ところが，二重結合を1個含んでくると今度はアルケンといいます。連続 図5-6① を見てください。CH_4はCが1個しかないから二重結合はないですよね。Cは最低でも2個ないと二重結合にならない。

アルカンからアルケンにするには，Hを2個取ります 連続 図5-6② 。Hが2個取れて余った手と手が結びつけば，ほら，二重結合が1個のものになったでしょう。これをエチレン(C_2H_4)といい，アルケンの一種です。

連続 図5-6② のことを一般式で書いてみます。

単結合から二重結合へ

連続 図5-6

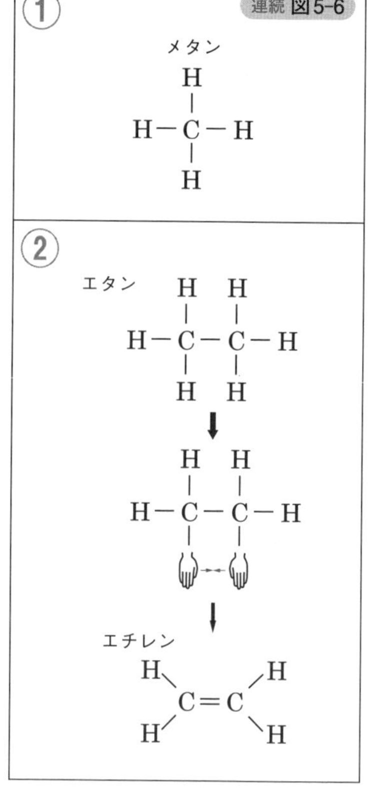

$$C_nH_{2n+2} \xrightarrow{-2H} C_nH_{2n}$$

アルカンC_nH_{2n+2}から**Hが2個取れた（$-2H$）ので，** $2n+2-2$で，アルケンの一般式はC_nH_{2n}という式になるわけです。

つまり，Hが2個取れて二重結合が1個増えました，って考えればいいわけです。僕は，いちいち全部丸暗記するのは無理なんで，この考え方を覚えています。

さらにアルキンの**三重結合にするためには**どうすればいいか。**またHを2個取ればいい** 図5-7。そうすると余った手と手が結びついて三重結合になるでしょう。

図5-7

```
H   H
|   |
H－C＝C－H
    ↓
|   |
H－C＝C－H
    ↓
H－C≡C－H
```

$$H-C\equiv C-H$$

アルケンからHを2個取ってやって，三重結合ね。それが一般式にまた出てくるわけです。

$$C_nH_{2n+2} \xrightarrow{-2H} C_nH_{2n} \xrightarrow{-2H} C_nH_{2n-2}$$

C_nH_{2n}から，またHを2個引いたらC_nH_{2n-2}。**アルカンから考えると，$2n+2$から$2n$になって，さらに$2n-2$，** ということです。これがアルカン，アルケン，アルキンといわれている流れの一般式のつくり方です。いいですか。

1-6 環式炭化水素の種類

ここからは環式炭化水素です。環式炭化水素には「**脂環式炭化水素**」と「**芳香族炭化水素**」があります。

■ 脂環式炭化水素

まずは「**脂環式炭化水素**」の中の「**シクロアルカン**」です。“**シクロ**” とは “**輪っか**” という意味ですね。サイクリング（cycling）のcycleと同じ。シクロ（輪っか）のアルカンという意味なんですよ。「単元1　要点のまとめ④」（→136ページ）には「単結合のみ」と書いてありますね。

例を挙げてみましょう。Cは3個から始まります 連続 図5-8① 。最低3個ないと輪っかにならないんですね。Cが3個だと，手が6本出ますから。Hはちょうどそこにくっついてくるので，6個になるんです。

Cが4個の場合は，C4個が輪っかになって，手が8本出ますから，そこに8個のHがくっつきます 連続 図5-8② 。

それから，こういうのもあるでしょう。Cが3個で輪っかをつくって，Cがあと1個輪の外に飛び出ている 連続 図5-8③ 。こういう場合も出ている手の数を数えると，手は8本になります。

ということは，今の式を書くと$\boldsymbol{C_nH_{2n}}$なんですよ。かならず**Hの数がCの2倍になる。それがシクロアルカンの一般式です。**

そうすると，アルケンの場合と同じになるんです。**シクロアルカンの$\boldsymbol{C_nH_{2n}}$とアルケンの$\boldsymbol{C_nH_{2n}}$は一般式が同じです。**ぜひ覚えておきましょう。

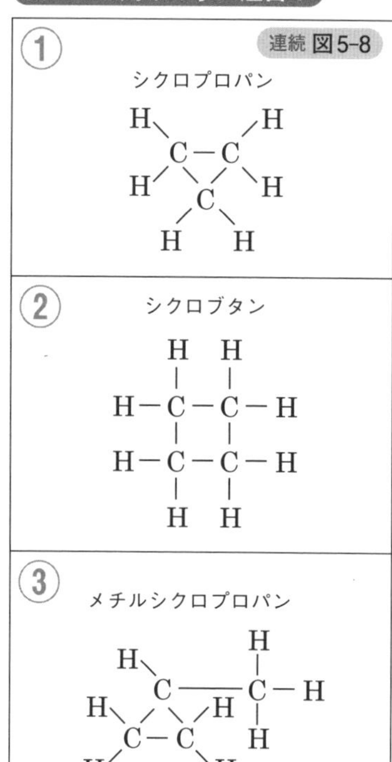

！重要★★★ アルケンとシクロアルカンの一般式は共に$\boldsymbol{C_nH_{2n}}$である。

次はこれと似ている「**脂環式炭化水素**」の中の「**シクロアルケン**」です。

輪っかの中に二重結合が1個含まれるのが特徴です。

シクロアルケンの一般式はシクロアルカンの一般式からHを2個取った式$\boldsymbol{C_nH_{2n-2}}$になります。

シクロアルカン　C_nH_{2n}
シクロアルケン　C_nH_{2n-2}　（$-2H$）

この一般式は特に覚えないでいいです。

連続 図5-8 の続き

④ シクロヘキセン

■ **芳香族炭化水素**

最後に環式炭化水素の中の「**芳香族炭化水素**」です。これはベンゼン環といわれるものが含まれるんです。

C_6H_6を「**ベンゼン**」といいます 図5-9。ベンゼン環は，ここでは簡単に触れますが，これの構造を決めるのが，非常に難しかったんですよ。ここではC6個が，二重結合と単結合を含んだ状態で存在していると考えておきましょう。詳しくは第9講で説明します。

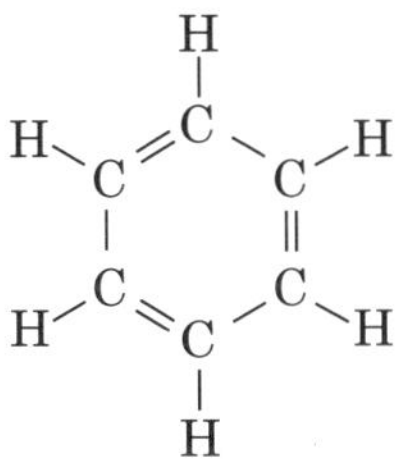

すべての炭素(C)は手が4本出ていて，水素(H)は1本ずつ手が出ている。確かに構造式が成り立っていますよね。こういう正六角形をしたものを「**ベンゼン環**」といい，**ベンゼン環を含む炭化水素のことを芳香族炭化水素というんです。**

図5-9

芳香族とは消毒薬のにおいのことです。病院の待合室に座ってると，クレゾールとかフェノールとかいろんな消毒薬のにおいがしてきますね。あの手の特殊なにおい，あれがこのベンゼン環をもったものの特徴なんですよ。それで芳香族といっているんです。

他の芳香族炭化水素の例を挙げましょう。図5-9 のHの場所に $-CH_3$が来ると，この名前を「**トルエン**」といいます 図5-10。芳香族に関しては第9講でもうちょっと詳しくやりますので，今はそのぐらいにしておきましょう。

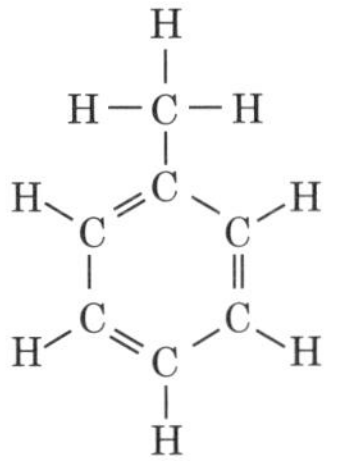

芳香族炭化水素の**一般式は覚えないでいいです**。炭化水素の分類の表(→136ページ)の**上から4つ(アルカン，アルケン，アルキン，シクロアルカン)はよく出題されますから，一般式をしっかりとおさえてください。**

図5-10

■ **飽和炭化水素と不飽和炭化水素**

あと，「単元1　要点のまとめ④」(→136ページ)の表には「飽和炭化水素」とか「不飽和炭化水素」という言葉がありますね。

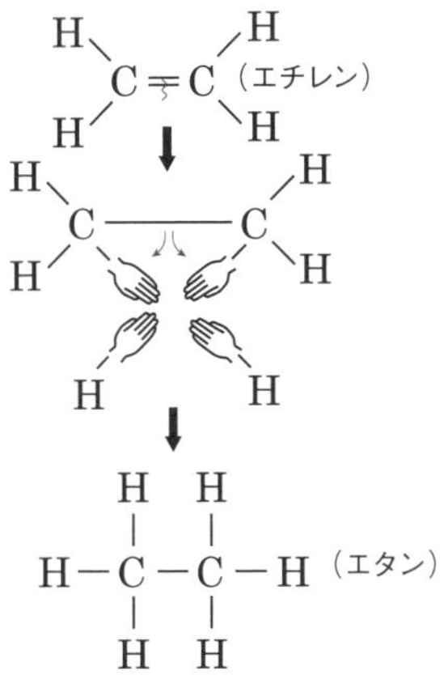

飽和というのは単結合のみからできている化合物。**不飽和**とは，**二重結合，三重結合をもつ，特にCとCの間に二重結合，三重結合を含む化合物**をいいます。

図5-11 を見てください。二重結合，三重結合が切れると手が伸びて，そこにまたHとか他の原子がくっつく余地がある。だから不飽和といいます。飽和というのは，もうこれ以上他の原子をくっつけられないことですね。

例えば，メタンはCの手は4本までしか出ないか

図5-11

ら，もうこれ以上Hがくっつく余地がない 図5-12 。それで飽和炭化水素，不飽和炭化水素と区別して言っているわけです。

図5-12

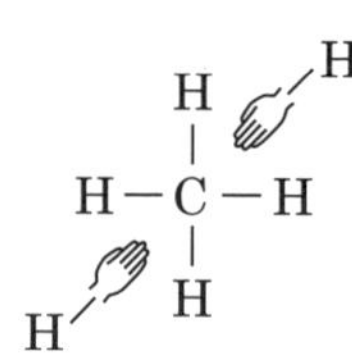

■ **有機化合物のポイントは異性体**

有機化合物を学ぶときに，何がポイントになるか？　これは異性体なんですよ。1-3 で例を簡単に書きましたが，C_2H_6O にはエタノールとジメチルエーテルと2つありました。これらが異性体の関係であるかどうかを区別すること，そこがやっぱりポイントになるんです。同じ分子式でありながら，これらが同一物質なのか異性体の関係なのかということが判断しにくいんですね。では演習問題にいきましょう。

演習問題で力をつける⑮

異性体か同一物質かの区別

問 次の文の［　　］に適切な語句または数字を記せ。

(1) メタンの水素原子2個を塩素原子で置換した化合物には異性体が存在［ 1 ］。このことはメタンの分子構造が平面形で［ 2 ］ことを示している。

(2) 一般式 C_nH_{2n+2} で表される［ 3 ］(国際名) では，n が［ 4 ］以上になると異性体が存在する。

さて，解いてみましょう。

問 (1) の解説 本問は解答することよりも，解答の説明に意義があるので，解答を先にやってしまいます。あとから答えを確かめてみましょう。

［ 1 ］は，存在「する」か「しない」かどちらかを入れます。

［ 2 ］は，平面形で「ある」か「ない」かです。

まず［ 1 ］は存在“しない”んです。なぜかというと，メタンの分子構造が正四面体形をしており，［ 2 ］は平面形で“ない”からなんです。

∴　**しない** …… **問 (1)** ［ 1 ］ の【答え】

∴　**ない** …… **問 (1)** ［ 2 ］ の【答え】

問 (2) の解説 ［ 3 ］と［ 4 ］を一緒にやってしまいます。

［ 3 ］は一般式が C_nH_{2n+2} でこの一般式で表されるものを何というか。“アルカン”といいましたね。「**単元1　要点のまとめ④**」(→136ページ) しっかり覚えておきましょう。

∴ アルカン …… 問(2) 3 の【答え】

4 はnが何個以上になると異性体が存在するか。結論から言うとCが“4”個になったときに，はじめて異性体というのが存在してきます。nが4，C_4H_{10}ですね。146～148ページのところで詳しく説明します。

∴ 4 …… 問(2) 4 の【答え】

1-7 異性体か同一物質か

「演習問題で力をつける⑮」の(1)(2)を通して，本当に答えのとおりになっているかどうか，ちょっと確かめてみましょう。

(1)です。とりあえずメタンCH_4を書きました 連続 図5-13①。問題文に「メタンの水素原子2個を塩素原子で置換した化合物」とありますね。“置換”というのは“置き換える”ということです。有機化学では，よく置換という言葉が出てきますから，理解しておきましょう。

どこでもいいのですが，水素2個を入れ換えてみます。連続 図5-13② を見てください。(A)は上と右のHをClに置き換えました。もう1つ違う置き換え方がありますね。そう，(B)のように上と下のHをClに置き換える。(A)と(B)は違いますね。

わかりますか？ (A)は隣どうしにClとClがあるけれども，(B)は遠いところにClとClがあるでしょう。だからこの(A)と(B)は何か違うように見えます。果たしてこれらは異性体なのか同一物質なのか？

では，ここで立体模型をつくってみましょう 連続 図5-14①。この中心にある黒いもの(●)が炭素Cです。あと，手の先に■と○が2個ずついています。○が塩素Cl，■は水素Hとしましょう。

水素2個を塩素に置換

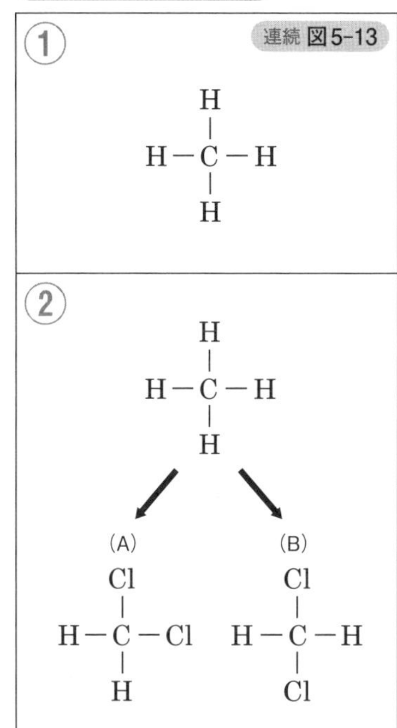

同じ物質は重なり合う

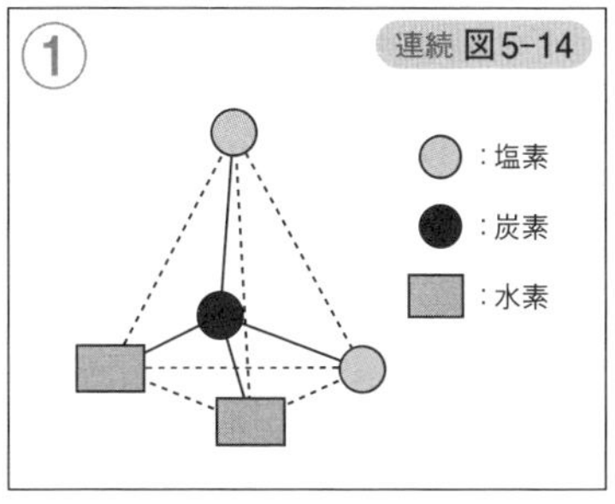

連続 図5-14① でつくった立体模型を2つ用意します。

連続 図5-14 の続き

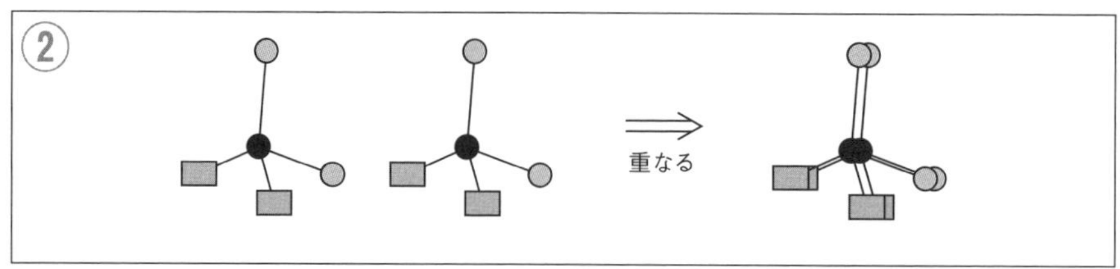

この2つの立体模型は全く同じように重なりました 連続 図5-14② 。だから，この2つは完全に同じもの。同一物質です。

連続 図5-13② の(A)を立体模型にすると 図5-15 の(イ)になります。

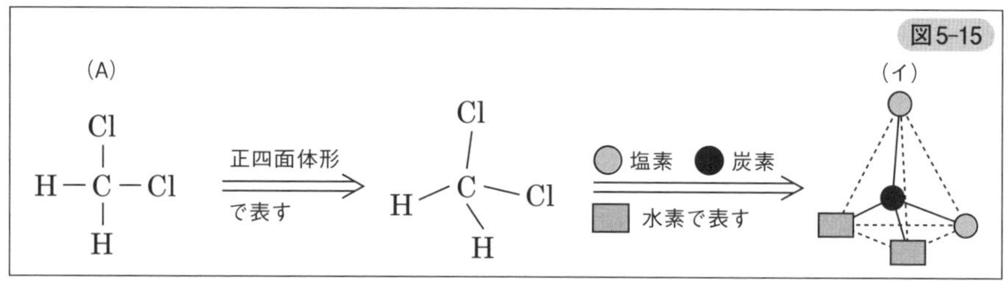

連続 図5-13② の(B)を立体模型にすると 図5-16 の(ロ)になります。

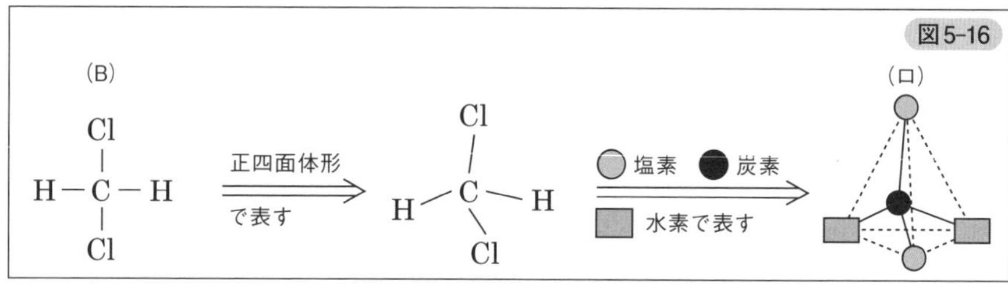

(イ)と(ロ)は，異性体なのか同一物質なのかを調べてみましょう 連続 図5-17① 。どうでしょうか。 連続 図5-17② を見てください。(ロ)を回転させて向きを変えると，(イ)とちょうど同じ物質になり，重なりますね。ですから，(イ)と(ロ)は全く同一物質なんです。そもそも(A)の立体模型が(イ)で，(B)の立体模型が(ロ)なのですから，(A)と(B)も同一物質であるわけです。

向きを変えれば同一物質

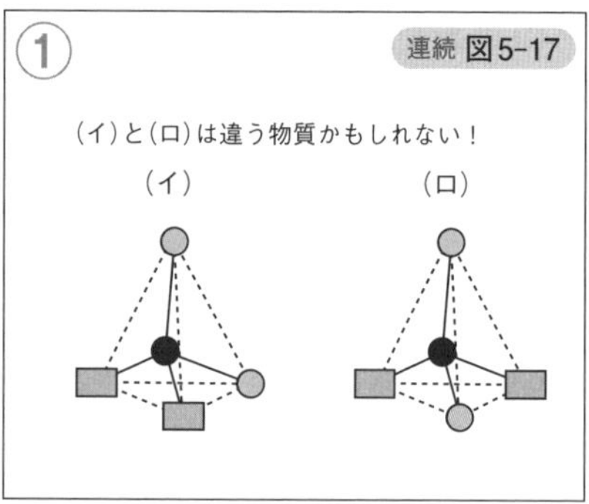

同じ要領で他の組み合せで何回やっても全部同一物質になることが確認できます。この回転させる考え方にもどれば，同一物質か異性体かの区別がつけられるようになります。次の「岡野流　必須ポイント⑧」を見てください。

連続 図5-17 の続き

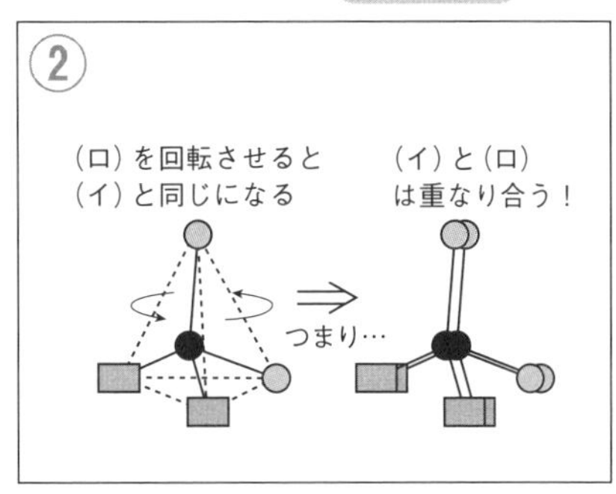
②
(ロ) を回転させると
(イ) と同じになる
(イ) と (ロ)
は重なり合う！
つまり…

岡野流
⑧
必須ポイント

炭素原子の２本の手の入れ換え

重要★★★ 同じ炭素原子から出る４本の手のうち，どの２つを入れ換えても同一物質になる

これは大きなポイントです。異性体であるかどうかを区別していくときに，**「同じ炭素原子から出る4本の手のうち，どの2つを入れ換えても同一物質になる」**を大原則として判断するわけです。

もう1回，「演習問題で力をつける⑮」の (1) の【答え】を考えてみましょう。「メタンの水素原子2個を塩素原子で置換した化合物には異性体が存在**しない**」と，今，図を見ておわかりいただけたと思います。

しかし，連続 図5-17① の (イ) と (ロ) は「回転させて同じになる」だったのに対して，■と●を**「入れ換えても同一物質」**という考え方からも答えは出せます。**このほうが絶対，簡単です。**

このような方法を使って問 (2) をやっていきましょう。**アルカン**という言葉は136，137ページに出てきました。n が何個以上になると異性体が存在するか？答えは**4**個以上と言いましたが，とりあえず3個ぐらいから確かめてみましょう。Cが3個の場合，C_nH_{2n+2} より，C_3H_8，これは「プロパン」といいます。連続 図5-18① のように書けますね。

これは異性体が存在するかしないかを，自分で確認できるかどうかが重要です。

プロパンに異性体はあるか？

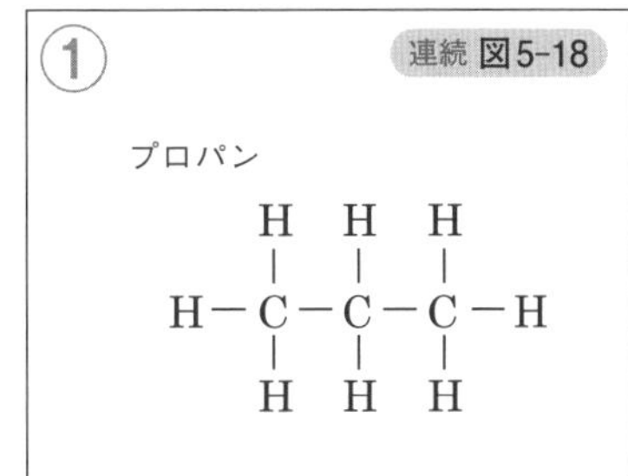
①
連続 図5-18
プロパン
H　H　H
H－C－C－C－H
H　H　H

例えば，右側のCが折れ曲がって，連続 図5-18②のようになったとき，これはプロパン 連続 図5-18①と同一物質なのか，または異性体なのか？

さきほどの「岡野流　必須ポイント⑧」を使って考えると，これらは同一物質です。

なぜならばHを○で囲みます。次にCH_3を□で囲みます 連続 図5-18②。

この○と□，これは入れ換えても同じ物質なんです。**「同じ炭素原子から出る4本の手のうち，どの2つを入れ換えても同じ物質」**だからですね。実際に○と□を置き換えてみます 連続 図5-18③。前のページの 連続 図5-18①と同じ形になりましたね。連続 図5-18①と 連続 図5-18②，すなわち入れ換える前と入れ換えた後では同一物質であり，異性体の関係になりません。

連続 図5-18の続き

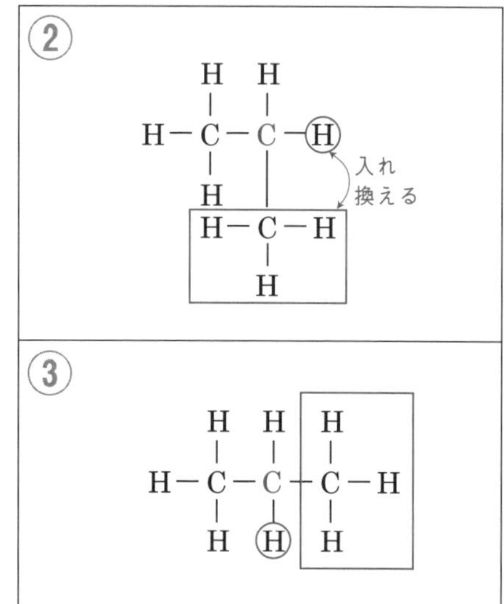

では，もう1つ確かめましょう。今度はCが4個の場合ですよ。C_4H_{10}は 連続 図5-19①のようにCを4個一直線に並べるパターンがまず1つできます。これは「ブタン」といいます（名前についてはのちほどやります）。

Cを一直線に3個並べて，そのあとにCがもう1個くっついてくるときに 連続 図5-19②，Ⓐ右端にくっつく場合，Ⓑ左端にくっつく場合，Ⓒ真ん中にくっつく場合と全部で3通り考えるわけです。その中で同一物質なのか異性体なのかを区別していくんです。連続 図5-19②の図では見やすくするようにHを省略しています。

連続 図5-19②のⒶとⒷを見ていただくと，プロパンのときと同様に，これらⒶⒷは共にブタン 連続 図5-19①と同一物質です。なぜかということを，もう1回簡単に説明しておきます。

ブタンに異性体はあるか？

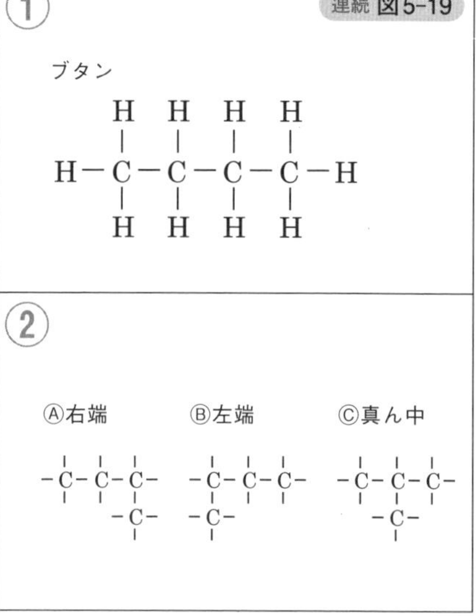

Ⓐにおいて左から3つ目の炭素を見るんです 連続 図5-19③。

そこで，Hを○で囲み，次に，CH_3を□で囲みます。あとは，○と□を入れ換えれば，Cが4個並んで一直線になるでしょう。すなわち 連続 図5-19① と同じになります。連続 図5-19④ を見てください。Ⓑも同じように○と□を入れ換えれば一直線になり，連続 図5-19① と同じになります。よって異性体の関係になりません。

ということは，プロパンのときもそうだったのですが，今回のブタンも，Cを3個並べて，もう1個Cをくっつけるというときに，**どちらの端っこにくっつけても，結局Cが4個一直線に並ぶパターンと同一物質になってしまうということです。**

真ん中のところにCがくっつく 連続 図5-19② のⒸのパターンはどうでしょう？　これが同一物質か異性体なのかをちょっと考えてみましょう。

4本の手のうち，どの2つを入れ換えても同じになります。例えば，連続 図5-20① において上のHの○と下のCH_3の□を入れ換えても，これは裏返しにしただけのことですね 連続 図5-20②。したがって 連続 図5-20① と 連続 図5-20② は同一物質です。

このように 連続 図5-20① の図のどの2つを入れ換えても，連続 図5-19① のような一直線に並んでいる物質にはなりません。だからC4個が一直線に並んでいる物質と真ん中にくっついている物質は異性体の関係なんです 図5-21。

連続 図5-19 の続き

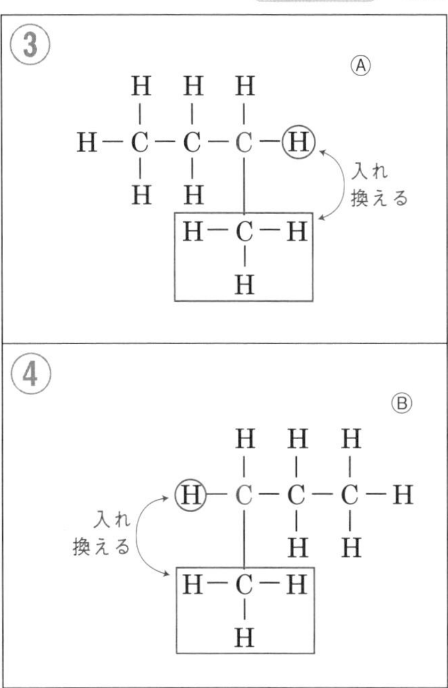

同一物質か？異性体か？

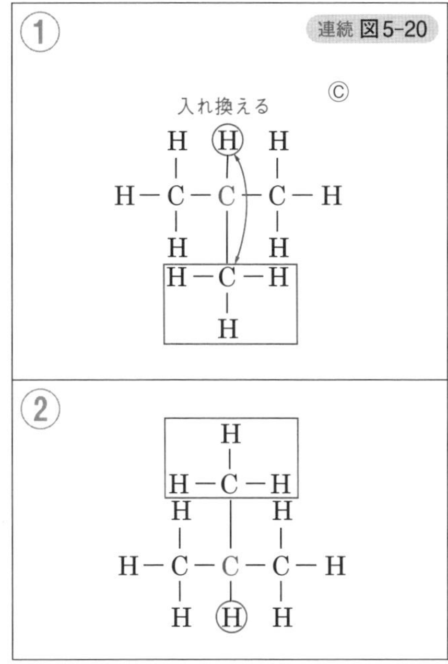

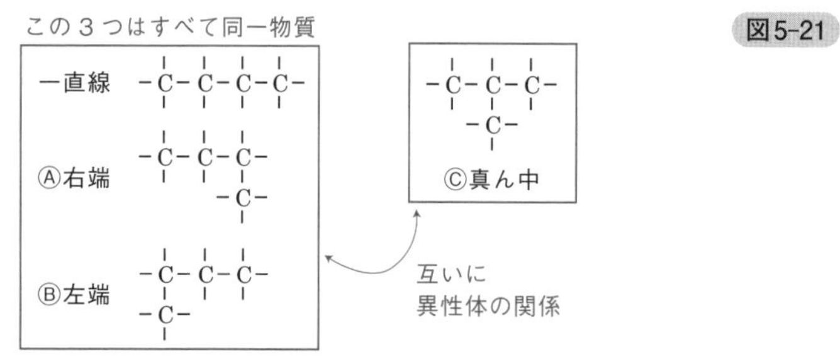

ということで，異性体がここでは**2個**ある，ということがわかりました。

Cが3個のプロパンのほうは，異性体なし，つまり**0個**なんです。異性体は0個のものから，存在したときにはいきなり2個になる。1個の異性体というのは絶対ありえないんです。よってCが**4個から異性体が存在します**。

繰り返しますが，**同じ炭素原子の4本の手のうち，どの2つを入れ換えても，それは同一物質である。この関係がわかれば，異性体であるかどうかを判断できます**。よろしいですか。

■「同じ炭素原子」がポイント

みなさん，よくこういう間違いをされます。図5-22 を見てください。赤いCにくっついている○のHがあるでしょう。それに対して真ん中のCにくっついている□の部分のCH_3を入れ換えたらって言うんですよ。すると，Cが一直線になったものと同じになるから，同一物質ではないかと。

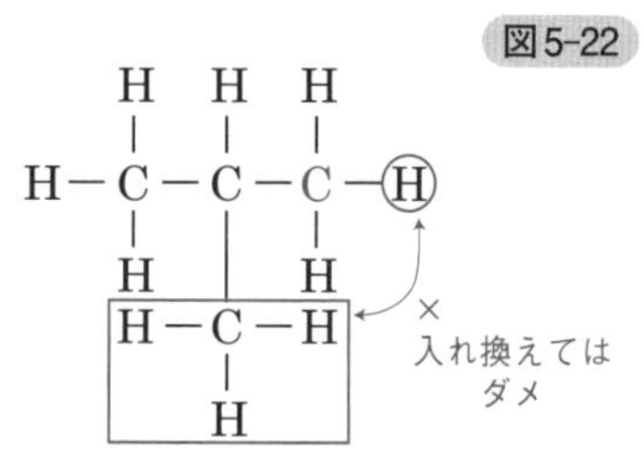

これは大マチガイです！　145ページの「岡野流　必須ポイント⑧」を見てください。最初の出だしの文章がおわかりになっていないんです。**「同じ炭素原子」**と書いてあります。そこがポイントです！　同じ炭素原子にくっついてないとダメなんです。

図5-22 は，真ん中の炭素原子と，右の炭素原子と異なる炭素原子に着目してしまいました。そこが間違っていたわけです。

いいですね。その辺はどうぞお間違えにならないように。あとは練習して慣れていきましょう。

アドバイス「4本の手のうち，どの2つを入れ換えても同一物質になる」と，ずっとやってきましたが，実は鏡像異性体（第6講 1-4）では成り立ちません。鏡像異性体のときは，2つを入れ換えると，入れ換える前と後では鏡像異性体の関係になってしまうのです。したがって，この関係が成り立つのは，構造異性体の区別のときだけです。

単元2 有機化合物の命名法

化学

有機化合物の名前のつけ方をやってみましょう。

C_5H_{12}（ペンタン）を例にとり，その3種類の構造異性体とその名前のつけ方を考えてみます。

2-1 異性体がいくつあるか

まずはC_5H_{12}の構造異性体を書き出してみましょう。その後，名前のつけ方を説明します。

最初にCを5個，一直線に書きます。一番長い鎖です。水素は省略します。Cの先に全部水素がついていると思ってください 連続 図5-23①。まずは，これが1種類あるでしょう（❶）。

次はC4個が一本の鎖となる場合です。そして，あと炭素の1個が(1)～(4)のどこにくっつくかを考えていきましょう 連続 図5-23②。そうしますと，145ページでも言ったように，**同じ炭素原子についている4本の手のうちの，どの2つを入れ換えても同じ**です。ここで連続 図5-23③を見てください。**両端の(1)あるいは(4)につく場合**，その炭素についている○と□を入れ換えますと，**C5個が一直線になって**連続 図5-23①**と同じになってしまうんでしたね。**だから両端((1)または(4))につけても意味がありません。ということは，2番目のところか，または3番目のところ((2)か(3))につく場合が考えられます連続 図5-23④（次のページ）。でも2番目と3番目は，表から見たか，裏から見たかの関係で，同じことなんです。ですから，一番長いところの炭素が4個のときには，こ

C_5H_{12}の異性体は何個？

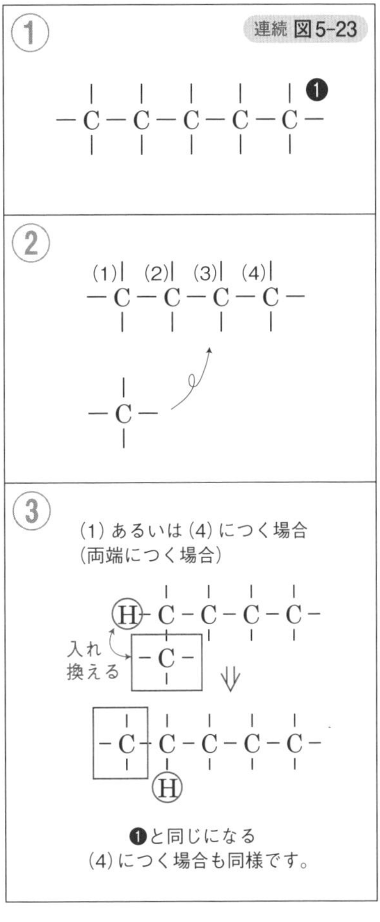

の❷の１個しか存在しないんです。表裏の関係を使わない方法として 連続 図5-23⑤ のように考えることもできます。大小の□を入れ換える考え方です。どちらの方法でも構いませんが 連続 図5-23④ が同一物質であることがわかって頂ければ幸いです。

連続 図5-23 の続き

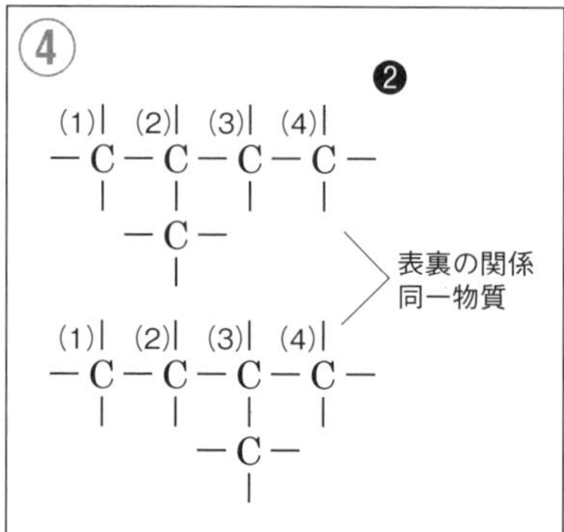

⑤
4本の手のうち，どの２つを入れ換えても
同一物質なので

入れ換える

((3)についていた場合)　　❷と同じになる

⑥

⑦　❸

次は，C3個が一番長い鎖の場合が考えられます。

3個の場合は，あと2個の炭素をくっつける 連続 図5-23⑥。

両端につけると， 連続 図5-23① ❶と同じになり，ダメですから，真ん中のCの上下に炭素をくっつけます 連続 図5-23⑦（❸）。

では，真ん中の炭素の下に2つ炭素がくっつくとどうか 連続図5-23⑧。これは実は， 連続 図5-23④ ❷と同じになってしまうんです。

なぜなら，同じ炭素原子の4本の手のうち，どの2つが入れ換わっても，それは同一物質ですから， 連続 図5-23⑨ のように入れ換えると❷と同じになることがわかりますね。だから，いろいろと悩んで，同一なのか異性体なのかということを判断していかなければいけない。

連続 図5-23 の続き

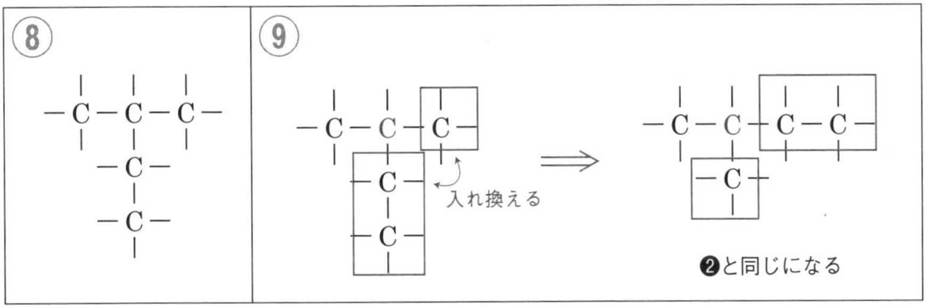

⑧

```
  |   |   |
－C－C－C－
  |   |   |
    －C－
      |
    －C－
      |
```

⑨

そうすると，結局，この3つ❶❷❸が異性体です。今からこれらの異性体に名前をつけます。

2-2 アルカンの命名

名前には「**慣用名**」と「**国際名**」があります。慣用名というのは，昔ながらの言い方です。これはただ丸暗記するしかない。だけど，最近は国際名で出て来る場合が結構多くなってきました。数が多くて大変だから，やはりある程度は自分で名前をつくれるようにしておいたほうがいい。基本的な国際名の名前のつけ方は覚えておきましょう。

まずはアルカンからですが，最初にまとめておきます。

単元2 要点のまとめ①

● 有機化合物の命名法 1　アルカン C_nH_{2n+2}

有機化合物の名称には慣用名と国際名があるが，ここでは国際名について説明する。

命名は，数字を表す接頭語の語尾にane（アン）をつける。

重要★★★

	アルカン C_nH_{2n+2}		（一般式）
1 － mono（モノ）	$n=1$	CH_4	メタン
2 － di（ジ）	$n=2$	C_2H_6	エタン
3 － tri（トリ）	$n=3$	C_3H_8	プロパン
4 － tetra（テトラ）	$n=4$	C_4H_{10}	ブタン

5 − penta（ペンタ）	***n*＝5**	C_5H_{12}	**ペンタン**
6 − hexa（ヘキサ）	***n*＝6**	C_6H_{14}	**ヘキサン**
7 − hepta（ヘプタ）	***n*＝7**	C_7H_{16}	**ヘプタン**
8 − octa（オクタ）	***n*＝8**	C_8H_{18}	**オクタン**
9 − nona（ノナ）	***n*＝9**	C_9H_{20}	**ノナン**
10 − deca（デカ）	***n*＝10**	$C_{10}H_{22}$	**デカン**

炭素数1～4のアルカンは慣用名（メタン，エタン，プロパン，ブタン）を用いる。

アルカンの一般式C_nH_{2n+2}はいいですね。命名法のポイントは，

数字を表す接頭語の語尾にane(アン)をつける

です。

ここで数字を表す接頭語を見てみましょう。モノ（mono），（モノレールの“モノ”。**1**本のレールの意味）。ジ（di），（ジレンマの“ジ”。**2**つから1つ選ぶときに陥る状態）。トリ（tri），（トリオの“トリ”。**3**人組という意味）。テトラ（tetra），（テトラポッドの“テトラ”。護岸用の**四**面体のコンクリートのこと）。ペンタ（penta），（ペンタゴンの“ペンタ”。アメリカ国防総省の**五**角形のビル）。ヘキサ（hexa），ヘプタ（hepta），オクタ（octa），（オクトパスの“オクト”。たこは足が**8**本）。ノナ（nona），デカ（deca）。できれば10番まで覚えておきましょう。

ところが，炭素数1～4のアルカンは慣用名を用いるんです。これは丸暗記するしかありません。Cが1個のときはメタン，2個はエタン，3個はプロパン，4個はブタンといいます。**メタン，エタン，プロパン，ブタンまでは覚えてください。**

5個目からは違います。国際名の命名法を使います。5個は**ペンタ**といいます。pentaという接頭語の語尾にane**（アン）**をつけます。pentaのあとにaneをつけるからpentane**（ペンタン）**。Cが6個の場合は，hexaのあとにaneをつけるからhexane**（ヘキサン）**。Cが7個では，heptaのあとにaneをつけてheptane**（ヘプタン）**。Cが8個では，octaのあとにaneをつけてoctane**（オクタン）**。Cが9個なら，nonaのあとにaneをつけてnonane**（ノナン）**。Cが10個なら，decaのあとにaneをつけてdecane**（デカン）**。ということで，aneをつけて名前ができるんですね。これは練習してください。

Cが1～4個の場合は昔ながらの慣用名を使いますので，この4つは覚えておくしかないです。5個以上の名前のつけ方は全部，語尾変化でできます。

2-3 側鎖のあるアルカン

次は,「側鎖のあるアルカンとハロゲンの置換体」の命名法です。

単元2 要点のまとめ②

● **側鎖のあるアルカンとハロゲンの置換体**

重要★★★

①**最も長い炭素鎖(主鎖)**を基本骨格とする。
②主鎖のC原子の位置番号は,置換基のつく位置番号が**最小**になるようにする。
③側鎖のアルキル基は**アルファベット順**。
④ハロゲンを含む化合物は,**ハロゲン・アルキル基・アルカンの順**に命名。
⑤側鎖上に同じ基があるときは,位置番号を**繰り返し**,基の数を示す。

①最も長い炭素鎖(主鎖)を基本骨格とする。

「**最も長い炭素鎖**」,ここがポイントです。そこを一番基本に考えていきます。

②主鎖のC原子の位置番号は,置換基のつく位置番号が最小になるようにする。

「**最小**」というところが大切です。あとで具体的なもので説明します。

③側鎖のアルキル基はアルファベット順。

先に「**アルキル基**」について説明しましょう。一般式はC_nH_{2n+1}と表します。これは,アルカンの一般式C_nH_{2n+2}からHの部分が,-1(C_nH_{2n+2-1})ということですから,アルカンからHが1個取れたものなんです。アルカンの一般式よりHが1個少ない基,これをアルキル基といいます。

■ アルキル基の命名

アルキル基の命名のポイントは,

アルカンのaneをyl(イル)にかえて表す

です。「yl(イル)」という語尾変化で命名できるから,非常にわかりやすい。どこの国の人も,この法則さえ知っていれば同じ名前をつくることができる。それが特徴です。

では,次ページのアルキル基の例を見てみましょう。

メタン(CH_4)があります連続 図5-24①。これには水素が4個あります。これをアルキル基にするには,どこでもいいのですがHを1個取ります。例えばメタンの右端のHを取ると，連続 図5-24② のようになって，手が1本余っている状態になります。このように手が余っている状態の原子のまとまりをアルキル基といっているわけです。連続 図5-24② は具体的な名前がついていまして，methaneのaneがyl（イル）にかわるから（methyl）メチル。つまり，これは**メチル基**といいます。語尾変化なんですね。

もう1つ例を見ましょう。エタン（C_2H_6）があります 連続 図5-25①。エタンの水素原子，Hを取ります。どこでもいいです。どのHを取っても全部同一の物質になりますから。ここでは右端のHを取ってみます 連続 図5-25②。基の名前は，ethaneのaneがylにかわるから（ethyl）**エチル基**となるわけです。よろしいですか？　そういうことで，アルキル基の名前は自分でもつくりやすいですね。

メタンからメチル基へ

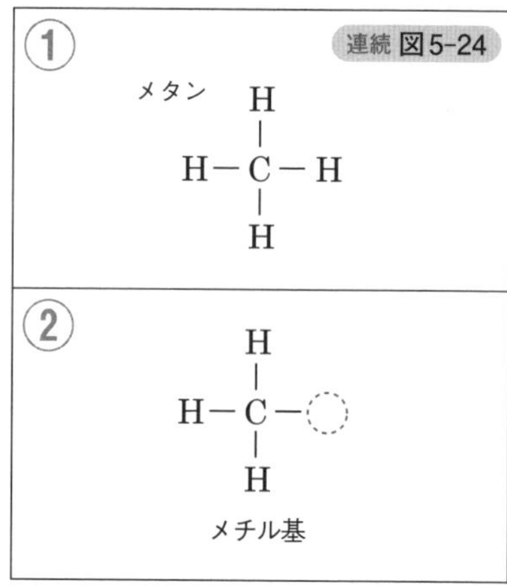

エタンからエチル基へ

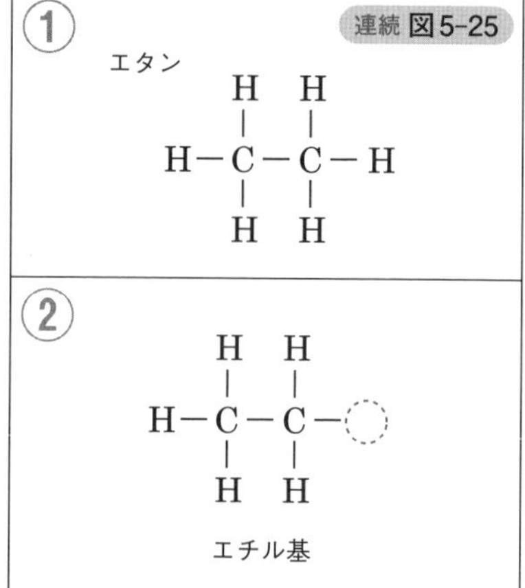

単元2 要点のまとめ③

● **有機化合物の命名法２　アルキル基　$-C_nH_{2n+1}$**

（一般式，アルカンよりHが1つ少ない基）

命名はアルカンのaneをyl（イル）にかえて表す。

例：CH_4　メタン　meth**ane**　$-CH_3$　メチル基　meth**yl**基

　　C_2H_6　エタン　eth**ane**　$-C_2H_5$　エチル基　eth**yl**基

　　C_3H_8　プロパン　prop**ane**　$-C_3H_7$　プロピル基　prop**yl**基

例：$CH_3-CH-CH_3$ 2–メチルプロパン
（CH の下に CH_3）

（左から2番目の炭素に $-CH_3$（メチル基）が結合していて，最も長い炭素の鎖はプロパンである）

例：$CH_3-CH-CH-CH_3$ 2,3–ジメチルブタン
（2つの CH の下にそれぞれ CH_3）

（左から2番目と3番目の炭素に $-CH_3$（メチル基）が結合し，最も長い炭素の鎖はブタンである）

■ **名前をつける順番にも注意**

もう一度「単元2　要点のまとめ②」（→153ページ）の③にもどります。③に「**アルファベット順**」と書いてあります。エチルとメチルではアルファベットはどっちが先に来るか。エチル基はethylだからeから始まる。メチル基は，methylだからmから始まる。ということで，もしエチル基とメチル基が同時に出ている場合には，エチル基を先に，その次にメチル基の名前を読みましょう。これがアルファベット順ということです。

④ハロゲンを含む化合物は，ハロゲン・アルキル基・アルカンの順に命名する。

ハロゲンは，出てくるとしたら，Cl（**クロロ**），Br（**ブロモ**），I（**ヨード**）のいずれかだと思っていい。F（**フルオロ**）が出ることはあまりないでしょう。それらのハロゲンを含む化合物は，ハロゲンを先に読んで，それからアルキル基，アルカンという順番で読み，名前をつけましょうということです。

⑤側鎖上に同じ基があるときは，位置番号を繰り返し，基の数を示す。

「**繰り返し**」というところがポイントです。

■ **名前をつけてみよう！**

では，今の説明を頭においた上で，実際に149，150ページ❶❷❸の異性体に名前をつけてみます。最初に 図5-26 の物質❶に名前をつけてみます。一番長い炭素の鎖が基本骨格です。Cを数えると，5個が一番長いですね。これが基本骨格で，Cが5個のアルカンだから「**ペンタン**」といいます。

図5-26

ペンタン

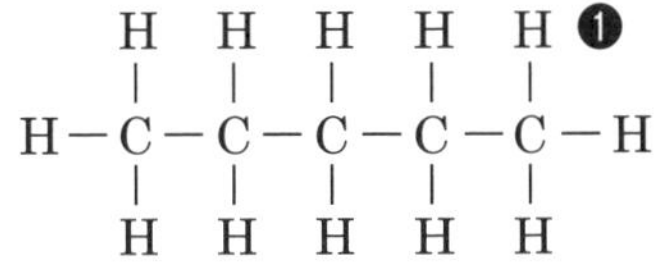

次ページの 連続 図5-27① は❷です。Cが一番長いところは4個です。左端から1，2，3，4と数えます（これは逆向きに数えてもいい）。さてここで「単元2　要点のまとめ②」の②に「**置換基のつく位置番号が最小になるように**」とあったのを思い

出してください。

それはこういうことです。

連続 図5-27② を見てください。C4個の部分が一番長い鎖だから，これはブタンです。だけど，ブタンはブタンでも，もう1個のC（この場合はメチル基（$-CH_3$）ですね）が炭素の右から3番目もしくは左から2番目のところにくっついた，ブタンなんです。連続 図5-27② の場合，**3よりも2のほうが数字が小さいから，3番目ではなく2番目の炭素にメチル基がくっついた，**と考えるわけです。「**2-メチルブタン**」という書き方をします。数字と名前の間は**ハイフン**でつないでください。2番目の炭素にメチル基がくっついたブタンという意味です。

もう1つ考えてみましょう。

連続 図5-28① の化合物❸です。今度はC3個の部分が一番長い鎖です。プロパンはプロパンなんだけど，どんなプロパンか？　右から1，2，3と書いても，左から1，2，3と書いても両方とも2番目の炭素に，上下に2つのメチル基がくっついています 連続 図5-28② 。

その場合に，「単元2　要点のまとめ②」（→153ページ）⑤で「**繰り返し**」とあったことを思い出してください。

2番目にそれぞれメチル基がくっついているので，**位置番号を"2，2"と繰り返します。**数字と数字の間は**カンマ**で，あとはハイフンでつなぎます。ハイフンのあとはメチル基が2つくっついたという言い方をします。だから"ジメチル"です。"ジ"というのは「2つの」という意味がありましたね（「単元2　要点のまとめ①」）。すなわち，「**2,2-ジメチルプロパン**」。これが，

2-メチルブタンの命名

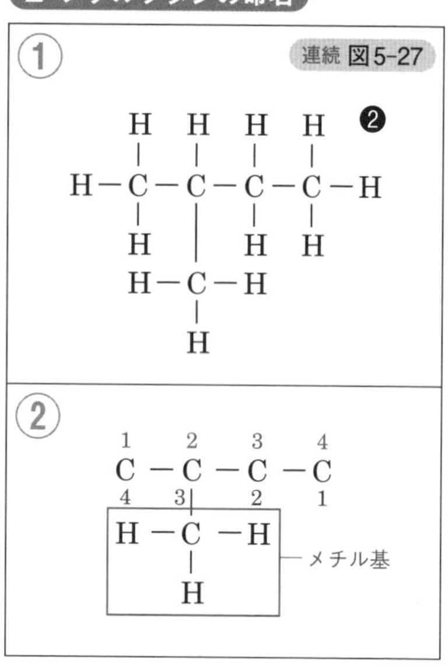

2,2-ジメチルプロパンの命名

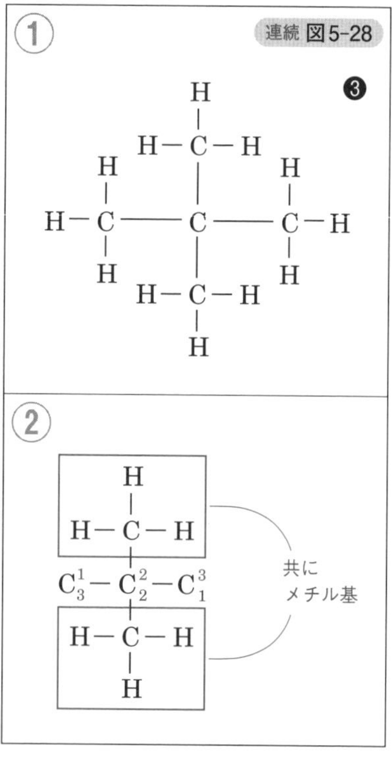

連続 図5-28① の化合物❸の名前です。この“2,2−”の**「2」は位置を表す数字です。“ジ”は数です。**だからここでは，2つのメチル基が2番目と2番目のCにくっついたプロパンという意味です。

ここで「じゃ，はじめに見た『2−メチルブタン』はおかしいよ。」という人がいるかもしれませんね。2番目の炭素に1個のメチル基なので，なぜ「1個の」という意味を表す“モノ”を入れないのかって。これには約束がありまして，**1個の場合はモノと入れる必要はない**んです。2個以上になったら“ジ”とか“トリ”とか，そういう言い方をします。これが基本です。

次にハロゲンを含む化合物の名称の付け方です。少し難しいですが，ゆっくり説明しますので大丈夫ですよ。

Clはクロロ，Brはブロモ，Iはヨードです。このときは，ハロゲン・アルキル基・アルカンの順に命名します（→153ページ）。

2−クロロ−3−エチル−3−メチルヘキサン

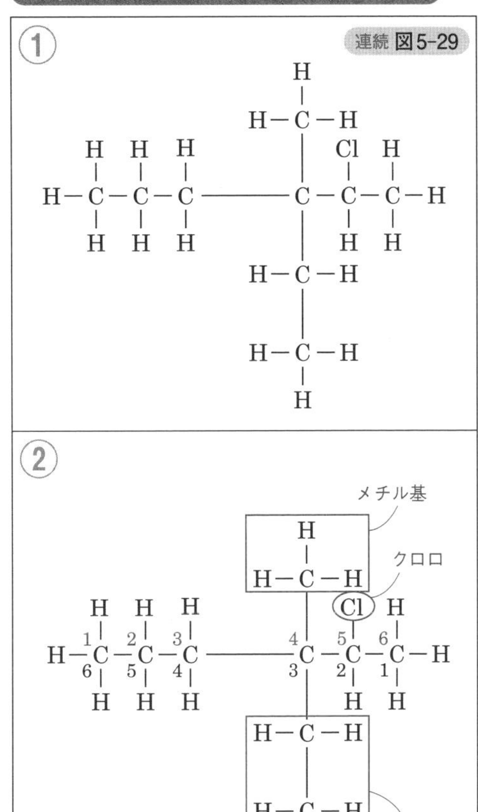

連続 図5-29① を見てください。

一番長い炭素鎖は6なのでヘキサンが基本骨格となります。さらに置換基はハロゲン，アルキル基の順に命名します。またアルキル基はアルファベット順であることも考慮するとエチル基がメチル基より先になります。したがって**2−クロロ−3−エチル−3−メチルヘキサン**と命名します。

（置換基の付く位置番号が最小になるようにするので次の命名はまちがいです。
5−クロロ−4−エチル−4−メチルヘキサン）

今のことをしっかり理解していただいて，その確認は「**演習問題で力をつける⑯**」でしてください。

演習問題で力をつける⑯

アルカンの構造式と名称

問　一般式C_nH_{2n+2}のnが6のとき異性体の構造式とその名称を国際名ですべて書け。

さて，解いてみましょう。

問の解説　C_nH_{2n+2}はアルカンの一般式ですね。nが6のC_6H_{14}の異性体をすべて書き出しましょう。

岡野の着目ポイント　これはCが6個ですね。Hはここでは省略します 連続 図5-30①。Cが6個並んでいるのが一番長い鎖です。

次は，C5個が一番長い鎖の場合を考えます。C5個に対して，あとC1個をどこにくっつけるかです。両端に炭素が来ると同一物質になるので，まず右から2番目のところに入れました 連続 図5-30②。

それから，連続 図5-30③ を見てください。真ん中の3番目に入るんです。これもやっぱり異性体と考えられます。

もう1つ，右から4番目に入れてみると右から2番目のものは同一物質になっちゃいます 連続 図5-30④。ですから，これは異性体には入れません。これで一番長い鎖が5個の場合は終わりました。

では次は，一番長い鎖がC4個の場合です。C4個に対して，あとC2個はどこにくっつくか？　右

C_6H_{14}の異性体を探せ！

① 連続 図5-30

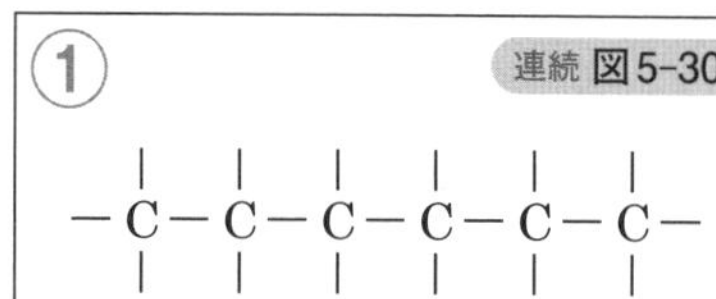

②

```
 |   |   |   |   |
-C - C - C - C - C-
 |   |   |   |   |
            -C-
             |
```

③

```
 |   |   |   |   |
-C - C - C - C - C-
 |   |   |   |   |
        -C-
         |
```

④

```
 |  |  |  |  |
-C-C-C-C-C-
 |  |  |  |  |
   -C-
    |
                     同一物質
 |  |  |  |  |
-C-C-C-C-C-
 |  |  |  |  |
         -C-
          |
```

から2番目と3番目にくっつきます 連続 図5-30⑤。Cから出ている手に水素がそれぞれ1個ずつつきますので，あとからつけたCの間はつなげてはダメですよ。

あともう1つ考えられるのは，右から2番目のCに2個くっついてくるタイプです 連続 図5-30⑥。

異性体は 連続 図5-30①, ②, ③, ⑤, ⑥ の5個しかありません。他に異性体はないんだということをしっかりと理解してください。

連続 図5-30 の続き

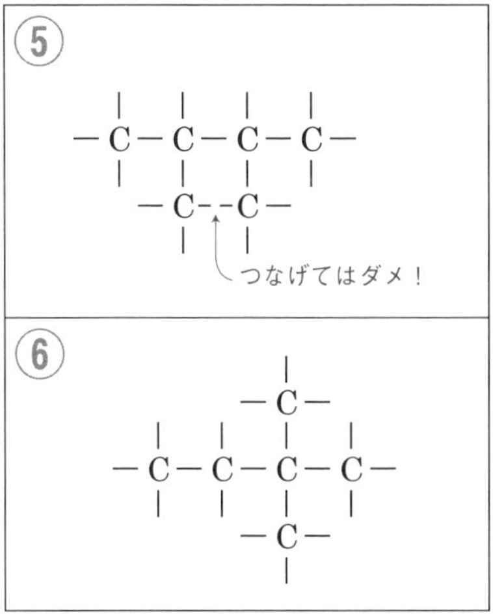

⑤

つなげてはダメ！

⑥

岡野の着目ポイント それでは，異性体に名前をつけていきます。連続 図5-30① の場合は，一番長い鎖はC6個のアルカンですから，「**ヘキサン**」ですね。

それから，連続 図5-30② は一番長い鎖がC5個のアルカンですね。名前はペンタンですね。ここで 図5-31 を見てください。左から4番目，または右から2番目にメチル基がついています（Hは省略してあるので注意）。**4と2では2のほうが小さいですから2を選びます。**2番目の位置にメチル基がくっついたという意味で，「**2−メチルペンタン**」という名前がつきます。

図5-31

図5-32

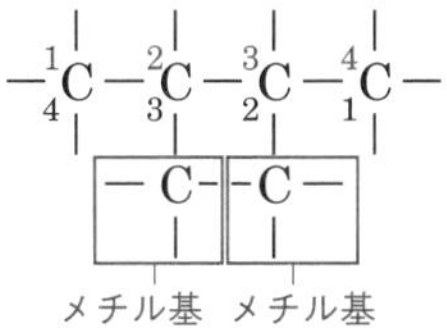

メチル基 メチル基

次の 連続 図5-30③ は左右どちらから数えても3番は変わらないから，3番目にメチル基がくっついたペンタンで，「**3−メチルペンタン**」です。

それから，連続 図5-30⑤ はCが4個の部分が一番長い鎖になるので，まずはブタンとよびます。そして 図5-32 を見てください。左右どちらから数えても，2番目，3番目にくっついています。“2，3”と位置が決まりますね。そこに2つメチル基があるので“ジメチル”となり「**2,3−ジメチルブタン**」といいます。

連続 図5-30⑥についてですが，メチル基が左側からは3番目，右側からは2番目の位置についています 図5-33 。2のほうが3よりも小さいですから，“2，2”と繰り返して位置を言い，2つメチル基があるので「**2,2-ジメチルブタン**」という名前がつきます。答えは 図5-34 にまとめたので，確認しましょう。

図5-33

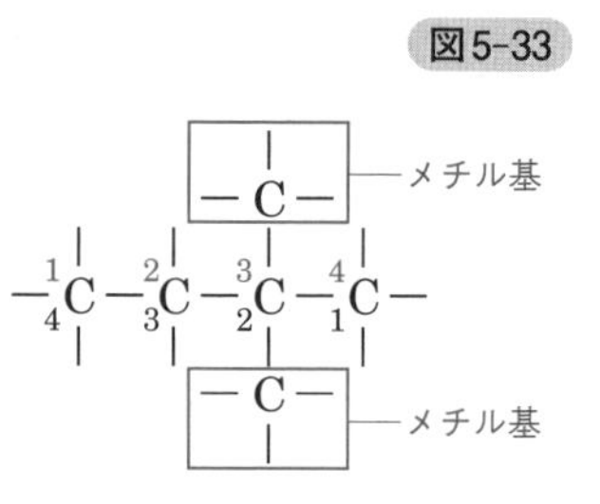

図5-34

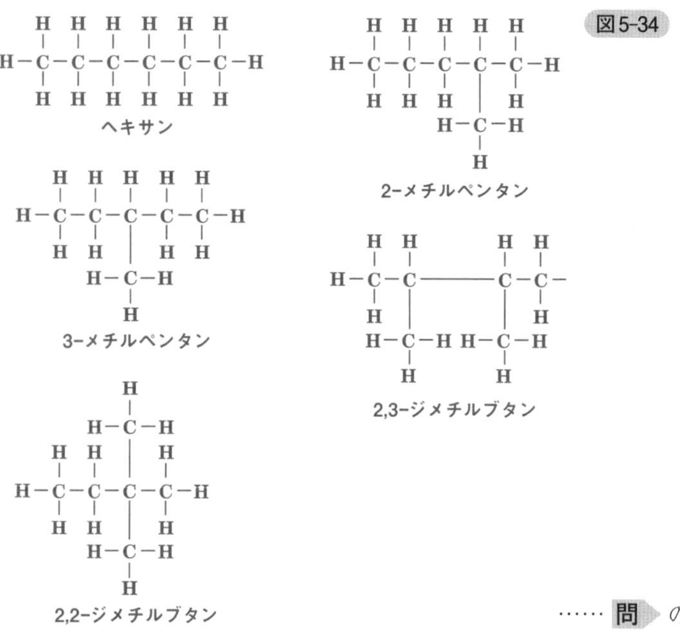

……問の【答え】

異性体の見分け方と名前のつけ方は，有機化学の最も大切な基本ですので，巻末（→441ページ）のC_7H_{16}の異性体の問題などを利用して，しっかり復習してください。では，5講はこれで終わります。

次回またお会いしましょう。

第 6 講

異性体・不飽和炭化水素

第 6 講のポイント

立体異性体をしっかり理解しましょう。「岡野流」でイメージすれば，シス－トランス異性体はすぐわかります。付加反応は，暗記ではなく「自分で反応式をつくる」ことが肝心です。

単元1 異性体の種類

化学

第6講は異性体から始めましょう。異性体は第5講「単元1　要点のまとめ③」(→134ページ)に出てきましたね。ここでは異性体の種類について，もっと深く勉強します。

図6-1 を見てください。異性体を分類すると「**構造異性体**」と「**立体異性体**」の2種類に分かれます。さらに立体異性体の中には，「**シス-トランス異性体**」(幾何異性体)と「**鏡像異性体**」(光学異性体)があります。この中で入試で言葉としてよく問われる異性体は，**構造異性体**，**シス-トランス異性体**，**鏡像異性体**の3種類です。

! 重要★★★

図6-1

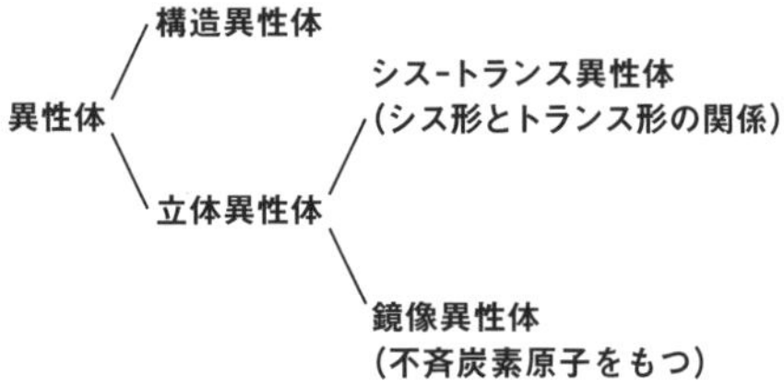

- 異性体
  - 構造異性体
  - 立体異性体
    - シス-トランス異性体（シス形とトランス形の関係）
    - 鏡像異性体（不斉炭素原子をもつ）

では，説明しますから，いっしょに覚えてくださいね。

1-1 構造異性体

最初にまとめておきます。見てください。

単元1 要点のまとめ①

- 構造異性体

! 重要★★★

分子式は同じであるが，構造式が異なる化合物をいう。その物理的・化学的性質は異なる。

①炭素骨格の違いによるもの

例：

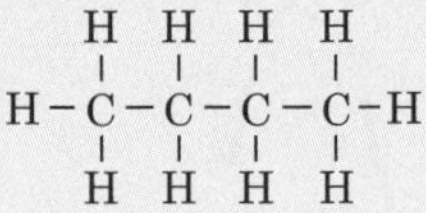

```
   H  H  H  H                    H      H      H
   |  |  |  |                    |      |      |
H－C－C－C－C－H      と      H－C ── C ── C－H
   |  |  |  |                    |      |      |
   H  H  H  H                    H  H－C－H  H
                                        |
                                        H
     ブタン                     2-メチルプロパン
```

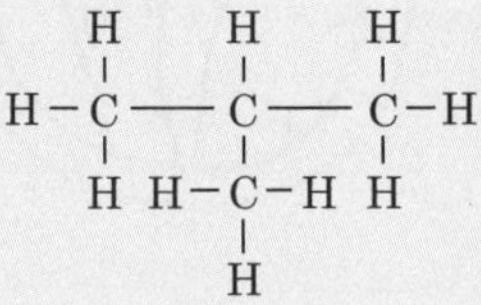

②官能基の違いによるもの

例：

```
    H   H                H       H
    |   |                |       |
H - C - C - O - H   と   H - C - O - C - H
    |   |                |       |
    H   H                H       H
   エタノール              ジメチルエーテル
```

③官能基の位置の違いによるもの

例：

```
    H   H   H                H   H       H
    |   |   |                |   |       |
H - C - C - C - O - H   と   H - C - C ——— C - H
    |   |   |                |   |       |
    H   H   H                H   O - H   H
   1-プロパノール                2-プロパノール
```

構造異性体とは，分子式は同じですが，構造式が異なる化合物のことです。その物理的・化学的性質は異なります。

物理的性質とは，その物質本来の性質のことです。例えば沸点（沸騰する温度）とか，融点（固体が液体になるときの温度）ですね。これらは物質特有の値です。また，粘性（粘りっこさ）や色も物質特有のものです。

化学的性質とは，化学変化が起こるか起こらないか，ということです。例えば，金属ナトリウムを加えると水素が発生するとか，炭酸水素ナトリウム（$NaHCO_3$）を加えると二酸化炭素が発生する，といったことがあります。

もう一度言いますが，構造異性体の場合は物理的性質，化学的性質は共に異なるんです。ここはポイントです。

この構造異性体には次の3種類があります。

■ ①炭素骨格の違いによるもの

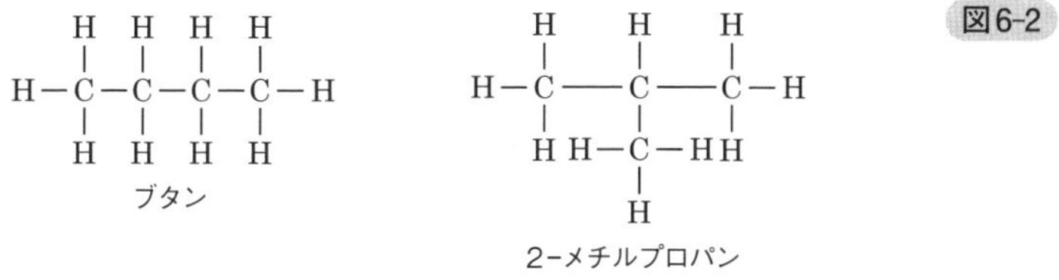

図6-2

図6-2のようにCが4個のもので，ブタンと2-メチルプロパンという異性体がありますが，これは炭素の骨組みが違いますね。

■ ②官能基の違いによるもの

図6-3

```
   H  H              H       H
   |  |              |       |
H—C—C—O—H       H—C—O—C—H
   |  |              |       |
   H  H              H       H
```

エタノール　　　ジメチルエーテル

図6-3のエタノールとジメチルエーテルを見てください。分子式は共に同じC_2H_6Oです。ところが，完全に構造が異なります。エタノールでは右のCからOHのカタマリが出ています。この「－OH」は「**ヒドロキシ基**」という官能基です。一方，ジメチルエーテルではCとCの間にOが入っていますね。CとCの間にOがありますが，これを「**エーテル結合**」といいます。

440ページの「**主な官能基**」の表でヒドロキシ基とエーテル結合をチェックしてください。これから官能基がたびたび出てきます。その都度に官能基の構造，性質，例をこの表で全部チェックしてくださいね。

■ ③官能基の位置の違いによるもの

図6-4

```
   H  H  H                 H  H     H
   |  |  |                 |  |     |
H—C—C—C—O—H          H—C—C———C—H
   |  |  |                 |  |     |
   H  H  H                 H  O—H H
```

1-プロパノール　　　2-プロパノール

図6-4の1-プロパノール，2-プロパノール（アルコールの命名は**第7講**で詳しく説明します）の分子式は共にC_3H_8Oです。3個のCの並び方は同じだから，そこを見ただけでは異性体が存在するかはわかりません。

では，－OH（ヒドロキシ基）の位置をよく見てください。1-プロパノールは右端のCにつき，2-プロパノールは真ん中のCについている。官能基の位置が違いますね。だから構造異性体といいます。

1-2 立体異性体は２種類

立体異性体は，構造を立体的に見ないと，異性体かどうかわからないんです。平面的に書いてもわからないんですね。立体異性体には「**シス-トランス異性体**」（幾何異性体）と「**鏡像異性体**」（光学異性体），この2種類があります。まずは，まとめておきましょう。

単元 1 要点のまとめ②

● 立体異性体

重要★★★

分子式も構造式も同じであるが，分子の立体構造が異なる異性体。

①**シス-トランス異性体**…シス形，トランス形の関係にあり，その物理的・化学的性質は異なる。

例：

```
H＼     ／H                H＼     ／COOH
   C＝C           と          C＝C
HOOC／   ＼COOH           HOOC／   ＼H
```

マレイン酸（シス形）　　　　フマル酸（トランス形）

②**鏡像異性体**…不斉炭素原子をもち，その物理的・化学的性質は同じであるが，偏光面を回転させる方向が異なる。

◎不斉炭素原子…相異なる4つの原子または原子団と結合した炭素原子をいう。不斉炭素原子をもつ化合物には，一般に鏡像異性体が存在する。

◎偏光面…一平面内だけで振動する光の面をいう。

例：

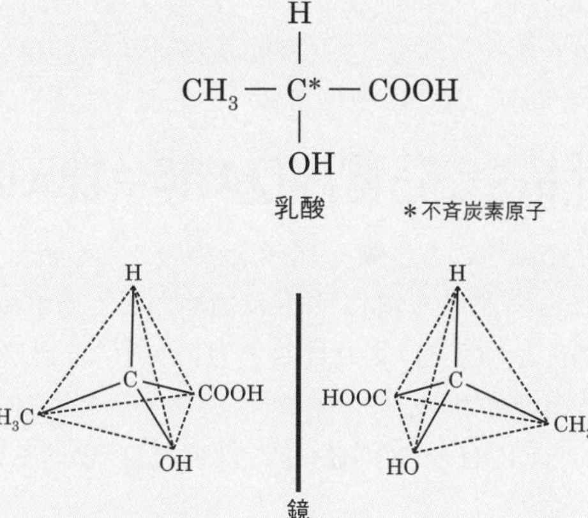

1-3 シス-トランス異性体

「**シス-トランス異性体**」とは，シス形とトランス形の関係からなる異性体のことです。次のマレイン酸とフマル酸はシス-トランス異性体です。物理的・化学的性質は異なります。この点では構造異性体と同じです。

マレイン酸とフマル酸

図6-5

重要★★★

マレイン酸（シス形）

H　　H
C=C
HOOC　　COOH
同じ側
||
近い！

フマル酸（トランス形）

H　　COOH
C=C
HOOC　　H
反対側
||
遠い！

図6-5 を見てください。「**マレイン酸**」「**フマル酸**」は慣用名です。この2つは重要なので，構造式と名称を書けるようにしてください。そして，

重要★★★ **マレイン酸はシス形，フマル酸はトランス形**

と覚えてください。これは重要です。

おわかりですね。シス形とトランス形とは，構造を見て－COOHどうしが近い位置か遠い位置かを区別した言い方なんです。ちなみに－COOHは「カルボキシ基」といいます。カルボキシ基も「**主な官能基**」の表（→440ページ）で確認してくださいね。覚え方ですが，次のようにイメージしてください。

cis＝this こちら側　trans＝that あちら側

シス（cis）は英語でthis，「**こちら側**」。やや**近め**のことを言っています。**トランス**（trans）は英語でthat，「**あちら側**」。これは**遠め**のことですね。

マレイン酸はCOOHとCOOH（またはHとH）が近い位置にあるから「こちら側にある」，シス形といいます。

フマル酸のほうは，COOHとCOOH（またはHとH）は明らかに遠い位置にありましたね。

だからトランス形なんです。

■ **立体的に見て確認しよう**

さて，図6-5 がなぜ異性体なのか。立体的な図を見て考えなければ，それははっきりしません。では，図6-6 を見てください。水素を白，カルボキシ基を赤で区別します。マレイン酸もフマル酸も炭素原子C（黒）が**二重結合でガチッと固**

定されているので，回転できません。だから，この2つは重ならず，違う構造だとわかるんです。こういう関係になっている2つの物質を「**シス-トランス異性体**」（幾何異性体）といいます。

図6-6

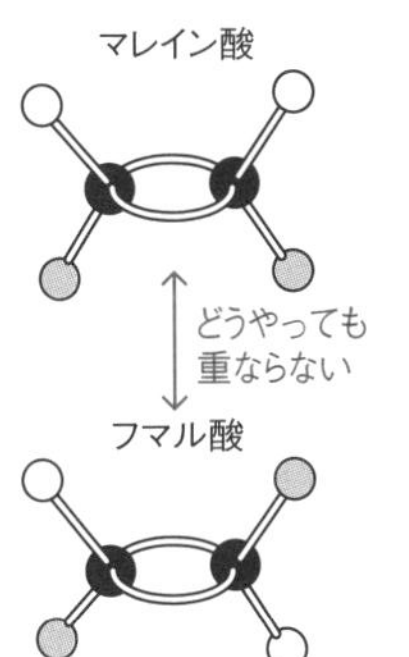

二重結合がない場合を考えてみましょう 図6-7 。**CとCが単結合になっている場合は固定されていないから，結合されている部分が自由に回転できる。回転すれば赤と赤の部分が，遠い位置になったり近い位置になったりしますね。だから異性体とは言えません。**

図6-7

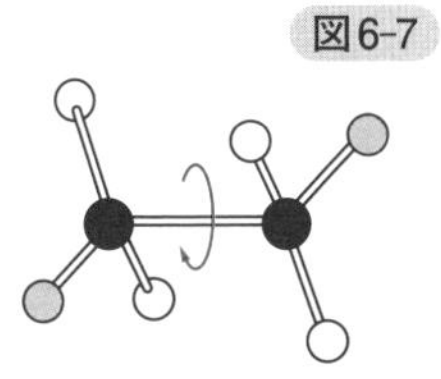

もう1つマレイン酸とフマル酸と似ているものがあります 図6-8 。みなさん，よく勘違いしますので，説明しましょう。 図6-8 はCOOHとCOOHが近いのに**シス形だと言ってはいけないんです。**

図6-8

$$\begin{matrix} H \\ H \end{matrix} > C = C < \begin{matrix} COOH \\ COOH \end{matrix}$$

どういうときにシス形と言うか，もう一度確認です。**シス形とは，二重結合があって，その二重結合の両側のCについている官能基どうしが，近いところにある場合に言います。また，同じ条件で官能基どうしが遠いところにある場合は，トランス形ですね。**

1個の炭素原子Cについている官能基が近いものどうしであっても，それはシス形とは言いません。ただの**構造異性体**ということになります。そこのところ，注意してください。

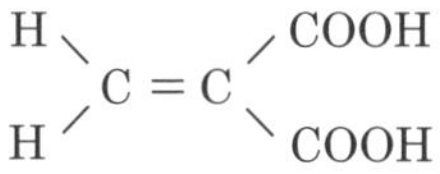

■ シス形→マレイン酸，トランス形→フマル酸

さて，シス形がマレイン酸で，トランス形がフマル酸だというのは，こうやって覚えてください。ゴロですが，「象に**トラ**が**踏ま**れて，**まれ**に**死す**。」と覚えるんです。「**トラ**」というのは**トランス形**，「**踏まれて**」で**フマル酸**，「**まれに**」で**マレイン酸**，「**死す**」で**シス形**。慣用名ですから丸暗記で覚えておいてください。

イメージで記憶しよう！

この他に，シス-トランス異性体の関係があるかないかを区別する方法として，次ページの 図6-9 に示します。

岡野流 ⑨ 必須ポイント

シス-トランス異性体の見つけ方

重要★★★

図6-9

シス-トランス異性体の関係が成り立つとき		シス-トランス異性体の関係が成り立たないとき	
○(△)C=C○(△)	○(△)C=C○(□)	○(○)C=C○(△)	△(△)C=C○(○)
(a)	(b)	(c)	(d)

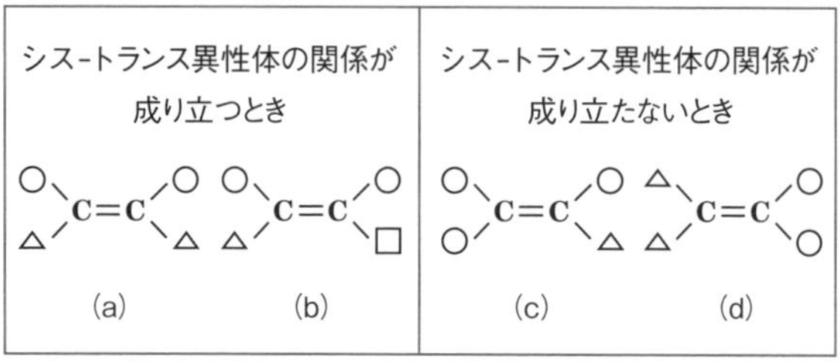

(a)は例えば○がH，△がCOOHのとき，シス形(マレイン酸)となり，○と△を入れ換えるとトランス形(フマル酸)のシス-トランス異性体の関係が成り立ちます。

(b)は○がH，△がCH_3，□がC_2H_5のとき，図6-10のようにCH_3とC_2H_5に注目する(またはHとHに注目する)と，シス形となり，○と△を入れ換えるとトランス形となりシス-トランス異性体の関係は成り立ちます。つまりシス-トランス異性体は原子団(官能基)が2種類だけでなくても存在可能なのです。

図6-10

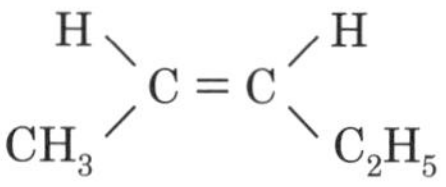

H(CH_3)C=C H(C_2H_5)

(c)は○がH，△がCH_3のとき。すなわち図6-11のようにHとCH_3のどれを入れ換えてもすべて同一物質になり，シス-トランス異性体の関係になりません。

図6-11

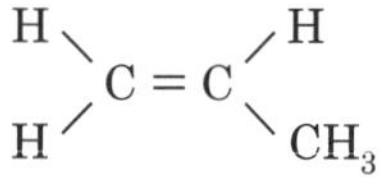

H(H)C=C H(CH_3)

(d)は○がCOOH，△がHのとき。

すなわち，さきほど図6-8で説明しましたとおり，(d)はシス-トランス異性体ではなく構造異性体の関係になります。**これら図6-9(a)，(b)，(c)，(d)の関係を知っておくと，大変便利です。**

1-4 鏡像異性体

次にいきます。「**鏡像異性体**」という言葉は覚えましょう。これの特徴の1つは，

重要★★★ 物理的・化学的性質はほとんど同じである

という点です。今までの異性体はずっと物理的・化学的性質は違っていたでしょう。今回は同じです。そこがポイントです。それからもう1つの特徴は，

重要★★★　偏光面を回転させる方向が異なる

です。化学では「偏光面」という言葉はあまり使いませんので，簡単におさえておいてください。偏光面とは一平面内だけで振動する光の面のことをいいます（のちほど詳しく説明します）。

■ 不斉炭素原子とは？

では，どうやって鏡像異性体を見つけるか。それを知るためには「**不斉炭素原子**」を覚えてください。不斉炭素原子の定義とは，

重要★★★　相異なる4つの原子または原子団と結合した炭素原子のことを不斉炭素原子という

例を挙げましょう。図6-12 を見てください。「**乳酸**」です。**この構造式は重要なので書けるようにしてください。**真ん中のCから出ている4本の手には，全部違うものがくっついていますね。このような炭素を「**不斉炭素原子**」とよんでいるんです。化学では不斉炭素原子には＊印をつけて表すことがあります。

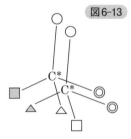

図6-12

H
|
CH_3 — C* — COOH
|
OH

乳酸

不斉炭素原子をもっていると，鏡像異性体が存在するんです。図6-13 を見てください。○と◎は重なっているけど，△と□は重なっていません。このような関係の2つの物質を「お互いに鏡像異性体の関係」と言っています。

図6-13

■ 立体図で鏡像異性体の関係を確認

図6-14 を見てください。この図は，真ん中に鏡を置いて乳酸を映したような形になっています。この場合，回転しても実像と鏡像は重なりませんね。鏡で映し出された関係のそれぞれの物質を「お互いに鏡像異性体の関係にある」というわけです。こういうのは立体的に見ないとわからないでしょう？　平面的に見たのでは，ここに異性体があるなんてわからないですよね。

図6-14

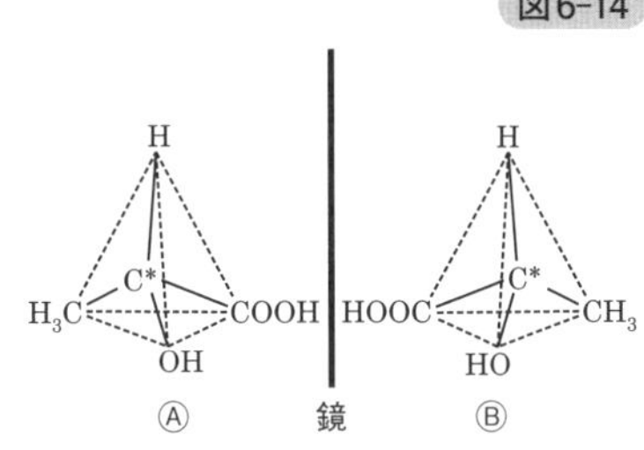

■ 偏光面を回転させる方向とは？

鏡像異性体のイメージはなかなかつかみにくいので，次ページにこんなものをつくってみました 図6-15 。図6-14 のⒶばかりを左側のビーカーに，Ⓑばかりを右側に

入れました（Ⓐと Ⓑは互いに鏡像異性体です）。

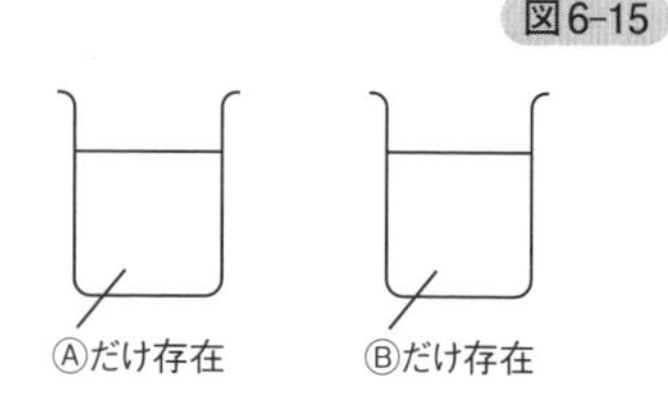

図6-15

ビーカーに光を当てると，「単元1　要点のまとめ②」にあるように，「**偏光面を回転させる方向が異なる**」んです。さきほども言ったように偏光面とは一平面内だけで振動する光の面をいいます。

イメージがわきにくいですね。少し説明を加えましょう。

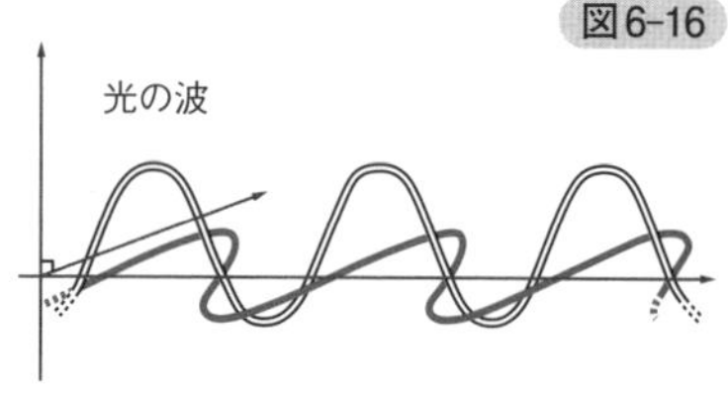

図6-16

単純に言うと光は，赤い波と白い波，2つが直角に組み合わさってできているんです 図6-16。僕らは光を見るとまぶしいなと思いますね。実は，その光は直角に重なりながら目にぐーっと入ってきているんですね。光は一平面内だけの振動ではない。

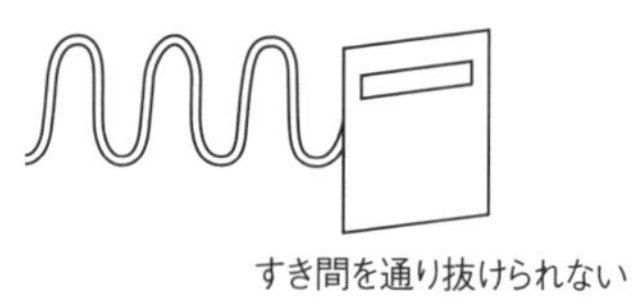

図6-17

それを一平面内の振動にするために，顕微鏡のスライドガラスにろうそくの火ですすをつけて真っ黒にして，極めて細い線を1本引き，すき間をつくってみました 図6-17。そのすき間に赤い波と白い波をぶつけると，白い波はすき間に対して直角だから大きくなってしまい，ぶつかって中に入っていけない。スルスルッと入っていくことができるのは，赤い波です。こんな感じで，一平面内だけで振動している赤い光（偏光面）が取れてくるわけです。

図6-15 の鏡像異性体Ⓐ，Ⓑが入っているビーカーに，この偏光面をそれぞれ直角に当ててみます 図6-18。

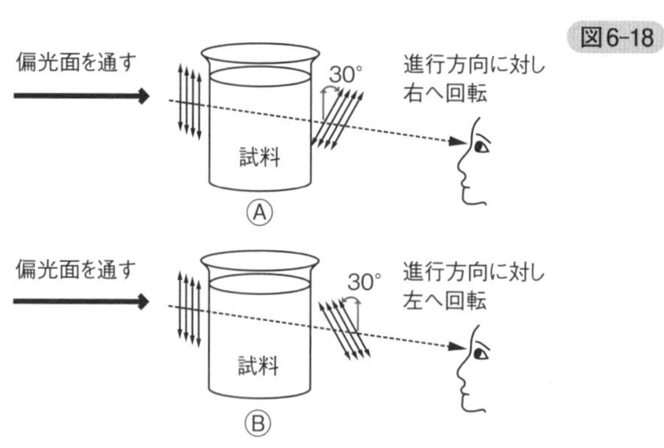

図6-18

そうすると，Ⓐのビーカーに進んだ光の波は仮に30°右に回転して通り抜けたとしたら，もう一方のⒷのビーカーでは，左に同じ30°で回転して通り過ぎていくんです。このように偏光面を回転させる角度は同じで，回転させる方向が異なるんです。

では，少し問題を解いてみましょう。

演習問題で力をつける⑰

立体異性体の構造式を理解しよう！

問 (1) エチレンの水素原子2個を塩素で置換した化合物の異性体の構造式とその名称をすべて書け。

(2) 次の文の［　　］に適切な語句または数字を書け。

アルケンC_nH_{2n}は，分子内に二重結合をもっているために［ ① ］異性体をもつものが多く，C_4H_8の分子式で表されるアルケンには全部で［ ② ］種の異性体が存在する。また，C_4H_8の分子式で表される炭化水素には，このほかに［ ③ ］種のシクロアルカンの異性体が存在する。

(3) 乳酸の対掌体の立体構造を図示せよ。

さて，解いてみましょう。

問(1)の解説 エチレンは二重結合をもっているのでシス-トランス異性体が存在するのではないか？と推理していけばいいのです。

岡野のこう解く エチレンはCが2個，Hが4個です 連続 図6-19①。

そのHが，2個のClで置き換わりました 連続 図6-19②。そうなるとシス形かトランス形かを判断しなくてはいけません。二重結合がある両側の炭素原子にくっついたものの中で，同じもの(例えばClとCl)が近い位置か遠い位置かを考えます。

ところがもう1つあります。次ページの 図6-20 Clが片方のCに2個くっついてくるものです。シス形，トランス形ではありませんね。構造異性体です(→168ページ 図6-9 の(d)タイプ)。ということで**異性体は3種類あります。**

エチレンの二置換体

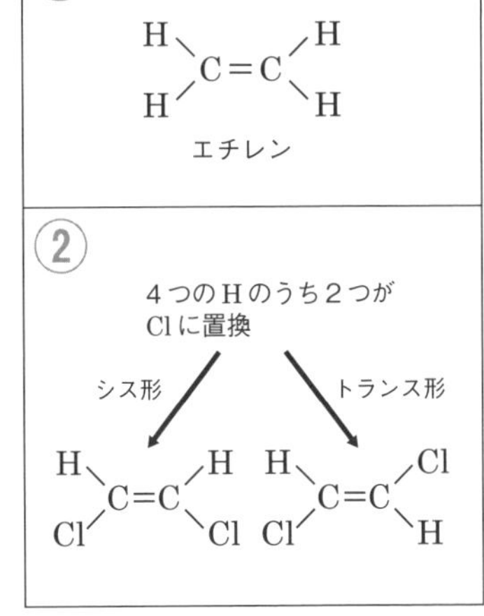

アルケンの命名法

図6-20

H＼　　／Cl
　C＝C
H／　　＼Cl

構造異性体

さて，連続 図6-19② と 図6-20 にあった3種類の異性体の名称を考えましょう。この場合には一番長い炭素の鎖を見るんですね。Cが2個ですと，エタン。でも二重結合をもっているから，エテン（国際名）またはエチレン（慣用名）といいます。アルケンの国際名の命名はアルカンの語尾aneをene（エン）に変えて表します。また慣用名としてaneをylene（イレン）に変えて表すことを知っておきましょう。

さらに 連続 図6-21①② を見てください。塩素の位置ですが，①②とも，右からでも左からでも数えて1番と2番にClが1個ずつあります。合計で2個くっついているでしょう。だから1,2-ジクロロ（Clのときはクロロ，Brのときはブロモ）といいます。このあとにエチレン（慣用名）またはエテン（国際名）と続きます。「**1,2-ジクロロエチレン**」または「**1,2-ジクロロエテン**」。どちらでも構いません。

シス-トランス異性体の命名法

連続 図6-21

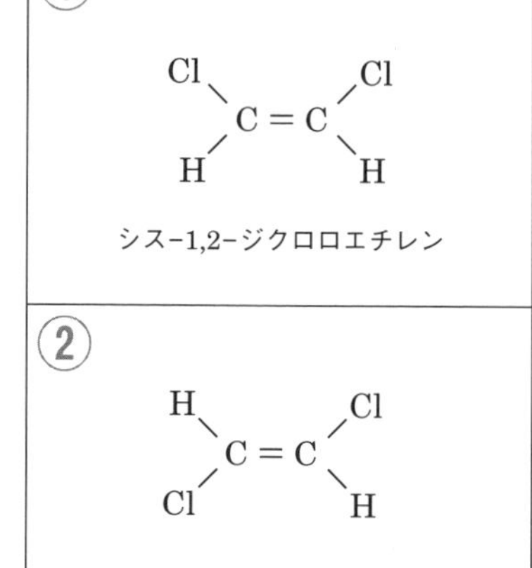

① シス-1,2-ジクロロエチレン

② トランス-1,2-ジクロロエチレン

ここまでは，シス形の場合も，トランス形の場合も同じなんですよ。塩素の位置の順番が同じですからね。

でも，違う物質だから名前を変えなくてはいけない。そこで頭にシス，トランスという言葉をつけます。近い側が「**シス-1,2-ジクロロエチレン**」，遠い側が「**トランス-1,2-ジクロロエチレン**」です。

次はもう1つの異性体 図6-20 の名前です。図6-22 を見てください。塩素の位置は右から順に数えたときと，左から数えたときは違いますね。数は小さいほうで書く原則ですから，ここは1番です。1番のところに塩素が2個くっついているから，"1,1"と繰り返し書いてください。「**1,1-ジクロロエチレン**」という名前がつきます。

図6-22

H＼1　　2／Cl
　C＝C
H／2　　1＼Cl

1,1-ジクロロエチレン

$$\therefore\quad \begin{matrix} Cl & & & & Cl \\ & \diagdown & & \diagup & \\ & & C=C & & \\ & \diagup & & \diagdown & \\ H & & & & H \end{matrix}$$ シス-1,2-ジクロロエチレン

$$\therefore\quad \begin{matrix} H & & & & H \\ & \diagdown & & \diagup & \\ & & C=C & & \\ & \diagup & & \diagdown & \\ Cl & & & & Cl \end{matrix}$$ トランス-1,2-ジクロロエチレン

$$\therefore\quad \begin{matrix} H & & & & Cl \\ & \diagdown & & \diagup & \\ & & C=C & & \\ & \diagup & & \diagdown & \\ H & & & & Cl \end{matrix}$$ 1,1-ジクロロエチレン

…… 問(1) の【答え】

構造式の書き方に注意！

(1) の答えに，もう一度注目してください。シス-トランス異性体の構造式は，直角に書いてはいけません。自分はシス形だと思って書いても，ただの構造式として見なされてしまいます。**シス-トランス異性体を示すときの構造式は，かならず価標を炭素Cからカタカナのハの字のように斜めに出す**という約束になっています 図6-23。覚えておきましょう。

図6-23

$$\begin{matrix} Cl-C=C-Cl \\ \ \ \ | \quad\ \ | \\ \ \ \ H \quad\ H \end{matrix} \quad\Longrightarrow\quad \begin{matrix} Cl & & & & Cl \\ & \diagdown & & \diagup & \\ & & C=C & & \\ & \diagup & & \diagdown & \\ H & & & & H \end{matrix}$$

単元1 要点のまとめ③

重要★★★

- **アルカン C_nH_{2n}（一般式）の命名法**

命名はアルカンの語尾aneをene（エン）に変えて表す。また，慣用名としてaneをylene（イレン）に変えて表す。

例：C_2H_4 は C_2H_6 エタンethaneのaneをeneかyleneに変えて，エテンethene（国際名），エチレンethylene（慣用名）と命名する。

C_3H_6 はプロペンpropene（国際名），プロピレンpropylene（慣用名）と命名する。

例：$CH_2=CH-CH_2-CH_3$　　1-ブテン

二重結合が左1番目と2番目の間にあるので，1-ブテンの1がつく。

例：$CH_3-CH=CH-CH_3$　　2-ブテン

二重結合が2番目と3番目の間にあるので，2-ブテンと命名する。

● アルキン C_nH_{2n-2}（一般式）の命名法

命名はアルカンの語尾aneをyne（イン）にかえて表す。

例：C_2H_2はエタンethaneのaneをyneにかえてエチンethyneと命名する。なお，アセチレンという慣用名がよく使われている。

$H-C\equiv C-H$　　アセチレン　エチン

例：C_3H_4はpropaneのaneをyne（イン）にかえてプロピンpropyneと命名する。

$H-C\equiv C-CH_3$　　プロピン（慣用名はメチルアセチレン）

● シクロアルカン C_nH_{2n}，シクロアルケン C_nH_{2n-2} の命名法

命名はアルカン，アルケンの名称の前に“シクロ”を付ける。

例：

シクロプロパン

```
H\     /H
  C - C
H/ \ / \H
    C
   / \
  H   H
```

シクロヘキサン

```
      H  H
   H  \ /  H
    \  C  /
  H-C / \ C-H
    |     |
  H-C \ / C-H
    /  C  \
   H  / \  H
     H   H
```

シクロヘキセン

```
      H  H
   H  \ /
    \  C
  H-C / \ C-H
    |     ‖
  H-C \ / C-H
    /  C
   H  / \
     H   H
```

問(2) ① ② の解説　C_4H_8はアルケンとシクロアルカンの共通の分子式であること（第5講→140ページ）に注目して構造式を推理しましょう。そして二重結合をもっているので，“シス-トランス”異性体が存在することにも注意してください。

∴　**シス-トランス** ……　**問(2) ①** の【答え】

岡野のこう解く　C_4H_8は一番長い鎖はCが4個です。二重結合がどこに来るかということで化合物の構造が決まってきますね 連続 図6-24①。端に二重結合がある場合と，真ん中に二重結合がある場合の2つの構造異性体が考えられます。これは二重結合の位置によって違う異性体です。

Ⓒのように反対側の端に二重結合が移っても，それはⒶと同じです。これらは端っこどうしだから，裏返しにすると同じですね。

あと，もう1つ考えられるのは，連続 図6-24② です。一番長い鎖はCが3個で横に並び，1つ枝分かれした構造です。二重結合がどこに来るか。左に二重結合が来る場合（Ⓓ）と右に来る場合（Ⓔ），下に来る場合（Ⓕ）を見てください。実はこれらは裏返したり回したりすると全部同じなんです。ということで，CとCが二重結合をもつ構造異性体としては，この**Ⓐ，Ⓑ，Ⓓの3つが考えられるわけです。**

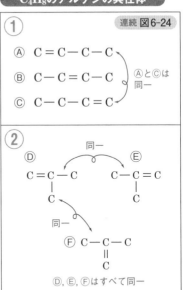

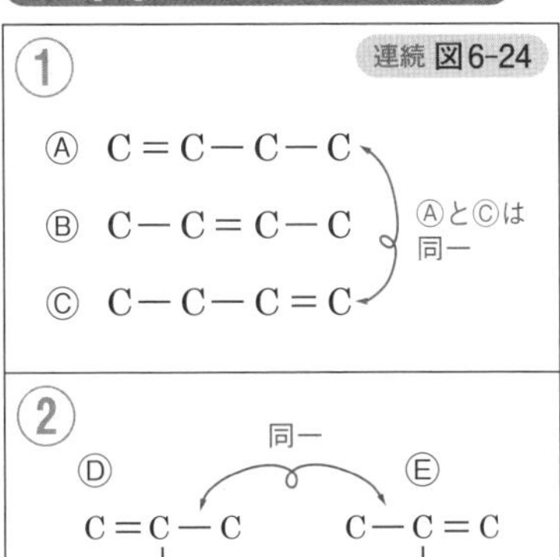

②
Ⓓ C＝C－C（中央のCに－C）
Ⓔ C－C＝C（中央のCに－C）
Ⓕ C－C－C（中央のCに＝C）
同一
同一
Ⓓ，Ⓔ，Ⓕはすべて同一

次はシス-トランス異性体が存在するかを調べましょう。

図6-25 のⒶを見てください。このように，同じものを3個含む場合はシス-トランス異性体の関係になりません。**「岡野流　必須ポイント⑨」図6-9 168ページの（c）タイプ**です。○が3個であと1つが△ということは，○と△をどういうふうに入れ換えたとしても同じ関係ですからね。

図6-26 のⒷは，二重結合している2個のCにそれぞれ1個ずつCH_3（メチル基）とHがついています。**CH_3が近い位置にある場合と，遠い位置にある場合によって，シス形とトランス形のシス-トランス異性体に分かれます（→168ページ 図6-9 の（a）タイプ）。**

図6-27 を見てください。Ⓓは二重結合している2つのCのうち，片方のCに2個

図6-25
Ⓐ（連続 図6-24① のⒶ）

H，H＞C＝C＜H，CH_2－CH_3

図6-26
Ⓑ（連続 図6-24① のⒷ）

H_3C，H＞C＝C＜CH_3，H

シス形

または

H，H_3C＞C＝C＜CH_3，H

トランス形

図6-27
Ⓓ（連続 図6-24② のⒹ）

H，H＞C＝C＜CH_3，CH_3

のCH_3がついています。これは**構造異性体**（→168ページ 図6-9 の(d)タイプ）。ということで，シス-トランス異性体も含めて**全部で"4"種類**です。

∴　4……問(2) ② の【答え】

名前をつけてみよう

演習問題⑰の問題にはありませんが 図6-25，図6-26，図6-27 の異性体の名前を考えてみましょう。まずは 図6-25 のⒶの名前。図6-28 は炭素原子だけ書き出しました。もともとは一番長い鎖はCが4個で二重結合がありますから，ブテンといいます。

図6-28

Ⓐ

$$\overset{1}{C}=\overset{2}{C}-\overset{3}{C}-\overset{4}{C}$$

1-ブテン

命名では，**二重結合の位置を示す少ないほうの数を言います。** 図6-28 の場合，左から1番と2番の炭素に二重結合があるので，「**1-ブテン**」という言い方をします。少ない方の"1"を使いました。

次は 図6-26 のⒷの名前です。

連続 図6-29① を見てください。2番目と3番目の間に二重結合があるから「**2-ブテン**」です。さらに，次の 連続 図6-29② のように，2つの形に分かれます。Ⓑ-1はシス形だから「**シス-2-ブテン**」。Ⓑ-2はトランス形だから「**トランス-2-ブテン**」という言い方になります。

2-ブテンのシス-トランス異性体の命名法

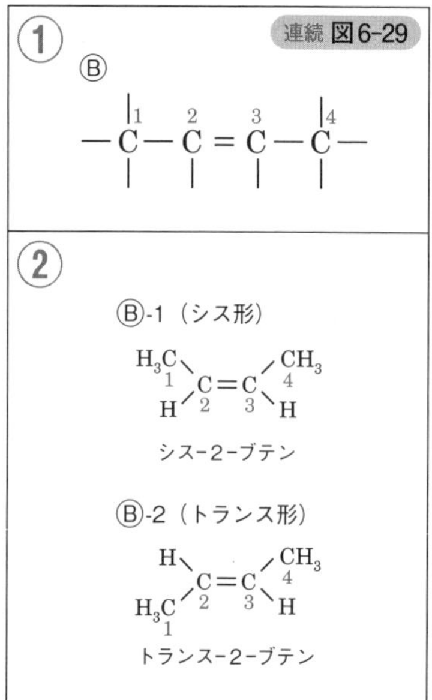

次は 図6-27 のⒹの名前。これは 図6-30 を見てください。一番長い鎖はCが3個なのでプロパンですが，このように二重結合を含んだものは「**プロペン**」といいます。さらに2番目の位置にメチル基CH_3がくっついているプロペンなので，「**2-メチルプロペン**」といいます。

図6-30

$$C=C-C$$
$$\quad|$$
$$\quad C$$

Ⓓ

$$\begin{array}{ccc} H & & \overset{3}{CH_3} \\ & \overset{1}{C}=\overset{2}{C} & \\ H & & CH_3 \end{array}$$

2-メチルプロペン

岡野の着目ポイント さきほどのブテンのように，1–プロペンとか2–プロペンというべきじゃないかと思われるかもしれませんが，今度はそれは必要ないんです。なぜならば二重結合の位置によって違う物質，つまり**異性体が存在するならば番号が必要ですが，プロペンはどこに二重結合があろうが同じ物質です** 図6-31。だから1–プロペンとか2–プロペンという言い方をする必要はないのです。

図6-31

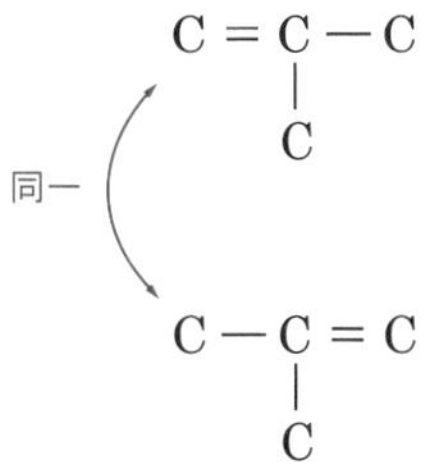

C = C — C
　　 |
　　 C
同一
C — C = C
　　 |
　　 C

岡野の着目ポイント それから，間違いの多い例を紹介しましょう。図6-32 を見てください。

これは 連続 図6-29② のⒷ-1をそのまま抜き出した図です。Cを2個と考えるとエチレン（エテン）になります。さらに，1番目と2番目の位置にメチル基がそれぞれ1個ずつあるから，1番目と2番目の炭素2個のメチル基（ジメチル）をもつエチレンなので，シス–1,2–ジメチルエチレンにしてしまう人が結構多い。**でも，大マチガイです。**

なぜならば，**一番長い炭素の鎖で考えなければいけないんです。**もとはCが4個で，2番と3番の間に二重結合があるから2–ブテン。しかも近いからシス形。「**シス–2–ブテン**」が正しい名称です。

命名法に関しては，次第にわかるようになってきます。第5講の「単元2　要点のまとめ①②③」と第6講の「単元1　要点のまとめ③」を読むと，わかるようになってくると思いますよ。

図6-32

Ⓑ-1

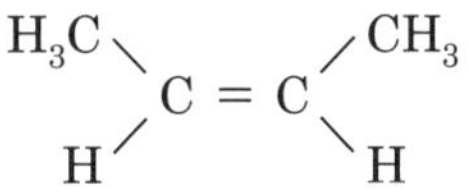

H_3C＼　　　／CH_3
　　C = C
H／　　　＼H

問 (2) ③ の解説 シクロアルカンに関しては，図6-33 のように“2”種ですね。

図6-33

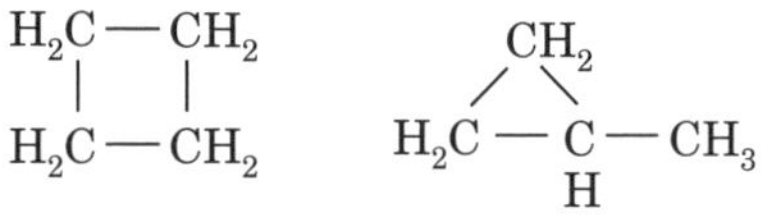

$$\begin{array}{ccc} H_2C & - & CH_2 \\ | & & | \\ H_2C & - & CH_2 \end{array}$$

シクロブタン

$$\begin{array}{ccccc} & & CH_2 & & \\ & / & & \backslash & \\ H_2C & & - & & C - CH_3 \\ & & & & H \end{array}$$

メチルシクロプロパン

命名はアルカンの名称の前に“**シクロ**”をつける。ここでは「シクロブタン」，メチル基がついたシクロプロパンで「メチルシクロプロパン」といいます。

∴　2…… 問 (2) ③ の【答え】

問 (3) の解説

> **岡野のこう解く**　「対掌体」と書かれていますが，鏡像異性体を意味します。では，立体構造を下に示しましょう。

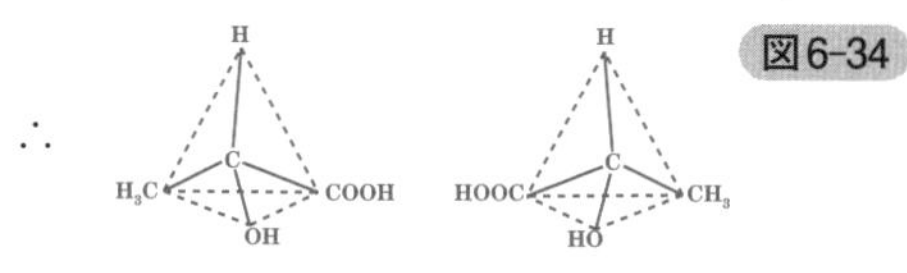

図6-34

…… 問 (3) の【答え】

> **【例題1】**
> マレイン酸とフマル酸は分子式 $C_4H_4O_4$ で表される。この一方は加熱したとき脱水が起こり酸無水物を生成する。
> (1)　このとき起こる反応を化学反応式で示せ。ただし化学式は構造式を用いること。
> (2)　このとき生じる酸無水物の名称を示せ。

さて，解いてみましょう。

【例題1】(1) (2) の解説 マレイン酸とフマル酸の構造式は『象に**トラ**が**踏ま**れて**まれ**に**死す**』でしたね（→166 ～ 167ページ）。

トランス形がフマル酸，シス形がマレイン酸です。

加熱して容易に脱水が起こるのは－COOH（カルボキシ基）が近い位置に存在するシス形のマレイン酸です。トランス形のフマル酸では脱水は起こりません。

重要★★★

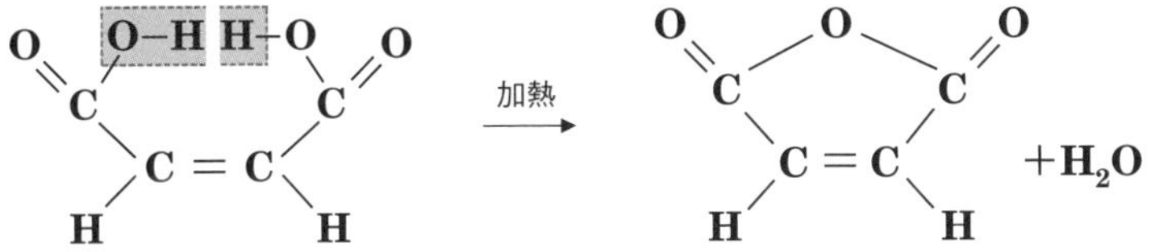

$$\begin{array}{c} \text{O}\quad \text{O-H}\ \ \text{H-O}\quad \text{O} \\ \text{C} \qquad\qquad \text{C} \\ \text{C}=\text{C} \\ \text{H}\qquad\qquad\text{H} \end{array} \xrightarrow{\text{加熱}} \begin{array}{c} \text{O}\quad \text{O} \quad \text{O} \\ \text{C} \qquad \text{C} \\ \text{C}=\text{C} \\ \text{H}\qquad\text{H} \end{array} + H_2O$$

マレイン酸　　　　無水マレイン酸

この反応式は是非書けるようにしておいてください。

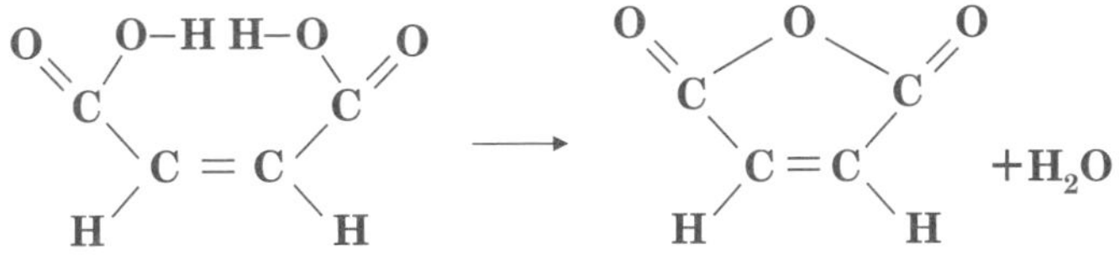

$$\therefore \begin{array}{c} \text{O}\quad \text{O-H}\ \ \text{H-O}\quad \text{O} \\ \text{C} \qquad\qquad \text{C} \\ \text{C}=\text{C} \\ \text{H}\qquad\qquad\text{H} \end{array} \longrightarrow \begin{array}{c} \text{O}\quad \text{O} \quad \text{O} \\ \text{C} \qquad \text{C} \\ \text{C}=\text{C} \\ \text{H}\qquad\text{H} \end{array} + H_2O$$

……【例題1】(1) の【答え】

∴ 無水マレイン酸 ……【例題1】(2) の【答え】

アドバイス 酸無水物とは440ページの「主な官能基」の表で「酸無水物の結合」をチェックしてください。構造式では $\begin{array}{l}-\text{C}{=}\text{O} \\ \quad\ \ \text{O} \\ -\text{C}{=}\text{O}\end{array}$ です。この構造をもつ化合物のことを酸無水物といいます。この他に酢酸を例にとります。酢酸2分子をP_4O_{10}などを加えて脱水すると

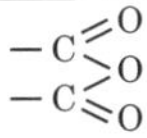

重要★★★

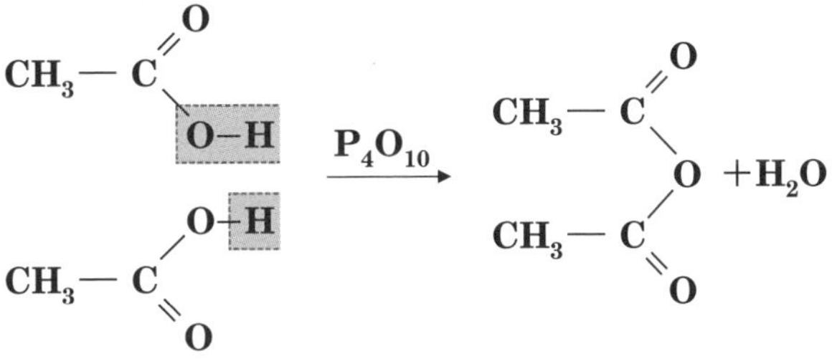

$$\begin{array}{l} CH_3-C(=O)-O-H \\ CH_3-C(=O)-O-H \end{array} \xrightarrow{P_4O_{10}} \begin{array}{l} CH_3-C(=O) \\ \qquad\qquad\ \ \text{O} \\ CH_3-C(=O) \end{array} + H_2O$$

酢酸　　　　無水酢酸

この反応式も書けるようにしてください。

単元2 不飽和炭化水素

化学

次は，不飽和炭化水素であるアルケンとアルキンの代表的な反応を見てみましょう。不飽和炭化水素は，炭素原子Cどうしの間に二重結合とか三重結合を1つ含む炭化水素のことでしたね（第5講 1-4 ）。

2-1 アルケンの付加反応

アルケンに水素，ハロゲン，ハロゲン化水素，水などを加えるとどうなるでしょうか。

重要★★★

$$H_2C=CH_2 + \underset{(赤褐色)}{Br_2} \xrightarrow{付加反応} \underset{(無色)}{H-\overset{H}{\underset{Br}{C}}-\overset{H}{\underset{Br}{C}}-H}$$

例えば，二重結合とか三重結合を含んでいる化合物にハロゲンの1つである赤褐色の臭素水（Br_2）を加えると，Br_2の赤褐色が消えます。

連続 図6-35① を見てください。

エチレンの付加反応

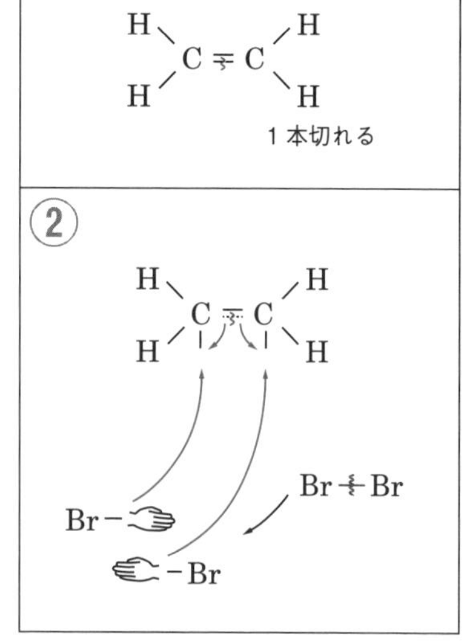

Cが二重結合になっていますよね。この二重結合のうち，1本が切れて手が2本出てきます。次に 連続 図6-35② を見てください。Br_2はBrとBrの単結合が切れて，2本の手になります。そして，Cの手とBrの手がくっついたんです 連続 図6-35③ 。そんなイメージで考えてください。これを「**付加反応**」といいます。文字どおり付け加わる反応で，もともとあった原子は減りません。Cが2個とHが4個は付加反応前と変わらず残っていますね。さらにBrが付け加わっています。

そして「**赤褐色**」が「**無色**」になる。この色の変化はポイントです。

では，付加反応でできた物質 連続 図6-35③ に名前をつけましょう。もとは何か。一番長い鎖はCが2個だからエタンです。エタンはエタンなんだけども，HがBrに置き換わっていますね。

臭素のことを「**ブロモ**」といいます。ちなみに塩素のことは「**クロロ**」といいましたね。覚えておきましょう。Cの1番と2番の位置に，2個のブロモがくっついたエタンです，ということで，「**1,2-ジブロモエタン**」。ハロゲンの場合はこんなふうに名前がつけられます。

連続 図6-35 の続き

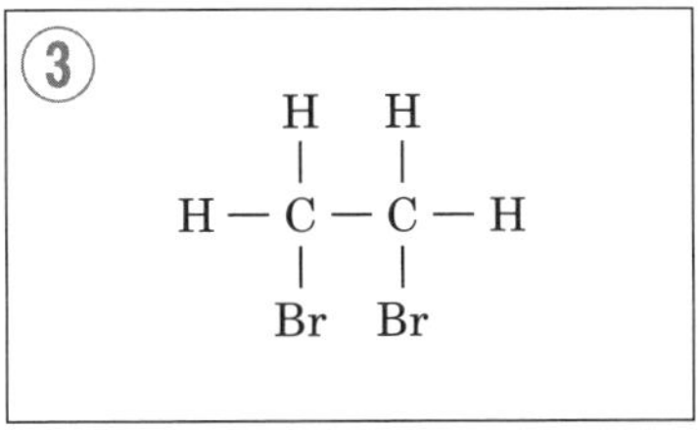

③
H H
| |
H－C－C－H
| |
Br Br

単元2 要点のまとめ①

● **不飽和炭化水素　アルケン**

付加反応…水素，ハロゲン，ハロゲン化水素，水などを付加する。

重要★★★

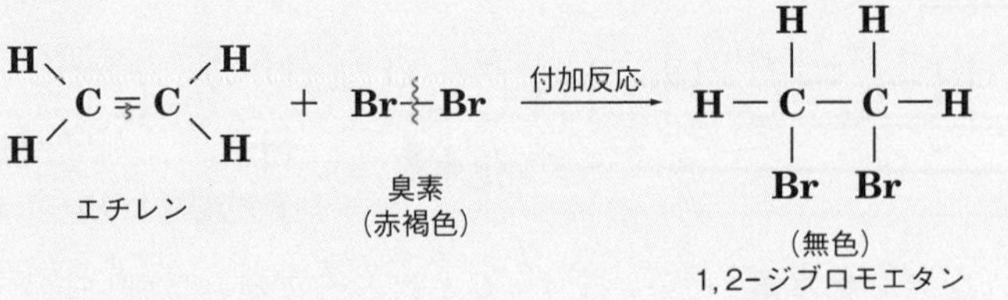

$H_2C=CH_2$ ＋ Br－Br $\xrightarrow{\text{付加反応}}$ CH_2Br-CH_2Br

エチレン　臭素（赤褐色）　（無色）1,2-ジブロモエタン

2-2 アルキンの付加反応

次はアルキンの付加反応について説明しましょう。アルキンはCどうしの間に三重結合を1つ含みましたね。アルケンの付加反応と同じ考え方でできます。

■ 水素を付加する

二重結合と三重結合について補足です。二重結合は，1本分は強く，もう1本分は弱い結合。三重結合は，1本分は強く，あとの2本は弱いんです。

図6-36 を見てください。三重結合のうちの弱い1本分がポキンと切れて，Hがそれぞれにくっついてきました。

図6-36

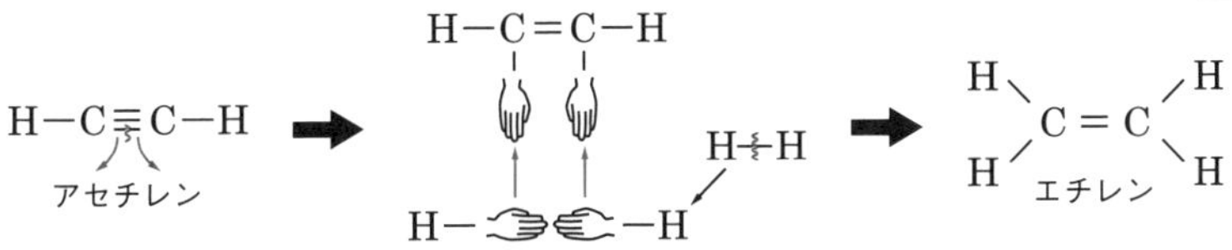

H－C≡C－H（アセチレン） ➡ H－C＝C－H ＋ H－H ➡ $H_2C=CH_2$（エチレン）

さらに 図6-36 の状態から二重結合の弱い１本分がまた切れ，Hがそれぞれもう１個ずつ，くっついてきます 図6-37 。

図6-37

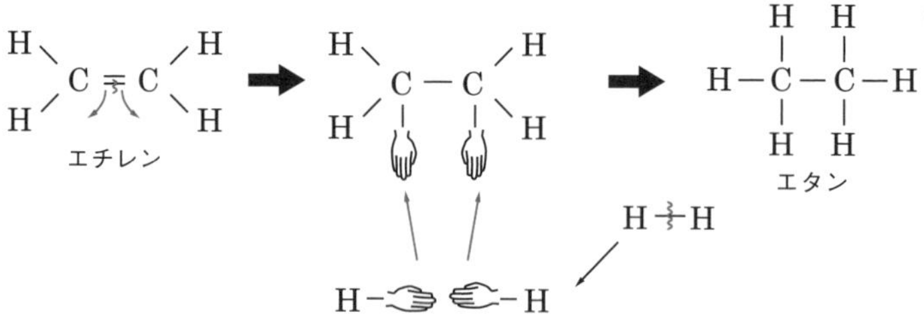

これが水素が付加した場合の反応です。これは，暗記ではなくて，自分でつくることができますね。

$$CH{\equiv}CH \xrightarrow{H_2} CH_2{=}CH_2 \xrightarrow{H_2} CH_3{-}CH_3$$

■ HCNの付加

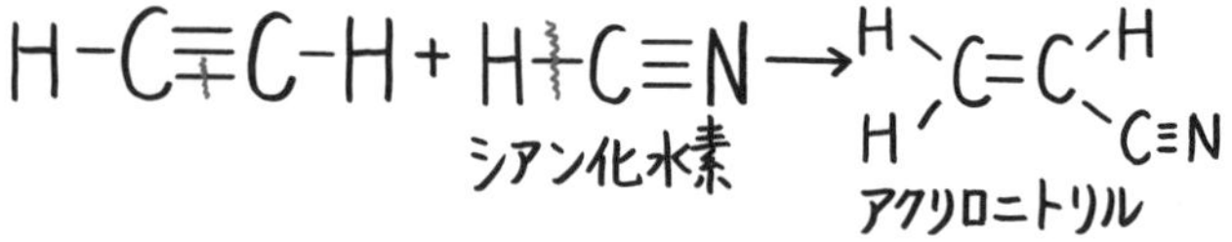

$$H{-}C{\equiv}C{-}H + H{-}C{\equiv}N \longrightarrow CH_2{=}CH{-}C{\equiv}N$$

HCNは「**シアン化水素**」といいます。CとNの三重結合は強い結合で，切れにくく，付加反応は起きません。しかしCとCの三重結合は切れやすいんです。この切れる箇所だけ覚えてください。

あとは今までと同じですよ 図6-38 。三重結合の１本が切れ，H－C≡Nから切れたHが一方に入ってきて，残りの－CNがもう一方に入ってくる。この反応でできた物質を「**アクリロニトリル**」といいます。これは慣用名だから丸暗記していただくしかありません。

図6-38

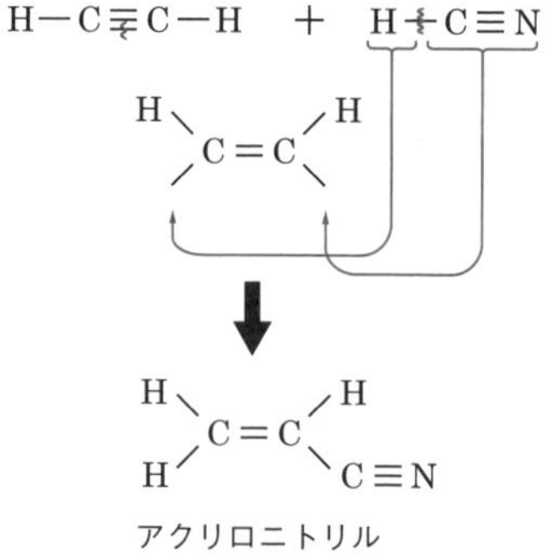

■ HClの付加

HClは塩化水素です。塩化水素は水溶液ならばイオンに分かれるので，気体状態のものに触媒に加えてぶつけるんです。すると，今までやってきたのと同じような反応が起こります。

$$H-C\equiv C-H + H-Cl \longrightarrow CH_2=CHCl$$

塩化水素　　塩化ビニル

三重結合の一本が切れ，一方で，HとClの結合が切れて，切れたものたちが手を結ぶんです。

図6-39

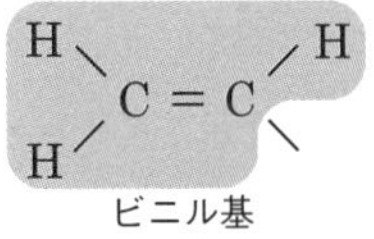
ビニル基

できあがったものを「**塩化ビニル**」といいます。図6-39の部分（Cの二重結合でHが3個の場合，ここに手が1本余ってますね）を「**ビニル基**」といいます。これも知っておいてください。440ページの「主な官能基」の表で，ビニル基を確認しましょう。

慣用名で覚えてください。塩素がくっついたビニルで塩化ビニルです。

■ **CH_3COOHの付加**

CH_3COOHを付加する反応にいきます。

$$H-C\equiv C-H + CH_3-C(=O)-O-H \longrightarrow CH_2=CH-O-C(=O)-CH_3$$

酢酸　　酢酸ビニル

CH_3COOHを「**酢酸**」といいます。**酢酸は，構造式で書けるようにしてくださいよ。** 図6-40の赤い囲みの部分はカルボキシ基ですね。カルボキシ基のOとHの間が切れるということが重要です。

図6-40

$$CH_3-C(=O)-O-H$$

図6-41

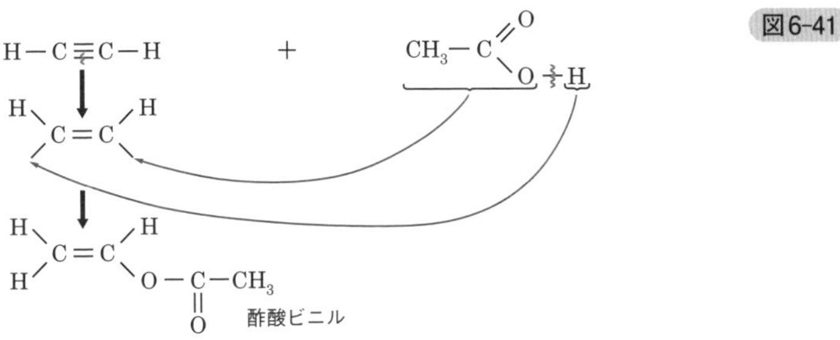

そして，今まで説明したとおりに，三重結合のうち切れて余った手と，OとHの手がくっついてできあがります図6-41。できあがったこの物質は「**酢酸ビニル**」といいます。これも名前を覚えておきましょう。

■ H_2O の付加

次はH_2Oを付加する反応です。

$$H-C\equiv C-H + H-O-H \xrightarrow[\text{(第1段階)}]{\text{付加反応}} H_2C=CH-OH \xrightarrow[\text{(第2段階)}]{\text{転位}} CH_3-CHO$$

ビニルアルコール〈不安定〉　　アセトアルデヒド

第1段階は，今までどおりの付加反応です。水のH－O－HのHとOHの間が切れることがポイントです。付加反応でできた化合物を「**ビニルアルコール**」といいます。しかし，これは不安定で長い間このままの状態ではとどまっていられないんです。すぐに形を変えてしまう。

連続 図6-42① のビニルアルコールを見てください。－O－Hの水素がもう一方側のCに飛び込んでいきます。飛び込まれたCは，CとCの二重結合が切れてメチル基になり，炭素の手1本と酸素の手1本が余ります 連続 図6-42② 。余ったこの2本が結合し，二重結合をつくります。こうしてできあがった化合物を，「**アセトアルデヒド**」といいます 連続 図6-42③ 。これは慣用名ですから，覚えておいてください。

アセチレンに水を付加する反応

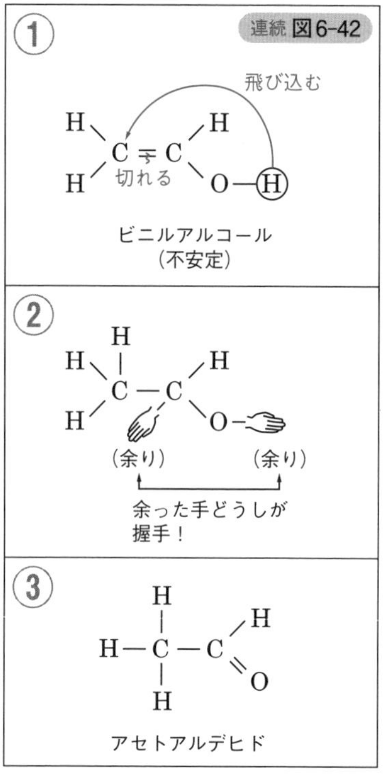

■ 3分子重合，Fe触媒

アセチレン3分子が鉄を触媒にして，鉄管の中を通すと**ベンゼン**ができます。

$$3\,H-C\equiv C-H \xrightarrow{\text{3分子重合}} C_6H_6$$

このように3分子のアセチレンの余った手と手が結びつくと，正六角形になり，ベンゼンになります。この事実，知っておきましょう。

単元2 要点のまとめ②

● アルキンの付加反応

①水素の付加

重要★★★

$$CH\equiv CH \xrightarrow{H_2} CH_2=CH_2 \xrightarrow{H_2} CH_3-CH_3$$

（アセチレン）（エチレン）（エタン）

②HCNの付加

重要★★★

$$H-C\equiv C-H + H-C\equiv N \xrightarrow{\text{付加反応}} CH_2=CH-C\equiv N$$

（シアン化水素）（アクリロニトリル）

③HClの付加

重要★★★

$$H-C\equiv C-H + H-Cl \xrightarrow{\text{付加反応}} CH_2=CH-Cl$$

（塩化水素）（塩化ビニル）

④CH_3COOHの付加

重要★★★

$$H-C\equiv C-H + CH_3-C(=O)-O-H \xrightarrow{\text{付加反応}} CH_2=CH-O-C(=O)-CH_3$$

（酢酸）（酢酸ビニル）

⑤H_2Oの付加

重要★★★

$$H-C\equiv C-H + H-O-H \xrightarrow{\text{付加反応}} CH_2=CH-O-H \xrightarrow{\text{転位}} CH_3-C(=O)-H$$

（ビニルアルコール）（不安定）（アセトアルデヒド）

⑥3分子重合，Fe触媒

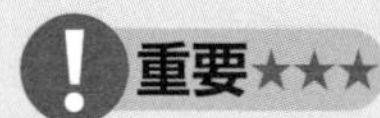

$$3H-C{\equiv}C-H \xrightarrow[\text{鉄管}]{\text{3分子重合}} C_6H_6$$

（ベンゼン）

アドバイス　アルカンはアルケンやアルキンに比べて反応性は低いのですが光によって置換反応が起こります。

重要★★★

$$CH_4 + Cl-Cl\ (Cl_2) \xrightarrow{\text{光}} CH_3Cl + HCl$$

（置換：メタンのHとCl₂のClが置換）

メタン　→　クロロメタン

この反応式は是非書けるようにしておいてください。

同様に

$$CH_3Cl + Cl-Cl\ (Cl_2) \xrightarrow{\text{光}} CH_2Cl_2 + HCl$$

ジクロロメタン

さらに

$CHCl_3$ トリクロロメタン（クロロホルム），CCl_4 テトラクロロメタン（四塩化炭素）

が生成します。

演習問題で力をつける⑱

アセチレンの誘導体について理解せよ！

問　アセチレンに関する記述①～⑥のうちから，誤りを含むものを1つ選べ。

① 炭化カルシウムに水を作用させると生成する。

② 直線形分子である。

③ 炭素原子間の距離は，エタンのそれより長い。

④ 触媒を用いて水を付加させると，アセトアルデヒドになる。

⑤ 触媒を用いて3分子を重合させると，ベンゼンになる。

⑥ 触媒を用いて酢酸を付加させると，酢酸ビニルになる。

さて，解いてみましょう。

丸暗記をできるだけ少なくして，理屈を納得して解けるようにしましょう。

岡野のこう解く ①は○です。45ページのアセチレンの製法を思い出してください。

重要★★★ $CaC_2 + 2H_2O \longrightarrow Ca(OH)_2 + C_2H_2 \uparrow$

この反応式は，覚えておかなくてはいけませんね。炭化カルシウム(CaC_2)またはカーバイドが水に加わると，アセチレンができます。**水の係数の2がポイントです。1ではダメでしたね。**

②…アセチレンは直線形分子です。正しいので○です 図6-43。

図6-43

H−C≡C−H
アセチレン

③…これは×です。CとCは三重結合であり，単結合より結合力が強い。3本の手で引っ張っているから結合力が強く，短いんです。2本の二重結合は2本分で引っ張っているから三重結合よりちょっと弱い。単結合は1本でしか引っ張っていないから，引っ張る力はそんなに強くないんです。

ということで，C−Cが一番結合力としては弱いから距離的に長い。C＝Cが2番目で，C≡Cが3番目で一番短い。C≡Cは引っ張る力が強いから，グッと引っ張られて炭素と炭素の距離が短くなる。

長い C−C ＞ C＝C ＞ C≡C 短い

というように，イメージしてください。

④…これは○です。

アセチレンに水を加えると，途中で不安定なビニルアルコールができる。

重要★★★

図6-44

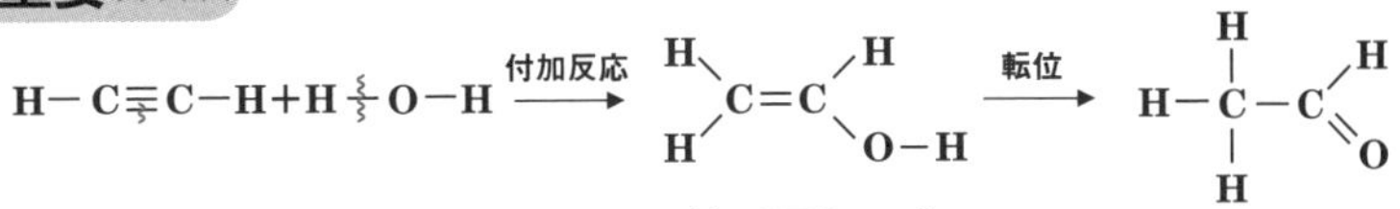

H−C≡C−H＋H−O−H —付加反応→ (CH_2＝CH−O−H) ビニルアルコール（不安定） —転位→ (CH_3−CHO) アセトアルデヒド

不安定ですから短時間ですぐに形を変えまして，アセトアルデヒドになる 図6-44。よって○ですね。

⑤…これも○です。アセチレン3分子の余った手どうしが結びつき，正六

角形になり，ベンゼンを生じる。これは聞いたことがなければ，解けませんね。知識として知っておきましょう。
⑥…これも○です。次の 図6-45 の反応より，酢酸ビニルを生じます。

重要★★★

図6-45

$$H-C\equiv C-H + H-\overset{\overset{H}{|}}{\underset{\underset{H}{|}}{C}}-C\genfrac{}{}{0pt}{}{\nearrow O}{\searrow O-H} \xrightarrow{\text{付加反応}} \genfrac{}{}{0pt}{}{H}{H}\!\!>C=C\genfrac{}{}{0pt}{}{\nearrow H}{\searrow O-\underset{\underset{O}{||}}{C}-\overset{\overset{H}{|}}{\underset{\underset{H}{|}}{C}}-H}$$

酢酸ビニル

酢酸の構造式がきっちり書けて，どの部分が切れて結合するかを覚えておけば丸暗記しなくてすむんでしたね。

①〜⑥のうち，誤りを含むものが解答ですから，③になります。

∴　③……問 の【答え】

2-3 アセチレンの検出反応

アセチレンをアンモニア性硝酸銀水溶液に通じると「**銀アセチリド**」という**白色沈殿**ができます。

アンモニア性硝酸銀水溶液とは，硝酸銀の水溶液に少量のアンモニア水を加えると褐色 (Ag_2O) の沈殿を生じます。さらに過剰のアンモニア水を加えると溶けて無色透明 ($[Ag(NH_3)_2]^+$ ジアンミン銀（Ⅰ）イオン) (→105ページ)になります。この溶液のことをいいます。

Ag と C の間は**イオン結合** (金属と非金属の結合) なので，**価標を書いてはいけません**。

$$H-C\equiv C-H + 2Ag^+ \longrightarrow AgC\equiv CAg\downarrow + 2H^+$$

銀アセチリド (白色沈殿)

末端の三重結合についている水素が Ag と置き換わって，銀アセチリドが生成します。**$AgC\equiv CAg$，銀アセチリド，白色沈殿**は入試に出題されます。

この反応はアセチレンで起きますが，エチレンでは起きないのです。これはアセチレンであるかないかを調べる「検出反応」です。アセチレンとエチレンは，どちらも付加反応を起こしやすく，共に気体で似ているので，区別がしにくいんです。こんなとき，この検出反応をおこなえば，すぐにアセチレンとわかるんです。

アドバイス 検出反応とは微量の成分など検査して見つけ出す反応のこと。

2-4 マルコフニコフ則

ロシアのマルコフニコフが1870年に提唱した法則です。

不飽和結合にHX, H_2Oなどが付加する場合，**H原子**はその不飽和結合の両側のC原子のうち**H原子を多くもつほうのC原子に付加し**，－X，－OH（ヒドロキシ基）は少ない方のC原子に付加する反応が主反応となります。ただしXはハロゲンを表します。

例

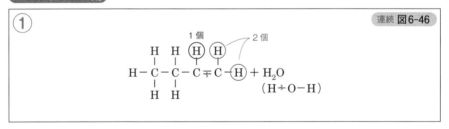

```
                                              H  H  H  H
                                              |  |  |  |
                                 主反応 ↗ H－C－C－C－C－H
   H  H  H  H                                 |  |  |  |
   |  |  |  |                                 H  H  OH H
H－C－C－C＝C－H ＋H2O
   |  |                                       H  H  H  H
   H  H                                       |  |  |  |
                                 副反応 ↘ H－C－C－C－C－H
                                              |  |  |  |
                                              H  H  H  OH
```

主反応，副反応は両方起こりますが，主反応のほうが多い割合で起こります。

この反応を 連続 図6-46 で説明してみましょう。

マルコフニコフ則

①　連続 図6-46

```
             1個
   H  H  (H) (H)    2個
   |  |   |   |
H－C－C－C＝C－(H) ＋ H2O
   |  |                (H－O－H)
   H  H
```

不飽和結合（ここでは二重結合）の両側のC原子のうちH原子を多くもつC原子は 連続 図6-46① より一番右のC原子で**2個**のH原子をもちます。右から2番目のC原子は1個しかもちません。

したがって多くもつ一番右のC原子に**H**が付加し，右から2番目のC原子には**OH**が付加する反応が主反応になります（ 連続 図6-46② ）。

連続 図6-46 の続き

②

```
               H  H  H  H
               |  |  |  |
付加反応 → H－C－C－C－C－H
               |  |  |  |
               H  H  OH H
            （主反応生成物）
```

マルコフニコフ則はイメージ的には「**類は友を呼ぶ**」に似ていませんか。
HはHの多い方に呼ばれる。

2-5 ザイツェフ則

ロシアのザイツェフが1875年に提唱した法則です。OH（ヒドロキシ基）の結合したC原子の両隣にC原子がある場合，そのC原子に結合する**H原子の数が少ないほうのH原子とOHが脱水する反応が主反応**となります。

例

```
                          H  H  H  H
                          |  |  |  |
                 主反応 ↗ H−C−C=C−C−H +H2O
  H  H  H  H              |        |
  |  |  |  |              H        H
H−C−C−C−C−H
  |  |  |  |              H  H  H  H
  H  H  OH H              |  |  |  |
                 副反応 ↘ H−C−C−C=C−H +H2O
                          |  |
                          H  H
```

この反応を 連続 図6-47 で説明してみましょう。

ザイツェフ則

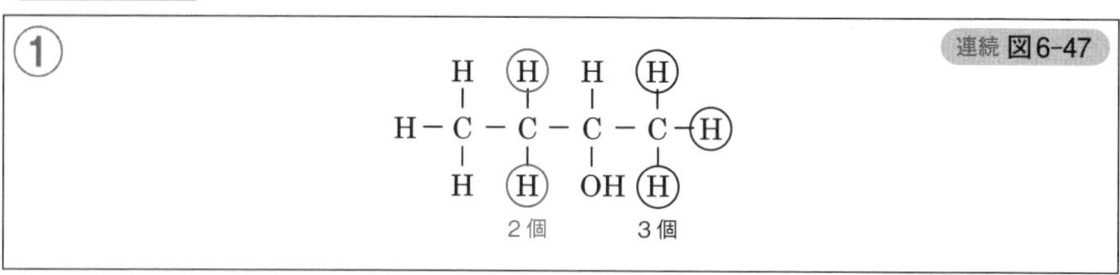

OHの結合したC原子の両隣のC原子に結合するH原子は 連続 図6-47① より左のC原子で**2個**，右のC原子で3個になります。したがってH原子の数が少ないほうのH原子とOHが脱水反応を起こすのが主反応になります（連続 図6-47②③）。

連続 図6-47 の続き

②

```
  H   H   H   H
  |   |   |   |
H−C − C − C − C−H
  |   |   |   |
  H  [H] [OH] H
```

③

```
脱水       H   H   H   H
           |   |   |   |
──→   H − C − C = C − C −H +H2O
           |           |
           H           H
```

（主反応生成物）

ザイツェフ則はイメージ的には「**大貧民ゲーム**」（大富豪ともいいます）に似ていませんか。少ない方のHが取られる。

2-6 枝分かれの違いによる沸点

枝分かれの多いものほど，相手と接触する表面積が小さいため，分子間力（ファンデルワールス力）が弱くなり沸点は低くなります。

C_5H_{12} の場合で考えてみましょう。どの構造でも分子量は72ですが下のように沸点に差が出ます。

```
                                                               |
                                                              -C-
     |  |  |  |  |           |  |  |  |           |  |  |
(高) -C-C-C-C-C-   >   -C-C-C-C-   >   -C-C-C-  (低)
     |  |  |  |  |           |  |  |  |           |  |  |
                               -C-                    -C-
                                |                      |
```

相手と接触する表面積はCが5個横に並んでいるものが一番大きい。次はCが4個横に並んだもの，一番小さいのはCが3個横に並んだものです（図6-48）。

図6-48

```
C－C－C－C－C                  C                      C
 ⌇      ⌇―――― 分子間力          |                      |
C－C－C－C－C   (ファンデル  C－C－C－C              C－C－C
                ワールス力)    ⌇   ⌇                  |
                           C－C－C－C                 C
                               |                    ⌇   ⌇
                               C                      C
                                                      |
                                                   C－C－C
                                                      |
                                                      C
```

演習問題で力をつける⑲

炭化水素の構造式推定について理解しよう！

問 分子式 C_4H_8 の有機化合物A，B，C，D，Eがある。A，B，C，Dは，触媒の存在下で水素と反応して，それぞれ分子式 C_4H_{10} の化合物A′，B′，C′，D′となるが，Eは反応しない。A′，B′，C′は同一化合物であるが，D'はこれより沸点の低い化合物であった。臭素との反応でもA，B，C，Dからは分子式 $C_4H_8Br_2$ の化合物A″，B″，C″，D″を生じたが，Eは反応しなかった。A″とB″は同一化合物であったが，C″とD″はそれぞれ別の化合物であった。

(1) A，B，C，D，Eに考えられる構造式を一つずつ記せ。

(2) Cに硫酸を触媒として水を付加させたとき，主に生成する物質の構造式を書け。

さて，解いてみましょう。

問(1)の解説 C_4H_8 は一般式が C_nH_{2n} なので，アルケンかシクロアルカンの分子式であることが考えられます。

岡野のこう解く 構造式を推定する問題ではまず C_4H_8 のアルケンとシクロアルカンの異性体の構造式をすべて書き出すことがポイントです。それを見ながらそれぞれの化合物を判断します。

C_4H_8 の異性体については**演習問題⑰**（→171ページ）の問(2)②③でもやりました。

図6-49

C_4H_8 の異性体（**アルケンとシクロアルカンは異性体の関係**）

①
$$\begin{array}{ccc} H & & H \\ & C=C & \\ H & & CH_2-CH_3 \end{array}$$
1-ブテン

②
$$\begin{array}{ccc} H_3C & & CH_3 \\ & C=C & \\ H & & H \end{array}$$
シス-2-ブテン

③
$$\begin{array}{ccc} H & & CH_3 \\ & C=C & \\ H_3C & & H \end{array}$$
トランス-2-ブテン

④
$$\begin{array}{ccc} H & & CH_3 \\ & C=C & \\ H & & CH_3 \end{array}$$
2-メチルプロペン

⑤
$$\begin{array}{ccc} H_2C & - & CH_2 \\ | & & | \\ H_2C & - & CH_2 \end{array}$$
シクロブタン

⑥
$$\begin{array}{ccccc} & & CH_2 & & \\ & / & & \backslash & \\ H_2C & & - & & C-CH_3 \\ & & & & H \end{array}$$
メチルシクロプロパン

以上6種類

本文よりEは水素と付加反応を起こさないのでシクロアルカンであることがわかります。解答は「考えられる構造式を一つ記せ」と書いてあるのでどちらかを書けばいいです。

$$\therefore \begin{array}{ccc} H_2C & - & CH_2 \\ | & & | \\ H_2C & - & CH_2 \end{array} \text{ または } \begin{array}{ccccc} & & CH_2 & & \\ & / & & \backslash & \\ H_2C & & - & & C-CH_3 \end{array}$$
…… **問(1)E** の【答え】

次に 図6-49 の①～④のアルケンに H_2 と Br_2 を付加反応させたときの反応式を書いてみましょう。（図6-50）①～④の中にA，B，C，Dは存在します。

①に H_2 を付加すると①′，Br_2 を付加すると①″とし，以下②，③，④も同様に考えます。

図6-50

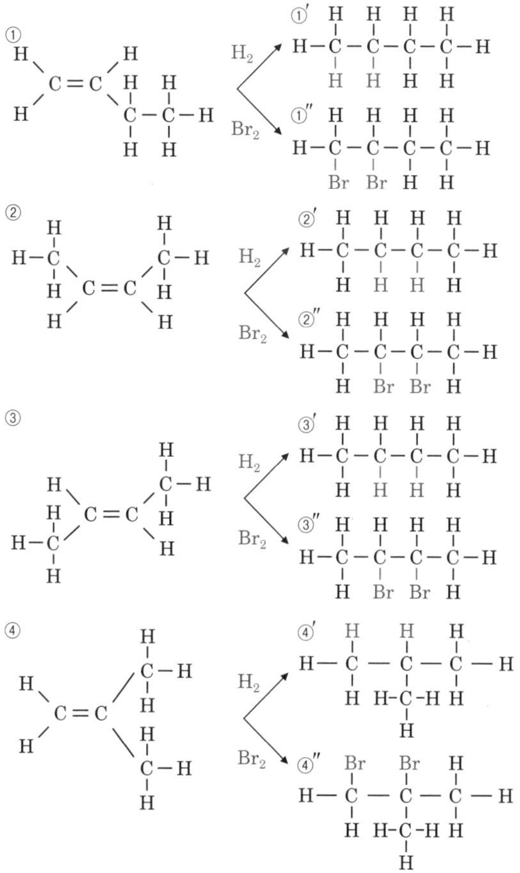

本文よりH_2を付加反応させたときに生じる物質A′，B′，C′は同一化合物であるがD′は異なる化合物であるのでDとD′は決定できます。

図6-50を見てください。①′，②′，③′は同一で④′だけ枝分かれの構造で違うので④がDと決定できます。ちなみに沸点が低いのは枝分かれがあるからです（→191ページ）。

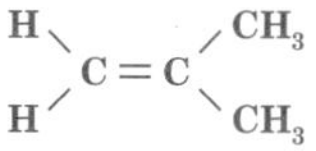

∴ $\mathrm{H_2C=C(CH_3)_2}$ …… 問(1) D の【答え】

本文よりBr_2を付加反応させたときに生じる物質A″，B″は同一化合物であるがC″，D″はそれぞれ異なる化合物であるので，AとA″，BとB″は決定できます。図6-50を見てください。②″と③″は同一で①″と④″はそれぞれ異なるのでAとBは②，③のどちらかだと決まります。本文にはシスとトランスを区別する内容が書かれていないのでAとBは順不同の解答になります。

$$\therefore\quad \begin{matrix} H_3C & & CH_3 \\ & C=C & \\ H & & H \end{matrix} \qquad \begin{matrix} H & & CH_3 \\ & C=C & \\ H_3C & & H \end{matrix}$$

…… **問(1) A, B** の【答え】
(A, B順不同)

残りは①でCと決まります。

$$\begin{matrix} H & & H \\ & C=C & \\ H & & CH_2-CH_3 \end{matrix}$$

…… **問(1) C** の【答え】

構造式を推定する問題は入試では頻出です。今回は少し込み入っていましたがよく復習してくださいね。

問(2)の解説　Cは1‒ブテンです。水が付加反応するときにはマルコフニコフ則によって主反応が決まります。これは，189ページの例と同じ反応です。「類は友を呼ぶ」でした。HはHの多い方に呼ばれる。

$$\text{(H)}-\overset{\overset{\text{2個}}{\text{(H)}}}{\underset{}{C}}=\overset{\overset{\text{1個}}{\text{(H)}}}{C}-\overset{H}{\underset{H}{C}}-\overset{H}{\underset{H}{C}}-H + H_2O \xrightarrow{\text{主反応}} H-\overset{H}{\underset{H}{C}}-\overset{H}{\underset{OH}{C}}-\overset{H}{\underset{H}{C}}-\overset{H}{\underset{H}{C}}-H$$

$$\therefore\quad CH_3-\underset{OH}{CH}-CH_2-CH_3$$

…… **問(2)** の【答え】

(注意) 構造式の表し方としてCとHの価標(手)を省略して書く方法があります。入試では省略するように指示してくる場合もありますので，ここでは省略した書き方を示しました。

単元2 要点のまとめ③

重要★★★

● アセチレンの検出反応

アンモニア性硝酸銀水溶液に通じると「**銀アセチリド**」という**白色沈殿**ができる。

アンモニア性硝酸銀水溶液とは，硝酸銀の水溶液に少量のアンモニア水を加えると褐色(Ag_2O)の沈殿を生ずるが，さらに過剰のアンモニア水を加えると溶けて無色透明($[Ag(NH_3)_2]^+$ジアンミン銀(Ⅰ)イオン)になる。この溶液のことをいう。

例 $H-C\equiv C-H+2Ag^{+} \longrightarrow AgC\equiv CAg\downarrow+2H^{+}$

銀アセチリド（白色沈殿）

末端の三重結合についている水素がAgと置き換わって，アセチリドが生成する。

● マルコフニコフ則

不飽和結合にHX，H_2Oなどが付加する場合，**H原子**はその不飽和結合の両側のC原子のうち**H原子を多くもつほうのC原子に付加**し，－X，－OH（ヒドロキシ基）は少ない方のC原子に付加する反応が主反応となります。ただしXはハロゲンを表します（**類は友を呼ぶ**）。

例

```
                                          H  H  H  H
                                          |  |  |  |
                            主反応 ↗  H－C－C－C－C－H
   H  H  H  H                             |  |  |  |
   |  |  |  |                             H  H  OH H
H－C－C－C＝C－H ＋H2O
   |  |                                   H  H  H  H
   H  H                                   |  |  |  |
                            副反応 ↘  H－C－C－C－C－H
                                          |  |  |  |
                                          H  H  H  OH
```

主反応，副反応は両方起こるが，主反応のほうが多い割合で起こる。

● ザイツェフ則

－OH（ヒドロキシ基）の結合したC原子の両隣にC原子がある場合，そのC原子に結合する**H原子の数が少ないほうのH原子と－OHが脱水する反応が主反応となる**（**大貧民ゲーム**）。

例

```
                                     H  H  H  H
                                     |  |  |  |
                         主反応 ↗ H－C－C＝C－C－H ＋H2O
   H  H  H  H                        |        |
   |  |  |  |                        H        H
H－C－C－C－C－H
   |  |  |  |                        H  H  H  H
   H  H  OH H                        |  |  |  |
                         副反応 ↘ H－C－C－C＝C－H ＋H2O
                                     |  |
                                     H  H
```

主反応，副反応は両方起こるが，主反応のほうが多い割合で起こる。

● 枝分かれの違いによる沸点

枝分かれの多いものほど，相手と接触する表面積が小さいため，分子間力（ファンデルワールス力）が弱くなり沸点は低くなる。

例

```
                                                      |
                                                     -C-
      |  |  |  |  |          |  |  |  |            |  |  |
(高) -C--C--C--C--C-   >   -C--C--C--C-   >   -C--C--C-   (低)
      |  |  |  |  |          |  |  |  |            |  |  |
                                 -C-                 -C-
                                  |                   |
```

単元2　要点のまとめ④

● 構造式の推定

有機化合物の構造式推定の問題では異性体をすべて書き出し，それを見ながら問題文のヒントから化合物を決定する。

では，6講はここまでにしておきます。
次回またお会いしましょう。

第 7 講

元素分析・脂肪族化合物（1）

単元 1　有機化合物の元素分析　化学

単元 2　アルコール　化学

第 7 講のポイント

今日は 7 講です。元素分析の値から，組成式を決定できるようにしましょう。アルコールの反応は，生成する物質を覚えるのではなく，構造式から自分でつくれるようにしましょう。

単元1 有機化合物の元素分析

化学

まず最初に「有機化合物の元素分析」というところをやっていきます。

1-1 元素分析の実験

有機化合物を構成する元素とその量を調べて，その化合物の組成式を決める操作を「**元素分析**」といいます。次の 図7-1 に関する問題が入試によく出題されるので，意味を説明しておきましょう。

図7-1

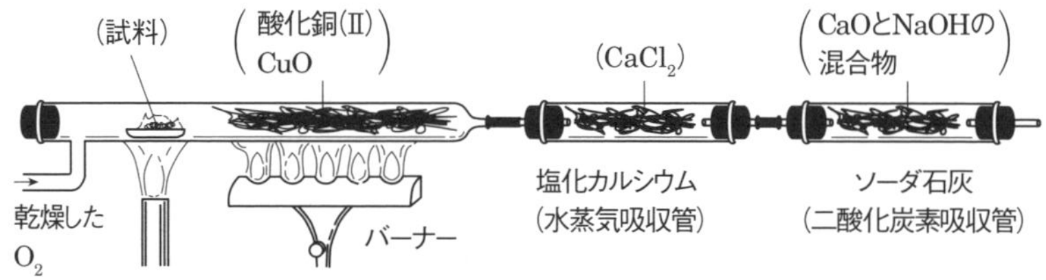

(試料)
(酸化銅(Ⅱ) CuO)
($CaCl_2$)
(CaOとNaOHの混合物)
乾燥した O_2
バーナー
塩化カルシウム (水蒸気吸収管)
ソーダ石灰 (二酸化炭素吸収管)

元素分析の実験に使われる試料というのは有機化合物です。CとHとO，またはCとHからできているような化合物を試料として，ガスバーナーで加熱します 図7-1 。このとき乾いた酸素を送り込みます。

CとHとO，またはCとHからできた化合物を燃焼（燃焼とはO_2と結びついて炎を出して燃えること）**させると，二酸化炭素と水になります。**

全部の試料が完全に燃えればいいですが，場合によっては不完全燃焼を起こし，一酸化炭素や，すすになってしまっているものがあるかもしれません。そこで**完全燃焼させるためにダメ押しという形で，酸化銅（Ⅱ）(CuO) の中を通り抜けさせます。**そうすると，この試料は完全にすべて二酸化炭素と水になって，管を通過していきます。

このとき大切なのは，酸化銅（Ⅱ）の次に塩化カルシウム管をセットしておくということです。そしてソーダ石灰。ソーダ石灰は，酸化カルシウムと水酸化ナトリウムの固体の混合物です。この**“塩化カルシウム→ソーダ石灰”の順番が重要**です。

酸化銅（Ⅱ）を通り抜けて二酸化炭素と水（水蒸気）になって通過してきた混合気体は，最初の塩化カルシウム管で水が吸収されます。さらに，二酸化炭素がソーダ石灰管で吸収されます。この順番をかえますと，大変なことになります！

ソーダ石灰管を前にセットして，塩化カルシウム管を後にしますと，ソーダ石灰は乾燥剤（50ページ）でもありますので，水も二酸化炭素も両方とも吸収してしまいます。

試料が燃えたときに生じてきた**二酸化炭素の質量と，水の質量を別々に求めたいのです。**ソーダ石灰管を前にセットしてしまうと，両方とも吸い取ってしまうので，別々の質量を求めることができなくなりますね。ですから，かならず**塩化カルシウム管で最初に水だけを吸収させて，その質量を求め，次に二酸化炭素をソーダ石灰管に吸収させて，そこで二酸化炭素の質量を求める。**

図7-1は，入試でよく出題されます。原理をよく理解しておきましょう。

1-2 組成式の決め方

図7-1の試料のようにC，H，Oからなる有機化合物の組成式は，次の手順で決まります。

まず，元素分析によってわかったH_2OとCO_2の質量から，さらに細かくHとCとOの質量を求めます。それから各元素の質量を原子量で割り，**原子のmol数を簡単な整数の比にします。**そうして**組成式**が決まるんです。

具体例を示さないと理解しにくいところなので，「演習問題で力をつける⑳」を通して理解を深めましょう。

演習問題で力をつける⑳

元素分析により組成式を求める方法を理解しよう！

問 (1) 炭素，水素，酸素からなる化合物5.00mgを完全燃焼させたら，CO_2 10.9mg，H_2O 6.12mgを得た。

この化合物の組成式を求めよ。ただし，原子量はC = 12.0，H = 1.0，O = 16.0とする。

(2) ある化合物の元素分析の結果はC 39.9%，H 6.7%，O 53.4%であった。この化合物の分子量をある方法で測定したところ180という値が得られた。この化合物の分子式を求めよ。

さて，解いてみましょう。

元素分析の問題で組成式を求める主な方法は2通りあります。1つ目は，試料を燃焼させて生じたCO_2とH_2Oの質量から組成式を求める方法。2つ目は，試料中のCとHとOの質量パーセントが与えられていて，そこから組成式を求める方法です。

CO_2とH_2Oの質量から組成式を求める方法

問 (1) の解説

岡野の着目ポイント　問題文に，燃焼で生じたCO_2の質量10.9mgが与えられています。そこで 図7-2 を参考にして，Cだけの質量を次の比例式から求めます。

CO_2：C
44g：12g = 10.9mg：$x$mg

$$\therefore \quad x = \frac{12}{44} \times 10.9 \fallingdotseq 2.97\text{mg}$$

図7-2

44
CO_2
12

岡野の着目ポイント　次にH_2Oの質量が6.12mgと与えられているので，図7-3 を参考にHだけの質量を比例式から求めます。

H_2O：2H
18g ：2g = 6.12mg：$y$mg

$$\therefore \quad y = \frac{2}{18} \times 6.12 = 0.68\text{mg}$$

図7-3

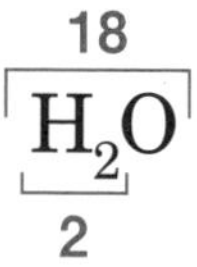

18
H_2O
2

岡野の着目ポイント　さらに酸素の質量を求めます。酸素の質量は化合物全体からCとHの質量を引いて求める方法しかありません。

5.00 − (2.97 + 0.68) = 1.35mg

岡野のこう解く　次に$n = \frac{w}{M}$ **[公式3]**（巻末「最重要化学公式一覧」448ページ）に代入して**C，H，Oの原子のmol数の比を求めます。**

$n = \frac{w}{M}$
n ：原子のmol数
M：原子量
w ：原子の質量 (g)

代入する前に単位を［g］にそろえましょう（1g = 1000mg）。

Cの質量2.97mg ⇒ $\frac{2.97}{1000}$g = 2.97×10^{-3}g

Hの質量0.68mg ⇒ 0.68×10^{-3}g

Oの質量1.35mg ⇒ 1.35×10^{-3}g

それぞれの質量を$n = \frac{w}{M}$に代入し，C，H，Oの**原子のmol数の比を求める**。

$$\therefore C : H : O = \frac{2.97 \times 10^{-3}}{12} : \frac{0.68 \times 10^{-3}}{1} : \frac{1.35 \times 10^{-3}}{16}$$

(1 → 2ではダメ！　16 → 32ではダメ！)

$$= 0.247 : 0.680 : 0.0843$$

一番小さい数0.0843で割ると，

$= 2.9 : 8.0 : 1.0 \fallingdotseq 3 : 8 : 1$

よって，組成式はC_3H_8Oであることがわかります。

∴ C_3H_8O …… **問(1)** の【答え】

岡野の着目ポイント 10^{-3}は結局消去されるので，本番では計算式に書く必要はありません。ここでは公式に忠実に代入しました。

また，Hの原子量は1，Oの原子量は16です。2倍して2とか32にしてはいけませんよ。**原子のmol数を求めるとき，Mは原子量であることに気をつけましょう。**さらに計算された値は，**一番小さい値で割るということが重要です。**ここでは0.0843が一番小さいので，この数で割ります。このようにして，計算された簡単な整数比から組成式を決めます。

アドバイス Oの質量も「生じたCO_2やH_2Oの質量から，比例式でそれぞれ求めて合計すればいいのでは？」と思いませんか？　これは絶対やってはいけませんよ。というのは，ここでは試料の5.00mgに含まれていたOの質量を求めたいからです。CO_2やH_2OからOを求めると，燃焼するときに送り込んだOの質量も加わって算出されてしまいます。したがって，全体からCとHの質量を引いて求めるしか方法はないのです。

試料中のCとHとOの質量パーセントから求める方法

問(2)の解説 問題文に元素分析の結果（C，H，Oの質量パーセント）が与えられているときの求め方を説明しましょう。

岡野の着目ポイント　問(2)では，化合物の質量は与えられていません。こんなときは自分で**100gと決めていいのです。**「100gと決まっていないのに100を使うのはイヤだ」という人は，A[g]でも構いません。結局は同じ結果が出ますが，100gとするほうが，絶対にラクですよ。

この化合物を100gとすると，CとHとOの質量は次のようになります。

C　39.9%　⇒ 39.9g

H　6.7%　⇒ 6.7g

O　53.4%　⇒ 53.4g

次に**C：H：Oの原子のmol数の比を求めます。**

$$C:H:O=\frac{39.9}{12}:\frac{6.7}{1}:\frac{53.4}{16}$$

$$=3.325:6.7:3.337$$

一番小さい数3.325で割ると

$$\fallingdotseq 1:2:1$$

よって，組成式はCH_2Oとなります。

岡野の着目ポイント　ここから分子式を求めます。分子式は組成式の整数倍で表される式なので，その整数倍は分子量を組成式量で割って求められます。

$CH_2O = 12 + 1 \times 2 + 16 = 30$（組成式量）

$180 \div 30 = 6$倍

分子量　組成式量

分子式は

$$(CH_2O)_6 \Rightarrow C_6H_{12}O_6$$

と求まります。

∴　$C_6H_{12}O_6$ ……　問(2)の【答え】

もし，**1倍になるようなときは，分子式と組成式は同じ式になります。**

今回の問題には，分子量が直接与えられていましたが，場合によってはこれを求めさせるようなものもあります。よく出題されるタイプは，**気体の状態方程式，凝固点降下，気体の密度，浸透圧，中和滴定**などから分子量を決めさせるものです。理論化学分野の関係のあるところを復習しておけば大丈夫ですよ。

単元1 要点のまとめ①

● 有機化合物の元素分析と組成式の決定

化合物の成分元素を検出し，その割合を調べることを元素分析という。炭素・水素・酸素からなる有機化合物の組成式は，次のような手順で決定できる。

図7-4

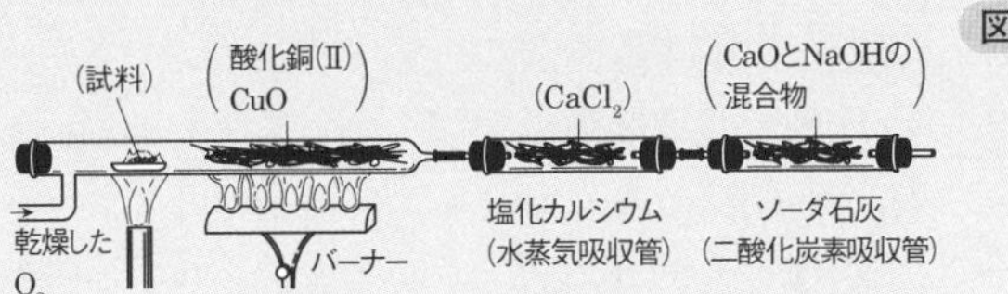

①精製した試料 Wg を 図7-4 のように完全燃焼させ，生じる CO_2 と H_2O の質量それぞれ W_{CO_2}，W_{H_2O} を測定する。

試料 Wg 中の

炭素の質量　$W_C = W_{CO_2} \times \dfrac{C}{CO_2} = \dfrac{12}{44} \times W_{CO_2}$

水素の質量　$W_H = W_{H_2O} \times \dfrac{2H}{H_2O} = \dfrac{2}{18} \times W_{H_2O}$

酸素の質量　$W_O = W - (W_C + W_H)$

②質量比から組成式（実験式）を求める。

試料の組成式を $C_xH_yO_z$ とするとき，**CとHとOの原子のmol数の比を求める。**

$$x : y : z = \frac{W_C}{12} : \frac{W_H}{1} : \frac{W_O}{16}$$

③分子量を別に求め，組成式と分子量から分子式を決定する。

単元2 アルコール

化学

単元2では「**アルコール**」について学んでいきましょう。

炭化水素の**H原子がヒドロキシ基（−OH）で置き換わった構造の化合物**を「**アルコール**」といいます。簡単に言うと，Hが−OHに置き換わった物質です。

一番簡単な炭化水素のメタンやエタンを例に挙げましょう。図7-5と図7-6を見てください。エタンのHを−OHに置き換えます。こういうのをアルコールといいます。このとき，どのHを−OHと置き換えても同一物質の関係になります。

名前ですが，図7-5のほうを「メチルアルコール」とか「メタノール」。図7-6の方を，「エチルアルコール」とか「エタノール」といいます。アルコールの命名については，のちほどまた詳しく説明いたします（→207ページ）。

図7-5

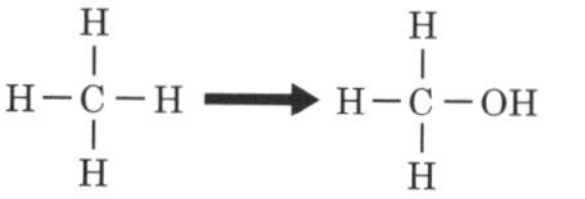

```
    H                H
    |                |
H − C − H  ━━▶  H − C − OH
    |                |
    H                H
```

メタン　　　メチルアルコール（メタノール）

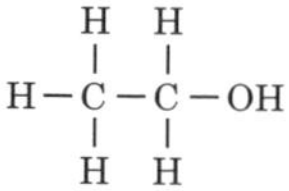

図7-6

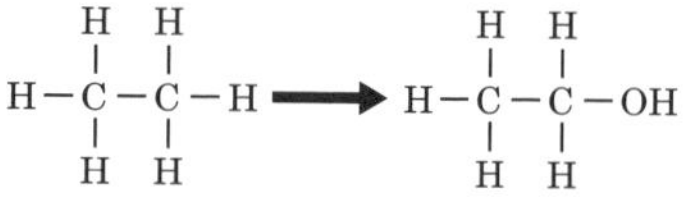

```
    H   H                H   H
    |   |                |   |
H − C − C − H  ━━▶  H − C − C − OH
    |   |                |   |
    H   H                H   H
```

エタン　　　エチルアルコール（エタノール）

アドバイス 炭化水素でもあるベンゼン環の炭素原子に−OHが直接結合した化合物はフェノール類といい，アルコールではありません。詳しくは280ページで説明します。

2-1 アルコールの分類

■ ヒドロキシ基の数による分類

アルコールはヒドロキシ基（−OH）の数によって分類されます。図7-7にメタノールとエタノールがありますね。これは−OHが1個あるから，「**1価アルコール**」といっています。

その隣に「**エチレングリコール**（1,2−エタンジオール）」があります。これはエタンのそれぞれの炭素原子に1個ずつ−OHが入っています。

図7-7

1価アルコール

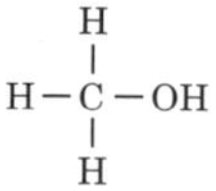

```
    H                 H   H
    |                 |   |
H − C − OH        H − C − C − OH
    |                 |   |
    H                 H   H
```

メタノール　　　エタノール

2価アルコール

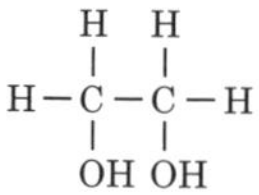

```
    H   H
    |   |
H − C − C − H
    |   |
    OH  OH
```

エチレングリコール（1,2−エタンジオール）

3価アルコール

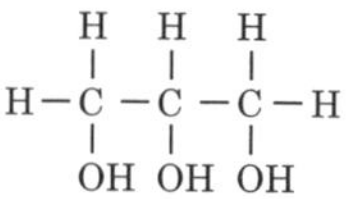

```
    H   H   H
    |   |   |
H − C − C − C − H
    |   |   |
    OH  OH  OH
```

グリセリン（1,2,3−プロパントリオール）

－OHが2個入ったから「**2価アルコール**」といいます。2価アルコールは「エチレングリコール」だけ覚えておけばいい。

エチレングリコールは自動車のラジエーターの中の冷却水に使われます。－OHが存在すると，水と大変仲がいいので，水に溶けやすいのです。

次に「**グリセリン**」（1,2,3-プロパントリオール）。これは，プロパンのそれぞれの炭素原子のところに，1個ずつ－OHがついていて全部で－OHが3個だから「**3価アルコール**」です。3価アルコールもグリセリンだけ覚えておきましょう。第9講の「油脂」のところでも，グリセリンが出てきます。

■ 炭化水素基（R）の数による分類

次の分類は，ヒドロキシ基（OH）が結合している炭素原子に，炭化水素基（R）が何個結合しているかによって，分類されます。この分類の仕方は大変重要です。**第5講でやった異性体の区別の仕方が有機化学の第1関門ならば，ここは第2関門に相当するところです。**

「炭化水素基」とはCとHからできている原子のまとまり（基）のことで，化学では普通「R」と表します。例えば第5講の「単元2　要点のまとめ③」（→154ページ）でやったメチル基やエチル基のようなアルキル基（アルカンの水素原子1個が取れたもの）が含まれます。そういう場合も全部をひっくるめて，炭素と水素からできた基という意味で，炭化水素基（R）という言い方をしています。

図7-8 のエタノールを見てください。－OHがついた炭素原子Cに，メチル基というRが1個ついている。このように**Rが1個の場合を「第一級アルコール」とよびます。**

隣のメタノールを見てください。－OHがついた炭素原子Cに，Rはついていませんね。それでも例外的に第一級アルコールといいます。

図7-8

第一級アルコール

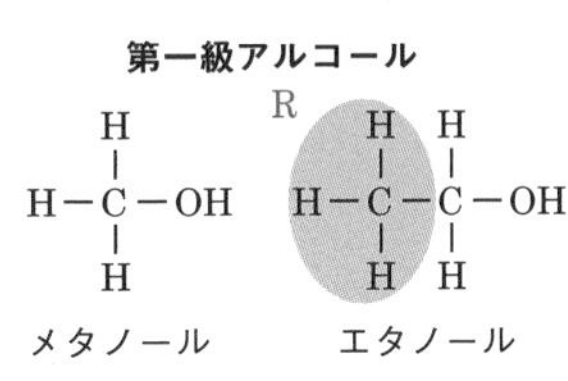

！重要★★★ メタノールは例外的に第一級アルコールである

次に 図7-9 の2-プロパノールを見てください。－OHがついた炭素原子CにRのメチル基が2個くっついています。－OHがついた炭素原子に，**Rが2個ついているので「第二級アルコール」**。いいですね。Rの数によって決まっています。

図7-9

第二級アルコール

R　R
H H H
H－C－C－C－H
H OH H
2-プロパノール

連続 図7-10① の2-メチル-2-プロパノールの図を見てください。－OHがついていた炭素原子に**Rが3つついているから，これは「第三級アルコール」**。2-メチル-2-プロパノールはRが全部メチル基です。しかし，これにエチル基（R′）があってもいいんです 連続 図7-10②。エチル基を含むときは「2-メチル-2-ブタノール」といいます。

以上が，有機化学の第2関門でした。ここは図をよく見ながら復習してくださいね。

第三級アルコール

連続 図7-10

①

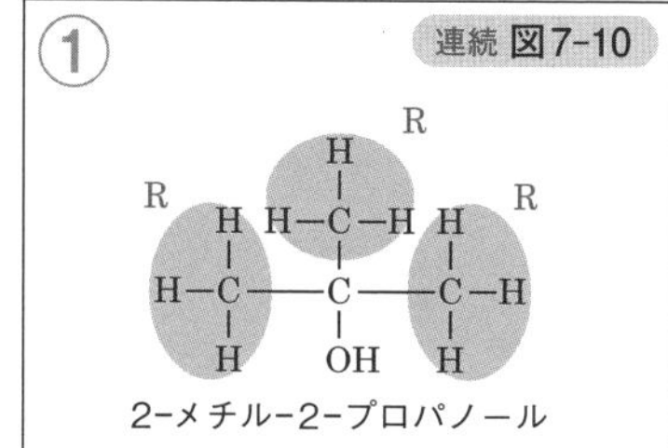

2-メチル-2-プロパノール

②

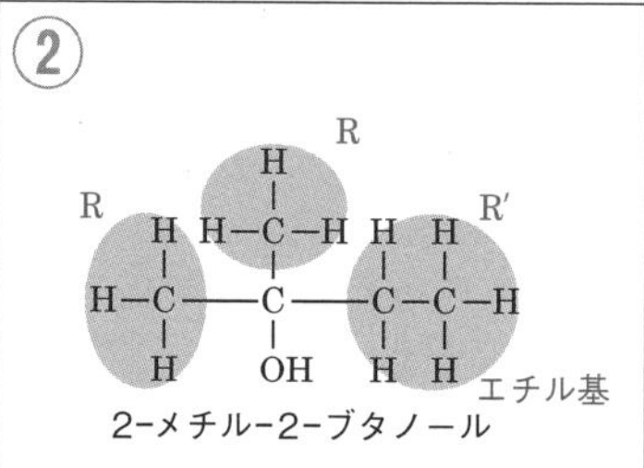

2-メチル-2-ブタノール

■ **炭素原子の個数による分類**

アルコールは，分子中の炭素数の多い少ないでも分類されます。

低級アルコール………分子中の炭素数が少ないアルコール
高級アルコール………分子中の炭素数が多いアルコール

低級とは，分子量が小さいという意味です。炭素数が少ない。高級とは，分子量の大きい，つまり炭素数が多いんですね。

単元 2　要点のまとめ①

• アルコールの分類

炭化水素のH原子がヒドロキシ基（－OH）で置き換わった構造の化合物をアルコールという。

①ヒドロキシ基の数による分類

例：1価アルコール

CH_3-OH　メタノール

CH_3-CH_2-OH　エタノール

2価アルコール

CH_2-OH
｜
CH_2-OH

エチレングリコール（1,2-エタンジオール）

3価アルコール

CH_2-OH
｜
$CH-OH$
｜
CH_2-OH

グリセリン（1,2,3-プロパントリオール）

②ヒドロキシ基が結合している炭素原子に，炭化水素基（R）が何個結合しているかによる分類

重要★★★

例：第一級アルコール　　　第二級アルコール　　　第三級アルコール

```
                                                              H
                                                              |
     H           H   H         H   H   H          H   H－C－H   H
     |           |   |         |   |   |          |      |      |
 H－C－OH   H－C－C－OH   H－C－C－C－H   H－C────C────C－H
     |           |   |         |   |   |          |      |      |
     H           H   H         H  OH   H          H     OH      H
  メタノール     エタノール     2-プロパノール     2-メチル-2-プロパノール
```

③炭素原子の個数による分類

低級アルコール…分子中の炭素数が少ないアルコール

高級アルコール…分子中の炭素数が多いアルコール

2-2 アルコール類の命名法

アルコール類の命名法をやります。まず「飽和1価アルコール」について説明しましょう。「飽和」とは，二重結合や三重結合をもたないということで，単結合のみのアルコールという意味です。そして1価だから，$-OH$が1個ですね。一般式は，

$$C_nH_{2n+1}OH$$

となります。これは次のように考えてください。アルカンの一般式C_nH_{2n+2}から水素原子1個を取ると，C_nH_{2n+1}。そこに$-OH$が1個ついたと考えると，$C_nH_{2n+1}OH$ですね。

$n=1$のときの名前のつけ方には慣用名と国際名の2種類があります。慣用名では「メチルアルコール」といいます。$-CH_3$（メチル基）に$-OH$（ヒドロキシ基）が結合したので，「メチル基がついたアルコール」ということで「メチルアルコール」と命名します。

ところが国際名では，どこの国の人でも同じ名称で呼べるように決められています。「CH_4メタン（methane）→メタノール（methanol）」というようにアルカン語尾にol（オール）をつけて命名します。

重要★★★ 国際名はアルカンの語尾にol（オール）をつける

次は$n=2$のときの慣用名です。Cが2個だからエタンです。エチル基に$-OH$がついたら「エチルアルコール」ですね。

それに対して，国際名は**エタンのあとに「オール」をつけるから「エタノール」**

という言い方をします。

では$n=3$のときはどうでしょう。国際名は**プロパンのあとに「オール」だから，「プロパノール」でしょう。**ところが，Cが3個あって－OHがつくので，これが異性体をもつかどうかの区別をしなければなりません。－OHをつけるときに，Cの3個の骨格の中では異性体は存在しません。直角に曲がっても，これは同じものです。しかし－OHがついた位置で物質は違うものになります。端っこのCにつくか，または真ん中のCにつくかで違うんです。だからアルコールはさらに異性体ができてくるわけです。

連続 図7-11① と 連続 図7-11② を見てください。基本的にはCの鎖が一番長いところを考えます。両方ともCが3個だから，名前はプロパノール。これでいいです。だけど，違う物質なのに同じ名前がついてはまずいじゃないですか。

プロパノールの異性体

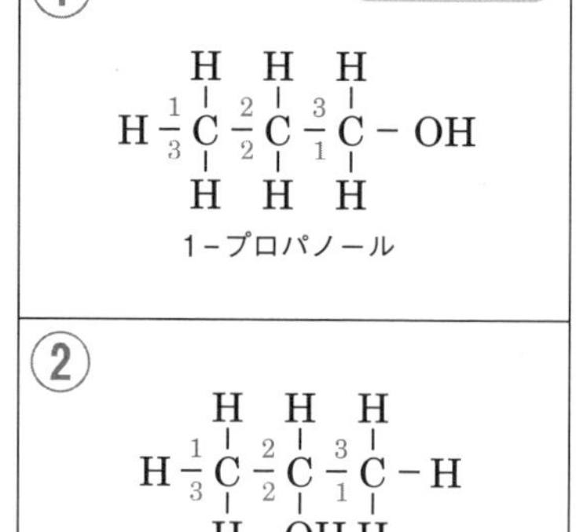

プロパノールを構成している炭素に端から順に1番，2番，3番と番号をふります。また逆向きに1番，2番，3番と番号をふります。このとき「**小さいほうの数字を，位置を表す番号に使う**」という約束がありましたね。連続 図7-11① は右端から1番目の炭素に－OHがついているというので，「**1-プロパノール**」といいます。**「1」は－OHの位置を表す番号**ですね。このアルコールの慣用名は「**プロピルアルコール**」といいます。

連続 図7-11② のプロパノールは－OHの位置が2番目の炭素（右からでも左からでも，どちらも2番目になる）なので，「**2-プロパノール**」になります。また，慣用名では「**イソプロピルアルコール**」といいます。

もう少し複雑なものの名前を考えてみましょう 図7-12。一番長い鎖は，Cが3個だからプロパンです。2番目のところについた－OHだから，まずは2-プロパノールでしょう。

次に赤い部分を見てください。2番目の炭素の位置にメチル基がついています。だから，「2-プロパノール」の前に「2-メチル」と入れなければいけません。よって 図7-12 の物質の名前は，「**2-メチル-2-プロパノール**」。名前を書くときの注意点ですが，**数字と数字の間だけカンマ，**

図7-12

2-メチル-2-プロパノール

それ以外は全部ハイフンでつなぐ約束です。

入試問題でアルコールの名前はよく問われます。そのときのためにも，どういう物質かがわかるようにしておかなければいけません。ポイントをまとめておきましょう。

単元2 要点のまとめ②

● アルコール類の命名

重要★★★

飽和1価アルコールを$C_nH_{2n+1}OH$で表すと，$n=1$のとき　CH_3OH

(a) $-CH_3$（メチル基）に$-OH$（ヒドロキシ基）が結合したのでメチルアルコール（慣用名）と命名する。

(b) CH_4メタンmethaneのH原子が$-OH$基で置換したので，メタノールmethanolというようにアルカン語尾にol（オール）をつけて命名する。同様に，$n=2$のとき

C_2H_5OH…エチルアルコール（慣用名）
エタノールethanol（国際名）

$n=3$のとき

```
   H  H  H
   |  |  |
H－C－C－C－OH
   |  |  |
   H  H  H
```

1-プロパノール（国際名）
プロピルアルコール（慣用名）

```
   H  H  H
   |  |  |
H－C－C－C－H
   |  |  |
   H OH  H
```

2-プロパノール（国際名）
イソプロピルアルコール（慣用名）

2-3 アルコールの製法と性質

アルコールの製法について，メタノールとエタノールを例に説明しましょう。

■ メタノールの生成

一酸化炭素と水素からメタノールを生成するときZnO（触媒）を加え，高温・高圧で反応させます。

重要★★ $$CO + 2H_2 \xrightarrow[\text{ZnO（触媒）}]{\text{高温・高圧}} CH_3OH$$

■ エタノールの生成

エチレンに水を加えます。するとエタノールになります。

図7-13

重要★★★

$$\mathrm{\begin{matrix} H & & & & H \\ & \diagdown & & \diagup & \\ & & C{=}C & & \\ & \diagup & & \diagdown & \\ H & & & & H \end{matrix} \; + \; H{-}O{-}H \xrightarrow[\text{反応}]{\text{付加}} \begin{matrix} & H & & H & & & \\ & | & & | & & & \\ H- & C & - & C & -O- & H \\ & | & & | & & & \\ & H & & H & & & \end{matrix}}$$

エチレン　　　　　　　　　　エタノール

図7-13 を見てください。アセチレンに水を加えた（→184，185ページ）のと同様に，エチレンの二重結合のうち，1本は切れてしまいます。そこに水（H—O—H）を加えると，切れた結合にそれぞれH—，—OHが結びつきます。するとエタノールになるのです。切れるところをしっかり覚えておきましょう。

エチレンに限らず，アルケンに水を加えると，Cが3個のプロペン（慣用名ではプロピレン）でも同様の反応形式でアルコールができます。

■ アルコールの性質

次に性質を見てみましょう。アルコールは水素結合をもつので，沸点が高いんです。「**水素結合**」という言葉がポイントです。ですから，同じ分子式のエーテルよりも沸点は高いんです。

エーテルについてちょっと説明しましょう。図7-14 を見てください。

図7-14

分子式 C_2H_6O

$$\mathrm{\begin{matrix} & H & & H & & \\ & | & & | & & \\ H- & C & - & C & -O- & H \\ & | & & | & & \\ & H & & H & & \end{matrix} \qquad \begin{matrix} & H & & H & \\ & | & & | & \\ H- & C & -O- & C & -H \\ & | & & | & \\ & H & & H & \end{matrix}}$$

エタノール　　　　　　　　ジメチルエーテル

これらはC_2H_6Oで分子式は同じです。エタノールはCが2個並んで—OH。もう1つは，CとCの間にOがついてきたもので，「ジメチルエーテル」といいます。C_2H_6Oで分子式は同じですが，これらの関係は異性体ですね。

ジメチルエーテルのCとCの間にOが入った結合を「**エーテル結合**」といいましたね。意外とこの辺は，正誤問題で出ます。

連続 図7-15① を見てください。水は折れ線形の構造をもち，水素結合があります（『化学基礎』95ページ 連続 図3-18②）。片方のHをC_2H_5に入れ換えてみましょう 連続 図7-15②。

水とアルコールの水素結合

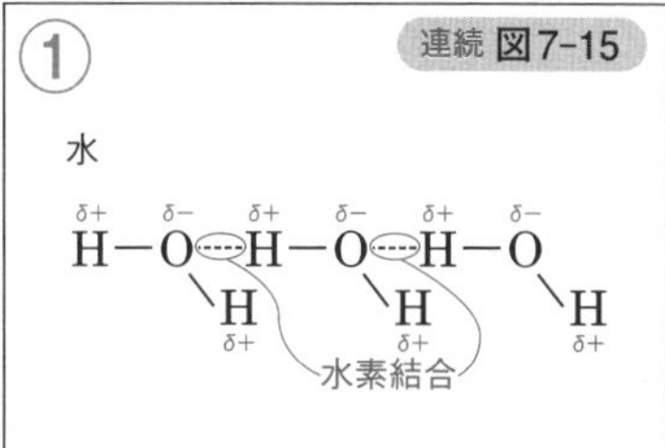

いつものごとく，**「元気いい生徒ホンとに来るよ，合格通知」よりF，O，N，Clが電気陰性度の大きいことを思い出してください。**その中でもF，O，Nと水素との化合物は水素結合をもちましたね。図中の**点線は水素結合**です。

連続 図7-15 の続き

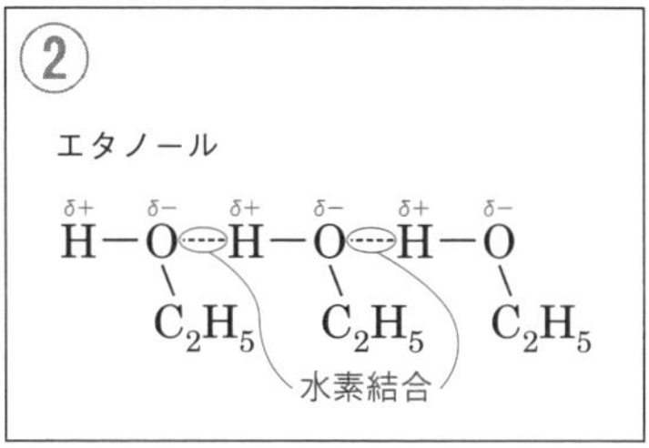

②

エタノール

$$\overset{\delta+}{H}-\overset{\delta-}{O}\cdots\overset{\delta+}{H}-\overset{\delta-}{O}\cdots\overset{\delta+}{H}-\overset{\delta-}{O}$$

（各Oに C_2H_5 が結合，点線部分：水素結合）

このようにアルコールは水素結合をもちました。けれどもジメチルエーテル 図7-14 には，－OHがないので水素結合にならない。

C－O－Cでは$\delta+$，$\delta-$という極性はありません。

それではアルコールの製法と性質をまとめておきましょう。

単元2 要点のまとめ③

● アルコールの製法

①メタノールの生成

重要★★

$$CO + 2H_2 \xrightarrow[ZnO（触媒）]{高温・高圧} CH_3OH$$

②エタノールの生成

重要★★★

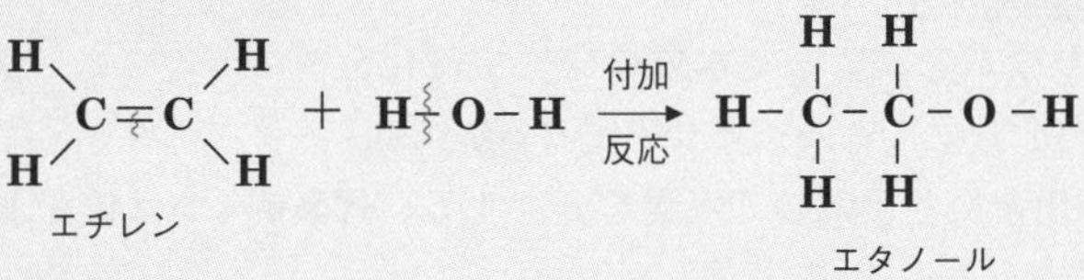

$$CH_2=CH_2 + H-OH \xrightarrow[反応]{付加} H-\underset{H}{\overset{H}{C}}-\underset{H}{\overset{H}{C}}-O-H$$

エチレン　　　　　　エタノール

③性質

分子間の水素結合により，同じ分子式のエーテルに比べ，沸点が高い。

2-4 アルコールの反応（1）

■ ナトリウムとの反応

アルコールはナトリウムと反応して，水素を発生します。このことはエーテルとの識別に利用されます。なぜならエーテルはナトリウムとは反応を起こさないからです。化学反応式を見てください。この例も重要です。

重要★★★　$2CH_3OH + 2Na \longrightarrow 2CH_3ONa + H_2$

メタノール　→　ナトリウムメトキシド

重要★★★　$2C_2H_5OH + 2Na \longrightarrow 2C_2H_5ONa + H_2$

エタノール　→　ナトリウムエトキシド

「**ナトリウムメトキシド**」や「**ナトリウムエトキシド**」は書けるようにしておきましょう。今の2本の式を，僕は次のように覚えています。$-OH$（ヒドロキシ基）をもっているものは，金属ナトリウムとどの場合でも反応します。この反応は無機化学でやったアルカリ金属と似ています（→77ページも参照してください）。

では$CH_3OH + Na$はどうなるか，反応式を見てください。

$$CH_3O\text{(H)} + \text{(Na)} \longrightarrow CH_3ONa + H$$

2倍する

$$2CH_3OH + 2Na \longrightarrow 2CH_3ONa + H_2$$

アルコールのOHのHと，Naが置換されて，$CH_3ONa + H$。でも，このままではダメ。原子状態のHではおかしいんです。必ずH_2にならないといけない。そのためには，**全部2倍してやればいい**。すると，HがH_2になります。Na_2ではおかしい。金属の場合は係数を前に書きます（2Na）。

同様に$C_2H_5OH + Na$もC_2H_5OHをNaと反応させて2倍（$2C_2H_5OH$）すると，反応式（$2C_2H_5OH + 2Na \longrightarrow 2C_2H_5ONa + H_2$）が書けます。

■ この4つの物質を覚えよ！

ここで，**金属ナトリウム**と反応して**水素**を発生する化合物については，次の4つを覚えてください。非常に大きなポイントです 図7-16 。

Naは$-OH$をもつ化合物と反応して水素を発生する。**代表例4つは覚えよう**。

図7-16

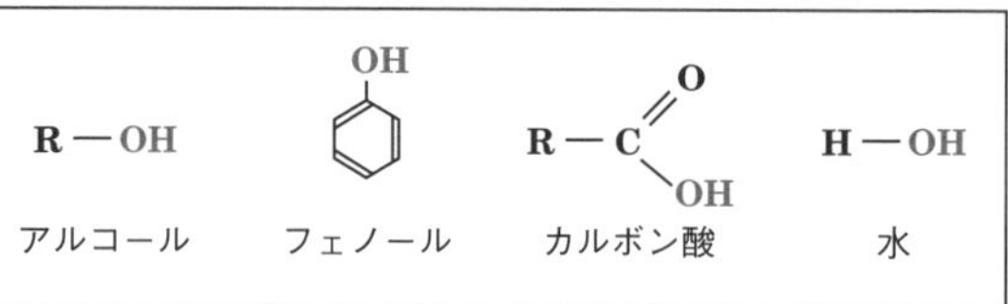

アルコールは"R－OH"と書きます。Rは，炭化水素基ですね。それからベンゼン環に$-OH$がついたものを「**フェノール**」といいます（「ベンゼン環」の話は第9講で出てきます）。"R－COOH"は「**カルボン酸**」といいます。"H－OH"は水ですね。これらの物質は金属ナトリウムと反応して水素を発生します。

これら4つは同じ要領で化学反応式が書けます。

ここでちょっとアドバイス。試験で「**水酸化ナトリウム**と反応するのは何か」という問題がよくあります。水酸化ナトリウムは塩基なので，中性物質や塩基とは反応しません。アルコールと水は中性です。したがって，酸性の物質である「**フェノール**」と「**カルボン酸**」と反応します。このとき塩基と酸が中和反応を起こすのです。この2つだけ水酸化ナトリウムと反応することを覚えておけばいいですよ。

第9講でやりますが，フェノールは弱酸性（非常に弱い酸性）なんです。また，カルボン酸のRがメチル基になれば，CH_3COOH。これはみなさんおなじみの酸性物質，酢酸ですね。こういう問題が何の脈絡もなく出てきます。

金属ナトリウムと水酸化ナトリウムが同じものだと間違われることが多い。そこが実はかなり違うということで，今の話を理解してください。

Na と NaOH の反応の違い

アルコール，フェノール，カルボン酸，水は，Na と反応して水素を発生するが，NaOH（塩基）と反応するのは，この4つの中では酸性のフェノールとカルボン酸のみである。

■ **脱水反応**

次はアルコールの脱水反応です。C_2H_5OH に濃硫酸を加えます。

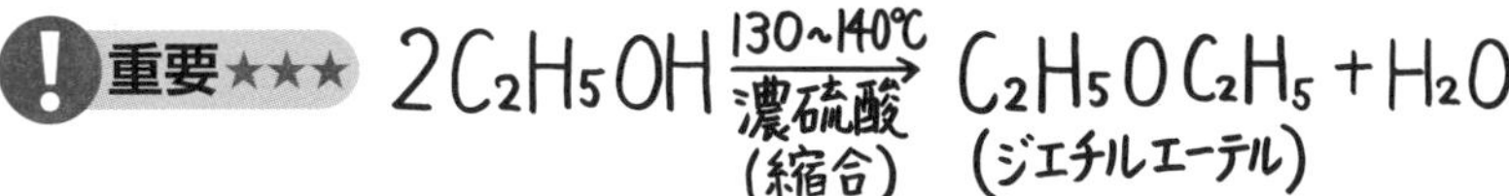

130〜140℃で濃硫酸を加えた場合は，エタノール分子2個が反応していきます。**130〜140℃という温度がポイントです。**これはどうぞ覚えておいてください。

図7-17

$$\begin{array}{c}H\ \ H\\ |\ \ \ |\\ H-C-C-\boxed{O-H}\\ |\ \ \ |\\ H\ \ H\end{array} + \begin{array}{c}\quad\ \ H\ \ H\\ \quad\ \ |\ \ \ |\\ \boxed{H}-O-C-C-H\\ \quad\ \ |\ \ \ |\\ \quad\ \ H\ \ H\end{array}$$

$$\xrightarrow[\text{濃硫酸（縮合）}]{130〜140℃} \begin{array}{c}H\ \ H\qquad H\ \ H\\ |\ \ \ |\qquad\ |\ \ \ |\\ H-C-C-O-C-C-H\\ |\ \ \ |\qquad\ |\ \ \ |\\ H\ \ H\qquad H\ \ H\end{array} + H_2O$$

ジエチルエーテル

反応式は丸暗記しないで構造式からつくれるようにしておきましょう 図7-17。エタノールの水（OH と H）が取れます。あとは，残りを結んでやればいい。そうすると，ジエチルエーテルと水ができますね。C と C の間に O が入ったエーテル結合です。2つのエチル基がエーテル結合で結ばれたから「ジエチルエーテル」。

次へいきます。今度は**160～170℃**で濃硫酸を加えた場合です。エタノール分子1個から水が取れます。

重要★★★

$$C_2H_5OH \xrightarrow[\text{濃硫酸（脱離）}]{160\sim170℃} CH_2=CH_2 + H_2O$$

（エチレン）

この反応も構造式で覚えましょう。 図7-18 を見てください。

図7-18

$$\begin{array}{ccccc} & \boxed{H} & H & & \\ & | & | & & \\ H- & C & -C- & \boxed{O-H} & \\ & | & | & & \\ & H & H & & \end{array} \xrightarrow[\text{濃硫酸（脱離）}]{160\sim170℃} \begin{array}{c} H \\ H \end{array}\!\!\!> C=C <\!\!\!\begin{array}{c} H \\ H \end{array} + H_2O$$

エチレン

水（赤い部分）が取れると，2つの炭素は，手が1本ずつ余ってきますね。これらが結びついて二重結合になります。このようにしてエチレン（$CH_2=CH_2$）ができます。

ここで注意したいことがあります。水が取れるからと言って，これら2本の反応式を脱水とよんではいけません。濃硫酸を**130～140℃**で加えた反応の正式名は「**縮合**」といい，**160～170℃**で起こる反応は「**脱離**」といいます。濃硫酸（H_2SO_4）は触媒で，硫酸自身は変化しません。「分子間脱水」と「分子内脱水」と書かれている参考書もありますが，その言葉は入試にはそれほど出てきません。正式名のほうをどうぞ覚えてください。

重要な反応式が2本もあると，ごちゃごちゃして覚えにくい，という人もいるでしょう。ゴロなんですが，僕はこれで覚えましたよ。

「アル中が医務室まで歩けん，胃酸のゲ～でる。」
（ルビ：医務室＝160℃，歩けん＝アルケン，胃酸＝130℃，ゲ～でる＝エーテル）

アルコール中毒の会社員が前の晩に飲みすぎて，気持ち悪いまま出社して医務室（**160℃**）まで歩けん（**アルケン**）歩けない状態で，そうこうしている間に胃酸（**130℃**）のゲ～でる（**エーテル**）。…というあまり気持ちのいいゴロではないのですが，このように印象に残しておけば，間違いなく覚えられますよ。ここは両方とも絶対に出るパターンです。ここは必勝しないとダメ，絶対に勝たなくちゃいけない。

単元2 要点のまとめ④

- **アルコールの反応**

①ナトリウムと反応して，水素を発生する。エーテルとの識別に利用する。

重要★★★ $2CH_3OH + 2Na \longrightarrow 2CH_3ONa + H_2$
（CH_3ONa：ナトリウムメトキシド）

重要★★★ $2C_2H_5OH + 2Na \longrightarrow 2C_2H_5ONa + H_2$
（C_2H_5ONa：ナトリウムエトキシド）

②脱水反応

低温では縮合（分子間脱水），高温では脱離（分子内脱水）が起こる。

重要★★★ $2C_2H_5OH \xrightarrow[\text{濃硫酸（縮合）}]{130 \sim 140^\circ C} C_2H_5OC_2H_5 + H_2O$
（C_2H_5OH：エタノール，$C_2H_5OC_2H_5$：ジエチルエーテル）

重要★★★ $C_2H_5OH \xrightarrow[\text{濃硫酸（脱離）}]{160 \sim 170^\circ C} CH_2=CH_2 + H_2O$
（C_2H_5OH：エタノール，$CH_2=CH_2$：エチレン）

2-5 アルコールの反応（2）

■ 酸化反応のポイント

アルコールの酸化反応の具体的な説明の前に，そのポイントから紹介します。

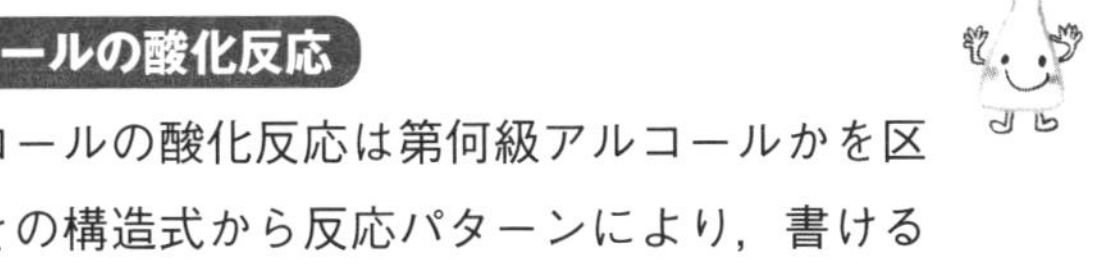

アルコールの酸化反応

アルコールの酸化反応は第何級アルコールかを区別し，その構造式から反応パターンにより，書けるようにしよう。

ここでは第何級アルコールかということに気をつけて，構造式を書けるようになってほしいんです。

■ 第一級アルコールの酸化反応

図7-19 を見てください。第一級アルコールが酸化されるとアルデヒドになって，さらに酸化されてカルボン酸になるという一般的な反応です。

図7-19

$$\mathrm{R-\overset{H}{\underset{H}{C}}-O-H} \underset{\text{還元}}{\overset{\text{酸化}}{\rightleftarrows}} \mathrm{R-C{\overset{\displaystyle /\!/O}{\underset{\displaystyle \backslash H}{}}}} \underset{\text{還元}}{\overset{\text{酸化}}{\rightleftarrows}} \mathrm{R-C{\overset{\displaystyle /\!/O}{\underset{\displaystyle \backslash O-H}{}}}}$$

（第一級アルコール）　　（アルデヒド）　　（カルボン酸）

酸化と還元は，正反応と逆反応の関係で両方起こります。「酸化」が起こると逆向きは「還元」です。

この反応の代表例を挙げます。ここは，書けるようにしてください。暗記は暗記ですが，覚えるべきところをしっかりおさえればいいんです。いいですか。

■ **エタノールの酸化**

エタノールが酸化されるとアセトアルデヒドになります。エタノールは第一級アルコールでしたね。

そして，酸化とはどういうことが起こるかをおさえていただきます。みなさん，「**酸化**」は**酸素がつくこと**だと考えますね。ちょっと見方を変えて，水素を基準にすると，水素がつくことは「還元」といいます（水化とはいわない！）。では，逆に**水素が取れることは，「酸化」**です。つまり第1段階目の酸化は，水素が取れる。これが重要なのです。

エタノールの酸化反応

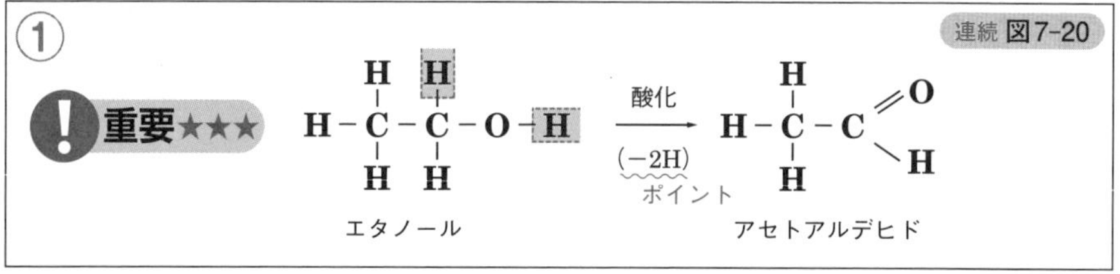

さて，これからが暗記。どこから取れるかを覚えてください。連続 図7-20①のようにエタノールのヒドロキシ基（—OH）のHと，ヒドロキシ基がついたCから上でも下でもいいのでHを1個取ります。では上を取りましょう（赤い部分）。すると，余ったCの手と余ったOの手が結びついて，二重結合になります。これが「**アセトアルデヒド**」です。これは慣用名だから丸暗記です。

さらにもう1回酸化が起こる。第一級アルコールの酸化は，全部で2回反応が起こります。この反応形式を覚えておけば，どんな第一級アルコールでも，酸化物質を構造式で書くことができます。

多くの受験生が，この式を示性式で暗記しています。しかし，酸化の状態が覚えきれずにわからなくなるんです。このように構造式にすれば，少ない暗記で簡単に書けるようになります。

連続 図7-20 の続き

②

重要★★★

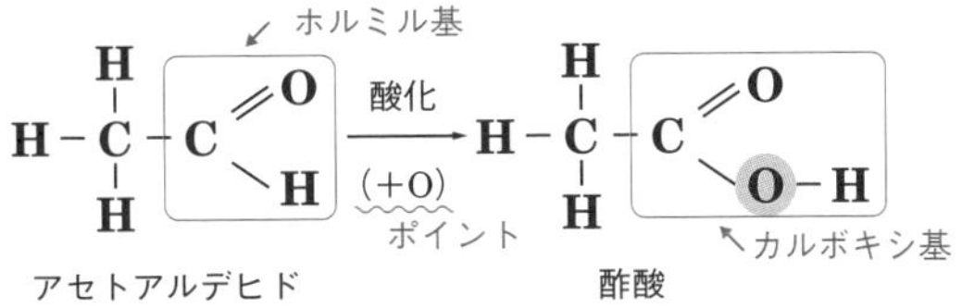

ホルミル基

アセトアルデヒド CH_3CHO —酸化 (+O)→ 酢酸 CH_3COOH

ポイント

カルボキシ基

酢酸

連続 図7-20② を見てください。2段階目の酸化では，くっついてくるOの位置に注目してください。「**酢酸**」ができます。どこに入るか，それだけ覚えておけば大丈夫なんです。ホルミル基（→440ページで確認してください）のCとHの間に，Oがポコッと1個入ってきます。このように酸化が起こる。「**ホルミル基**」と「**カルボキシ基**」という名前はポイントですよ。

この反応形式をしっかりおさえておけば，必ずどんな場合でも第一級アルコールの酸化反応は書けるようになります。メタノールと1-プロパノールの場合も見てください 図7-21 。同じような反応形式になっています。いいですね。

図7-21

重要★★★

メタノール CH_3OH —酸化 (−2H)→ ホルムアルデヒド $HCHO$ —酸化 (+O)→ ギ酸 $HCOOH$

重要★★★

1-プロパノール $CH_3CH_2CH_2OH$ —酸化 (−2H)→ プロピオンアルデヒド CH_3CH_2CHO

—酸化 (+O)→ プロピオン酸 CH_3CH_2COOH

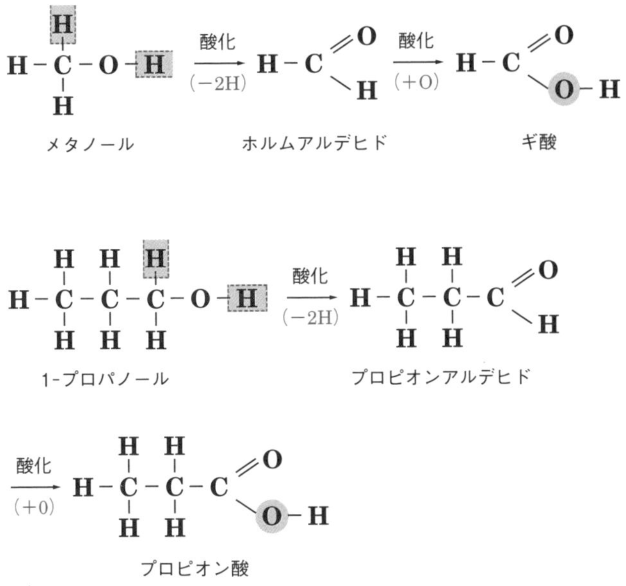

「**ホルムアルデヒド**」や「**ギ酸**」，「**プロピオンアルデヒド**」や「**プロピオン酸**」という名前も，ここで覚えておきましょう。入試に出題されます。

■「アルデヒド」や「カルボン酸」は総称（一般名ともいう）

ところで，図7-19にあった「アルデヒド」や「カルボン酸」は，総称（一般名ともいう）の言い方です。

総称とは何でしょうか。動物園で鼻が長くて大きな動物を見ると，みなさんは「象」だと言うでしょ。でも「象」というのは総称です。実は個々にはインド象がいれば，アフリカ象もいる。耳が大きいとか小さいで区別するらしいけれども，個々にはちゃんとした名前がついています。このように，**ホルミル基をもっている物質の総称を「アルデヒド」，カルボキシ基をもっている物質の総称を「カルボン酸」といっているのです。**

■ 第二級アルコールの酸化反応

第二級アルコールの酸化は，1段階しかない。第一級アルコールより単純です図7-22。

図7-22

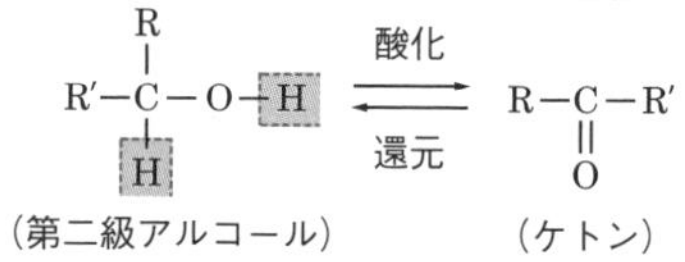

$$\mathrm{R'-\underset{H}{\overset{R}{C}}-O-H} \;\underset{\text{還元}}{\overset{\text{酸化}}{\rightleftarrows}}\; \mathrm{R-\underset{O}{\overset{}{\underset{\|}{C}}}-R'}$$

（第二級アルコール）　　（ケトン）

＞C＝Oを「**カルボニル基**」といいますが，特にCとOの二重結合の両サイドに炭素が入っている場合，その物質の総称を「**ケトン**」といいます。ちなみにアルデヒド $\mathrm{R-C}\lessgtr^{\mathrm{O}}_{\mathrm{H}}$，カルボン酸 $\mathrm{R-C}\lessgtr^{\mathrm{O}}_{\mathrm{OH}}$，エステル $\mathrm{R-\overset{O}{\overset{\|}{C}}-O-R'}$（→221ページ）の＞C＝Oの部分もカルボニル基に含めることがある。

では，図7-23を見てください。第二級アルコールである2-プロパノールを例にとり，説明します。

図7-23

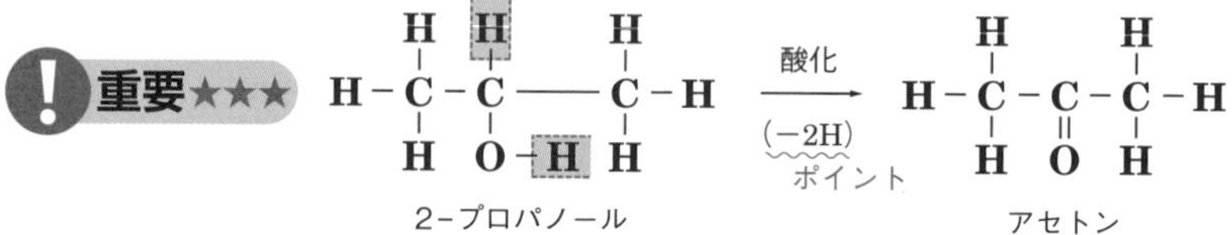

2-プロパノールは－OHがついている炭素原子に，Rで表されるメチル基が2つあるから第二級アルコール。たまたま第二級アルコールの2と同じ“2”という数字がついていますが，これは偶然ですよ。

酸化すると，Hが2個（赤い部分）取れます。ヒドロキシ基のHとその真上にあるHが取れます。すると炭素の手が1本と，Oの手が1本余っているから，ここが二重結合になります。その結果できた物質を「**アセトン**」といいます。どうぞこの物質の名前を覚えてください。慣用名ですから丸暗記です。

アドバイス アセトンの製法は2-プロパノールの酸化以外に酢酸カルシウムの乾留で得られます。

重要★★★ $(CH_3COO)_2Ca \xrightarrow{\text{乾留}} CaCO_3 + CH_3COCH_3$
酢酸カルシウム　　　　　　アセトン

(注意) 乾留とは空気を遮断して固体を加熱すること。

アドバイス メタンの製法はアセトンの製法と似ているので紹介しておきます。酢酸ナトリウムに水酸ナトリウムを加えて加熱します。

重要★★★ $CH_3COONa + NaOH \longrightarrow Na_2CO_3 + CH_4$
メタン

この2つの化学反応式は入試でよく出題されますので覚えておいてください。

■ 第三級アルコールの酸化反応

第三級アルコールは正しくは“酸化されにくい”のですが，**入試では確実に「酸化されない」と考えて構いません** 図7-24。

図7-24
第三級アルコール
$R'-\overset{\displaystyle R}{\overset{|}{\underset{\underset{\displaystyle R''}{|}}{C}}}-OH$ 酸化されにくい（酸化されない）

単元2 要点のまとめ⑤

● アルコールの酸化反応

(1) 第一級アルコール

$R-CH_2-OH \underset{\text{還元}}{\overset{\text{酸化}}{\rightleftarrows}} R-CHO \underset{\text{還元}}{\overset{\text{酸化}}{\rightleftarrows}} R-COOH$
（第一級アルコール）　（アルデヒド）　（カルボン酸）

例：
重要★★★ $H-CH_2-OH \xrightarrow[(-2H)]{\text{酸化}} H-CHO \xrightarrow[(+O)]{\text{酸化}} H-COOH$
メタノール　ホルムアルデヒド　ギ酸

重要★★★
例：
$CH_3-CH_2-OH \xrightarrow[(-2H)]{\text{酸化}} CH_3-CHO \xrightarrow[(+O)]{\text{酸化}} CH_3-COOH$
エタノール　アセトアルデヒド　酢酸

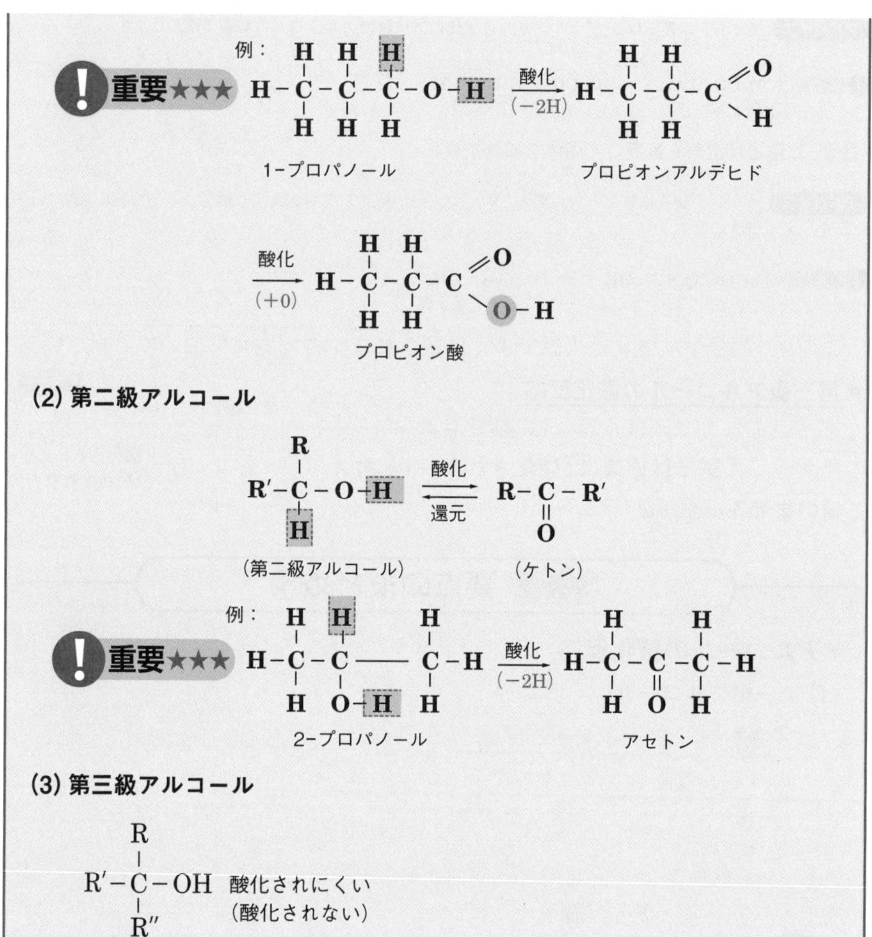

■ **エステル化**

次です。カルボン酸とアルコールが反応することを，「**エステル化**」といいます。エステル化が起きてできる物質は，エステルと水です。またその逆反応を「**加水分解**」といいます。

これだけではイメージしにくいでしょう。次のページの 図7-25 を見てください。

図7-25

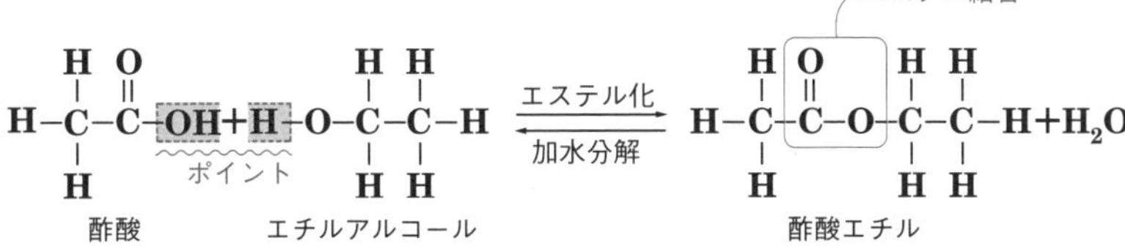

代表例として，酢酸とエチルアルコールのエステル化を説明します。ポイントは，酢酸とエチルアルコールを構造式で書けることと，**カルボン酸の −OHとアルコールのHが取れるということ**。**これは覚えてください。**

カルボン酸とアルコールが反応してできあがった物質を，「**エステル**」といいます。どういうふうにできるか。−OHが取れた酢酸のCと，Hが取れたエチルアルコールのOが結びつきます。あとは−OHとHが結びついてH_2Oになります。

できあがった物質の**名前は，酢酸とエチルアルコールの慣用名と慣用名を足して，「酢酸エチル」という慣用名になります。**また，ギ酸とメチルアルコールからできたエステルの慣用名は「**ギ酸メチル**」。サリチル酸とメチルアルコールなら「**サリチル酸メチル**」といいます。意外と簡単ですね。

酢酸エチルの中にある赤く囲んだ部分を「**エステル結合**」といっています。**エステル結合をもつ物質の総称がエステルなのです。**

単元 2 要点のまとめ⑥

• エステル化

$$\underset{\text{(カルボン酸)}}{R-\underset{\underset{O}{\|}}{C}-OH} + \underset{\text{(アルコール)}}{H-OR'} \underset{\text{加水分解}}{\overset{\text{エステル化}}{\rightleftarrows}} \underset{\text{(エステル)}}{R-\underset{\underset{O}{\|}}{C}-O-R'} + H_2O$$

重要★★★

例：

$$\underset{\text{酢酸}}{CH_3-C(=O)-OH} + \underset{\text{エチルアルコール}}{H-C(H_2)-C(H_2)-O-H} \underset{\text{加水分解}}{\overset{\text{エステル化}}{\rightleftarrows}} \underset{\text{酢酸エチル}}{CH_3-C(=O)-O-CH_2-CH_3} + H_2O$$

演習問題で力をつける㉑

アルコールの酸化反応について理解する！

問 次の(1)・(2)に当てはまる化合物を，下の①～⑩のうちから1つずつ選べ。

(1) 酸化するとアセトアルデヒドを生成するアルコール

(2) 還元すると2−プロパノールを生成するケトン

①CH_3CH_3　②$CH_2=CHCH_3$　③CH_3OH　④CH_3CH_2OH
⑤$CH_3CH_2CH_2OH$　⑥HCHO　⑦CH_3CHO　⑧CH_3COCH_3
⑨$CH_3COCH_2CH_3$　⑩$CH_2=CHOCOCH_3$

さて，解いてみましょう。

2-5 で学んだことを踏まえて解いていきます。

第一級アルコール $\underset{還元}{\overset{酸化}{\rightleftarrows}}$ アルデヒド $\underset{還元}{\overset{酸化}{\rightleftarrows}}$ カルボン酸

第二級アルコール $\underset{還元}{\overset{酸化}{\rightleftarrows}}$ ケトン

第三級アルコール ⟶ 酸化されない

これらの反応について，具体的に物質が思い出せれば解答できます。

問(1)の解説

岡野の着目ポイント 酸化するとアセトアルデヒドになるアルコールは，第一級アルコールのエタノールでした。構造式から酸化される物質を書けるようにしておいてください。

$$CH_3CH_2OH \xrightarrow[(-2H)]{酸化} CH_3CHO \xrightarrow[(+O)]{酸化} CH_3COOH$$

エタノール　　アセトアルデヒド　　酢酸

よって④のエタノール(CH_3CH_2OH)が解答です。本問は化合物が示性式で出題されています。このような形式にも慣れておいてください。示性式は価標を取り，基ごとにまとめた式です(→133ページ)。

∴ ④……問(1)の【答え】

問(2)の解説

> **岡野の着目ポイント** 還元すると2−プロパノールを生成するケトンは，アセトンでしたね。第二級アルコールの酸化還元反応を構造式から書けるように，繰り返し練習してください。

$$CH_3-CH(OH)-CH_3 \underset{還元}{\overset{酸化}{\rightleftarrows}} CH_3-CO-CH_3$$

2−プロパノール　　　アセトン

アセトンを還元すると，左向き矢印のように反応が進み，2−プロパノールになります。よって⑧のアセトン(CH_3COCH_3)が解答です。

∴ ⑧……問(2)の【答え】

入試では，アルコールの酸化反応がよく出題されますが，逆に還元反応もこのように出題されます。両方の方向から，反応物と生成物がわかるように練習しておきましょう。すべて構造式から物質をつくれるようになること，これがポイントです！　しっかり復習しましょう。次に**【例題2】**と**【例題3】**をやっていきましょう。

> **【例題2】**
> 分子式$C_4H_{10}O$で示される有機化合物にはいくつかの異性体がある。
> (1) 構造異性体は全部で何種存在するか。構造異性体の数を答えよ。
> (2) 第一級アルコールは何種存在するか。構造異性体の数を答えよ。
> (3) 第二級アルコールは何種存在するか。構造異性体の数を答えよ。
> (4) 第三級アルコールの構造式を示せ。
> (5) 不斉炭素原子をもつ化合物の構造式を示せ。

さて，解いてみましょう。

【例題2】(1)の解説 $C_4H_{10}O$で示される化合物にはアルコールとエーテルが考えられます。まず4個の炭素骨格による異性体を示します。

この2つの異性体がありますが，①〜④の炭素に−OHがつくとアルコールの異性体ができます。アルコールの構造異性体はこれしかありません。

次にCとCの間にOが入ったエーテルを考えます。

C − C − C − C　　　C − C − C
⑤　⑥　　　　　　⑦ C

この2つの異性体に⑤〜⑦の所にOが入るとエーテルの異性体ができます。エーテルの異性体はこれしかありません。異性体であるか同一物質であるかは第5講 1-5 でやりました。よく確認してみてください。この7種類の構造異性体の構造式を 図7-26 に示します。この7種類の構造異性体を暗記するのではなくいつでも自分で作れるように練習してください。

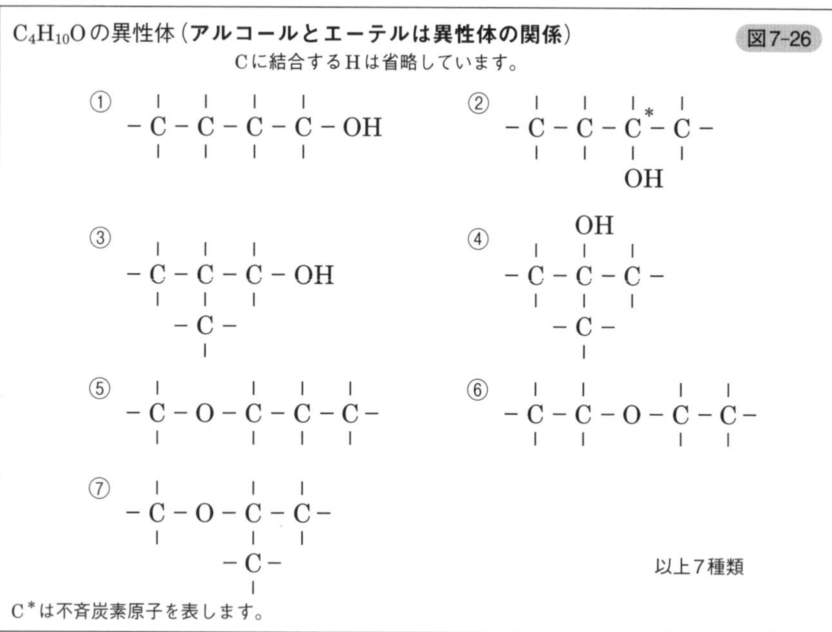

∴　7 …… 【例題2】(1) の【答え】

【例題2】(2) (3) の解説 第一級アルコールを 図7-26 から選ぶ問題です。第一級アルコールはOHが結合しているCにR（炭化水素基）が1個結合したアルコールです。

図7-26の①を見てください。

```
①    H   H   H   H
      |   |   |   |
  H - C - C - C - C - OH
      |   |   |   |
      H   H   H   H
  R
```

Rが1個あるので**第一級アルコール**です。

②，③，④も同様に考えると

```
②  R                      R′
       H   H   H   H
       |   |   |   |
   H - C - C - C - C - H
       |   |   |   |
       H   H   OH  H
```

RとR′2個あるので**第二級アルコール**です。

```
③      H   H   H
        |   |   |
    H - C - C - C - OH
        |   |   |
        H   |   H
        H - C - H
            |
  R         H
```

Rが1個あるので**第一級アルコール**です。

```
④  R           R
       H   OH  H
       |   |   |
   H - C - C - C - H
       |   |   |
       H   |   H
       H - C - H
           |
           H   R
```

Rが3個あるので**第三級アルコール**です。

よって第一級アルコールは“2”種類あります。第二級アルコールは“1”種類あります。

∴ **2** …… 【例題2】(2) の【答え】

∴ **1** …… 【例題2】(3) の【答え】

【例題2】(4) の解説 第三級アルコールは図7-26の④です。

$$\therefore\ \begin{array}{c} \mathrm{OH} \\ | \\ \mathrm{H_3C - C - CH_3} \\ | \\ \mathrm{CH_3} \end{array}$$ …… 【例題2】(4) の【答え】

【例題2】(5) の解説　不斉炭素原子をもつ化合物は 図7-26 の②です。不斉炭素原子は相異なる原子または原子団と結合した炭素原子のことです（→165ページ）。

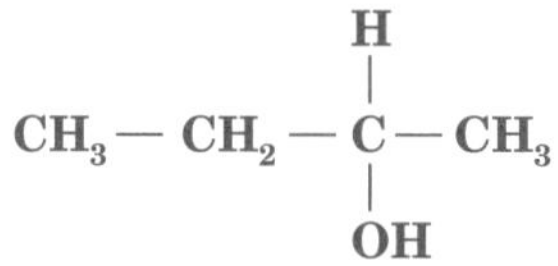

$$\therefore\quad CH_3-CH_2-\underset{\underset{OH}{|}}{\overset{\overset{H}{|}}{C}}-CH_3$$ ……【例題2】(5) の【答え】

【例題2】では$C_4H_{10}O$のアルコールとエーテルの異性体が正確に書けることが重要なポイントでした。異性体か同一物質かの区別を時間をかけて練習してみてください。次の【例題3】では$C_5H_{12}O$のアルコールとエーテルの異性体の問題を取り上げます。

入試では$C_4H_{10}O$と$C_5H_{12}O$の構造式推定がよく出題されます。それを解くには異性体を正確に書くことがカギになります。

【例題3】
分子式$C_5H_{12}O$で示される有機化合物にはいくつかの異性体がある。
(1) 構造異性体は全部で何種類存在するか。構造異性体の数を答えよ。
(2) 第一級アルコールで不斉炭素原子をもつものを構造式で示せ。

さて，解いてみましょう。

【例題3】(1) (2) の解説　$C_5H_{12}O$で示される化合物にはアルコールとエーテルが考えられます。まず5個の炭素骨格による異性体を示します。

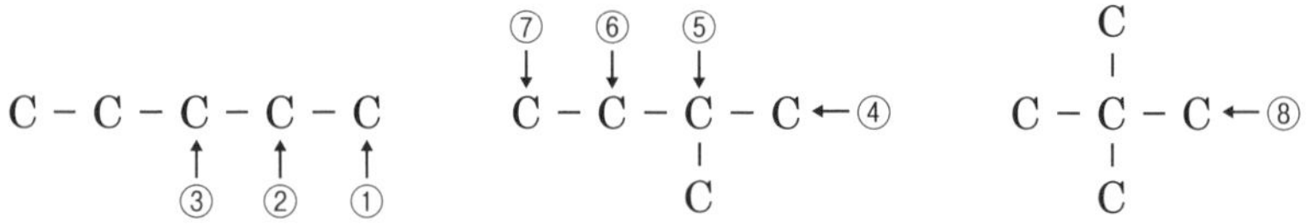

C − C − C(③) − C(②) − C(①)　　C(⑦) − C(⑥) − C(⑤)(−C) − C ←④　　C − C(−C)(−C) − C ←⑧

この3つの異性体がありますが，①～⑧の炭素に−OHがつくとアルコールの異性体ができます。アルコールの構造異性体はこれしかありません。

次にCとCの間にOが入ったエーテルを考えます。

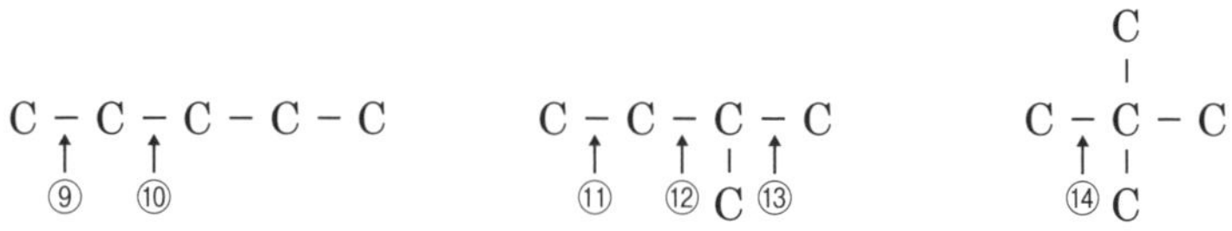

C −(⑨) C −(⑩) C − C − C　　C −(⑪) C −(⑫) C(−C) −(⑬) C　　C −(⑭) C(−C)(−C) − C

異性体は⑨～⑭の所にOが入るとエーテルの異性体ができます。エーテルの構造異性体はこれしかありません。図7-27 に14種類の構造異性体の構造式を示します。この14種類の構造異性体を暗記するのではなく自分で作れるように練習してください。**【例題2】**と**【例題3】**をこなすだけでも異性体に関してかなり理解力が増してくると思います。

$C_5H_{12}O_6$の異性体（アルコールとエーテルは異性体の関係） 図7-27

Cに結合するHは省略しています。

①
```
   |   |   |   |   |
 - C - C - C - C - C - OH
   |   |   |   |   |
```
第一級アルコール

②
```
   |   |   |   |   |
 - C - C - C - C*- C -
   |   |   |   |   |
               OH
```
第二級アルコール

③
```
   |   |   |   |   |
 - C - C - C - C - C -
   |   |   |   |   |
           OH
```
第二級アルコール

④
```
   |   |   |   |
 - C - C - C*- C - OH
   |   |   |   |
         - C -
           |
```
第一級アルコール

⑤
```
           OH
   |   |   |   |
 - C - C - C - C -
   |   |   |   |
         - C -
           |
```
第三級アルコール

⑥
```
       OH
   |   |   |   |
 - C - C*- C - C -
   |   |   |   |
         - C -
           |
```
第二級アルコール

⑦
```
      |   |   |   |
 HO - C - C - C - C -
      |   |   |   |
            - C -
              |
```
第一級アルコール

⑧
```
       |
     - C -
   |   |   |
 - C - C - C - OH
   |   |   |
     - C -
       |
```
第一級アルコール

⑨
```
   |       |   |   |   |
 - C - O - C - C - C - C -
   |       |   |   |   |
```

⑩
```
   |   |       |   |   |
 - C - C - O - C - C - C -
   |   |       |   |   |
```

⑪
```
   |       |   |   |
 - C - O - C - C - C -
   |       |   |   |
             - C -
               |
```

⑫
```
   |   |       |   |
 - C - C - O - C - C -
   |   |       |   |
             - C -
               |
```

⑬
```
   |   |   |       |
 - C - C - C*- O - C -
   |   |   |       |
         - C -
           |
```

⑭
```
               |
             - C -
   |           |   |
 - C - O - C - C - C -
   |           |   |
             - C -
               |
```

C*は不斉炭素原子を表します。 以上14種類

∴　14 ……【例題3】(1) の【答え】

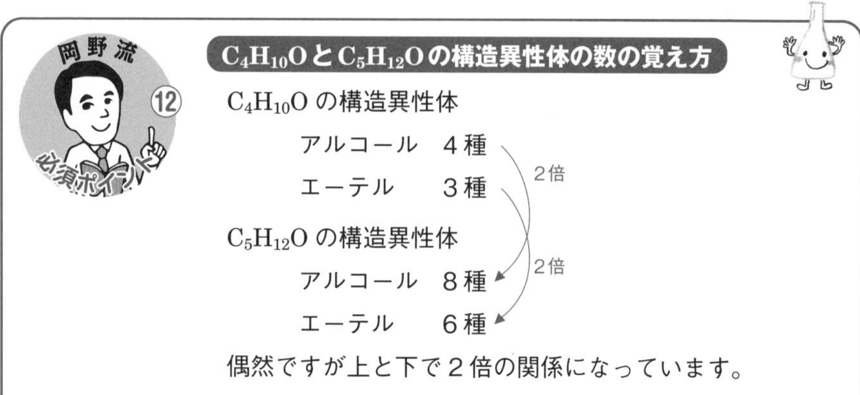

$C_4H_{10}O$ と $C_5H_{12}O$ の構造異性体の数の覚え方

$C_4H_{10}O$ の構造異性体

アルコール　4種

エーテル　　3種

$C_5H_{12}O$ の構造異性体

アルコール　8種

エーテル　　6種

（2倍）（2倍）

偶然ですが上と下で2倍の関係になっています。

4→8，3→6

アルコールとエーテルの構造異性体の数を知っておくと異性体を全部書き出すとき間違えなくなります。

第一級アルコールで不斉炭素原子をもつのは 図7-27 の④です。

$$\therefore \quad \underset{\displaystyle\; \begin{array}{c}|\\ CH_3\end{array}}{CH_3-CH_2-CH-CH_2-OH}$$

……【例題3】(2) の【答え】

（CH の下に CH_3 が結合）

では7講はここまでにしておきます。次回またお会いしましょう。

第 8 講

脂肪族化合物（2）

単元 1　アルデヒドの性質　化学

単元 2　エステルの構造式推定　化学

第 8 講のポイント

第 8 講はアルデヒドの性質から勉強します。第 7 講でホルミル基が出てきたことを思い出してください。そして，銀鏡反応，フェーリング反応，ヨードホルム反応を理解しましょう。次に構造式推定にチャレンジしましょう。

単元1 アルデヒドの性質

化学

1-1 アルデヒドの製法

ホルミル基を含む化合物はどのようにしてできるのでしょうか。1つは第7講でやったことです。**第一級アルコールを酸化するとアルデヒドができましたね。さらに酸化するとカルボン酸になるんでしたね**(→216ページ)。

あともう1つ。第6講に出てきましたね。**アセチレンに水を付加させてビニルアルコールができ，これが不安定でさらに変化が起こって，アセトアルデヒドになる反応**がありました(→185ページ)。これらはよく出題されるところです。さらにエチレンを酸化しても生成します。下の アドバイス を確認してください。

単元1 要点のまとめ①

● アルデヒドの製法

①第一級アルコールを酸化する。

②アセチレンに水を付加すると，アセトアルデヒドが生成する。

③エチレンに触媒を加えて酸化するとアセトアルデヒドが生成する。

アドバイス エチレンC_2H_4に塩化パラジウム$PdCl_2$と塩化銅(Ⅱ)$CuCl_2$を触媒として加え，酸化するとアセトアルデヒドが生成されます。この触媒は軽く知っておけばいいです。

重要★★ $2CH_2=CH_2+O_2 \longrightarrow 2CH_3CHO$

1-2 アルデヒドの性質

■ アルデヒドの検出反応

ある化合物がホルミル基をもっているかどうかを調べる反応が2つあります。

1つは「**銀鏡反応**」。文字どおり銀の鏡をつくる反応なんです。もう1つは「**フェーリング反応**」。とりあえずこの2つはセットにして覚えておいてください。まずは，まとめておきます。

単元1 要点のまとめ②

• アルデヒドの検出反応

重要★★★

銀鏡反応，フェーリング反応はホルミル基の検出反応である。

・銀鏡反応
・フェーリング反応

ホルミル基を有する化合物に**陽性**である。これはホルミル基（$-CHO$）に**還元性**があるためである。

ホルミル基をもつ化合物…**アルデヒド**，**グルコース（ブドウ糖）**，**ギ酸**など。

→ **アンモニア性硝酸銀水溶液と反応して銀を析出する反応**（→188ページ）。

$$\overset{(+1)}{\mathbf{Ag}^{+}} + \mathbf{e}^{-} \longrightarrow \overset{(0)}{\mathbf{Ag}}$$

→ **フェーリング液と反応して，赤色の酸化銅（Ⅰ）を析出する反応。**

$\overset{(+2)}{Cu^{2+}} + e^{-} \longrightarrow \overset{(+1)}{Cu^{+}}$，$\mathbf{Cu_2O}$が析出する。

「ホルミル基を有する化合物に陽性である」とありますね。**陽性**とは反応を示すことです（**陰性**は反応を示さないこと）。なぜ陽性なのでしょう。これはホルミル基（$-CHO$）に**還元性**があるためです。アルデヒドは自分は酸化されてカルボン酸になりやすいので，相手を還元するんですね。このように還元性をもっているから，銀鏡反応，フェーリング反応を示します。

■ ホルミル基をもつ化合物

次に「ホルミル基をもつ化合物」の例を覚えておきましょう。代表例は**アルデヒド**。**グルコース**（「ブドウ糖」ともいう），**ギ酸**（HCOOH）です。

ギ酸は重要ですよ。図8-1はギ酸の構造式です。図の（$H-C\lessgtr^{O}$）の部分がホルミル基なんです。さらにカルボキシ基（$-C\lessgtr^{O}_{O-H}$）もあります。だから，ギ酸は，カルボン酸の性質とアルデヒドの性質の両方を合わせ持っているんです。ここでポイントを1つ挙げましょう。

図8-1

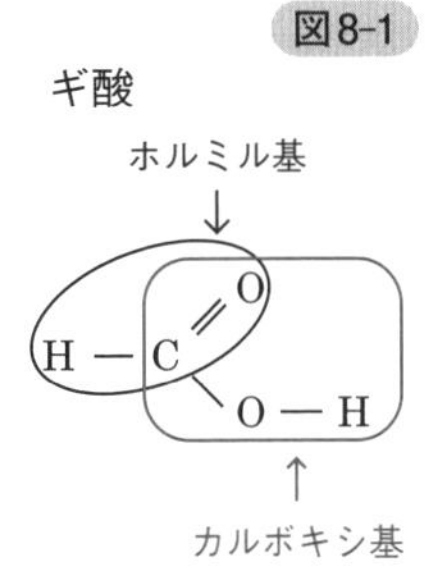

重要★★★ カルボン酸の中で銀鏡反応を示す物質はギ酸のみ

カルボン酸の一般式は，R－COOHです。このRは普通は「炭化水素基」ですが，ギ酸の場合，図8-1 にあるようにRはHなんです。Hじゃないとホルミル基になりませんね。**銀鏡反応を示すカルボン酸はただ1つ，ホルミル基をもつギ酸しかない**。いいですか。

■ 銀鏡反応

さて，「単元1　要点のまとめ②」に**銀鏡反応は「アンモニア性硝酸銀水溶液と反応して銀を析出する反応」**とあります。この「銀」という言葉が重要です。

さきほども言いましたが，銀鏡反応とは，文字どおり銀の鏡ができるのです。この実験には真新しい試験管を使いましょう。使われたものだときれいに出ません。

まずは，アンモニア性硝酸銀水溶液をつくります。硝酸銀の水溶液にアンモニア水を何滴か垂らすと，Ag_2Oという褐色の沈殿ができます。さらに，アンモニア水を加えると，ジアンミン銀（Ⅰ）イオンという錯イオンができるんです。その途端に**液体が無色透明になります。これがアンモニア性硝酸銀水溶液です** 連続 図8-2①。

次は試験管にホルミル基をもつ化合物を加えます 連続 図8-2②。化合物はグルコース（ブドウ糖）が一番いいと思います。

加えてよく振ったら，試験管を70℃～80℃の湯の中につけます 連続 図8-2③。銀イオンは目には見えませんが，反応が始まると1分くらいで金属結晶となり，試験管の表面に銀が付着します。これは鏡のように顔がきれいに写るんですよ。

銀鏡反応では還元が起きます。図8-3 を見てください。銀のプラスイオンに注目。Ag^+は電子（e^-）をもらってAgになりました。酸化数を見ていただくと，**＋1→0となり，減っています**。これはホ

銀鏡反応の実験の仕方

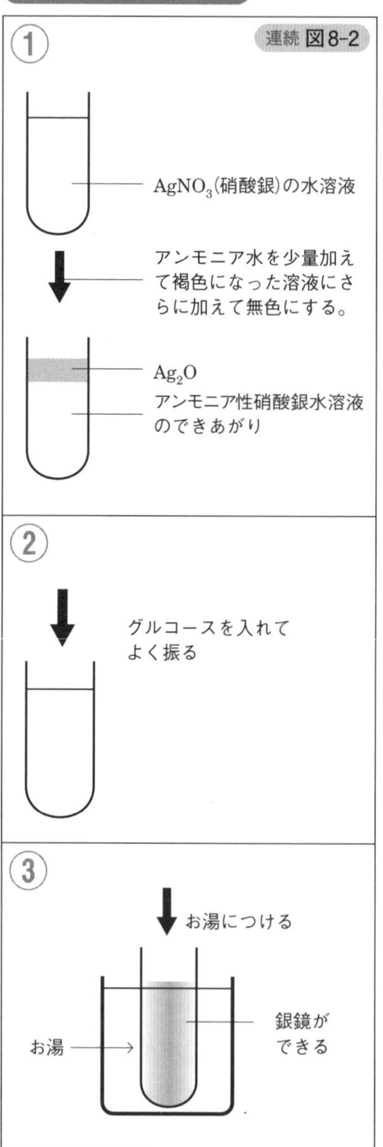

ルミル基によって**還元**されたことになりますね。

そして，ホルミル基が相手を還元するということは，自分自身は酸化されます。これは，第一級アルコールの酸化反応と同じです。

図8-3

(+1) (0)

$Ag^+ + e^- \longrightarrow Ag$

銀

銀鏡反応

重要★★★ 第一級アルコール ⟶ アルデヒド ⟶ カルボン酸

でしたね。だから，アルデヒドは相手を還元する力が強いので，還元性をもつわけです。

■ **フェーリング反応**

次は，フェーリング反応について説明しましょう。「単元1 要点のまとめ②」を見てください。**“赤色の酸化銅(Ⅰ)”**と書いてあります。これは出題されるポイントです。

フェーリング液というのは何かと言うと，硫酸銅(Ⅱ)の水溶液に「酒石酸ナトリウムカリウム」という，変な名前の物質が入っています(これは覚えなくても結構です)。**最初のフェーリング液はCu^{2+}によって，青色なんです。**

フェーリング反応とはそのCu^{2+}がe^-を1個もらって，Cu^+になるということです。

重要★★★

$$Cu^{2+} + e^- \longrightarrow Cu^+$$

$$2Cu^+ + O^{2-} \longrightarrow Cu_2O \quad (Cu_2Oが析出)$$

後にも先にも，1価の銅イオンが出てくることはあまりないのですが，ここは重要ポイントです。

図8-4を見てください。**Cu^+が2個とO^{2-}がくっつくと，Cu_2Oという赤色の物質ができます。酸化銅(Ⅰ)といいます。この色と名前と組成式，この式は書けるようにしてください。**

銅イオンに注目すると，酸化数が+2→+1になります。これはホルミル基に還元されたということ。アルデヒドは自分は酸化されてカルボン酸になってしまうけれど，Cu^{2+}を還元して1価の銅イオン(Cu^+)にするんです。それが2つと，O^{2-}が結びついて，Cu_2Oができ，赤色の原因になったんですね。

図8-4

(+2) (+1)

$Cu^{2+} + e^- \longrightarrow Cu^+$

青色

Cu^+ Cu^+ O^{2-} $\Longrightarrow$ Cu_2O (赤色)

フェーリング反応

銀鏡反応，フェーリング反応はわかりましたか。言葉や反応名はしっかりおさえましょう。

アドバイス ここでアンモニア性硝酸銀水溶液が関係した問題のポイントをちょっと説明しましょう。有機化学でアンモニア性硝酸銀水溶液を含む問題は，まず銀鏡反応が約95%を占めます。あとの5%は，アセチレンの検出反応（→188ページ）で出て来たところです。だから，これから「アンモニア性硝酸銀水溶液」と言われた場合には，だいたい，銀鏡反応をイメージして構いません。

1-3 ヨードホルム反応

次に「**ヨードホルム反応**」というものを説明します。ヨードホルム反応は，有機化学で銀鏡反応，フェーリング反応に次いでよく出題されます。**ヨードホルムは物質名**です。**分子式はCHI_3で色は黄色。名前と分子式と色の3点はすべて重要です。**

特に$\mathbf{CHI_3}$に注意してください。メチル基と似ているので間違いやすい。CH_3Iではありません。図8-5の構造式をよく覚えてください。

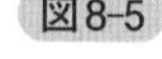

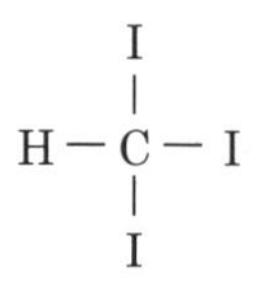

ヨードホルム

では，ヨードホルム反応について説明しましょう。ある物質に水酸化ナトリウムを加えました。そして加熱し，ヨウ素を加えてやります。すると，特有のにおいを発して溶液が黄色くなりました。この状態を“ヨードホルム反応が起こった”といいます。

ヨードホルム反応が起こるには，2つの場合があります。構造式を2つ確認しましょう。図8-6と図8-7の赤い部分のどちらでもよいのですが，このような基をもつアルコールや，カルボニル化合物（カルボニル基をもつ化合物）に，ヨードホルム反応が見られます。ここで大切なことですが，**RはHまたは炭化水素基を表すということです。**

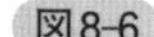

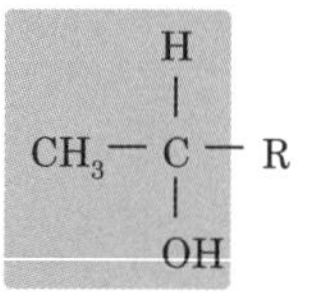

図8-7

$$CH_3-\underset{\underset{O}{\|}}{C}-R$$

反応が起こるものを具体的に挙げると，エタノール，2-プロパノール，アセトン，アセトアルデヒド。これら4つが代表的な物質です。

■ ヨードホルム反応も岡野流でおさえる！

このヨードホルム反応の問題については，いつでも図8-6と図8-7の2つの基（赤い部分）を覚えていないとできないんです。

そこで簡単に思い出せるように，僕はこういうゴロで覚えました。

ヨードホルム反応の覚え方

越後屋も エチルアルコール， **あせって** アセトン，
汗が アセトアルデヒドは **ヨ～でる** ヨードホルム反応で **さばき** 黄

時代劇で，悪徳商人の越後屋が悪代官と手を組んで大もうけをする話をイメージしてください。悪い商人は時の権力と結びついているので裁判(さばき)ではかならず勝てると思っていたが，正義の味方である大岡越前が出てきて悪者をつかまえてしまうという話です。

越後屋(エチルアルコール)もあせって(アセトン)，汗(アセトアルデヒド)がヨ～でる(ヨードホルム反応)さばき(黄)。

「**さばき**」の“**き**”で，「**黄色**」と，オチがついているんですね。

僕が覚えているのは，本当にこれだけ。これで2つの基が書けるようになるんですよ。ゴロでエチルアルコール，アセトン，アセトアルデヒドの3つは常に覚えているから，あの2つの基(図8-6と図8-7の基)はどういうところから来るのかわかるんです。

エチルアルコールから説明します。連続 図8-8①を見てください。エチルアルコールをちょっと変形すると，図8-6と同じになります。そしてRがメチル基($-CH_3$)なら，2-プロパノールとなります 連続 図8-8②。

以下，同様に，Rがエチル基であろうが，プロピル基であろうが，Rの中のCがどんどんどんどん増えていっても，かならずヨードホルム反応を示します。

ヨードホルム反応を示す原子団①

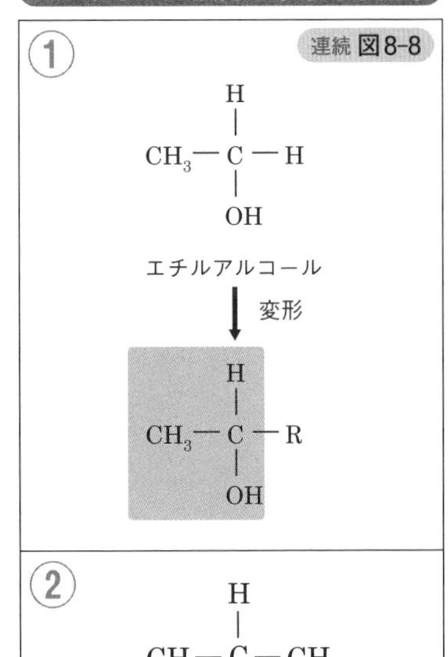

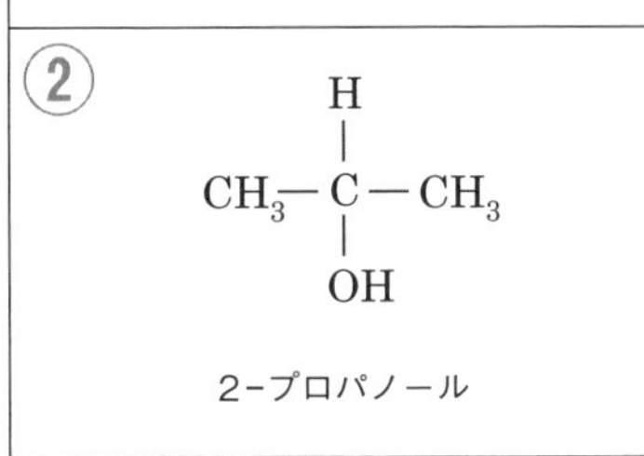

それからもう1つ，アセトンやアセトアルデヒドです。連続 図8-9①のように，アセトンをちょっと変形させて$-CH_3$をRに置き換えると，図8-7と同じですね。RがHだと，どうなりますか連続 図8-9②。

これはどこかで見ましたね。アセトアルデヒドです。RがC_2H_5ならば，また違うものが出てきます。この場合は，「エチルメチルケトン」といいます連続 図8-9③。アルキル基はアルファベット順なのでエチル，メチルの順です。

このようにヨードホルム反応を起こすものは，自分でどんどんつくれます。

しかし，図8-10のようなものはダメです。RのところにOHが入ったら，酢酸ですね。**RはHまたは炭化水素基のどちらかだから，OHがついたらヨードホルム反応は示しません**。ここを間違わないでください。ひっかけ問題としてよく出題されます。

みなさんは覚えることがたくさんで混乱するでしょう。だからこそ「**越後屋もあせってあせがヨ～でるさばき**」で，2つの基を思い出してください。これさえ覚えれば，この2つの基はいつでもつくれます。

ヨードホルム反応を示す原子団②

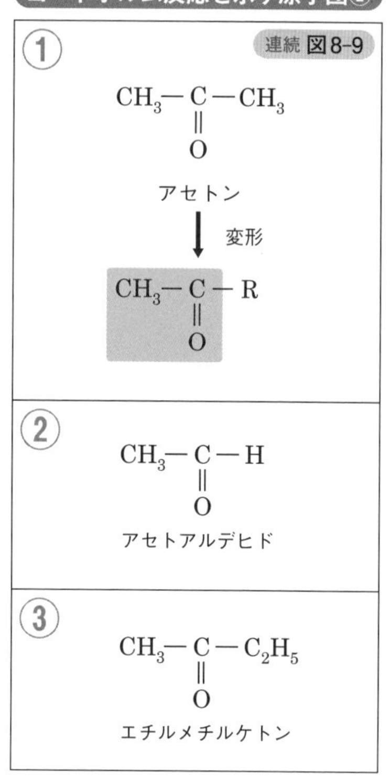

図8-10

$$CH_3-\underset{\underset{O}{\|}}{C}-OH$$

■ ヨードホルム反応が使われるときは？

さて，どのようなときにヨードホルム反応が用いられるのでしょう？

コップが2つありますが，それぞれにメタノールとエタノールが入っていました。

メタノールというのは「メチルアルコール」ともいいますが，俗に「目が散るアルコール」だといいます。飲むと視神経をやられて，大変危険です！

逆にエチルアルコールは多少飲んだほうがいい。気分が暗い人に多少飲ませると明るくなったりする。つまり，メタノールは飲んじゃいけないアルコール，エタノールは飲めるアルコールです。

ところが，どちらも同じようなアルコールの性質をもっていますから，どっちがどっちだかわからない。こんなときには，ヨードホルム反応で調べるんです。少量ずつ取ってきて，両方に水酸化ナトリウムを加えて，さらにヨウ素を加えて加熱すると，1つだけ反応して黄色くなりました。**黄色くなったのは，エタノール**です。**メタノールは黄色くならない**。そうやって判断することができます。

また，ある物質がヨードホルム反応を示すということであれば，この物質には図8-6や図8-7で確認した基を含む構造があるということがわかるわけです。

イメージで記憶しよう！

単元1 要点のまとめ③

● ヨードホルム反応

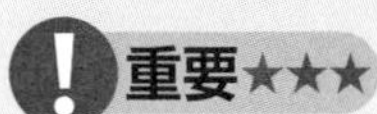

水酸化ナトリウム（水酸化カリウム，炭酸ナトリウム）水溶液を加えて加熱し，ヨウ素を加えると，特有の臭気をもつ**ヨードホルム**（**CHI_3，黄色**）を生じる。

$CH_3-\underset{\large OH}{\underset{|}{C}}H-R$，$CH_3-\underset{\large O}{\underset{\|}{C}}-R$ をもつアルコールやカルボニル化合物に見られる（R：Hまたは炭化水素基）。

エタノール，**2-プロパノール**，**アセトアルデヒド**，**アセトン**などにこの反応が起こる。

演習問題で力をつける㉒

エタノールの性質と反応性を整理せよ

問 次の文（1）～（4）を読み，下のa，bに答えよ。

（1） エタノールは，金属ナトリウムと反応してナトリウムエトキシドを生成する。そして，このときに気体［ア］を発生する。

（2） エタノールをおだやかに酸化すると化合物［イ］になる。［イ］がさらに酸化されると酢酸になる。この［イ］にアンモニア性硝酸銀水溶液を加えて加熱すると，［ウ］が析出する。この反応を［エ］反応という。また［イ］に［オ］液を加えて加熱すると，赤色の酸化銅（Ⅰ）

の沈殿を生じる。

(3) エタノールと酢酸の混合物に少量の濃硫酸を加えて加熱すると化合物［　カ　］と水が生成する。

(4) エタノールにヨウ素と水酸化ナトリウムの水溶液を加えて加熱すると，特有の臭気をもつ黄色結晶を生じた。この黄色結晶は［　キ　］であり，この反応名を［　ク　］という。

a. 文中の［　　　］を適切な語句で埋め，文章を完成せよ。

b. 化合物［　カ　］の構造式または示性式を示せ。

この問題は今までやってきたことの復習です。**第8講**までの確認をいっしょにしましょう。

さて，解いてみましょう。

問 (1) の解説 エタノールは，金属ナトリウムと反応してナトリウムエトキシドを生成しますが，このときに発生する気体は何でしょう。**第7講**でやりましたね（→212ページ）。

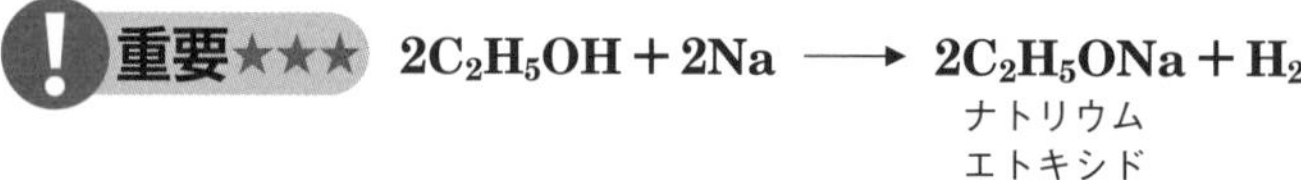

重要★★★ $2C_2H_5OH + 2Na \longrightarrow 2C_2H_5ONa + H_2$

（C_2H_5ONa：ナトリウムエトキシド）

これは，HとNaが置き換わる置換反応です。ですから答えは，

∴ **水素** …… **問 (1) a［　ア　］** の【答え】

問 (2) の解説

> **岡野の着目ポイント** 第一級アルコールの酸化では，まずHが2個取れてアルデヒドに，さらにOが1個くっついてカルボン酸になりました。この流れをしっかり復習しておきましょう。また，アルデヒドの検出反応は2種類ありましたね。「銀鏡反応」と「フェーリング反応」でした（→231ページ）。

(2)の問題文「エタノールをおだやかに酸化すると」に注目してください。「おだやかに」ということで，第1段階の酸化反応のことを言っています。エタノールからH2個が取れると“アセトアルデヒド”になりますね。

∴ **アセトアルデヒド** …… **問 (2) a［　イ　］** の【答え】

つづきの問題は **1-2**「アルデヒドの性質」の復習です。「さらに酸化されると酢酸になる」と書いてありますね。このアセトアルデヒドにアンモニア性硝酸銀を加えて加熱すると何が析出しますか？ “銀”ですね。この反応のことを“銀鏡”反応といいました。銀鏡反応はホルミル基の検出反応です。

∴ **銀** …… **問(2)a ウ** の【答え】

∴ **銀鏡** …… **問(2)a エ** の【答え】

つづきです。アセトアルデヒドに何かを加えて加熱すると，赤色の酸化銅(Ⅰ)(Cu_2O)が沈殿します。これはフェーリング反応ですね。このとき加える溶液は“フェーリング”液ですので，答えは，

∴ **フェーリング** …… **問(2)a オ** の【答え】

問(3)の解説

> **岡野の着目ポイント** **エステル化ではカルボン酸のOHとアルコールのHが取れて，エステルと水ができました。**また，できあがった物質の名称は，**慣用名と慣用名が足されて慣用名**になるんでしたね(→221ページ)。

エタノールと酢酸の混合物に少量の濃硫酸を加えて加熱すると，ある化合物と水が生成します。図8-11で確認してください。化合物は**慣用名「酢酸」と慣用名「エチルアルコール」が足されて“酢酸エチル”**という名称になります。

∴ **酢酸エチル** …… **問(3)a カ** の【答え】

図8-11

$$\mathrm{H\text{-}\underset{H}{\overset{H}{C}}\text{-}\overset{O}{\overset{\|}{C}}\text{-}OH + H\text{-}O\text{-}\underset{H}{\overset{H}{C}}\text{-}\underset{H}{\overset{H}{C}}\text{-}H \xrightarrow{\text{エステル化}} H\text{-}\underset{H}{\overset{H}{C}}\text{-}\overset{O}{\overset{\|}{C}}\text{-}O\text{-}\underset{H}{\overset{H}{C}}\text{-}\underset{H}{\overset{H}{C}}\text{-}H + H_2O}$$

酢酸　　エチルアルコール　　酢酸エチル

問(4)の解説 1-3「ヨードホルム反応」の復習です。「エタノールにヨウ素と水酸化ナトリウム水溶液を加えて加熱すると，特有の臭気をもつ黄色結晶を生じた」とありますね。この黄色結晶は“ヨードホルム”です。反応名は“ヨードホルム反応”といいましたね。答えは「反応」を入れないとダメですよ。「ヨードホルム反応」まで入れてください。

∴ **ヨードホルム** …… **問(4)a キ** の【答え】

∴ **ヨードホルム反応** …… **問(4)a ク** の【答え】

問(3)bの解説 カ は「酢酸エチル」ですね。これの構造式または示性式を示しましょう図8-12。

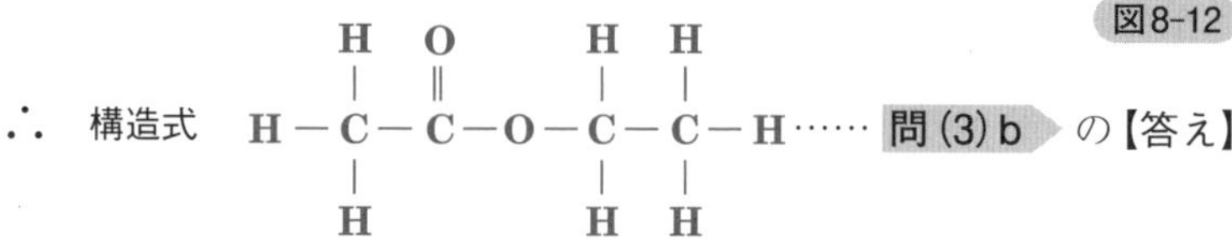

∴　示性式　$CH_3COOC_2H_5$　または　$CH_3COOCH_2CH_3$

カルボン酸とアルコールの反応では，カルボン酸のOHとアルコールのHが取れることをおさえておけば，構造式はさらっと書けてしまいます。示性式は「CH_3COO」とまとめて書いて，あとは「C_2H_5」。またはC_2H_5を「CH_2CH_3」とバラバラに分けて書いても構いません。どちらでもいいです。

演習問題で力をつける㉓

分子式 C_3H_8O の構造式を推定してみよう！

分子式C_3H_8Oの３種の化合物A，B，Cがある。

ⓐ　A，Bは金属ナトリウムと反応して，水素を発生するが，Cは反応しない。

ⓑ　二クロム酸カリウムの希硫酸溶液を作用させると，Cは反応しないが，AからはD，BからはEのいずれも分子式C_3H_6Oの化合物をそれぞれ生成する。Eは酢酸カルシウムを乾留しても得られる。

ⓒ　Dにアンモニア性硝酸銀を作用させるとFが析出して（　イ　）ができ，またフェーリング溶液とはGの赤色沈殿を生ずる。これらの事実は，Dが（　ロ　）性を有することを示している。すなわちD自身は（　ハ　）されて，分子式$C_3H_6O_2$の化合物Hとなる。しかし，Eはこれらの試薬との反応は陰性である。

ⓓ　Hは濃硫酸の存在下メタノールと反応させると芳香をもつ分子式$C_4H_8O_2$の化合物となる。この反応は（　ニ　）化反応と呼ばれる。

ⓔ　Bに水酸化ナトリウム水溶液とヨウ素を作用させると（　ホ　）反応が起きて，Jが生成し（　ヘ　）色を呈する。

(1)　A～Jの構造式（無機物質は組成式で記せ）および物質名を，（　イ　）～（　ヘ　）については適当な語句を記せ。また構造式は例にならって記せ。

例：
```
CH3－CH－CH－C－H
     |    |   ||
     OH  CH3  O
```

(2)　ⓐにおけるAの反応を化学反応式で記せ。

さて，解いてみましょう。

問 (1) の解説 構造式を推定していく問題です。C_3H_8Oの分子式がもつ全ての異性体を書き出し（図8-13），それを見ながら化合物を判断します。

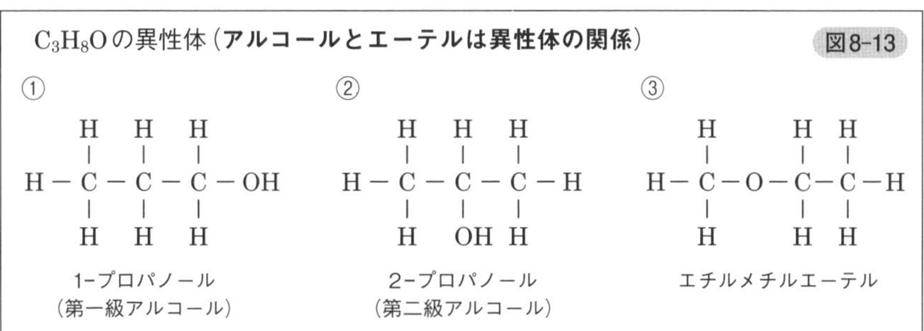

ⓐよりA，BはNaと反応してH_2を発生するのでアルコールです。Cは反応しないのでエーテルです。よってCは 図8-13 の③と決まります。

∴ $\mathbf{CH_3-O-CH_2-CH_3}$ …… **問 (1) C** の【答え】
エチルメチルエーテル

ⓑ，ⓒよりAは酸化されてDを生じ，Dは銀鏡反応とフェーリング反応を示すのでアルデヒドであることがわかります。したがってAは第一級アルコールです。図8-13 の①と決まります。

さらにDは酸化されてHになる。Hはカルボン酸です。

$$\underset{\text{第一級アルコール}}{A} \xrightarrow{\text{酸化}} \underset{\text{アルデヒド}}{D} \xrightarrow{\text{酸化}} \underset{\text{カルボン酸}}{H}$$

$$\mathbf{CH_3-CH_2-CH_2-O-H} \xrightarrow[(-2H)]{\text{酸化}} \mathbf{CH_3-CH_2-C(=O)-H} \xrightarrow[(+O)]{\text{酸化}} \mathbf{CH_3-CH_2-C(=O)-O-H}$$

A 1-プロパノール　　D プロピオンアルデヒド　　H プロピオン酸

∴ $\mathbf{CH_3-CH_2-CH_2-OH}$ …… **問 (1) A** の【答え】
1-プロパノール

∴ $\mathbf{CH_3-CH_2-C(=O)-H}$ …… **問 (1) D** の【答え】
プロピオンアルデヒド

$$\therefore\ CH_3-CH_2-\underset{\underset{O}{\|}}{C}-OH$$ …… 問（1）H の【答え】

プロピオン酸

ⓑ，ⓒよりBは酸化されてEを生じ，Eは還元性を示さないのでケトンであることがわかる。したがってBは第二級アルコールです。図8-13の②と決まります。

$$\underset{\text{第二級アルコール}}{B} \xrightarrow{\text{酸化}} \underset{\text{ケトン}}{E}$$

$$H-\underset{\underset{H}{|}}{\overset{\overset{H}{|}}{C}}-\underset{\underset{O-H}{|}}{\overset{\overset{H}{|}}{C}}-\underset{\underset{H}{|}}{\overset{\overset{H}{|}}{C}}-H \xrightarrow[(-2H)]{\text{酸化}} H-\underset{\underset{H}{|}}{\overset{\overset{H}{|}}{C}}-\underset{\underset{O}{\|}}{C}-\underset{\underset{H}{|}}{\overset{\overset{H}{|}}{C}}-H$$

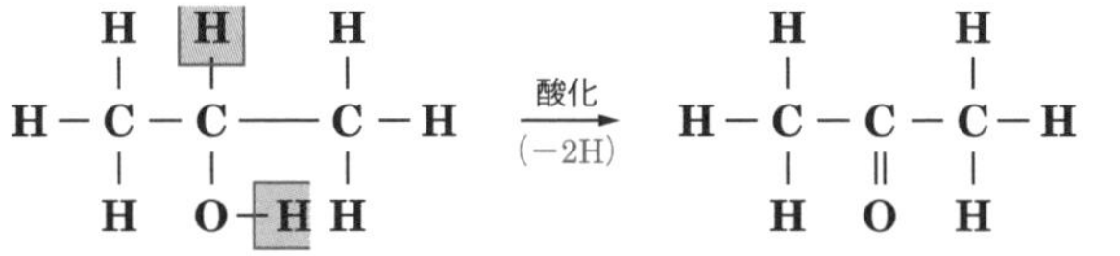

B　2-プロパノール　　　　E　アセトン

$$\therefore\ CH_3-\underset{\underset{OH}{|}}{CH}-CH_3$$ …… 問（1）B の【答え】

2-プロパノール

$$\therefore\ CH_3-\underset{\underset{O}{\|}}{C}-CH_3$$ …… 問（1）E の【答え】

アセトン

ⓑよりEは『酢酸カルシウムを乾留しても得られる』と書かれているのでアセトンと判断できます。

重要★★★　$(CH_3COO)_2Ca \xrightarrow{\text{乾留}} CaCO_3 + CH_3COCH_3$

この反応式は219ページにあります。

ⓒよりD（プロピオンアルデヒド）は銀鏡反応でF“Ag”を析出して（　イ　）“銀鏡”ができ，またフェーリング溶液とはG“Cu_2O”の赤色沈殿を生ずる。これらの事実はDが（　ロ　）“還元”性を有することを示している。すなわちD自身は（　ハ　）“酸化”されて，分子式$C_3H_6O_2$の化合物H（プロピオン酸）となる。

∴　Ag　銀 …… 問（1）F の【答え】

∴　Cu_2O　酸化銅（Ⅰ）…… 問（1）G の【答え】

∴　銀鏡 …… 問（1）（　イ　）の【答え】

∴　還元 …… 問（1）（　ロ　）の【答え】

∴　酸化 …… 問（1）（　ハ　）の【答え】

ⓓよりH(プロピオン酸)はメタノールと反応してIが生じます。この反応は(　ニ　)"エステル"化反応と呼ばれる。

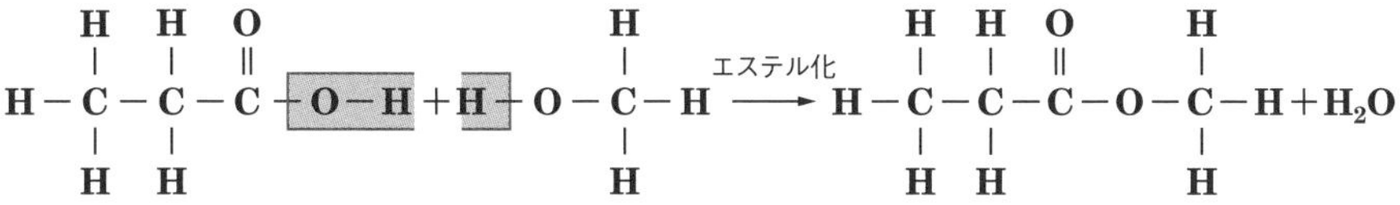

$$\mathrm{CH_3CH_2C(=O)\text{–}[OH] + [H]\text{–}OCH_3 \xrightarrow{エステル化} CH_3CH_2C(=O)\text{–}O\text{–}CH_3 + H_2O}$$

H　プロピオン酸　　メチルアルコール　　I　プロピオン酸メチル

エステルの名称は慣用名+慣用名でプロピオン酸メチルとなります。

$$\therefore\ \mathrm{CH_3-CH_2-\overset{\overset{\displaystyle O}{\|}}{C}-O-CH_3}$$ …… **問(1) I** の【答え】

プロピオン酸メチル

∴ **エステル** …… **問(1)(　ニ　)** の【答え】

ⓔよりB(2-プロパノール)に水酸化ナトリウム水溶液とヨウ素を作用させると(　ホ　)"ヨードホルム"反応が起きてJ"$\mathrm{H-CI_2-I}$"が生成し,(　へ　)"黄"色を呈する。

∴ **ヨードホルム** …… **問(1)(　ホ　)** の【答え】

∴ **黄** …… **問(1)(　へ　)** の【答え】

$$\therefore\ \mathrm{H-\underset{\underset{\displaystyle I}{|}}{\overset{\overset{\displaystyle I}{|}}{C}}-I}$$ …… **問(1) J** の【答え】

問(2)の解説 A(1-プロパノール)とNaとの反応です。OHのHとNaが置き換わる反応でした(→212ページ)。有機化学で化学反応式を書くときは**示性式**を使うのが一般的です。構造式で書いても間違いではないのですが,解答用紙の解答欄は幅が狭まくて書けないようになっていることが多いです。

置換

2倍する $\mathrm{CH_3CH_2CH_2O(H) + (Na) \longrightarrow CH_3CH_2CH_2ONa + H}$

$$\therefore\ \mathbf{2CH_3CH_2CH_2OH + 2Na \longrightarrow 2CH_3CH_2CH_2ONa + H_2}$$

…… **問(2)** の【答え】

今回はC_3H_8Oの分子式でしたが$C_4H_{10}O$,$C_5H_{12}O$の分子式を題材にした少し複雑な入試問題も出題されてきます。この2つは**【例題2】**(→223ページ)と**【例題3】**(→226ページ)で異性体の全部を書き出すことを練習したので皆さんは十分に対応できるようになっています。

示性式の書き方に注意！

連続 図8-14② のように1−プロパノールの示性式「$CH_3CH_2CH_2OH$ を C_3H_7OH と書いちゃいけないんですか？」とよく質問されます。これはダメです。

そういう書き方をしてしまうと，連続 図8-14① の**2−プロパノールの示性式も C_3H_7OH。1−プロパノールの示性式も C_3H_7OH。どちらも同じになっちゃうんです！　区別するためには，細々（こまごま）と切らなくてはいけません。**

連続 図8-14① の1−プロパノールは **$CH_3CH_2CH_2OH$**。2−プロパノールでは **$CH_3CH(OH)CH_3$** のようにします。

「じゃあ，どこかでエチルアルコールのことを C_2H_5OH と示性式で書いた覚えがある。あれもダメだったのか？」とおっしゃるかもしれませんが，あれはいいんです。エチルアルコールは異性体が存在しないんです。C_2H_5OH の１個しかない。または，バラバラに CH_3CH_2OH と書いてもいい。1つの物質しかないから，どちらでも構わないのです。

プロパノールの示性式の書き方

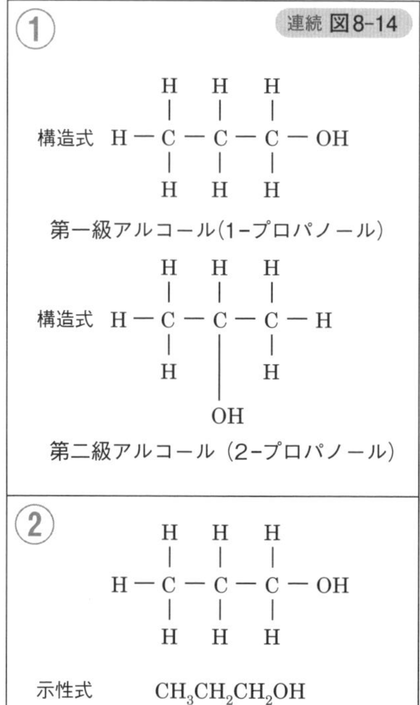

異性体が存在する場合には，それが正確にわかるようにしておくべきなので，バラバラにして書きましょう。結論から言えば，**Cが2個までは，まとめて書いちゃっていいんです。しかしCが3個以上になったときは，異性体ができるので，バラして書きましょう。**

1-4 アルケンの酸化分解反応

■ オゾン（O_3）で酸化分解

アルケンをオゾン（O_3）で酸化分解すると，アルデヒドまたはケトンを生じます。

重要★★★

$$\begin{matrix} R_1 & & R_3 \\ & C=C & \\ R_2 & & H \end{matrix} \xrightarrow{O_3} \begin{matrix} R_1 & \\ & C=O \\ R_2 & \end{matrix},\ \begin{matrix} & R_3 \\ O=C & \\ & H \end{matrix}$$

（R_1，R_2，R_3 は炭化水素基）　　ケトン　　アルデヒド

R_1が仮にHになるとアルデヒドとアルデヒドを生じ，Hのところが仮にR_4(炭化水素基)になるとケトンとケトンを生じます。アルデヒドまたはケトンを生じるとはこのような意味を含んでいます。

■ 過マンガン酸カリウムで酸化分解

アルケンを過マンガン酸カリウム($KMnO_4$)で酸化分解するとO_3のときと同様な反応が起きますが，**このときはアルデヒドはさらにカルボン酸まで酸化されます。**

$$\begin{array}{c}R_1\\ \quad\diagdown\\ \quad\diagup\\ R_2\end{array} C=C \begin{array}{c}R_3\\ \diagup\quad\\ \diagdown\quad\\ H\end{array} \xrightarrow{KMnO_4} \begin{array}{c}R_1\\ \quad\diagdown\\ \quad\diagup\\ R_2\end{array} C=O,\ O=C \begin{array}{c}R_3\\ \diagup\quad\\ \diagdown\quad\\ H\end{array}$$

ケトン　アルデヒド

重要★★★

$$\xrightarrow[\text{さらに酸化}]{KMnO_4} \begin{array}{c}R_1\\ \quad\diagdown\\ \quad\diagup\\ R_2\end{array} C=O,\ O=C \begin{array}{c}R_3\\ \diagup\quad\\ \diagdown\quad\\ O-H\end{array}$$

ケトン(変化なし)　カルボン酸

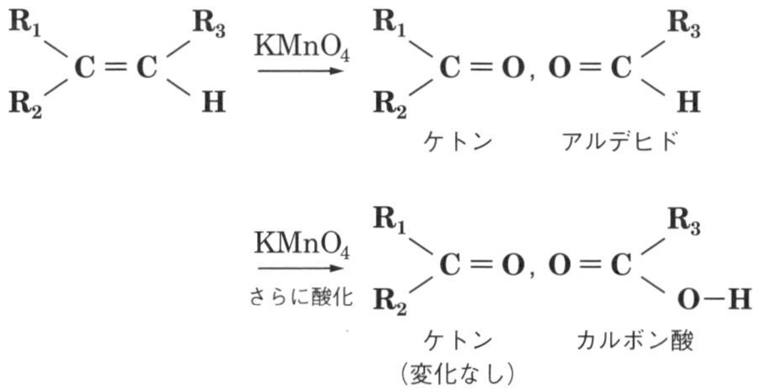

これらの内容を例題で確認してみてください。

【例題4】

(1) プロペンをオゾン分解するときに生成する化合物の構造式と名称を示せ。

(2) 2−メチルプロペンをオゾン分解するときに生成する化合物の構造式と名称を示せ。

(3) 2−ペンテンを硫酸酸性の過マンガン酸カリウムで酸化的に分解するときに生成する最終生成物の構造式と名称を示せ。

さて，解いてみましょう。

【例題4】(1)の解説 オゾン分解はアルケンの二重結合が切れて，切れた二重結合のところに酸素がポコッ，ポコッと入ってくるだけの話です。

プロペンは 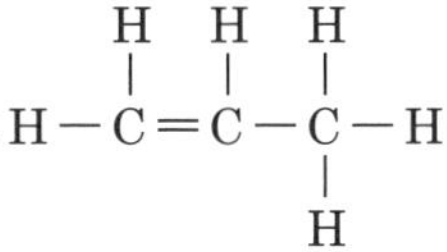
$$\begin{array}{ccccccc} & & H & & H & & H & & \\ & & | & & | & & | & & \\ H & - & C & = & C & - & C & - & H \\ & & & & & & | & & \\ & & & & & & H & & \end{array}$$
の構造です。

$$\begin{array}{ccccccc} & & H & & H & & H & & \\ & & | & & | & & | & & \\ H & - & C & \not= & C & - & C & - & H \\ & & & & & & | & & \\ & & & & & & H & & \end{array} \xrightarrow{O_3} \begin{array}{ccccc} & & H & & \\ & & | & & \\ H & - & C & = & O \end{array},\ \begin{array}{ccccccc} & & H & & H & & \\ & & | & & | & & \\ O & = & C & - & C & - & H \\ & & & & | & & \\ & & & & H & & \end{array}$$

ホルムアルデヒド　アセトアルデヒド

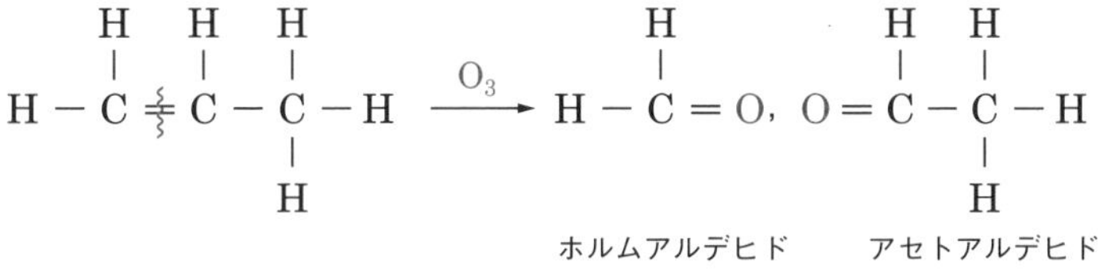

$$\therefore\ \mathbf{H-\overset{\overset{\displaystyle O}{\|}}{C}-H}$$
ホルムアルデヒド

$$\therefore\ \mathbf{CH_3-\overset{\overset{\displaystyle O}{\|}}{C}-H}$$
アセトアルデヒド

……【例題4】(1) の【答え】

【例題4】(2) の解説

2–メチルプロペンは $\begin{array}{c} \mathrm{H} \quad\quad\quad\quad \mathrm{H} \\ | \quad\quad\quad\quad\ \ | \\ \mathrm{H-C=C — C-H} \\ \quad | \quad\quad\ \ | \\ \mathrm{H-C-H\ \ H} \\ | \\ \mathrm{H} \end{array}$ の構造です。

(1) と同様に

$$\mathrm{H-\overset{\overset{\displaystyle H}{|}}{C}=\underset{\underset{\underset{\displaystyle H}{|}}{H-\underset{|}{C}-H}}{\overset{}{C}}—\overset{\overset{\displaystyle H}{|}}{\underset{\underset{\displaystyle H}{|}}{C}}-H \xrightarrow{O_3} H-\overset{\overset{\displaystyle H}{|}}{C}=O,\ O=\underset{\underset{\underset{\displaystyle H}{|}}{H-\underset{|}{C}-H}}{C}—\overset{\overset{\displaystyle H}{|}}{\underset{\underset{\displaystyle H}{|}}{C}}-H}$$

ホルムアルデヒド　　アセトン

$$\therefore\ \mathbf{H-\overset{\overset{\displaystyle O}{\|}}{C}-H}$$
ホルムアルデヒド

$$\therefore\ \mathbf{CH_3-\underset{\underset{\displaystyle O}{\|}}{C}-CH_3}$$
アセトン

……【例題4】(2) の【答え】

【例題4】(3) の解説　今度は過マンガン酸カリウムで酸化分解する問題です。オゾン分解と途中まで同じですがアルデヒドはさらに酸化されてカルボン酸になるところが違いです。ケトンは変化しません。

2–ペンテンは $\mathrm{H-\overset{\overset{\displaystyle H}{|}}{\underset{\underset{\displaystyle H}{|}}{C}}-\overset{\overset{\displaystyle H}{|}}{C}=\overset{\overset{\displaystyle H}{|}}{C}-\overset{\overset{\displaystyle H}{|}}{\underset{\underset{\displaystyle H}{|}}{C}}-\overset{\overset{\displaystyle H}{|}}{\underset{\underset{\displaystyle H}{|}}{C}}-H}$ の構造です。

$$\mathrm{H{-}\overset{H}{\underset{H}{C}}{-}\overset{H}{C}=\overset{H}{C}{-}\overset{H}{\underset{H}{C}}{-}\overset{H}{\underset{H}{C}}{-}H} \xrightarrow{KMnO_4} \underset{\text{アセトアルデヒド}}{\mathrm{H{-}\overset{H}{\underset{H}{C}}{-}\overset{H}{C}{=}O}},\ \underset{\text{プロピオンアルデヒド}}{\mathrm{O{=}\overset{H}{C}{-}\overset{H}{\underset{H}{C}}{-}\overset{H}{\underset{H}{C}}{-}H}}$$

$$\xrightarrow[\text{さらに酸化}]{KMnO_4} \underset{\text{酢酸}}{\mathrm{H{-}\overset{H}{\underset{H}{C}}{-}\overset{\overset{H}{O}}{C}{=}O}},\ \underset{\text{プロピオン酸}}{\mathrm{O{=}\overset{\overset{H}{O}}{C}{-}\overset{H}{\underset{H}{C}}{-}\overset{H}{\underset{H}{C}}{-}H}}$$

アルデヒドがカルボン酸になる反応は第一級アルコールの酸化反応を思い出せばできますね。

（第一級アルコール $\xrightarrow[(-2\mathrm{H})]{\text{酸化}}$ アルデヒド $\xrightarrow[(+\mathrm{O})]{\text{酸化}}$ カルボン酸）

よって最終生成物は決まりました。

$\therefore$ $\mathbf{CH_3{-}\underset{\overset{\|}{O}}{C}{-}OH}$ **酢酸**

$\therefore$ $\mathbf{CH_3{-}CH_2{-}\underset{\overset{\|}{O}}{C}{-}OH}$ **プロピオン酸**

……【例題4】(3) の【答え】

単元2　エステルの構造式推定　化学

大学入試では，ただ丸暗記するだけではなく，構造式を推定する問題が出題されます。**演習問題㉔**は今までの基礎知識がどのくらい理解できたかを試すのによい問題です。この問題を通して本格的な入試問題が解けるところを味わっていただきたいと思います。

演習問題で力をつける㉔

エステルの構造式を推定してみよう！

問　元素分析値が炭素55%，水素9%，酸素36%のエステル（E_1 ～ E_4）がある。このエステル0.1gをベンゼン20.0gに溶かした溶液の凝固点降下度は0.291Kである。なお，ベンゼンのモル凝固点降下は5.12K·kg/molとする。4種類のエステルE_1 ～ E_4について以下の実験を行い，得られた結果を下のようにまとめた。H = 1.0，C = 12，O = 16

［実験1］エステルE_1 ～ E_4を加水分解すると以下の通り4種類のアルコール（A_1 ～ A_4）と3種類のカルボン酸（B_1 ～ B_3）が得られた。エステルE_1からはA_1とB_1が，エステルE_2からはA_2とB_2が，エステルE_3からはA_3とB_3が，エステルE_4からはA_4とB_3が得られた。

［実験2］アルコールA_1，A_2，A_3を酸化すると，それぞれW，X，Yに変化し，さらに酸化すると，それぞれカルボン酸B_3，B_2，B_1へと変化した。W，X，Yおよび①カルボン酸B_3は還元性をもっていた。

［実験3］アルコールA_4を酸化するとケトンZが得られた。②ケトンZは［ ア ］の乾留によっても，得ることができる。

$$E_1 \xrightarrow{\text{加水分解}} A_1 + B_1 \qquad E_2 \xrightarrow{\text{加水分解}} A_2 + B_2$$

$$E_3 \xrightarrow{\text{加水分解}} A_3 + B_3 \qquad E_4 \xrightarrow{\text{加水分解}} A_4 + B_3$$

$$A_1 \xrightarrow{\text{酸化}} W \xrightarrow{\text{酸化}} B_3 \qquad A_2 \xrightarrow{\text{酸化}} X \xrightarrow{\text{酸化}} B_2$$

$$A_3 \xrightarrow{\text{酸化}} Y \xrightarrow{\text{酸化}} B_1 \qquad A_4 \xrightarrow{\text{酸化}} Z$$

(1)　エステルE_1 ～ E_4の構造式と名称を書け。

(2)　下線部①について，カルボン酸B_3の構造式を示し，カルボン酸B_3が還元性をもつ理由を20字以内で説明せよ。

(3)　［ ア ］に適切な化合物の名称を書き，下線部②の反応を化学反応式で示せ。

(4) エステルE_1を完全に加水分解し，得られたカルボン酸B_1とエステルE_4の加水分解で得られたアルコールA_4とを用いて新たなエステルE_5を合成した。

このときの反応を化学反応式で示せ。

さて，解いてみましょう。

エステルの構造式推定の問題です。エステルのことはちゃんと理解できていますか？　カルボン酸とアルコールが反応すると，カルボン酸のOHとアルコールのHが取れて，エステルと水ができるんでしたね。

問(1)の解説 初めに組成式(実験式ともいう)を求めます。**第7講「演習問題で力をつける⑳」**でやったことと同じです。この問題は，元素分析値が二酸化炭素と水の値を与えてくれているのではなくて，炭素，水素，酸素それぞれの質量パーセントを与えてくれていますね。実は，こういう問題のほうが計算はラクなんです。

岡野の着目ポイント まず化合物全体で100gあったと仮定するんでしたね。炭素が55%，水素が9%，酸素が36%と与えられているので，炭素が55g，水素が9g，酸素が36gとしましょう。

次に**原子のmol数を求めましょう**。そこで$n = \frac{w}{M}$**[公式3]**に代入します(Mは原子量，wは質量(g))。求めるのは分子のmol数ではないことに注意しましょう。各原子のmol数の比を原子量を使って求めると，

$$C : H : O = \frac{55}{12} : \frac{9}{1} : \frac{36}{16}$$
$$= 4.58 : 9 : 2.25$$

3つの数の中で**一番小さい数2.25で割る**(ここがポイント)。

$$C : H : O = \frac{4.58}{2.25} : \frac{9}{2.25} : \frac{2.25}{2.25}$$
$$\fallingdotseq 2 : 4 : 1$$

よって組成式は，C_2H_4Oです。

一応，組成式量を計算しておきましょう。原子量12のCが2個あって，1のHが4個，あとは16のOが1個で，足しますと44になります。これが「組成式量」です。組成式量は分子式を求めるときに必要ですね。こういうところをすらす

らできるように練習していきましょう。

アドバイス 原子のmol数の比が2：4：1ときれいな値になりました。しかし，そうならない場合があるんです。例えば2:4:1.33という値になったとしましょう。こういう場合は，1.33…を四捨五入して2:4:1としてはダメ。

小学校時代にやった分数の話を思い出してください。1.33…は1＋0.33…。0.33…は$\frac{1}{3}$ですね。だから1.33…は分数に直しますと$1+\frac{1}{3}=\frac{4}{3}$なんです。ですから2：4：$\frac{4}{3}$となり，全体を整数に直すために分母の最小公倍数3を全体にかける。すると6：12：4になり，2で割れるから3：6：2。

このように一番小さい数で割ったら，いつでも整数になるわけではないんです。1.33のほかには1.5というのもあります。例えば1.5の場合は$1+\frac{1}{2}=\frac{3}{2}$，1.66…の場合は$1+\frac{2}{3}=\frac{5}{3}$ですね。こんな感じでピッタリ整数にならないときもあせらないで，もとの分数はいったい何なのかな，と考えてみてください。

次に分子量を求めてから分子式を決めていきます。分子量は凝固点降下度と溶質粒子合計の質量モル濃度は比例することから導びかれた**[公式18]**に代入します。巻末の「**最重要化学公式一覧**」（→448ページ）で確認してください。

$$\boxed{\Delta t = k \cdot m}$$ —— **[公式18]**

（Δt：沸点上昇度または凝固点降下度
k　：モル沸点上昇またはモル凝固点降下
m　：溶質粒子合計の質量モル濃度）

エステルの分子量をxとします。質量モル濃度は**[公式5]**で求めます。

$$\boxed{\text{質量モル濃度 (mol/kg)} = \frac{\text{溶質の物質量 (mol)}}{\text{溶媒の質量 (kg)}}}$$ —— **[公式5]**

今回はベンゼンが溶媒です。

溶質の物質量 ……… $\frac{0.1}{x}$ mol

溶媒の質量(kg) …… $\frac{20.0}{1000}$ kg

$$\therefore\quad \text{質量モル濃度} = \frac{\frac{0.1}{x}\,\text{mol}}{\frac{20.0}{1000}\,\text{kg}} = \frac{0.1 \times 1000}{20.0x}\,\text{mol/kg}$$

[公式18]に代入すると

$\Delta t = 0.291\text{K}$

$k = 5.12\text{K}\cdot\text{kg/mol}$より

$$\therefore\quad 0.291 = 5.12 \times \frac{0.1 \times 1000}{20.0x}$$

$$\therefore\quad x = \frac{5.12 \times 0.1 \times 1000}{0.291 \times 20.0} = 87.9 \fallingdotseq 88\ (\text{分子量})$$

C_2H_4O = 44（組成式量）
（組成式）

C_2H_4Oの組成式量は先ほど44であると求めました。いま分子量が正式に88とわかりましたから，分子量を組成式量で割ってください。

88 ÷ 44 = 2

つまり，2倍にすれば分子式になります。ちなみに1倍の場合には組成式も分子式も同じです。

$$(C_2H_4O)_2 \Rightarrow C_4H_8O_2$$

88という分子量が求められないと，この問題はここで終わっちゃうわけです。その先に進められないんですね。理論化学分野で，分子量を含む内容は**気体の状態方程式，凝固点降下，気体の密度，浸透圧，中和滴定**などがあります。どうぞよく復習をなさっておいてください。

では分子式$C_4H_8O_2$のエステルの構造を推理していきます。まずはエステル化の意味を思い出してください(→221ページ)。

カルボン酸 + アルコール ⟶ エステル + 水

これを「**エステル化**」といいましたね。**この逆反応が「加水分解」でした。**

アドバイス 生じてきた水が，さらにできあがった物質と結びついて逆反応を起こすときの反応のことを，加水分解というんです。いろいろな加水分解が存在しますが，よくあるのは「塩の加水分解」（詳しくは『理論化学』第3講 3-2）と「エステルの加水分解」です。

E_1 ～ E_4の4つのエステルの構造を書き出してみましょう。このエステルにはCが4個あります。カルボン酸＋アルコールの反応なので合計4個の炭素をもちます。そのためには次の場合が考えられます。

カルボン酸	アルコール
C…1個	C…3個
C…2個	C…2個
C…3個	C…1個

この組み合わせしかありません。

（Cが1個のカルボン酸はギ酸。
Cが3個のアルコールは1−プロパノールと2−プロパノール。）

（Cが2個のカルボン酸は酢酸。
Cが2個のアルコールはエタノール。）

（Cが3個のカルボン酸はプロピオン酸。
Cが1個のアルコールはメタノール。）

エステル化反応を次のページの 図8-15 に示します。

図8-15 を見てください。**[カルボン酸＋アルコール]の順番で書きます。**アルコールは書きやすいように逆向きにしておきます。

エステル化では，カルボン酸のOHとアルコールのHが取れるんでしたね。これはかならずいつも決まっています。最後はつないでエステルをつくればいいわけです。

名前は，慣用名と慣用名が足されてエステルの慣用名になります。

1−プロパノールの慣用名は「**プロピルアルコール**」，2−プロパノールの慣用名は「**イソプロピルアルコール**」は覚えておきましょう。

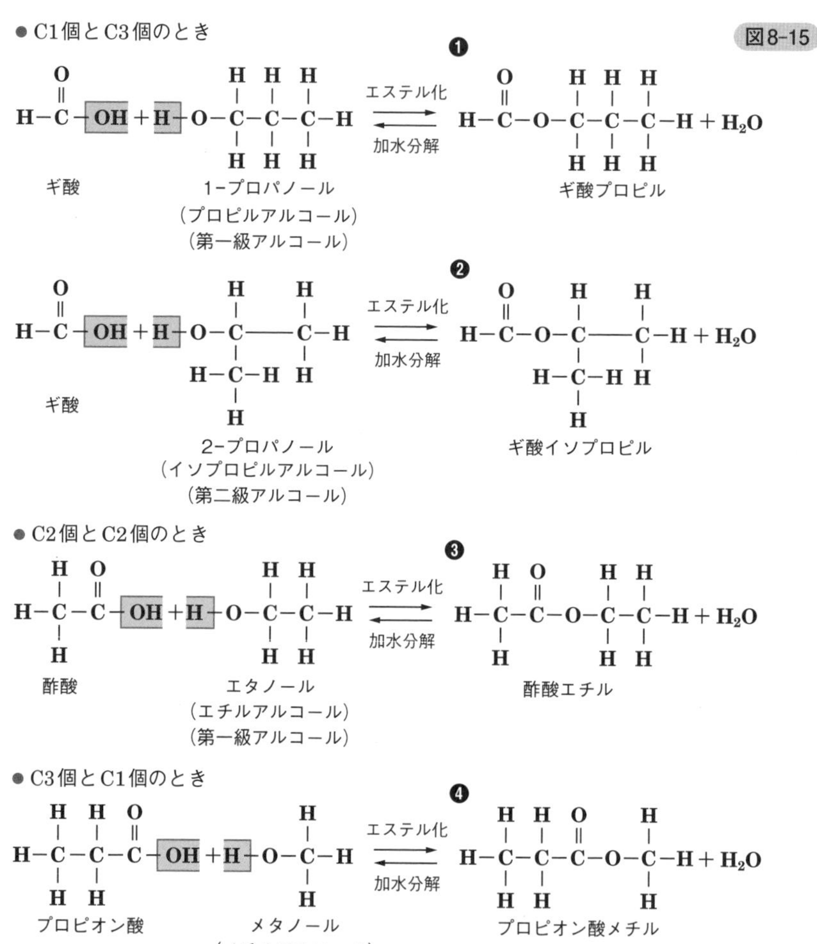

[実験2]よりアルコールA_1, A_2, A_3は2回酸化が起こるので第一級アルコールとわかります。**カルボン酸B_3は還元性をもつのでギ酸**と決まります。ギ酸はホルミル基が存在し，銀鏡反応やフェーリング反応は陽性です。

A_3が第一級アルコールであることがポイントです。

$$E_3 \xrightarrow{\text{加水分解}} \underset{\text{第一級アルコール}}{A_3} + \underset{\text{ギ酸}}{B_3}$$

図8-15 よりE_3は第一級アルコールA_3(1-プロパノール)とギ酸B_3から生成したエステルとわかります。1-プロパノールは，第一級アルコールであることを確認しておいてください。

よって 図8-15 よりE_3は❶と決まります。

同様に

$$E_4 \xrightarrow{\text{加水分解}} A_4 + \underset{\text{ギ酸}}{B_3}$$

図8-15 よりE_4はギ酸と反応したもう一方の反応なので❷と決まります。

$$\therefore\ \mathrm{H{-}\overset{\overset{\Large O}{\|}}{C}{-}O{-}CH_2{-}CH_2{-}CH_3}$$ …… **問(1)のE_3** の【答え】

ギ酸プロピル

$$\therefore\ \mathrm{H{-}\overset{\overset{\Large O}{\|}}{C}{-}O{-}\underset{\underset{\Large CH_3}{|}}{CH}{-}CH_3}$$ …… **問(1)のE_4** の【答え】

ギ酸イソプロピル

次は　$A_2 \xrightarrow{\text{酸化}} X \xrightarrow{\text{酸化}} B_2$

アルコールA_2を2回酸化したときカルボン酸B_2になるので**A_2とB_2の炭素数は同じであることがわかります。**Cがそれぞれ2個含むエタノールと酢酸です。

$$E_2 \longrightarrow \underset{\text{エタノール}}{A_2} + \underset{\text{酢酸}}{B_2}$$

E_2は 図8-15 の❸と決まります。E_1は残りなので❹と決まります。

$$\therefore\ \mathrm{CH_3{-}\overset{\overset{\Large O}{\|}}{C}{-}O{-}CH_2{-}CH_3}$$ …… **問(1)のE_2** の【答え】

酢酸エチル

$$\therefore\ \mathrm{CH_3{-}CH_3{-}\overset{\overset{\Large O}{\|}}{C}{-}O{-}CH_3}$$ …… **問(1)のE_1** の【答え】

プロピオン酸メチル

問 (2) の解説 還元性をもつカルボン酸はギ酸しかありません。

$$H-\overset{\overset{\displaystyle O}{\|}}{C}-OH$$

(理由)…ギ酸はホルミル基が含まれているので。(18字) } …… **問 (2)** の【答え】

問 (3) の解説 アセトンの製法は，酢酸カルシウムを乾留します。

∴　**酢酸カルシウム**

$$(CH_3COO)_2Ca \longrightarrow CaCO_3 + CH_3COCH_3$$

} …… **問 (3)** の【答え】

問 (4) の解説 B_1 は E_1 の加水分解で生じたカルボン酸なのでプロピオン酸，A_4 は E_4 の加水分解で生じたアルコールなので2-プロパノールです。B_1 と A_4 のエステル化で E_5 が生成されます。

$$CH_3-CH_2-\overset{\overset{\displaystyle O}{\|}}{C}-\boxed{OH}+\boxed{H}-O-CH(CH_3)-CH_3 \xrightarrow{\text{エステル化}} CH_3-CH_2-\overset{\overset{\displaystyle O}{\|}}{C}-O-CH(CH_3)-CH_3 + H_2O$$

B_1　プロピオン酸　　A_4　2-プロパノール（イソプロピルアルコール）　　E_5　プロピオン酸イソプロピル

有機化学の化学反応式は示性式で書くことをお勧めします。

$$\therefore\ CH_3CH_2COOH + CH_3CH(OH)CH_3 \longrightarrow CH_3CH_2COOCH(CH_3)_2 + H_2O$$

…… **問 (4)** の【答え】

（注意）エステルの構造式の決め方にはエステル結合から考える方法があります。

$$R-\overset{\overset{\displaystyle O}{\|}}{C}-O-R'$$

R，R′に水素または炭化水素基をあてはめてエステルの異性体を作っていきます。$C_4H_8O_2$ の場合はRとR′に残り3個分のCを配分して考える方法です。本書ではあえてこの方法ではなくエステル化の反応式を使って異性体を決めました。抜けることなく正確に書けると私は考えるからです。

エステルの異性体の見つけ方

分子式のわかっているエステルの異性体を全部書き出すには反応式に頼るべし。

いかがでしょうか。今の問題の解き方が流れるようにわかった人は，かなり力がついてきたと思います。

では，第8講はこれで終了です。本格的な問題が1つ解けるようになりましたね。

第 9 講

油脂・芳香族化合物（1）

単元1　油脂　化学
単元2　芳香族化合物　化学
単元3　フェノール類　化学

第 9 講のポイント

こんにちは。今日は第 9 講です。油脂ができる反応と油脂のけん化の反応が化学反応式で書ければ大丈夫です。芳香族の反応は暗記が必要です！

単元1 油脂

化学

「**油脂**」とは何か？　イメージできるとおり，動植物の体内に存在する脂のことですが，化学の言葉で言えば「**高級脂肪酸と3価アルコールのグリセリンのエステル**」のことです。

1-1 油脂とは

「3価アルコール」はヒドロキシ基（$-OH$）を3個含んでいるアルコールでしたね（→204ページ）。

図9-1

$$3\ \mathrm{R{-}C({=}O){-}OH} + \mathrm{H{-}O{-}CH_2{-}CH(O{-}H){-}CH_2{-}O{-}H} \underset{加水分解}{\overset{エステル化}{\rightleftarrows}} \mathrm{(R{-}C({=}O){-}O)_3C_3H_5} + 3H_2O$$

高級脂肪酸　　グリセリン　　油脂

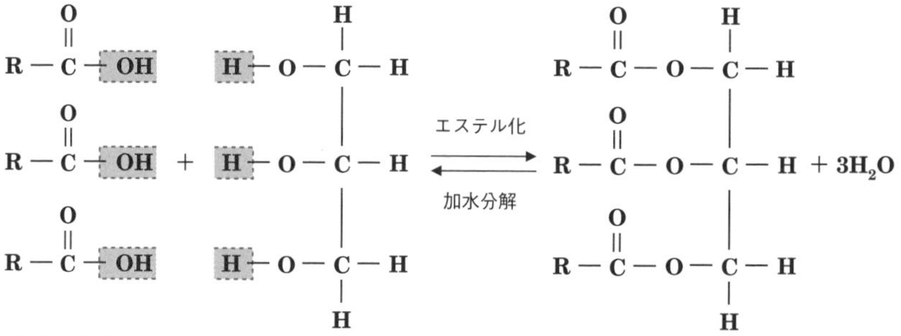

図9-1 のグリセリンは3価アルコールです。グリセリンのエステル化反応は図のように起こります。エステル化のポイントは，カルボン酸のOHとアルコールのHが取れることでした。ただ，図9-1 では高級脂肪酸（カルボン酸の一種）のOHとグリセリン（アルコール）のHが3個ずつで，3分子の水が取れてエステルができます。このエステルのことを「**油脂**」といいます。別の言い方で「トリグリセリド」という場合もあります。

反応式だけを見ると何だか複雑だなあと思うでしょう。でも，エステル化のポイントさえおさえていれば，簡単に書けちゃいます。だから自分でもやってみてくださいね。

■ 高級脂肪酸

では，カルボン酸の中でも「**高級脂肪酸**」とはどういうものなんでしょう？　「高級」だからって値段が高いということじゃありませんよ（笑）。ここでは，**分子量が大きい**，という意味です。

高級脂肪酸は鎖状のカルボン酸です。あとでベンゼン環が入っているようなカルボン酸が出てきますが，これは脂肪酸とはいいません。高級脂肪酸はかならずCが何個か鎖状に並んでいます。そしてCの数が6個以上の場合を，特に「高級脂肪酸」というのです。ちなみに，この6という数字は覚える必要はありませんよ。

高級脂肪酸の例が 図9-2 に出ています。上から順に，おさえておきましょう。

図9-2

重要★★★

油脂を構成する高級脂肪酸

$C_{15}H_{31}COOH$（二重結合0個） パルミチン酸
$C_{17}H_{35}COOH$（二重結合0個） ステアリン酸
$C_{17}H_{33}COOH$（二重結合1個） オレイン酸
$C_{17}H_{31}COOH$（二重結合2個） リノール酸
$C_{17}H_{29}COOH$（二重結合3個） リノレン酸

重要★★★ 春のステージ オレはリズムに乗る？乗れん。

と覚えます。“**春**”で「**パルミチン酸**」。“**ステージ**”で「**ステアリン酸**」，“**オレ**”で「**オレイン酸**」，“**リズムに乗る**”で「**リノール酸**」，“**リズムに乗れん**”で「**リノレン酸**」と覚えるんです。「パルミチン酸，ステアリン酸，オレイン酸，リノール酸，リノレン酸」と思い出してください。

また，高級脂肪酸の二重結合は炭素間の二重結合ということ。これはポイントです。図9-2 に二重結合の数が書いてありますが，パルミチン酸とステアリン酸は二重結合がありませんね。

「カルボキシ基に二重結合があるじゃないか」と思う人がいるでしょう。でも，これは数えません。そうではなくて，**CとCの間に二重結合が入っているか入っていないか**ということです。ちなみに高級脂肪酸には三重結合は含みません。自然界ではかならず二重結合になってしまいます。ということで，**二重結合の数と高級脂肪酸の名前と示性式を知っておきましょう。**

単元1 要点のまとめ①

●油脂

高級脂肪酸と3価アルコールのグリセリンのエステルをいう。

重要★★★

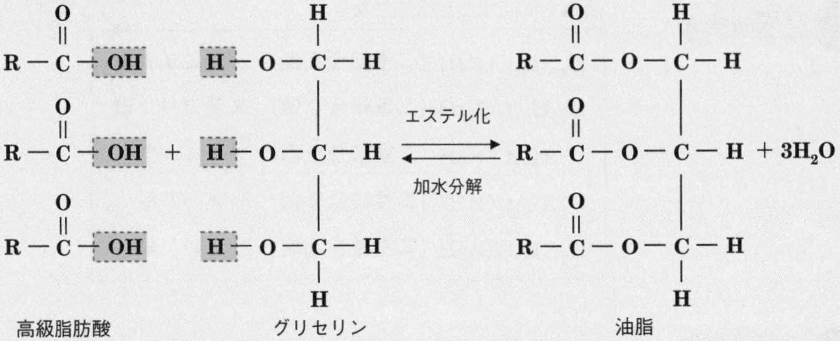

$$3\,R-COOH + C_3H_5(OH)_3 \underset{\text{加水分解}}{\overset{\text{エステル化}}{\rightleftarrows}} (R-COO)_3C_3H_5 + 3H_2O$$

高級脂肪酸　　グリセリン　　油脂

高級脂肪酸…分子量の大きな鎖状のカルボン酸をいう。

重要★★★　**（通常，炭素数が6個以上の脂肪酸のこと）**

$C_{15}H_{31}COOH$	（二重結合0個）	パルミチン酸
$C_{17}H_{35}COOH$	（二重結合0個）	ステアリン酸
$C_{17}H_{33}COOH$	（二重結合1個）	オレイン酸
$C_{17}H_{31}COOH$	（二重結合2個）	リノール酸
$C_{17}H_{29}COOH$	（二重結合3個）	リノレン酸

（二重結合は炭素間二重結合であり，高級脂肪酸には三重結合は含まれない。）

1-2 油脂のけん化

さて，次にいきましょう。「油脂のけん化」です。「**けん化**」とは，もちろん，殴り合う「ケンカ」ではないことはわかると思います（笑）。こういうことです。

エステル化は，アルコールとカルボン酸が反応してエステルと水という物質ができることで，その逆反応を加水分解といいました。

では，**けん化を一言で説明すると，塩基により加水分解することです。**これは図9-3のように起こります。実際に，水では反応があまり起こらないので，塩基を使うんですね。

図9-3

油脂のけん化

重要★★★

$$\begin{matrix} RCOO-CH_2 \\ | \\ RCOO-CH \\ | \\ RCOO-CH_2 \end{matrix} + 3NaOH \xrightarrow{\text{けん化}} 3RCOONa + \begin{matrix} CH_2OH \\ | \\ CHOH \\ | \\ CH_2OH \end{matrix}$$

3NaOHの3：いつでも決まった値

3RCOONa：(セッケン)

CH_2OH–$CHOH$–CH_2OH：(グリセリン)

(エステルのけん化ではアルコールは元にもどる)

水をHOHと表します。HOHというのは変な書き方だけど，説明のためにあえてこう書きます。HOHのHをNaに変えます。図9-3のNaOHです。HがNaに変わっただけです。でも，中性物質と塩基性物質だから全然違いますね。もう一度「**単元1　要点のまとめ①**」の式の右辺から左辺への流れを見てください。油脂1molに水を加えて加水分解すると，常に3molの水が使われます。エステル化のときに取れた3molの水が反応して加水分解するからです。**水のかわりに水酸化ナトリウムで反応を起こしたとしても，やはり，水のかわりだから，油脂1molに対し，常に3molのNaOHが使われます。**だから図9-3にはいつでも決まった値"3"が書かれています。

けん化して，できあがる物質は何か。1つはグリセリンができます。もう1つはRCOONa。もしNaOHのかわりにH_2O，水を加えたとしたら，元のアルコールとカルボン酸にもどるはずなんです。ところが，水酸化ナトリウムを加えたので，これは酸と塩基の中和反応が起きて，塩になっちゃうんです。僕らはこの塩(RCOONa)を「**セッケン**」とよんでいます。どうぞ覚えておいてください。**高級脂肪酸のナトリウム塩は「セッケン」**です。

図9-3に「**エステルのけん化ではアルコールは元にもどる。**」と書いてありますが，けん化をした場合，アルコールは元にもどって，カルボン酸のほうは塩になってしまうということが起こります。

アドバイス エステルのけん化ではアルコールが元に戻るのは次の反応式から説明がつきます。

例 $\underset{\text{酢酸エチル}}{CH_3COOC_2H_5} + NaOH \xrightarrow{\text{けん化}} \underset{\text{酢酸ナトリウム}}{CH_3COONa} + \underset{\text{エタノール}}{C_2H_5OH}$

$$\left(\begin{array}{lcl} CH_3COOC_2H_5 + \cancel{H_2O} & \xrightarrow{\text{加水分解}} & \cancel{CH_3COOH} + C_2H_5OH \\ +)\ \cancel{CH_3COOH} + NaOH & \xrightarrow{\text{中和}} & CH_3COONa + \cancel{H_2O} \\ \hline CH_3COOC_2H_5 + NaOH & \longrightarrow & CH_3COONa + C_2H_5OH \end{array}\right)$$

酢酸エチルを水酸化ナトリウム水溶液でけん化するとき初めは水が反応して酢酸とエタノールに分解します。次の瞬間，酢酸と水酸化ナトリウムは中和反応しますが，エタノール(中性物質)と水酸化ナトリウムは反応しません。このような理由でエステルのけん化ではアルコールは元に戻り，カルボン酸は塩になるのです。

1-3 油脂の硬化

もう1つ，「油脂の硬化」を説明しておきます。共通テストなどで正誤問題として出題されることがあるかもしれません。次の式を見てください。

重要★★★

$$\underset{\text{(不飽和度・大)}}{\text{魚油}} \xrightarrow[\text{Ni}]{\text{水素付加}} \text{硬化油（セッケン，マーガリンなどの原料）}$$

魚油に「不飽和度・大」と書いてありますね。これは，二重結合の割合が多いということ。炭素間の二重結合が多い油脂と思ってください。

これは知っておいていただきたいんですが，**魚油のように二重結合の割合が多い油脂は液体になります。**液体の魚の油は生臭いにおいがしますよね。固体にして生臭さを消すにはどうすればいいか？

Ni（ニッケル）を触媒にして水素を付加させます。すると魚油の二重結合が切れまして，水素がそこにくっついて単結合のみになります。そうすると不思議なことに**液体だった油が固体**になるんです。

これは現象として知っておいてください。**二重結合の多い油脂は液体の状態で存在する場合が多い。そして二重結合が少なくなってきますと，固体になるという現象が起こります。**固体になった油のことを「**硬化油**（こうかゆ）」といいます。そして，固体になるその変化を「**硬化**」といいます。

できた硬化油はセッケンやマーガリンなどの原料になるんです。液体の魚の油は，においはすごいし，液体ですからもち運びが非常に不便ですよね。ところが硬化油にすると，ちょっと冷やしながら段ボールか何かで運べるわけですよ。だから運搬もラクになるし，においはしないし，非常に処理がしやすくなるというメリットがあります。

単元1 要点のまとめ②

● **油脂のけん化**

油脂のけん化は塩基で加水分解すること。

重要★★★

$$\begin{array}{l} \mathrm{RCOO-CH_2} \\ \quad\quad\quad\;\;| \\ \mathrm{RCOO-CH} \\ \quad\quad\quad\;\;| \\ \mathrm{RCOO-CH_2} \end{array} + \mathrm{3NaOH} \xrightarrow{\text{けん化}} \underset{\text{(セッケン)}}{\mathrm{3RCOONa}} + \begin{array}{l} \mathrm{CH_2OH} \\ \;\;| \\ \mathrm{CHOH} \\ \;\;| \\ \mathrm{CH_2OH} \\ \text{(グリセリン)} \end{array}$$

（エステルのけん化ではアルコールは元にもどる）

● **魚油の硬化**

$$\underset{\text{(不飽和度・大)}}{\text{魚油}} \xrightarrow[\text{Ni}]{\text{水素付加}} \text{硬化油(セッケン，マーガリンなどの原料)}$$

ここまでいいでしょうか。では問題を解いてみましょう。

演習問題で力をつける㉕

油脂に関する計算問題

問 油脂は高級脂肪酸のグリセリンエステルである。ある油脂22.4gをけん化するために水酸化ナトリウム3.02gを必要とした。ただし H = 1, C = 12, O = 16, Na = 23 とする。

(1)

a. この油脂の分子量はいくらか。最も近い値を次の①〜⑥のうちから1つ選べ。

① 315　② 445　③ 630　④ 890　⑤ 945　⑥ 1260

b. この油脂を単一の直鎖状飽和脂肪酸のエステルと仮定すると，その脂肪酸の炭素数はいくらか。最も近い値を次の①〜⑩のうちから1つ選べ。

① 13　② 14　③ 15　④ 16　⑤ 17　⑥ 18
⑦ 19　⑧ 20　⑨ 21　⑩ 22

(2) 平均分子量が880の油脂A300gに水素を付加し，すべての構成脂肪酸が飽和脂肪酸になり油脂Bを得た。このとき水素が4.1g必要であった。油脂Aの1分子中に存在する炭素原子間の二重結合の数は平均何個か。最も近い値を次の①〜⑥のうちから一つ選べ。

① 1　② 2　③ 3　④ 4　⑤ 5　⑥ 6

(センター／改)

問題の油脂を図にしました 図9-4 。aは簡単にできます。油脂の分子量を求めましょう。Rがどうなっているかは，まだわかりません。

図9-4

さて，解いてみましょう。

岡野の着目ポイント　油脂1molと水酸化ナトリウム3molの割合で常にけん化が起こるんでしたね。この物質量が比例するので分子量は簡単に求められます。

問（1）aの解説　油脂の分子量はわからないから，xとします。NaOHの式量は40です。油脂の1molは何g？　分子量にgをつけたものですね。xgです。NaOHの3molはというと，3 × 40gです。問題文より22.4gの油脂があると，3.02gで反応を起こしたということですから，比例することを利用して式を立て，xを求めると，

油脂	：	3NaOH
1mol		3mol
xg	⤡⤢	3 × 40g
22.4g		3.02g

$\therefore\ x\text{g} : 3 \times 40\text{g} = 22.4\text{g} : 3.02\text{g}$

対角線の積は内項の積と外項の積の関係になっいるので等しい。

$\therefore\ 3.02x = 22.4 \times 3 \times 40$

$\therefore\ x = 890.0 \fallingdotseq 890$

∴　④ …… **問（1）a** の【答え】

問（1）bの解説

岡野のこう解く　b. …a. より油脂の分子量が890とわかりました。一種類の飽和脂肪酸からできた油脂の一般式をつくり，その分子量が890になるようにして具体的な数値計算をすると，答えが求まります。

よくわからない？　大丈夫，ていねいにやってみましょう。

飽和脂肪酸の一般式とは？

問題文の「**飽和**」という言葉に注目してください。飽和はCとCの間に二重結合はない。つまり，単結合のみからできた脂肪酸ということです（飽和脂肪酸）。この飽和脂肪酸は$C_nH_{2n+1}COOH$と表せる。これには理由があるので説明します。

岡野の着目ポイント　Cが最低でも２個ないと結合ができませんね。

図9-5のように，C－Cの結合のあいている手全部にHがくっついた場合をエタンです。いわゆるアルカンですね。アルカンならどれでもいいで

すがアルカンの水素原子を1個取りました。そしてCOOHをくっつけると，二重結合を含まない飽和脂肪酸になります。図9-5 の物質はCが3個で「プロピオン酸」です。

図9-5

エタン

```
    H   H
    |   |
H — C — C —(H)
    |   |
    H   H

    H   H
    |   |
H — C — C — COOH
    |   |
    H   H
```

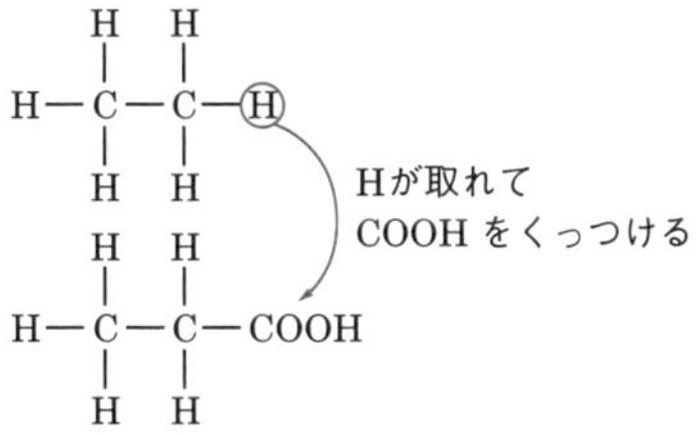

Hが取れて COOH をくっつける

プロピオン酸

今の原理をおさえてくださいね。もう一度言うと，アルカンのHを1個取って，COOHをくっつけました。これを一般式で表してみましょう。

アルカンの一般式はC_nH_{2n+2}です。同じ要領でHを1個取ります。$2n+2$から$2n+1$に変わりました。そこにCOOHをくっつける。このように二重結合を1個も含まない，単結合のみからできた飽和脂肪酸の一般式が$C_nH_{2n+1}COOH$と導き出せるんです。

この飽和脂肪酸がグリセリンと結びついて，分子量890の油脂をつくるわけです。261ページの 図9-4 にある油脂のRの部分は，実はC_nH_{2n+1}なんです。したがって，全部同一の飽和脂肪酸からできた油脂をつくると，図9-6 のような構造式になるのです。

図9-6

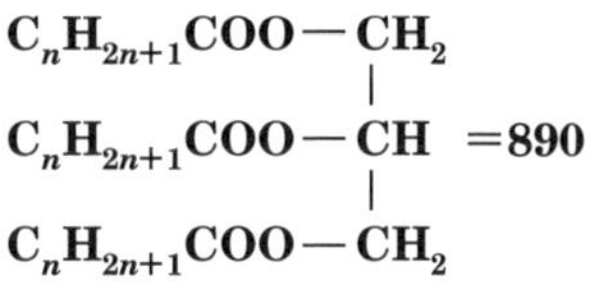

$$\begin{array}{l} C_nH_{2n+1}COO-CH_2 \\ \qquad\qquad\qquad\quad | \\ C_nH_{2n+1}COO-CH \quad =890 \\ \qquad\qquad\qquad\quad | \\ C_nH_{2n+1}COO-CH_2 \end{array}$$

油脂

aの問題で分子量が890とわかりました。そこで890になるようにするためのnを今から求めましょう。

図9-6 を見てください。Cの数は全部で$(6+3n)$個。Oは全部で6個です。それからHは，$5+3(2n+1)=6n+8$個になりますね。

Cの原子量12，Oの原子量16，Hの原子量1より，

$$12\times(6+3n)+16\times6+1\times(6n+8)=890$$

$$42n=714$$

$$\therefore\quad n=17$$

結局，この脂肪酸はC_nH_{2n+1}に$n=17$を代入して，$C_{17}H_{35}COOH$です。さきほどのゴロ“春のステージ　オレはリズムに乗る？　乗れん。”に出てきたステアリン酸なんですね。炭素数は全部で18個と決まります。

∴　⑥……問(1)b の【答え】

問(2)の解説 油脂Aの1分子中に存在するCとCの二重結合の数をx個とおくと次の関係が成り立ちます。

（この係数と油脂中のCとCの二重結合の数は等しい）

油脂A　＋　xH$_2$ ⟶ 油脂B
1mol　　$x$mol　　（$H_2 = 2$）

$$\begin{pmatrix} 880\text{g} & x \times 2\text{g} \\ 300\text{g} & 4.1\text{g} \end{pmatrix}$$

対角線の積は内項の積と外項の積の関係になっているので等しい。

$x \times 2 \times 300 = 880 \times 4.1$

$\therefore \quad x = \dfrac{880 \times 4.1}{2 \times 300} = 6.01 \fallingdotseq 6$ 個

∴　⑥ …… **問(2)** の【答え】

別解

油脂A　＋　xH$_2$ ⟶ 油脂B

$$\begin{pmatrix} 1\text{mol} & x\,\text{mol} \\ \dfrac{300}{880}\text{mol} & \dfrac{4.1}{2}\text{mol} \end{pmatrix}$$

$n = \dfrac{w}{M}$ ―― **[公式3]**

対角線の積は等しいので

$\therefore \quad \dfrac{300}{880} \times x = \dfrac{4.1}{2} \times 1$

$\therefore \quad x = \dfrac{880 \times 4.1}{2 \times 300} = 6.01 \fallingdotseq 6$ 個

∴　⑥ …… **問(2)** の【答え】

なぜCとCの二重結合の数とH_2の付加する数が等しいのか確認してみましょう（図9-7）。

図9-7

```
    H   H   H   H   H   H
    |   |   |   |   |   |
例 H－C＝C－C＝C－C＝C－H      二重結合の数 3個
          │
     付加 │ H2
          ↓
    H   H   H   H   H   H
    |   |   |   |   |   |
  H－C－C－C－C－C－C－H      付加したH2の数 3個
    |   |   |   |   |   |
    H   H   H   H   H   H
    (H2)    (H2)    (H2)
```

図9-7 を見ていただくと**二重結合の数と付加したH_2の数は等しいのです。** これはH_2に限らず，I_2，Br_2などが付加したときも同様です。

単元1 要点のまとめ③

● 二重結合に付加する分子の数

1分子中に存在するCとCの二重結合の数とそこに付加する分子(H_2, I_2, Br_2など)の数は常に等しい。

1-4 けん化価とヨウ素価

● けん化価……**油脂1g**をけん化するのに必要な**水酸化カリウムKOH**の質量を**mg単位**で表した**数値**のこと。

けん化価の値から油脂を構成する脂肪酸の平均分子量の大小を知ることができます。けん化価が大きい油脂には，分子量の小さな脂肪酸が多く含まれ，これとは反対にけん化価が小さい油脂には分子量の大きな脂肪酸が多く含まれます。

● ヨウ素価……**油脂100g**に付加する**ヨウ素I_2**の質量を**g単位**で表した**数値**のこと。

ヨウ素価の値から油脂を構成する脂肪酸の炭素間の二重結合の数の大小を知ることができます。

ヨウ素価が大きい油脂には不飽和脂肪酸が多く含まれます。

では，実際の値を**【例題5】**で求めてみましょう。

【例題5】

(1) 脂肪酸として，リノール酸$C_{17}H_{31}COOH$(分子量280)のみから構成された油脂のけん化価を求めよ。ただし，KOHの式量は56とする。
数値は整数で求めよ。

(2) 脂肪酸として，リノレン酸$C_{17}H_{29}COOH$(分子量278)のみから構成された油脂のヨウ素価を求めよ。ただし，I_2の分子量は254とする。
数値は整数で求めよ。

さて，解いてみましょう。

【例題5】(1) の解説　まず油脂の分子量を求めます。油脂の分子量をxとする。

$$3\,C_{17}H_{31}COOH + C_3H_5(OH)_3 \xrightarrow{\text{エステル化}} (C_{17}H_{31}COO)_3C_3H_5 + 3H_2O$$

リノール酸　グリセリン　油脂　水

$3 \times 280 + 92 = x + 3 \times 18$　　$(C_{17}H_{31}COOH = 280)$

$\therefore\ x = 840 + 92 - 54$　　$(C_3H_5(OH)_3 = 92)$

$= 878$　　$(H_2O = 18)$

いつでも決まった値（3KOHの3）

$$(C_{17}H_{31}COO)_3C_3H_5 + 3KOH \xrightarrow{\text{けん化}} C_3H_5(OH)_3 + 3C_{17}H_{31}COOK$$

1mol　3mol

$$\begin{pmatrix} 878\text{g} & & 3 \times 56\text{g} \\ 1\text{g} & & y\text{g} \end{pmatrix}$$

けん化価は油脂1gをけん化するのに必要なKOHのmg数です。

対角線の積は等しいので

$878y = 1 \times 3 \times 56$

$$y = \frac{1 \times 3 \times 56}{878} = 0.1913\text{g}$$

これをmg単位に直す。 $\boxed{1\text{g} = 1000\text{mg}}$

$\therefore\ 0.1913 \times 1000 = 191.3 \fallingdotseq 191\text{mg}$

（けん化価はmgを抜いた数値のこと）

$\therefore$ **191** ……**【例題5】(1)** の【答え】
（単位は付けない）

【例題5】(2) の解説　まず油脂の分子量を求めます。油脂の分子量をxとする。

(1) と同様に

$$3C_{17}H_{29}COOH + C_3H_5(OH)_3 \xrightarrow{\text{エステル化}} (C_{17}H_{29}COO)_3C_3H_5 + 3H_2O$$

リノレン酸　グリセリン　油脂　水

$3 \times 278 + 92 = x + 3 \times 18$　　$(C_{17}H_{29}COOH = 278)$

$\therefore\ x = 834 + 92 - 54$　　$(C_3H_5(OH)_3 = 92)$

$= 872$　　$(H_2O = 18)$

この油脂中のCとCの二重結合の数はリノレン酸1分子中に3個の二重結合があるので油脂全体としては**9**個存在します。

（この係数と油脂中のCとCの二重結合の数は等しい）

$$(C_{17}H_{29}COO)_3C_3H_5 + 9I_2 \longrightarrow \text{省略（必要ないので）}$$

1mol　　9mol　　$(I_2 = 254)$

$$\begin{pmatrix} 872g & 9 \times 254g \\ 100g & yg \end{pmatrix}$$

ヨウ素価は油脂100gに付加するI_2のg数です。

対角線の積は等しいので

$$872y = 100 \times 9 \times 254$$

$$\therefore \quad y = \frac{100 \times 9 \times 254}{872} = 262.1 \fallingdotseq 262g$$

（ヨウ素価はgを抜いた数値のこと）

∴　262 ……【例題5】(2) の【答え】
（単位は付けない）

油脂の分子量の簡単な求め方

ステアリン酸 $C_{17}H_{35}COOH$ のみから成る油脂の分子量は 890 である。**この 890 は覚えてください。**

ステアリン酸のみから成る油脂

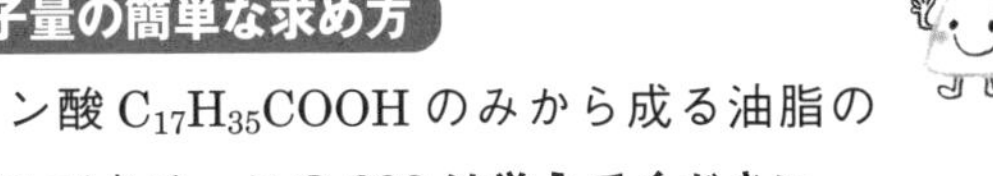

$$\begin{array}{l} C_{17}H_{35}COO - CH_2 \\ \qquad\qquad\quad | \\ C_{17}H_{35}COO - CH \quad = 890 \\ \qquad\qquad\quad | \\ C_{17}H_{35}COO - CH_2 \end{array}$$

⇓ 分子量が6減少。（H原子が6個が減少するため）

オレイン酸のみから成る油脂

$$\begin{array}{l} C_{17}H_{33}COO - CH_2 \\ \qquad\qquad\quad | \\ C_{17}H_{33}COO - CH \quad = 890 - 6 = 884 \\ \qquad\qquad\quad | \\ C_{17}H_{33}COO - CH_2 \end{array}$$

同様にリノール酸のみから成る油脂も6減って884−6＝878，リノレン酸のみから成る油脂も6減って878−6＝872になります。

単元 1 要点のまとめ④

● けん化価

油脂1gをけん化するのに必要な**水酸化カリウムKOH**の質量を**mg単位**で表した**数値**のこと。

・けん化価の大きい油脂 ⟹ 構成する脂肪酸の分子量が小さい。

・けん化価の小さい油脂 ⟹ 構成する脂肪酸の分子量が大きい。

● ヨウ素価

油脂100gに付加する**ヨウ素** $\mathbf{I_2}$ の質量を**g単位**で表した**数値**のこと。

・ヨウ素価の大きい油脂 ⟹ 構成する脂肪酸の炭素間二重結合の数が多い。

・ヨウ素価の小さい油脂 ⟹ 構成する脂肪酸の炭素間二重結合の数が少ない。

1-5 セッケンと合成洗剤

セッケンは高級脂肪酸（分子量の大きな鎖状のカルボン酸）のナトリウム塩です。化学式はRCOONaと書きます。油脂のけん化（→259ページ）で生じた物質です。

一方，合成洗剤はアルキルベンゼンスルホン酸ナトリウム（ベンゼンは9講単元2で扱います）という物質で初めて出てきます。化学式はR—⬡—SO_3Naと表します。

● セッケン　R－COONa　（弱酸（－COOHをもつ酸）と強塩基（NaOH）の中和でできる塩なので塩基性を示す。）
（R：炭化水素基）

● 合成洗剤　R—⬡—SO_3Na　（強酸（－SO_3Hをもつ酸）（→275ページ）と強塩基（NaOH）の中和でできる塩なので中性を示す。）
（R：－C_nH_{2n+1}アルキル基）

セッケン分子と合成洗剤の分子には水と仲の良い親水基と呼ばれている部分と水と仲の悪い疎水基と呼ばれている部分をあわせもっています。そのためセッケン水や合成洗剤水溶液中では，親水基を外側に，疎水基を内側にして集合し**ミセル**を形成し，コロイド溶液の性質を示します（図9-8）。

水溶液中のセッケン分子，合成洗剤の分子のミセル

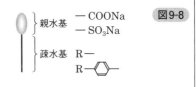

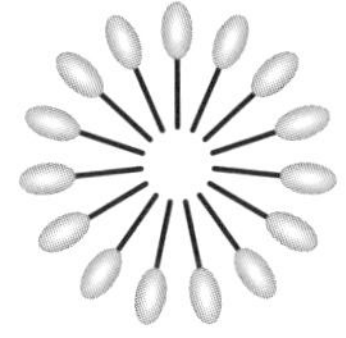

親水基 —COONa
—SO_3Na
疎水基 R—
R—⌬—

図9-8

このようにセッケン分子や
合成洗剤の分子が取り囲んでできた
集合体をミセル（または会合コロイド）という。

セッケン分子や合成洗剤の分子が油を囲んでできたミセル

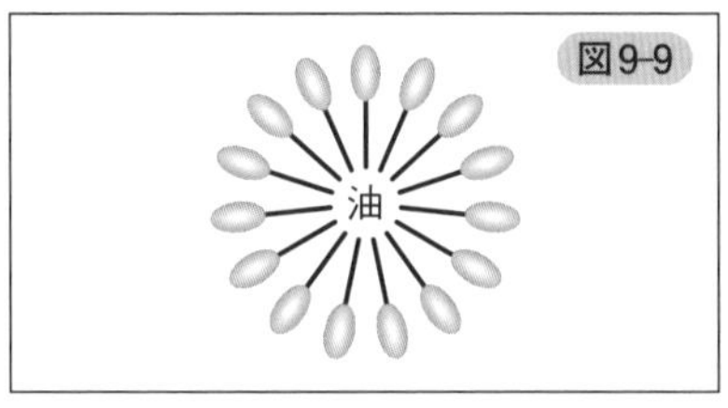

図9-9

水と油は仲が悪く一緒に混ぜても二層に分かれてしまいます。しかしその中にセッケン水や合成洗剤水溶液を加えると，油と仲の良い疎水基が油のまわりを囲みミセルを形成します（図9-9）。

このとき油は微粒子となって分散する。この現象を**乳化**といい，その作用を**乳化作用**，さらにできた液を**乳濁液**といいます。この乳化作用によって油汚れなどを落とすことができるのです。

セッケンは硬水（Mg^{2+}やCa^{2+}を多く含む水のこと）中では溶けにくく，泡立ちが悪くなり使用できません。

このときのイオン反応式を示します。

$$2RCOO^- + Ca^{2+} \longrightarrow (RCOO)_2Ca\downarrow \text{（沈殿）}$$

セッケン

一方，合成洗剤は硬水中で，使用しても沈殿を生じないので使用できます。

$$2R\text{—⌬—}SO_3^- + Ca^{2+} \longrightarrow \text{変化なし（沈殿は生じない）}$$

単元1 要点のまとめ⑤

● セッケン

高級脂肪酸のナトリウム塩（RCOONa）。**塩基性**を示し，**絹や羊毛の洗浄には使用できない。硬水とは沈殿を生じ，使用できない。**

● 合成洗剤

アルキルベンゼンスルホン酸ナトリウム（R—⌬—SO_3Na）。**中性**を示し，**絹や羊毛の洗浄に使用できる。硬水とは沈殿を起こさず使用できる。**

●水溶液中のセッケン分子，合成洗剤の分子のミセル

図9-8

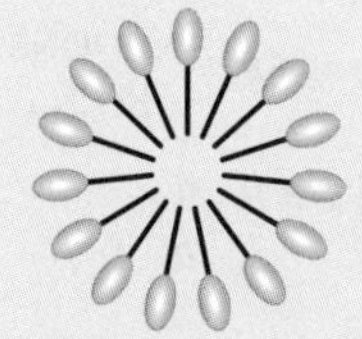

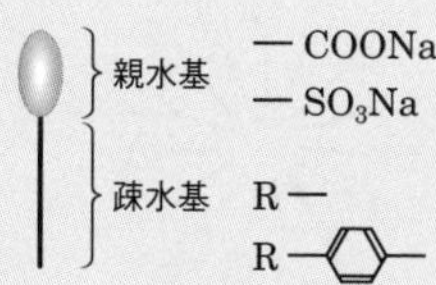

このようにセッケン分子や
合成洗剤の分子が取り囲んでできた
集合体をミセル（または会合コロイド）という。

●セッケン分子や合成洗剤の分子が油を囲んでできたミセル

図9-9

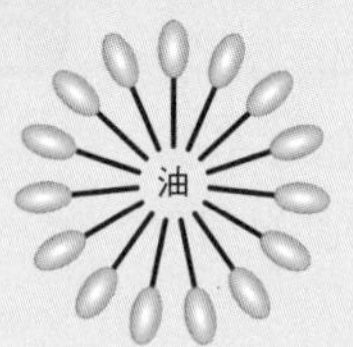

ミセルができることで油は微粒子となって分散する。この現象を**乳化**といい，その作用を**乳化作用**，さらにできた液を**乳濁液**という。この乳化作用によって油汚れなどを落とすことができる。

では問題をやっていきましょう。

演習問題で力をつける㉖

セッケンと合成洗剤の違いを理解しよう！

問　次の文中の空欄の答えを各解答群から一つずつ選べ，各解答群から同じものを選ばないこと。

(1)　油脂の構成成分である高級脂肪酸の (a) や (b) は水にほとんど溶けないが，そのNa塩は水の中で電離して， (c) になって溶解する。これがセッケンである。セッケン分子の (d) の部分は油に溶けやすい疎水基として，また (e) の部分はイオンになっており親水基としてはたらく。繊維に付着したあかなどの油性の汚れはセッケン分子の (f) に取り囲まれ，繊維の表面から離れて水中に分散し，安定な乳濁液となる。この (g) によって洗浄効果がもたらされる。

(ア)　フマル酸　　(イ)　パルミチン酸　　(ウ)　ステアリン酸
(エ)　陽イオン　　(オ)　陰イオン　　(カ)　カルボキシ基

(キ) 乳化作用　(ク) 親水基　(ケ) 疎水基
(コ) 炭化水素基

(2) セッケンは水溶液中で加水分解されて［(h)］を呈するので，［(i)］や［(j)］などの動物性繊維をいためる。また高級脂肪酸のCa塩やMg塩は水に溶けないのでセッケンは［(k)］では使用出来ない。

(サ) 冷水　(シ) 軟水　(ス) 硬水　(セ) 酸性
(ソ) 中性　(タ) 塩基性　(チ) 絹　(ツ) 綿
(テ) ナイロン　(ト) 羊毛

(3) 合成洗剤と呼ばれるアルキルベンゼンスルホン酸塩はセッケンと同様に［(l)］を示すが，溶液は［(m)］である。したがって［(n)］や［(o)］をいためない。またCa塩やMg塩が水に溶けるので，［(p)］でも使用できる。しかし微生物による分解され易さ(生分解性)はセッケンに劣るので，川を汚染するのが問題である。

(ナ) 乳化作用　(ニ) 酸性　(ヌ) 中性　(ネ) 塩基性
(ノ) ナイロン　(ハ) 羊毛　(ヒ) 絹　(フ) 綿
(ヘ) 軟水　(ホ) 硬水

さて，解いてみましょう。

問(1)の解説 ［(a)］［(b)］高級脂肪酸の覚え方は「春のステージオレはリズムに乗る？　乗れん。」でした(→257ページ)。**パルミチン酸**，**ステアリン酸**，オレイン酸，リノール酸，リノレン酸です。

∴ **(イ)**，**(ウ)** …… **問(1)［(a)］［(b)］** の【答え】
(［(a)］［(b)］は順不同)

［(c)］セッケンは高級脂肪酸のナトリウム塩です。

$$RCOONa \longrightarrow RCOO^- + Na^+$$

水の中では$RCOO^-$とNa^+となって電離しています。

［(c)］は**陰イオン**です。

∴ **(オ)** …… **問(1)［(c)］** の【答え】

［(d)］セッケン分子のR—(**炭化水素基**)の部分は油と仲の良い疎水基となります。

∴ **(コ)** …… **問(1)［(d)］** の【答え】

[(e)] セッケン分子の$-COO^-$は**カルボキシ**基が陰イオンになっており親水基としてはたらきます。

∴ （カ）…… 問(1) [(e)] の【答え】

[(f)] 油性の汚れは**疎水基**が油のまわりを取り囲みミセルを形成して，分散し乳濁液となります。

∴ （ケ）…… 問(1) [(f)] の【答え】

[(g)] 油が微粒子となって分散する現象を乳化といい，この作用を**乳化作用**といいます。

∴ （キ）…… 問(1) [(g)] の【答え】

問(2)の解説

[(h)] セッケンは加水分解されて**塩基性**を示します。

∴ （タ）…… 問(2) [(h)] の【答え】

[(i)] [(j)] 動物性繊維はタンパク質からできています。タンパク質は塩基で変性（→406，407ページ）を起こし繊維をいためるため使用できません。動物性繊維は**絹**と**羊毛**です。

∴ （チ）（ト）…… 問(2) [(i)] [(j)] の【答え】
（[(i)] [(j)] は 順不同）

[(k)] セッケンは**硬水**と沈殿して使用できません。

∴ （ス）…… 問(2) [(k)] の【答え】

問(3)の解説

[(l)] 合成洗剤（アルキルベンゼンスルホン酸ナトリウム）はセッケンと同様に**乳化作用**を示します。

∴ （ナ）…… 問(3) [(l)] の【答え】

[(m)] 合成洗剤は加水分解されて**中性**を示します。

∴ （ヌ）…… 問(3) [(m)] の【答え】

[(n)] [(o)] 合成洗剤は中性なので動物性繊維の**羊毛**と**絹**をいためません。

∴ （ハ）（ヒ）…… 問(3) [(n)] [(o)] の【答え】
（[(n)] [(o)] は 順不同）

[(p)] 合成洗剤は**硬水**と沈澱しないので使用できます。

∴ （ホ）…… 問(3) [(p)] の【答え】

単元2 芳香族化合物

化学

「ベンゼン環」をもっている物質のことを「芳香族化合物」といいます。単元1の油脂で「脂肪酸」が出てきましたね。あれは鎖式のカルボン酸のことで，鎖式の化合物のことを一般に「脂肪族」と言っています。それに対応して，「芳香族」という言葉があるわけです。

2-1 ベンゼン環の構造

ベンゼン環はどんな構造をしているのでしょうか。説明の前にまとめておきます。

単元2 要点のまとめ①

● ベンゼン環の構造

ベンゼン環は分子式C_6H_6で表され，分子は**正六角形の平面構造**をしている。6本の炭素原子間の結合は**二重結合と単結合の中間**にある。

図9-10

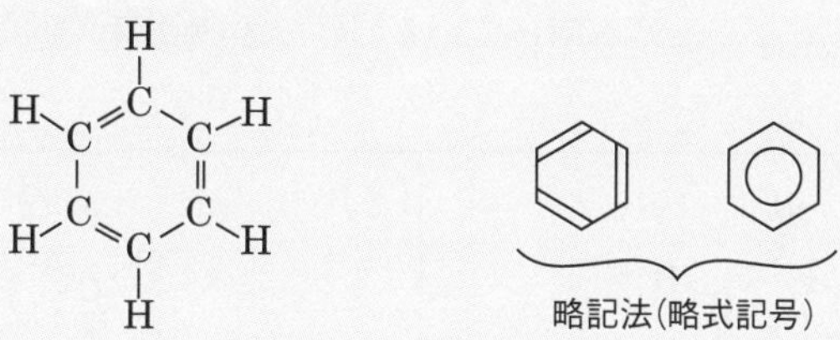

● 芳香族の性質

付加反応は起こりにくく，置換反応が起こりやすい。

「6本の炭素原子間の結合は二重結合と単結合の中間にある」とありますが，ここがよくわかりませんね。説明しましょう。結合力の一番強い三重結合は一番短くて，二重結合はその次で，そして単結合が一番長い。ベンゼン環の結合は，単結合と二重結合の中間の長さなのです（→187ページ）。

長い C−C ＞ C=C ＞ C≡C 短い

⇑

ベンゼンのCとCの結合は中間にある

■ ベンゼンの発見

では，ベンゼンについてもう少し話しておきます。昔，ファラデーという人がベンゼンの存在を発見しました（1825年）。しかし，これがどんな構造をしているのかは，なかなかわからなかったんです。

発見から40年たって，化学者のケクレという人が，夢の中でその構造をひらめいたと言われています（1865年）。夢についてはいろんな説があります。コマネズミが自分のしっぽをかじって，ぐるぐるぐるぐる回っていた夢とか，猿が6匹出てきて，手をつないで六角形になって，それぞれのしっぽがからみあった夢とか，または蛇が丸くなって自分のしっぽをかじった夢と言われています。

実はベンゼンの二重結合は，すごい勢いでぐるぐるぐるぐる回転しているんですね。連続 図9-11① を見てください。二重結合のうちの1本の手が単結合しているほうへ倒れて二重結合をつくります。そうすると，手が5本になるから 連続 図9-11②，これはまずいので，また二重結合のうち1本がパタンと倒れるわけですね。すると，同じようにまた倒れてきます 連続 図9-11③。こうして何回も何回も繰り返されて，ぐるぐる回っているわけです 連続 図9-11④。

ベンゼンの構造　　連続 図9-11

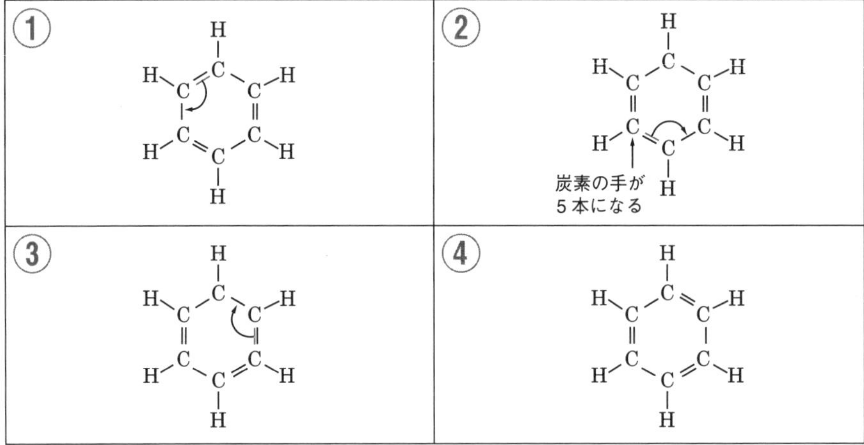

今までのエチレンのようなCとCの二重結合とちょっと違うんです。**エチレンなどの二重結合は非常に不安定な部分が1本分あるんですね。1本は強いけど，もう1本は弱い。しかし今回のこのベンゼン環の場合はぐるぐる回っているので，**

安定していて切れにくい構造なんです。実際ベンゼンのCとCの結合はどれも同じ長さで結合しており，正六角形の平面構造になっています。もし単結合（長い）と二重結合（短い）が交互に存在するならば長い短い長い短いとなってしまい正六角形にはなりません。

2-2 ベンゼン環の書き方

図9-12 を見てください。これはベンゼン環を略記法（略式記号）で表したものです。ベンゼン環はきちんと書くと意外と大変なので，教科書や入試問題にはこのような略記法が使われています。ただし，正六角形の頂点にHが1個ずつついて全部で6個あるということを，忘れずに。

図9-12

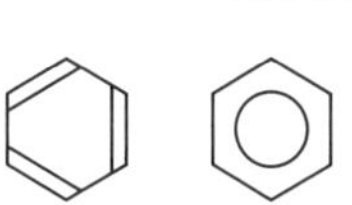

ベンゼン環の略記法

2-3 芳香族の反応

「単元2　要点のまとめ①」にあるように，**芳香族の性質は付加反応は起こりにくく，置換反応が起こりやすい。**付加と置換の違いも知っておきましょう。

芳香族に関しては，大変申し訳ないんですが，**ある程度，丸暗記が必要です。**今から説明する反応式や化合物は，どれも入試に出るところなので，繰り返し復習して覚えておきましょう。特に ! 重要★★★ の付いた化学反応式は，書けるようにしてください。入試では化学反応式まで書かされます。

■ **置換反応　スルホン化**

図9-13

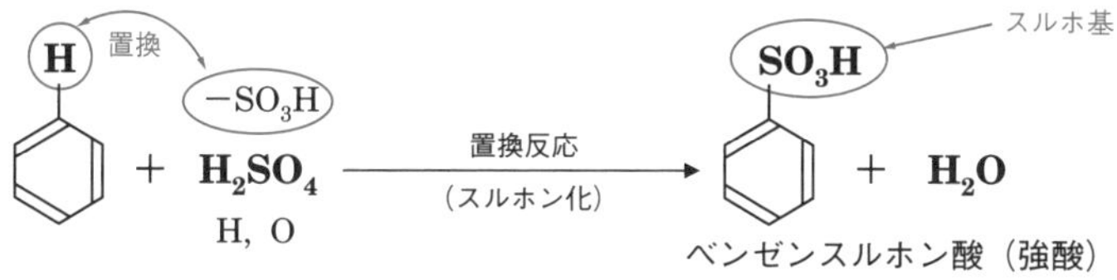

では 図9-13 を見てください。ベンゼン環に濃硫酸（H_2SO_4）を加える。このとき置換反応が起きるんです。図9-13 のようにベンゼン環にHを入れるのはおかしいんです。だけど説明のためにあえて書き入れますよ。

「**置換**」とは置き換わることでしたね。H_2SO_4は，HとOとSO_3Hに分かれる。SO_3HとベンゼンのHが置換反応を起こして「**ベンゼンスルホン酸**」ができます。このとき残ったHとOとHからH_2Oが生じる。$-SO_3H$を「**スルホ基**」といいます。

ベンゼンスルホン酸は**強酸**です。これは有機化合物の中でも大変珍しいんです。硫酸より若干弱いのですが，だいたい同じぐらいの強さの酸です。図9-13の反応を「**スルホン化**」といいます。

■ 置換反応　ニトロ化

重要★★★　図9-14

H　置換　$-NO_2$　ニトロ基

ベンゼン ＋ HNO_3 ―H_2SO_4（触媒）／置換反応（ニトロ化）→ NO_2（ニトロベンゼン）＋ H_2O

H，O

ニトロベンゼン

ベンゼンに濃硝酸と濃硫酸を加えます。このとき**濃硫酸は触媒**としてはたらきます。

スルホン化と同じように考えていただくと，HNO_3はHとOとNO_2に分かれる。NO_2とベンゼンのHが置換反応を起こして，「**ニトロベンゼン**」が生じます。残ったHとOとHが反応してH_2Oができるんでしたね。この反応は置換反応でも特に，「**ニトロ化**」と言っています。図9-14の「**ニトロ基**」という名前も覚えてください。

■ 置換反応　塩素化（ハロゲン化）

次は図9-15を見てください。ベンゼンに塩素と**触媒として鉄**を加える。

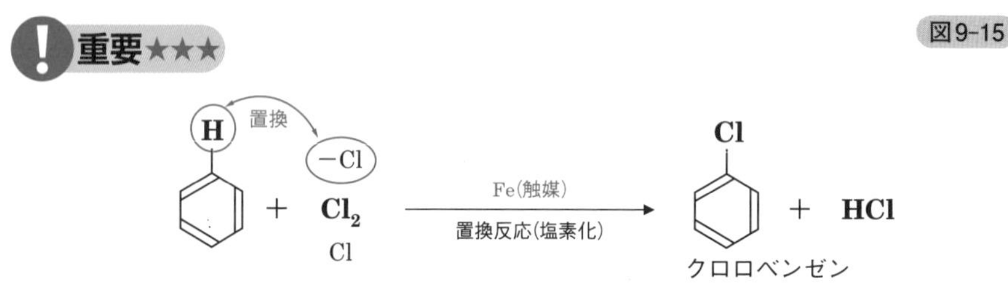

するとCl_2のうちのCl１個分とベンゼンの１個のHが置換反応を起こして「**クロロベンゼン**」を生じます。残ったClとHからHClができます。この反応を「**塩素化**」とか「**ハロゲン化**」とよんでいます。

■ 付加反応

さて，置換反応の代表例としてスルホン化，ニトロ化，塩素化を説明してまいりました。

じゃあ，芳香族は例外的な付加反応というのは起きないのか？　起きるんです。図9-16を見てく

重要★★★　図9-16

ベンゼン ＋ $3Cl_2$ ―日光→ （各炭素にCl・Hが1個ずつ付加した C₆H₆Cl₆ の環状構造）

1,2,3,4,5,6-ヘキサクロロシクロヘキサン
（ベンゼンヘキサクロリド（BHC））

ださい。ベンゼン環にCl_2を加える。そこでポイントですが，**日光（紫外線）**が必要なんです。

紫外線に当てると，どういうわけかベンゼンの二重結合が切れ，そのため1本ずつ余った手に塩素が付加反応を起こす。だから全部で3つのCl_2が使われるんですね（$3Cl_2$）。これは大変珍しい例なんです。なぜなら，ベンゼンは安定した構造のため，二重結合が切れにくいからです。

できあがった物質を「**1, 2, 3, 4, 5, 6−ヘキサクロロシクロヘキサン**」（「**ベンゼンヘキサクロリド（BHC）**」ともいう）といいます。この名前を覚えておきましょう。Cの1番，2番，3番，4番，5番，6番の位置に“ヘキサクロロ”で6個の塩素原子が置換した“シクロヘキサン”は輪っか状になっているヘキサンという意味です。

もう一つ付加反応の例を知っておいてください。

ベンゼンにNiを触媒として，H_2を付加させるとシクロヘキサンができます。触媒にNiを使用することは覚えておいてください。

重要★★★

ベンゼン ＋ $3H_2$ —(Ni，付加反応)→ シクロヘキサン（C_6H_{12}） または （六角形）

■ **置換反応と付加反応**

ところで，置換反応の塩素化 図9-15 と 図9-16 の付加反応，似ているでしょう。間違わないようにポイントを言っておきましょう。

図9-15 の塩素化では，もともとあったベンゼン環のところにあるHと，Clが置き換わっています。しかし，図9-16 の付加反応の場合は，もとあった原子（H）はそのまんまかならず残っていて，さらに他の原子（Cl）がつけ加わっている。

また，塩素化では**鉄を触媒**として加えてクロロベンゼンができます。これは弱い反応なんです。対して付加反応は，**紫外線を当てる**ことによって非常に強いエネルギーが生じます。だから普通じゃ切れない二重結合が切れてしまう。この違いを問う問題が頻出です。注意しましょう。

■ **酸化反応**

次は酸化反応を説明しましょう。これは大変重要な反応です。

図9-17 を見てください。ベンゼン環にある**R** **は炭化水素基のことです。**

重要★★★ 図9-17

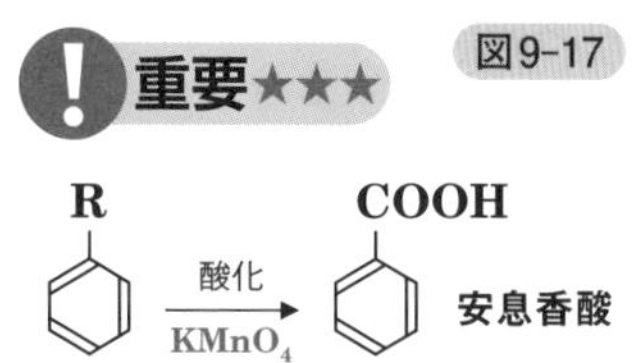

酸化させるときは$KMnO_4$**（過マンガン酸カリウム）**という強い酸化剤で反応させると，ベンゼン環をもっているカルボン酸ができあがります。これは「**安息香酸**」といいます。名前を覚えておいてください。

炭化水素基がアルキル基の場合，一般式は$-C_nH_{2n+1}$だから，極端な話をすれば，ベンゼン環に100個のCがくっついて$-C_{100}H_{201}$となっていても，過マンガン酸カリウムで酸化反応をしたら，やっぱりCは1個しか残らないんですよ。この事実を覚えておいてください。みんなここをよく間違いますよ。残り99個のCはCO_2になってどこかへ飛んでいっちゃうんですね。

次は，図9-18を見てください。まずは「**ベンジルアルコール**」という名前を覚えておきましょう。**第7講**の第一級アルコールの酸化を思い出してください。

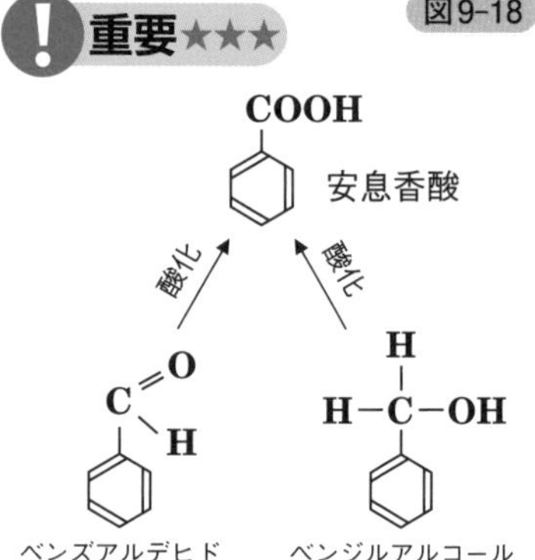

OHがついている炭素原子にR（ここではベンゼン環）が1個ついているので，第一級アルコールですね。これが酸化するときに，Hが2個取れて，ホルミル基ができて「**ベンズアルデヒド**」になります。これも名前を覚えておいてください。アルデヒドをさらに酸化するとカルボン酸になりました（ベンズアルデヒド→安息香酸）。このようにベンジルアルコールの場合は第一級アルコールの酸化反応が起きて，その後に**安息香酸**になります。

ということで，結局，最終的にはどれも安息香酸になりますね。炭化水素基がくっついていれば，どんな場合でもかならず安息香酸になるという話でした。

では，ベンゼン環に次の炭化水素基がついた場合，どんな名前になるか，おさえておきましょう。

R：炭化水素基
$-CH_3$（トルエン）
$-C_2H_5$（エチルベンゼン）
$-CH=CH_2$（スチレン）

ベンゼン環にメチル基（$-CH_3$）がついたものを「**トルエン**」といいます。これはメチルベンゼンとはあまり言わないんですよ。そしてエチル基（$-C_2H_5$）がくっついた場合は「**エチルベンゼン**」。トルエンは慣用名でエチルベンゼンは国際名なんです。

それから，ベンゼンにビニル基（$-CH=CH_2$）がくっついたものを「**スチレン**」といいます。これも覚えましょう。

単元2 要点のまとめ②

●芳香族化合物（ベンゼン）の反応

①置換反応

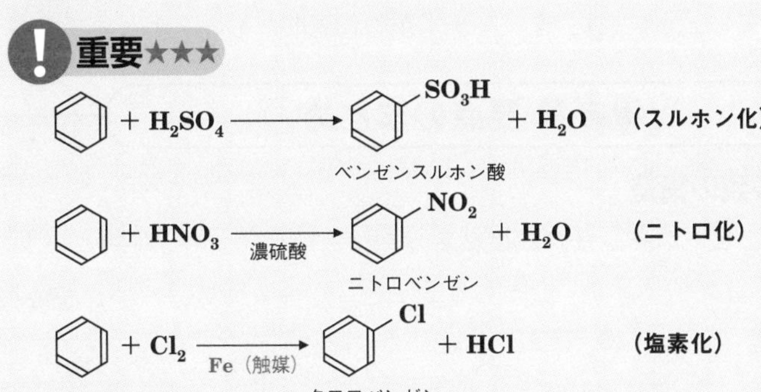

②付加反応

1, 2, 3, 4, 5, 6−ヘキサクロロシクロヘキサン
（ベンゼンヘキサクロリド（BHC））

+ $3H_2$ $\xrightarrow{Ni}$ または

シクロヘキサン

③酸化反応

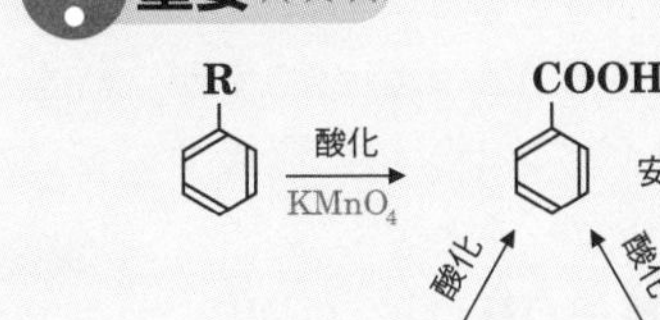

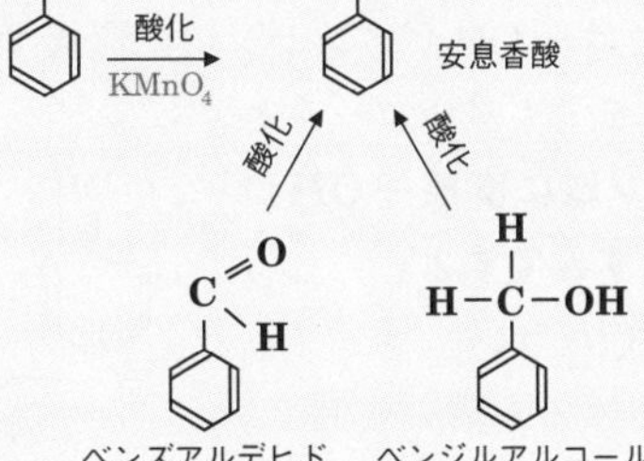

R：炭化水素基
$-CH_3$（トルエン）
$-C_2H_5$（エチルベンゼン）
$-CH=CH_2$（スチレン）

単元3 フェノール類

化学

じゃあ，次にいきますよ。芳香族化合物の中でも「**フェノール類**」という化合物について勉強しましょう。まず，フェノール類の代表的なものをまとめておきます。

単元3 要点のまとめ①

● フェノール類の構造

ベンゼン環にヒドロキシ基が直接結合した化合物をフェノール類という。

図9-19

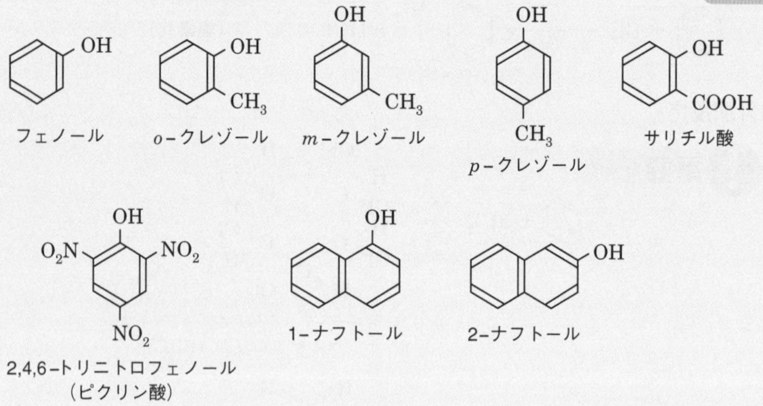

OH
フェノール
OH
CH3
o-クレゾール
OH
CH3
m-クレゾール
OH
CH3
p-クレゾール
OH
COOH
サリチル酸
OH
O2N
NO2
NO2
2,4,6-トリニトロフェノール
（ピクリン酸）
OH
1-ナフトール
OH
2-ナフトール

3-1 フェノール類の構造

■ 直接結合

フェノール類の構造の特徴は，**ベンゼン環の炭素原子にヒドロキシ基（−OH）が「直接結合」していることです。**

さきほどのベンジルアルコール 図9-18 と間違われやすいんですが，気をつけてくださいね。ベンジルアルコールでは−OHがベンゼン環に直接ついていないでしょう。ベンジルアルコールはあくまでもアルコールという中性物質です。ところが**ベンゼン環に直接−OHがくっついたものは，みんな弱酸性を示すんですよ。**

図9-20

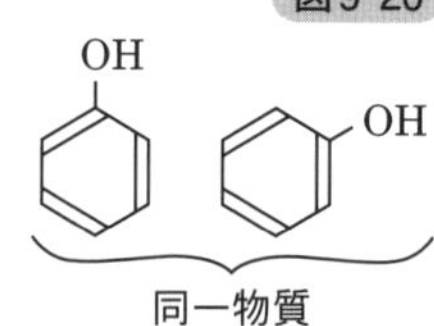

OH
OH
同一物質

図9-20 の2つのフェノールを見てください。フェノールのOHは正六角形のどの角（かど）にくっつけても構いません。

さきほど二重結合はぐるぐる回転していると言いましたね。だから$-OH$をどこに書いたとしても，結局は同じ位置になります。では，フェノール類の主な化合物を説明しましょう。

■ オルトクレゾール

図9-19 を見ながらいきましょう。左から2番目のものは「オルトクレゾール(***o*-クレゾール**)」といいます。ヒドロキシ基($-OH$)とメチル基($-CH_3$)の位置関係が見分けるポイントです。$-OH$と$-CH_3$が隣り合っていますね。図9-21 のように**一番近くに基と基がくっついた状態を「オルト」**といいます。これもフェノールと同じように，どの角で隣り合っていても一番近いところにあるものを，すべて*o*-クレゾールといいます。

この2つは同一物質です。

図9-21

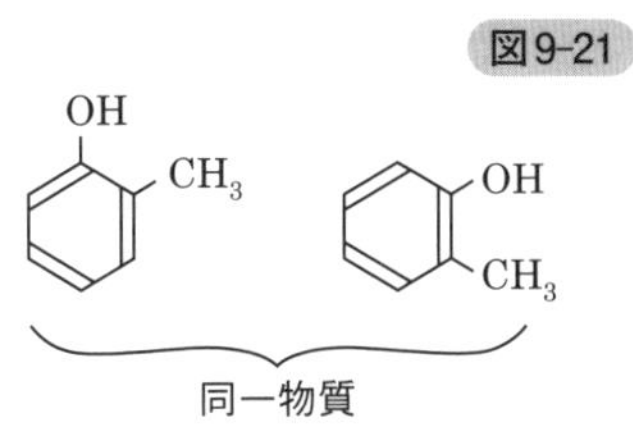

■ メタクレゾール

隣は「メタクレゾール(***m*-クレゾール**)」。**$-OH$から1つ飛んだところに$-CH_3$があるのが特徴です。** 図9-22 の位置関係のとおりであれば，どの角についていても*m*-クレゾールになります。

この2つは同一物質です。

図9-22

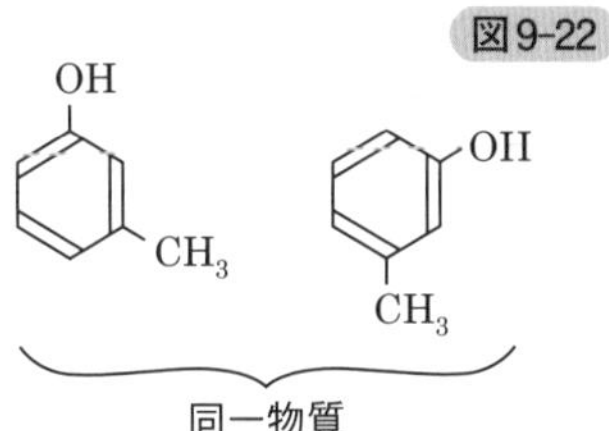

■ パラクレゾール

次は「パラクレゾール(***p*-クレゾール**)」。**$-OH$と$-CH_3$が一番遠いところに位置していますね。** 図9-23 の位置関係であれば，どの角についてもパラクレゾールといえます。今言ったところはよく試験に出てきますよ。**オルト，メタ，パラの3つは構造異性体で性質が違います。** 沸点，融点，その他いろいろな性質が変わってきます。

図9-23

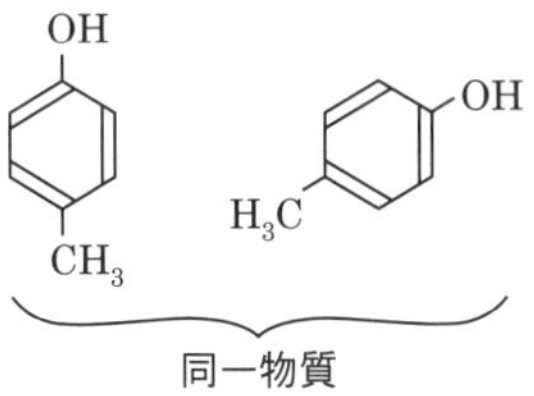

OH　CH3　OH　H3C

同一物質

さらに，図9-19 に「**サリチル酸**」「**ピクリン酸**」「**1-ナフトール**」「**2-ナフトール**」がありますが，ここまでは構造式と名称を覚えておきましょう。慣用名が多いので，名前をどんどん覚えるしかないんですね。

3-2 フェノールの製法

フェノールの「製法」です。フェノールをつくる方法は主に4つあります。これはよく出題されるので，要チェックです。

■ ①ベンゼンとプロピレンの反応

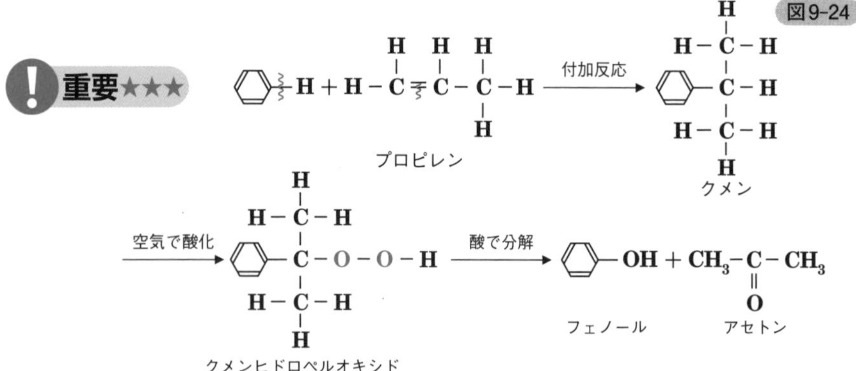

図9-24 を見てください。Cが3個で二重結合を1個もったものを「プロピレン」または「プロペン」といいますが，このプロピレンの二重結合が切れるとベンゼン環のHも切れて，Hは左端のプロピレンのCにつく。プロピレンの中心のCにはベンゼン環がつきます。できあがった物質を「**クメン**」といいます。

アドバイス　クメンが生成する反応はマルコフニコフ則が関係しています（→189ページ）。二重結合の両側のC原子のうちH原子を多くもつC原子にH原子は付加する。「類は友を呼ぶ」（HはHの多い方に呼ばれる）をイメージするんでした。図9-25 を見てください。

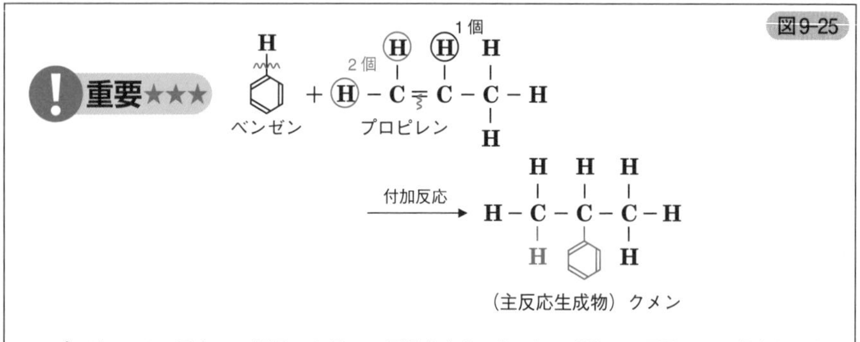

プロピレンの一番左のC原子に2個のH原子をもち，左から二番目のC原子には1個もちます。H原子を多くもつ一番左のC原子にHが付加し，左から二番目のC原子に⌬が付加する反応が主反応になります。

次はクメンを空気で酸化します。さきほど，炭化水素基がついたベンゼン環を$KMnO_4$で酸化反応させると全部，安息香酸になると説明しましたね。$KMnO_4$は強い酸化剤なので，ここでは空気で弱く酸化する。そうすると，「**クメンヒドロペルオキシド**」という物質ができます。CとHの間に，めがねのようにOがポコッポコッと2個ありますね。

そして今度は酸で分解する。このとき硫酸やリン酸が，よく使われるんですね。どのように分解されるのでしょうか。はい，図9-26を見てください。

図9-26

クメンヒドロペルオキシド → フェノール + アセトン（$CH_3-CO-CH_3$）

OHとベンゼン環が取れる。そうすると**OHとベンゼン環でフェノールができます。残りはアセトンになる**んですね。酸で分解したあとは，フェノールとアセトンができるということを頭に入れてください。

以上，図9-24，図9-25で説明したフェノールの製法は「**クメン法**」とよばれています。結構出題されるところなので，クメンが生成する反応は反応式を書けるようにしておきましょう。

■ ②ベンゼンスルホン酸の反応

次の反応は3段階で難しいところです。でもあせらずいっしょに見ていきましょう。

ベンゼンスルホン酸の反応は3段階

連続 図9-27①を見てください。1段階目です。ベンゼンスルホン酸があります。ベンゼンスルホン酸と水酸化ナトリウムが反応すると，中和反応を起こします。

酸と塩基の中和反応の簡単な例を出しますと，

$$HCl + NaOH \longrightarrow NaCl + H_2O$$

となる反応です。**中和とは，そもそも酸の水素原子と塩基の金属原子が置き換わって置換反応すること**なんですね。同様に，ベンゼンスルホン酸と水酸化ナトリウムもHとNaが置き換わって，ベンゼンスルホン酸ナトリウムと水が生成されます。

次は2段階目 連続 図9-27②です。ベンゼンスルホン酸ナトリウムにもう1回，水酸化ナトリウムを加えます。これは1段階目とちょっと違うんですね。同じ水酸化ナトリウムでも，**さきほどは水酸化ナトリウム水溶液を用いました。今回は熱を加えて，水酸化ナトリウムを固体から液体にするのです。**

連続 図9-27 の続き

② 重要★★

$$C_6H_5SO_3Na + 2NaOH \xrightarrow{\text{アルカリ融解}} C_6H_5ONa + Na_2SO_3 + H_2O$$

（$2NaOH$：融解状態）　C_6H_5ONa：ナトリウムフェノキシド

これを「**融解状態**」とよんでいます。そして，融解状態になった水酸化ナトリウムとベンゼンスルホン酸ナトリウムが反応することを「**アルカリ融解**」といいます。

するとどんな物質ができるのでしょう？　ベンゼン環にONaがつきます。「**ナトリウムフェノキシド**」といいます。

あとはNa_2SO_4じゃなくて，$\mathbf{Na_2SO_3}$（亜硫酸ナトリウム）ができます。ここの反応式を書かされることはそんなにはないけれど，Na_2SO_4にすると数が合わなくて，みなさん，あせるんですよ。亜硫酸ナトリウムと水と**ナトリウムフェノキシド**ができるという事実をしっかりおさえてください。最後の3段階目の反応は，ナトリウムフェノキシドと$CO_2 + H_2O$で反応させます 連続 図9-27③。

連続 図9-27 の続き

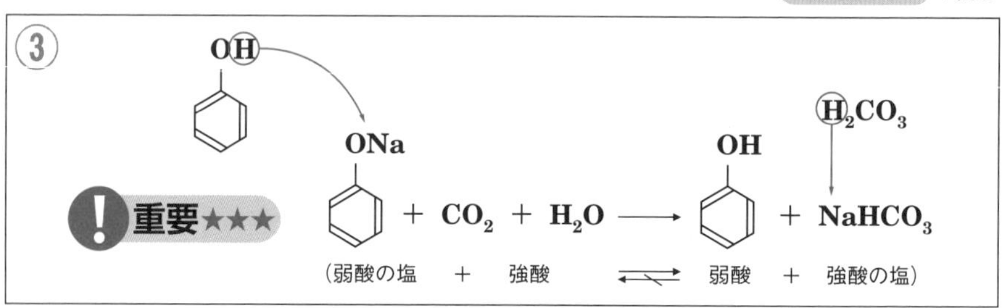

$CO_2 + H_2O$は炭酸です。これは弱酸の塩と強酸という考え方ができる反応なんです。ここで，$CO_2 + H_2O$の炭酸を強酸だなんて言ったら，おかしいと思いませんか？「炭酸飲料って弱酸だから飲めるんじゃないの?!」と普通思いますよね。ところがこれは「強酸」と言ってしまっていいんです。次のページで詳しく説明します。

■ 酸の強弱と塩基の強弱

最終段階の反応 連続 図9-27③ の説明の前に，ちょっと酸と塩基の強弱について説明します。

無機化学第1講22，23ページで硫化鉄（Ⅱ）と硫酸の反応をやりましたね。「弱酸の塩と強酸が反応すると，強酸の塩と弱酸になる」。これは一方通行の反応だけで逆反応は起きません。おさえておきましょう。

重要★★★

弱酸の塩 ＋ 強酸 ⇄ 弱酸 ＋強酸の塩
弱塩基の塩 ＋ 強塩基 ⇄ 弱塩基 ＋強塩基の塩
☆ ここでの強弱は相対的なものである。

そして，さらに覚えてもらいたいポイントは，酸の強弱の4段階と塩基の強弱の2段階です 図9-28。

図9-28

重要★★★

酸の強弱

塩酸
硫酸 ＞ R－COOH ＞ CO_2+H_2O ＞ （ベンゼン環-OH）
硝酸

（カルボン酸）（炭酸）（フェノール類）

塩基の強弱

NaOH ＞ （ベンゼン環-NH_2）

（アニリン）

まずは酸の強弱から。一番強い酸が塩酸，硫酸，硝酸。これらはいわゆる強酸ですね。その次にカルボン酸，カルボキシ基をもったもの。その次に炭酸。一番弱いのはフェノール類なんです。**この4段階をおさえてください。**

さきほどの炭酸を強酸だと言う理由，わかりましたか？　フェノールという非常に弱い酸に比べると，炭酸は強い酸ですね。だから強酸と言っていいんですよ。**つまり，ここでの強弱は相対的なものなんですね。**

塩基の強弱は2段階です。水酸化ナトリウムはアニリン（詳しくは第10講）より強い。アニリンは弱い塩基なんです。どうぞ，**この強弱の関係2段階をしっかりおさえてください。**

では，話をもどしてベンゼンスルホン酸の反応の第3段階目を説明しましょう。連続 図9-27③を見てください。ナトリウムフェノキシドでは，フェノールのOHの水素原子が金属のナトリウム原子に置き換わっている。これはフェノールからできた塩です。**弱酸の塩とは，弱酸性を示すという意味じゃなくて，「弱酸からできた塩」という意味**なんですね。フェノールという弱い酸からできた塩です。

この塩と，それよりちょっと強い炭酸が反応を起こす。そうすると弱酸のフェノールにもどります。

炭酸は便宜的にはH_2CO_3と表し，その水素原子が1個ナトリウム原子に置き換わって$NaHCO_3$になるから，これは強酸からできた塩といえるのです。

連続 図9-27④を見てください。もし炭酸のかわりに塩酸を加えても（**フェノールより強酸であれば全然構わない**ですよ），強酸の塩であるNaClができます。塩酸という強酸の水素原子がナトリウム原子に置き換わったものですね。

連続 図9-27の続き

④

ONa（ベンゼン環） + HCl ⟶ OH（ベンゼン環） + NaCl

■ ③クロロベンゼンに水酸化ナトリウム水溶液を加える

図9-29

重要★

Cl（ベンゼン環）（クロロベンゼン） + 2NaOH —高温，高圧→ ONa（ベンゼン環）（ナトリウムフェノキシド） + NaCl + H_2O

図9-29を見てください。クロロベンゼンに水酸化ナトリウム水溶液を高温，高圧で反応させると「**ナトリウムフェノキシド**」が生成します。できたナトリウムフェノキシドは連続 図9-27③のように炭酸でフェノールに変化します。

■ ④塩化ベンゼンジアゾニウムに水を加える

図9-30

重要★★★

$N^+{\equiv}NCl^-$（ベンゼン環）（塩化ベンゼンジアゾニウム） + H_2O —高温，高圧→ OH（ベンゼン環） + N_2↑ + HCl

図9-30を見てください。塩化ベンゼンジアゾニウム（詳しくは第10講306ページ）に水を加えて高温，高圧にします。すると，フェノールと窒素と塩酸が生成します。

ということで，次のページの「単元3　要点のまとめ②」の①，②，④の化学反応式も書けるようにしてください。③は結果だけ解かればいいです。

単元3 要点のまとめ②

●フェノールの製法

主に4通りあるので覚えておこう。

①

重要★★★

$C_6H_5-H + H-CH=CH-CH_3$（プロピレン） $\xrightarrow{\text{付加反応}}$ $C_6H_5-CH(CH_3)_2$（クメン）

$\xrightarrow{\text{空気で酸化}}$ $C_6H_5-C(CH_3)_2-O-O-H$（クメンヒドロペルオキシド） $\xrightarrow{\text{酸で分解}}$ $C_6H_5-OH + CH_3-CO-CH_3$（アセトン）

②

重要★★★

$C_6H_5SO_3H$（ベンゼンスルホン酸） $+ NaOH$（水溶液） $\xrightarrow{\text{中和反応}}$ $C_6H_5SO_3Na$（ベンゼンスルホン酸ナトリウム） $+ H_2O$

重要★★

$C_6H_5SO_3Na + 2NaOH$（融解状態） $\xrightarrow{\text{アルカリ融解}}$ C_6H_5ONa（ナトリウムフェノキシド） $+ Na_2SO_3 + H_2O$

重要★★★

$C_6H_5ONa + CO_2 + H_2O \longrightarrow C_6H_5OH + NaHCO_3$

（弱酸の塩 ＋ 強酸 $\rightleftarrows$ 弱酸 ＋ 強酸の塩）

③

重要★

C_6H_5Cl（クロロベンゼン） $+ 2NaOH \xrightarrow{\text{高温，高圧}} C_6H_5ONa + NaCl + H_2O$

この反応式は書けなくていいですが結果だけ解かるようにしてください。

④

重要★★★

$C_6H_5N^+\equiv NCl^-$（塩化ベンゼンジアゾニウム） $+ H_2O \xrightarrow{\text{高温，高圧}} C_6H_5OH + N_2\uparrow + HCl$

3-3 フェノールの性質

次はフェノール類の性質について説明しましょう。まずはまとめます。

単元3 要点のまとめ③

● フェノール類の性質

①水溶液は弱酸性を示すが，その強さは炭酸より弱い。

②塩化鉄(Ⅲ)($FeCl_3$)水溶液を加えると，青紫～赤紫に呈色する。

「単元3　要点のまとめ③」の①は，さきほど説明したことと同じです。**フェノールは酸の強弱の4段階のうち，炭酸よりももっと弱い。②は重要です。フェノールに塩化鉄(Ⅲ)($FeCl_3$)水溶液を加えると，紫色になります。**おさえておきましょう。

3-4 サリチル酸に関係する反応

フェノールの1つ，サリチル酸に関する反応について説明しましょう。

■ サリチル酸の合成

ナトリウムフェノキシドからサリチル酸が生成

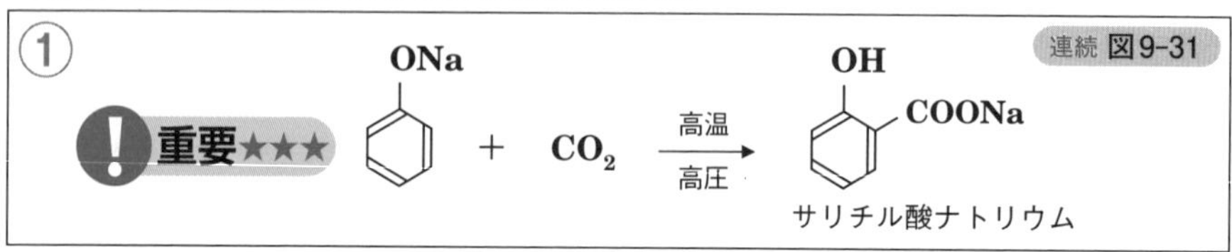

連続 図9-31① は「単元3　要点のまとめ②」のフェノールの製法(→287ページ)，②の3段階目の反応に似ています。しっかり区別して覚えましょう。

連続 図9-31 の続き

②
ONa
H
+ CO_2
高温
高圧
ONa
COOH
OH
COONa
サリチル酸ナトリウム

連続 図9-31② は 連続 図9-31① を詳しくしたものです。ナトリウムフェノキシドに**二酸化炭素の気体を高温，高圧という状態で吹き込む**んです。するとCO_2のCOOがベンゼン環から取れたHとくっつく。そしてCOOHになる。**さらに変化**

してHとNaが置き換わった形になります。

この変化も「弱酸の塩＋強酸 ⇄ 弱酸＋強酸の塩」から起こっているのです。－ONaは弱酸の塩で－COOHは相対的に強酸の関係が成り立つので，ここで反応が起きて－OHは弱酸，－COONaは強酸の塩に変化します。

できあがった物質は，「**サリチル酸ナトリウム**」といい，大部分がオルトの位置で生じてきます。メタとパラはほんのわずかしか生成しないんです。こうしてできたサリチル酸ナトリウムがさらに塩酸と反応するんです 連続 図9-31③。

連続 図9-31 の続き

③ 重要★★★

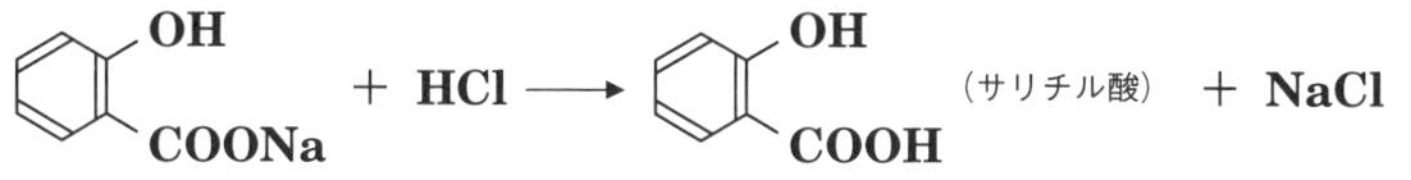

$C_6H_4(OH)COONa$ ＋ HCl ⟶ $C_6H_4(OH)COOH$（サリチル酸）＋ NaCl

（弱酸の塩 ＋ 強酸 ⇄ 弱酸 ＋ 強酸の塩）

これも弱酸の塩＋強酸の反応です。サリチル酸ナトリウムに塩酸を加えると，塩酸のHとサリチル酸ナトリウムのNaが置き換わります。サリチル酸ナトリウムはカルボン酸からできた塩なんです。カルボン酸というのは，塩酸より弱いでしょう。だからこれは弱酸と考えるんです。このようにしてサリチル酸ができあがります。

■ **サリチル酸メチルの合成**

次の 図9-32 で合成される物質は，これもよく出てくる物質で，「**サリチル酸メチル**」といいます。これは**シップ薬**の成分です。

重要★★★ 図9-32

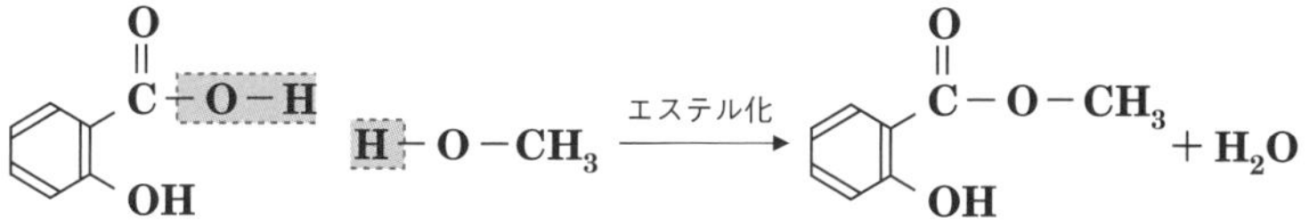

$C_6H_4(OH)C(=O)-O-H$ ＋ $H-O-CH_3$ —エステル化→ $C_6H_4(OH)C(=O)-O-CH_3$ ＋ H_2O

サリチル酸　メチルアルコール　サリチル酸メチル（シップ薬）

つくり方は，カルボキシ基をもつサリチル酸とメチルアルコールを反応させます。**これはつまりカルボン酸とアルコールのエステル化なんです。**

できた物質の名前は，**慣用名＋慣用名で慣用名**になります。“サリチル酸”と“メチルアルコール”だから「サリチル酸メチル」という名前がついています。エステル化のところで，**カルボン酸のOHとアルコールのHが取れる**ということを知っていれば，反応式は書けるでしょう。

■ アセチルサリチル酸の合成　その1

次は「**アセチルサリチル酸**」のつくり方（2通り）です。

アセチルサリチル酸の製法（2通り）

① 重要★★　　連続 図9-33

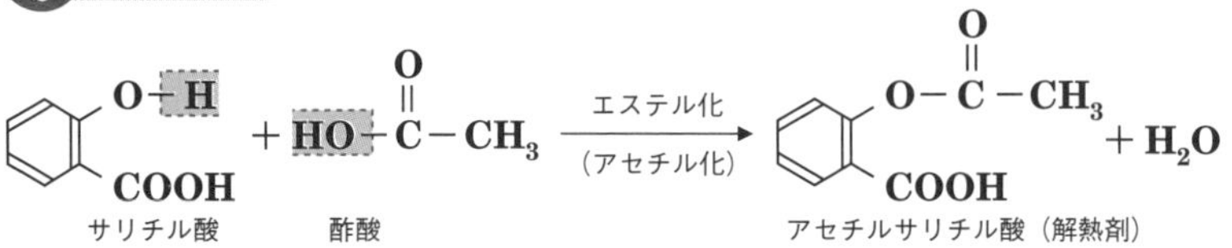

サリチル酸（$C_6H_4(OH)COOH$）＋ 酢酸（$HO-CO-CH_3$） —エステル化（アセチル化）→ アセチルサリチル酸（解熱剤）（$C_6H_4(OCOCH_3)COOH$）＋ H_2O

連続 図9-33① はサリチル酸に酢酸を加える。フェノールのOHは非常に弱く，炭酸よりも，もっと弱い酸性だから，一応，中性アルコールとみなされます。

つまり**この反応は，アルコールとカルボン酸が反応するエステル化だと考えます**。よってカルボン酸のOHとアルコールのHが取れて余った手を結ぶと「**アセチルサリチル酸**」（「**アスピリン**」ともいう）が生成します。これは**解熱剤**です。このアセチルサリチル酸という名前は丸暗記です。あとはH_2Oができます。

■ アセチルサリチル酸の合成　その2

連続 図9-33② を見てください。これはサリチル酸と無水酢酸の反応です。

連続 図9-33 の続き

② 重要★★★

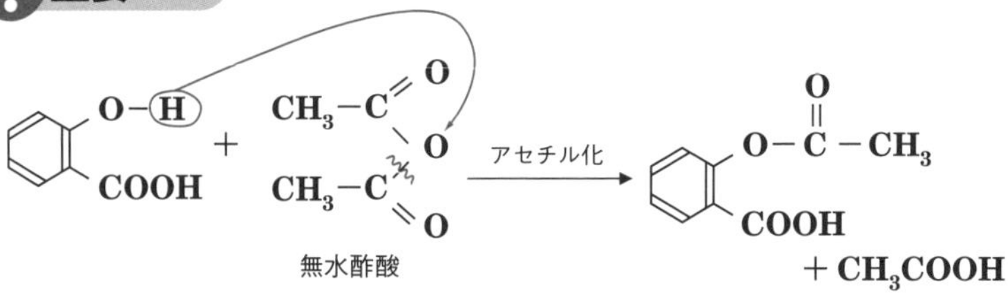

サリチル酸（$C_6H_4(OH)COOH$）＋ 無水酢酸（$(CH_3CO)_2O$） —アセチル化→ $C_6H_4(OCOCH_3)COOH$ ＋ CH_3COOH

無水酢酸とは，図9-34 のように酢酸分子2分子から水が取れたものです。

図9-34

重要★★★

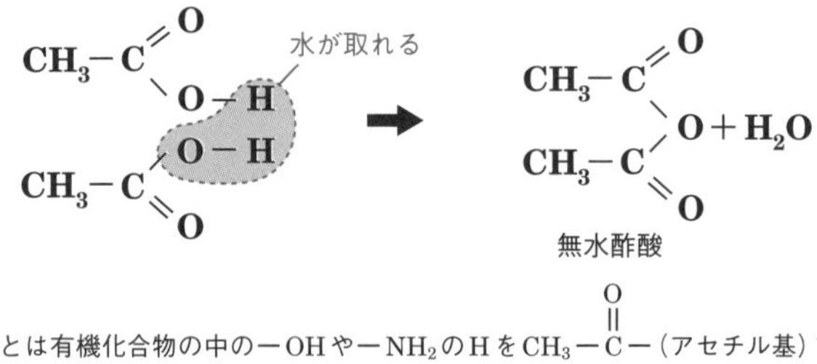

$CH_3-CO-OH$ ＋ $HO-CO-CH_3$ （水が取れる） ➡ $(CH_3CO)_2O$ ＋ H_2O
無水酢酸

アドバイス アチセル化とは有機化合物の中の$-OH$や$-NH_2$のHを$CH_3-\overset{O}{\overset{\|}{C}}-$（アセチル基）で置換した反応をいいます。上の結果を見ても理解して頂けると思います。

連続 図9-33② にもどります。無水酢酸の手が切れた位置に，サリチル酸のHが入り，酢酸分子をつくります。無水酢酸のもう1つの炭素の余った手と(Hが取れた)サリチル酸が結びついてアセチルサリチル酸になる。

ちょっと複雑ですね。連続 図9-33① の**酢酸を加える反応**は，**水**が出て来るけれど，連続 図9-33② の**無水酢酸の反応**には，**酢酸分子**ができて来る，そこの違いだけです。連続 図9-33② の反応は丸暗記が必要だと思いますが，連続 図9-33① の反応はエステル化なので，理屈からつくれます。連続 図9-33① も 連続 図9-33② も主な生成物(アセチルサリチル酸)は同じなので，これを利用すれば，連続 図9-33② の反応もつくれるようになりますね。

■ その他のカルボン酸の反応

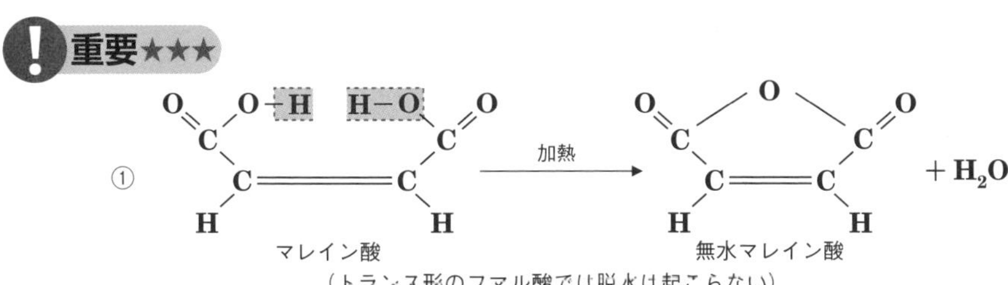

(トランス形のフマル酸では脱水は起こらない)

ベンゼンのオルトの位置に－COOHが置換した化合物をフタル酸といい，メタとパラの位置に置換した化合物をイソフタル酸，テレフタル酸といいます。

重要★★★ ② フタル酸 —加熱→ 無水フタル酸 $+ H_2O$

(イソフタル酸やテレフタル酸では脱水は起こらない)

③ ベンゼン —V_2O_5 加熱・酸化→ 無水マレイン酸

④ ナフタレン —V_2O_5 加熱・酸化→ 無水フタル酸

(③, ④の反応は450℃前後で触媒V_2O_5を用いて空気で酸化すると起こる反応である)

①，②は化学反応式が書けるようにしておいてください。

③，④は結果だけ解かればいいです。

単元３ 要点のまとめ④

● フェノール類の反応

①サリチル酸の合成

重要★★★

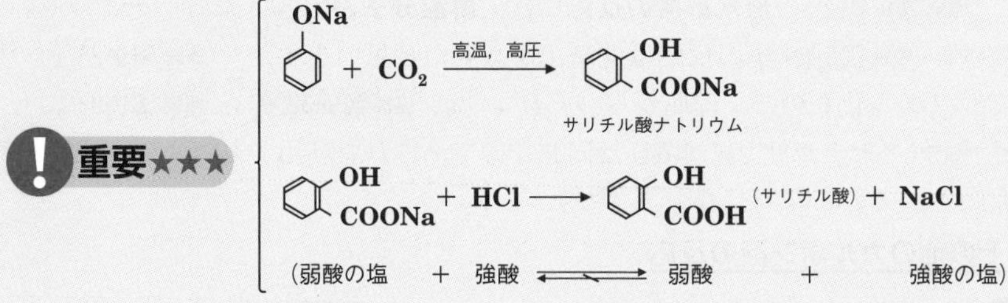

②サリチル酸メチルの合成

重要★★★

$$\text{C}_6\text{H}_4(\text{OH})\text{C(=O)}\text{–O–H} + \text{H–C–CH}_3 \xrightarrow{\text{エステル化}} \text{C}_6\text{H}_4(\text{OH})\text{C(=O)–O–CH}_3 + \text{H}_2\text{O}$$

サリチル酸　　メチルアルコール　　サリチル酸メチル（シップ薬）

③アセチルサリチル酸の合成

重要★★

$$\text{C}_6\text{H}_4(\text{COOH})\text{O–H} + \text{HO–C(=O)–CH}_3 \xrightarrow[\text{（アセチル化）}]{\text{エステル化}} \text{C}_6\text{H}_4(\text{COOH})\text{O–C(=O)–CH}_3 + \text{H}_2\text{O}$$

酢酸　　アセチルサリチル酸（解熱剤）

③′アセチルサリチル酸の合成

重要★★★

$$\text{C}_6\text{H}_4(\text{COOH})\text{O–H} + (\text{CH}_3\text{–CO})_2\text{O} \xrightarrow{\text{アセチル化}} \text{C}_6\text{H}_4(\text{COOH})\text{O–C(=O)–CH}_3 + \text{CH}_3\text{COOH}$$

無水酢酸

③と③′の主な生成物質は共にアセチルサリチル酸であり，副生成物質として，それぞれ水と酢酸が生じる。③′の反応式は丸暗記しないと書けないが，③は－COOHのOHと－OHのHが取れてH_2Oができるという理屈がわかればすぐ書けるようになる。

● その他のカルボン酸の反応

重要★★★

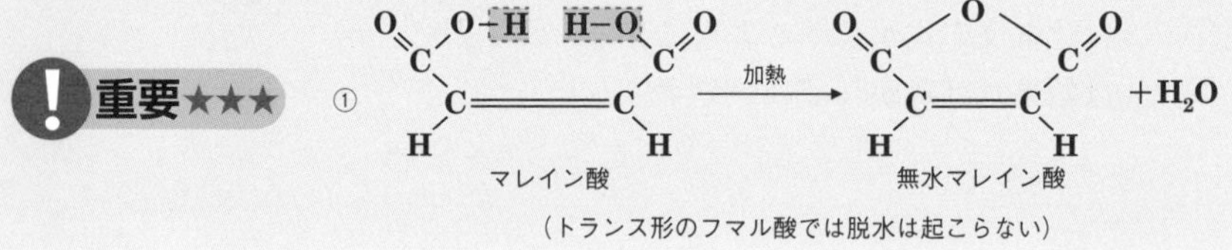

重要★★★

② フタル酸 $\xrightarrow{\text{加熱}}$ 無水フタル酸 $+ H_2O$

（メタ，パラの位置にカルボキシ基をもつ，イソフタル酸やテレフタル酸では脱水は起こらない）

③ ベンゼン $\xrightarrow[\text{加熱・酸化}]{V_2O_5}$ 無水マレイン酸

④ ナフタレン $\xrightarrow[\text{加熱・酸化}]{V_2O_5}$ 無水フタル酸

（③，④の反応は450℃前後で触媒 V_2O_5 を用いて空気で酸化すると起こる反応である）

①，②は化学反応式が書けるようにしておいてください。

③，④は結果だけ解かればいいです。

では問題をやってみましょう。

演習問題で力をつける㉗

C_8H_{10} と C_7H_8O の芳香族化合物の異性体を理解しよう！

問1

(1) 分子式が C_8H_{10} の芳香族化合物の異性体の構造式と名称をすべて記せ。

(2) (1)の異性体の中で過マンガン酸カリウムで酸化して生じた化合物を加熱したところ容易に脱水反応が起きた。このとき生じた化合物の構造式と名称を記せ。

問2

(1) 分子式が C_7H_8O で表される芳香族化合物の異性体は全部で5種類存在する。構造式をすべて記せ。

(2) (a) 金属ナトリウムを作用させても水素が発生しない化合物の構造式を記せ。

(b) 第一級アルコールに分類される化合物の構造式を記せ。

(3) C_7H_8O で表される芳香族化合物のうち，塩化鉄(Ⅲ)溶液を加えたときに呈色する化合物の名称をすべて記せ。

さて，解いてみましょう。

問１(1)の解説 分子式C_8H_{10}の芳香族炭化水素は入試でよく取り上げられます。ベンゼン環の1個の水素原子が他の原子団に置換されたもの（一置換ベンゼン）と，2個の水素原子が他の原子団に置換されたもの（二置換ベンゼン）があることに注意して異性体を考えていきます。

一置換ベンゼンには次のエチルベンゼンがあります。

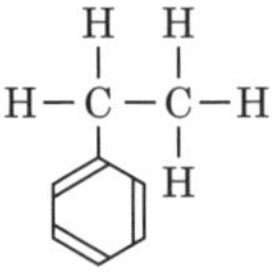

エチルベンゼン

二置換ベンゼンには，オルト，メタ，パラのキシレンがあります。

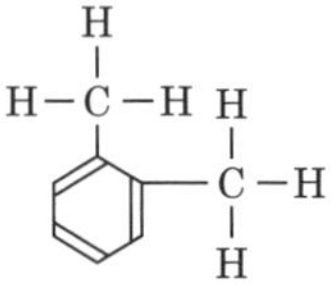

o−キシレン 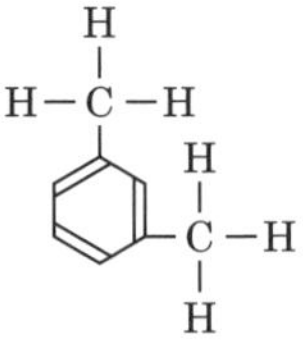　*m*−キシレン 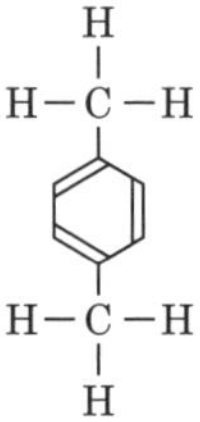　*p*−キシレン

これら4つの異性体はこの問題を通して知っておいてください。
名称も覚えておきましょう。

∴ 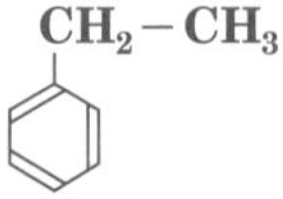 **エチルベンゼン 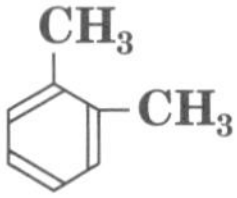　*o*−キシレン 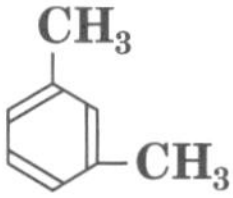　*m*−キシレン 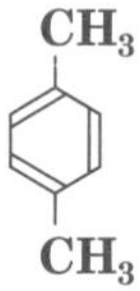　*p*−キシレン**

……**問1(1)**の【答え】

問１(2)の解説 (1)の構造異性体4種にそれぞれ過マンガン酸カリウムで酸化したときの変化を示します。

277，278ページと「単元2　要点まとめ②」を参照してください。

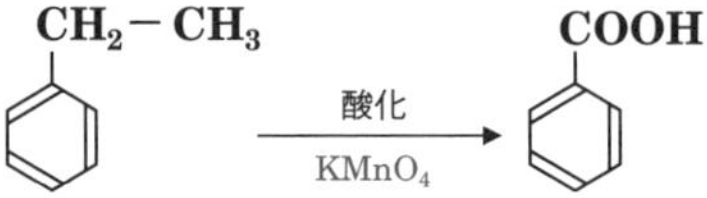

CH_2-CH_3 →(酸化, $KMnO_4$)→ COOH

安息香酸

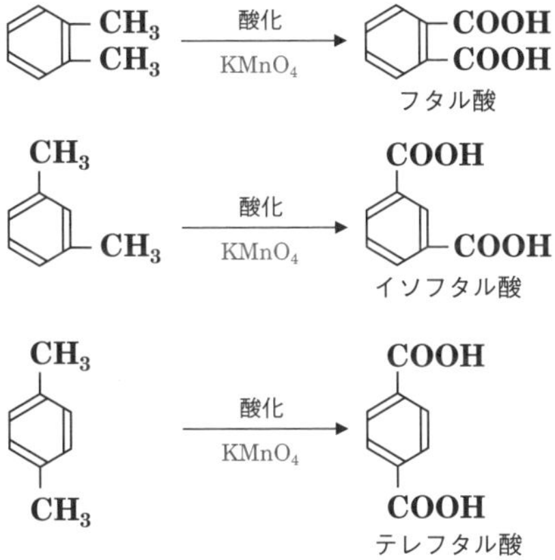

(o-キシレン) —酸化 $KMnO_4$→ フタル酸

(m-キシレン) —酸化 $KMnO_4$→ イソフタル酸

(p-キシレン) —酸化 $KMnO_4$→ テレフタル酸

加熱して容易に脱水するのはオルトの位置のフタル酸です(「単元3 要点のまとめ④」293ページを参照)。

重要★★★

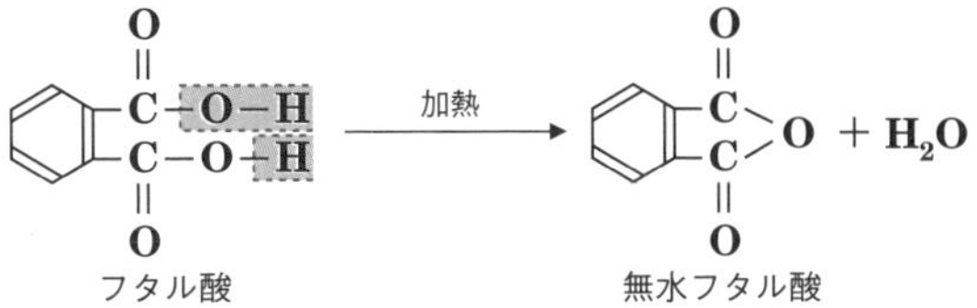

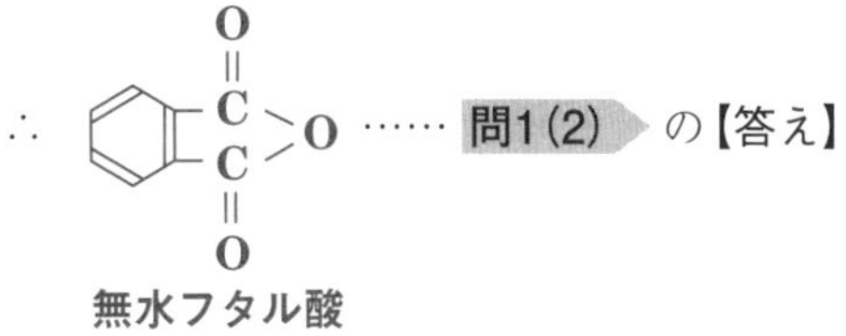

フタル酸 —加熱→ 無水フタル酸 + H_2O

∴ 無水フタル酸 …… 問1(2) の【答え】

問2(1)の解説 分子式C_7H_8Oの芳香族化合物は入試でよく出題されます。問1と同様に一置換ベンゼンと二置換ベンゼンに注目して異性体を決めていきましょう。

一置換ベンゼンは少し難しいですが2つあります。

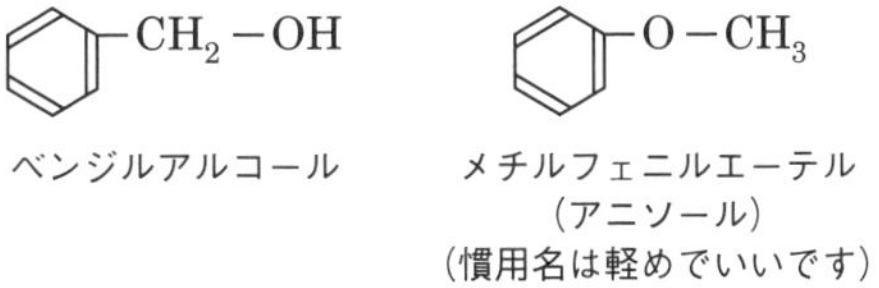

$C_6H_5-CH_2-OH$ ベンジルアルコール

$C_6H_5-O-CH_3$ メチルフェニルエーテル (アニソール) (慣用名は軽めでいいです)

二置換ベンゼンは3つあります。

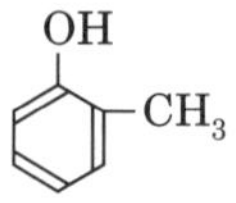

o-クレゾール 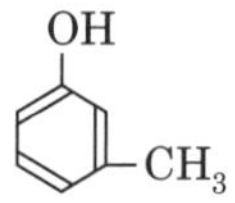　*m*-クレゾール 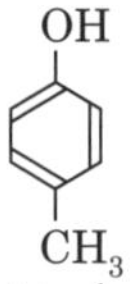　*p*-クレゾール

これら5つの異性体はこの問題を通して知っておいてください。

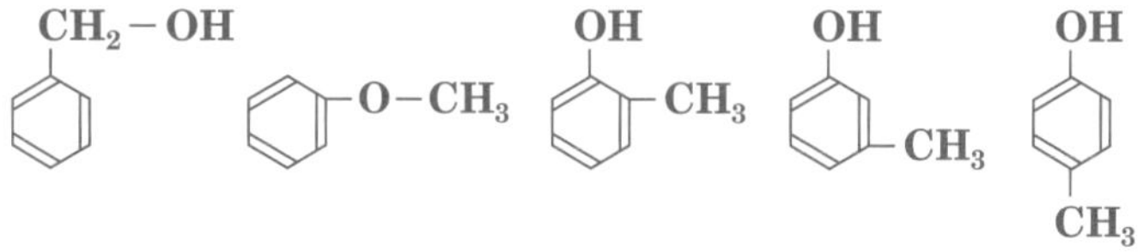

∴ $C_6H_5-CH_2-OH$　$C_6H_5-O-CH_3$　*o*-$CH_3C_6H_4OH$　*m*-$CH_3C_6H_4OH$　*p*-$CH_3C_6H_4OH$

……問2(1)の【答え】

問2(2)(a)の解説 金属ナトリウムと反応して水素を発生するのは$-OH$をもつ化合物です（→212ページ）。したがって反応しないのはOHをもたない化合物が解答です。

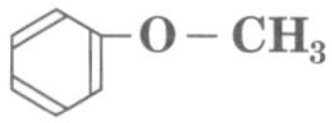

∴ $C_6H_5-O-CH_3$ ……問2(2)(a)の【答え】

問2(2)(b)の解説 第一級アルコールはベンジルアルコールです。

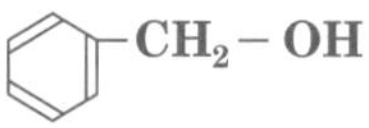

∴ $C_6H_5-CH_2-OH$ ……問2(2)(b)の【答え】

問2(3)の解説 塩化鉄（Ⅲ）溶液を加えたとき紫色に呈色するのはフェノール類です。アルコールでは呈色しません。*o*，*m*，*p*のクレゾールが解答です。名称も覚えておきましょう。

∴ ***o*-クレゾール，*m*-クレゾール，*p*-クレゾール** ……問2(3)の【答え】

次の問題にいきましょう。

演習問題で力をつける㉘

フェノールとサリチル酸の反応を理解しよう！

問1 フェノールは，実験室的にはベンゼンを濃硫酸と加熱して生成するベンゼンスルホン酸に水酸化ナトリウム水溶液を加えてベンゼンスルホン酸ナトリウムとし，これを固体の水酸化ナトリウムと高温で融解して生成する［　ア　］に酸を作用させるか，あるいは，ベンゼンを鉄触媒で塩素化して得られるクロロベンゼンを高温・高圧で水酸化ナトリウム水溶液とともに加熱し酸を作用させることによって合成される。工業的にはフェノールはベンゼンとプロペンを原料としてまず(a)クメンを合成し，それを酸化して生成する［イ］を希硫酸で分解することで製造される。このとき副生成物として［ウ］が生成する。また，フェノールに濃硫酸と濃硝酸の混合物を反応させると［エ］が生成する。

(1) 空欄［ア］～［エ］を適当な物質名で埋めよ。

(2) 下線部(a)の化合物の構造式を記せ。

問2 ①ナトリウムフェノキシドを高温・高圧下で二酸化炭素と反応させると化合物Aが生成し，これに希硫酸を加えると化合物Bが得られる。②Bにメタノールと濃硫酸を作用させると，化合物Cが生じる。Cは外用塗布薬として用いられる。

また，③化合物Bに無水酢酸と少量の濃硫酸を作用させると，解熱鎮痛剤として利用される化合物Dが得られる。

(1) 下線部①～③を化学反応式で書け。

(2) 化合物A，B，C，Dの名称を書け。

さて，解いてみましょう。

問1(1)の解説 フェノールの製法の3つが紹介されています。ベンゼンスルホン酸，クロロベンゼン，クメンを用いる方法です。

● ベンゼンスルホン酸から製造

$$C_6H_6 + H_2SO_4 \xrightarrow{\text{スルホン化}} C_6H_5\text{-}SO_3H + H_2O$$

$$C_6H_5\text{-}SO_3H + NaOH \xrightarrow{\text{中和}} C_6H_5\text{-}SO_3Na + H_2O$$

$$C_6H_5\text{-}SO_3Na + 2NaOH \xrightarrow{\text{アルカリ融解}} \underset{\text{(ア) ナトリウムフェノキシド}}{C_6H_5\text{-}ONa} + Na_2SO_3 + H_2O$$

$$C_6H_5\text{-}ONa + CO_2 + H_2O \longrightarrow C_6H_5\text{-}OH + NaHCO_3$$

● クロロベンゼンから製造

$$C_6H_5\text{-}Cl + 2NaOH \xrightarrow{\text{高温高圧}} C_6H_5\text{-}ONa + NaCl + H_2O$$

$$C_6H_5\text{-}ONa + CO_2 + H_2O \longrightarrow C_6H_5\text{-}OH + NaHCO_3$$

● クメンから製造

$$C_6H_6 + CH_2 = CH - CH_3 \longrightarrow H_3C - CH(C_6H_5) - CH_3$$

クメン

$$H_3C - CH(C_6H_5) - CH_3 \xrightarrow[\text{空気中で酸化}]{O_2} H_3C - C(O-OH)(C_6H_5) - CH_3$$

（イ）クメンヒドロペルオキシド

$$H_3C - C(O-OH)(C_6H_5) - CH_3 \xrightarrow{\text{希 } H_2SO_4} C_6H_5\text{-}OH + CH_3 - \underset{\underset{O}{\|}}{C} - CH_3$$

（ウ）アセトン

∴　**ナトリウムフェノキシド** …… 問1（1）ア の【答え】

∴　**クメンヒドロペルオキシド** …… 問1（1）イ の【答え】

∴　**アセトン** …… 問1（1）ウ の【答え】

・フェノールのニトロ化で2,4,6－トリニトロフェノール（ピクリン酸）を製造する。3つのニトロ基がO, Pの位置に置換反応を起こす。

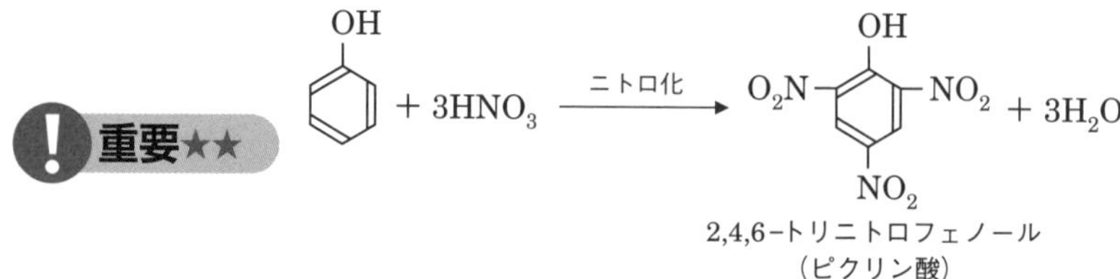

∴　**2,4,6－トリニトロフェノール**
または
ピクリン酸
…… 問1（1）エ の【答え】

問1(2)の解説 クメンの構造式を示します。

∴ $CH_3-CH-CH_3$ (CH に ベンゼン環が結合) …… **問1(2)** の【答え】

アドバイス ピクリン酸と似た物質に2,4,6-トリニトロトルエン(TNT)があります。トルエンをニトロ化して生成します。ピクリン酸と同様に爆薬として使われます。

重要★★ トルエン $+ 3HNO_3 \xrightarrow{\text{ニトロ化}}$ 2,4,6-トリニトロトルエン $+ 3H_2O$

（トルエン：ベンゼン環に CH_3。生成物：CH_3 の両隣に O_2N と NO_2、向かい側に NO_2）

2,4,6-トリニトロトルエン
(TNT)

アドバイス フェノールに臭素を置換反応させて，2,4,6-トリブロモフェノール(白色沈殿)が生成します。

重要★★★ フェノール $+ 3Br_2$ (赤褐色) $\xrightarrow{\text{臭素化}}$ 2,4,6-トリブロモフェノール $+ 3HBr$

（生成物：OH の両隣に Br、向かい側に Br）

2,4,6-トリブロモフェノール
(白色沈殿)

問2(1)の解説 「単元3 要点のまとめ④」を参照してください。

(1) ①

ナトリウムフェノキシド（ベンゼン環に ONa） $+ CO_2 \xrightarrow{\text{高温高圧}}$ ベンゼン環に OH と COONa（オルト位）

A サリチル酸ナトリウム

サリチル酸ナトリウム（OH, COONa） $+ H_2SO_4 \longrightarrow$ ベンゼン環に OH と COOH（オルト位） $+ NaHSO_4$

B サリチル酸

②

ベンゼン環に OH と $-C(=O)-$**OH** $+$ **H**$-O-CH_3 \xrightarrow{\text{エステル化}}$ ベンゼン環に OH と $-C(=O)-O-CH_3$ $+ H_2O$

サリチル酸　メチルアルコール　C サリチル酸メチル

③

ベンゼン環に OH と COOH $+$ $(CH_3-C(=O))_2O$ $\xrightarrow{\text{アセチル化}}$ ベンゼン環に $O-C(=O)-CH_3$ と COOH $+ CH_3COOH$

D アセチルサリチル酸

$$\therefore\ C_6H_5ONa + CO_2 \longrightarrow C_6H_4(OH)COONa$$

…… 問2 (1) ① の【答え】

$$\therefore\ C_6H_4(OH)COOH + CH_3OH \longrightarrow C_6H_4(OH)COOCH_3 + H_2O$$

…… 問2 (1) ② の【答え】

$$\therefore\ C_6H_4(OH)COOH + (CH_3CO)_2O \longrightarrow C_6H_4(OCOCH_3)COOH + CH_3COOH$$

…… 問2 (1) ③ の【答え】

（注意）ベンゼン環⬡は構造式ですが，有機化学の化学反応式を書くときは示性式とみなして扱っています。

（注意）無水酢酸の示性式は $(CH_3CO)_2O$ になることを知っておきましょう。

問2 (2) の解説

(1) の解説の化学反応式より

∴　**サリチル酸ナトリウム** …… 問2 (2) A の【答え】

∴　**サリチル酸** …… 問2 (2) B の【答え】

∴　**サリチル酸メチル** …… 問2 (2) C の【答え】

∴　**アセチルサリチル酸** …… 問2 (2) D の【答え】

第9講は覚えることが多いですが，繰り返し復習しておいてください。
次回またお会いしましょう。

第 10 講

芳香族化合物（2）

単元 1　芳香族アミン　化学
単元 2　芳香族化合物の分離　化学

第 10 講のポイント

いよいよ最終講義となりました。もうひとがんばりですよ。第 10 講は芳香族化合物の中の 1 つ，「芳香族アミン」について勉強します。

アニリンの性質といろいろな反応を覚えましょう。芳香族化合物の分離は暗記ではなく，理屈で解決できます。

単元1 芳香族アミン

化学

「アミン」とはアミノ基(ーNH_2)を含んだ化合物のことを言います。では，詳しく見ていきましょう。

1-1 芳香族アミンの構造と性質

■ 芳香族アミンの構造

では構造から説明しましょう。図10-1 を見てください。アンモニアの水素原子を炭化水素基Rで置換した化合物を「**アミン**」といいます。そして炭化水素基Rが芳香族，つまりベンゼン環の場合は「**芳香族アミン**」とよばれるわけです。

図10-1

$NH_3 \Longrightarrow R-NH_2$
アミン

■ 芳香族アミン（アニリン）の製造過程

芳香族アミンはどのようにつくられるのでしょう？　芳香族アミンの1つ，「**アニリン**」の製造過程を見て行きましょう。

ニトロベンゼンからアニリン塩酸塩をつくる

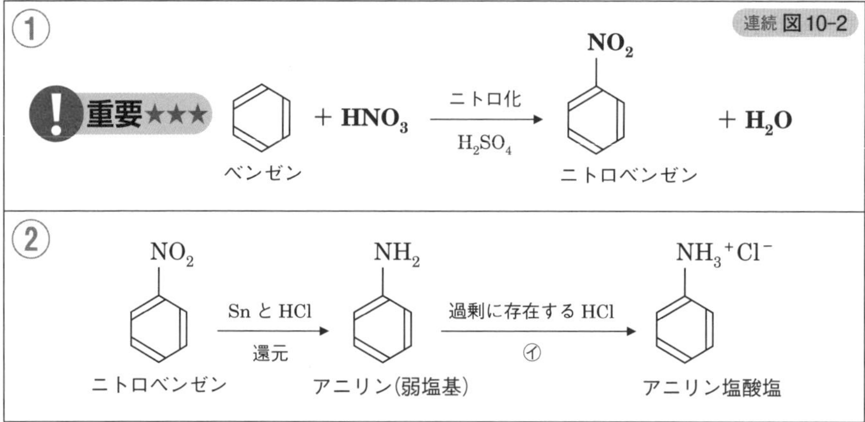

連続 図10-2① を見てください。ベンゼンと濃硝酸と濃硫酸で，ニトロベンゼンになります。これはニトロ化です(→276ページ)。そして 連続 図10-2② のようにスズと塩酸を加えておだやかに加熱することによって，まずニトロベンゼンが「**アニリン**」になります。反応式の中で「**スズと塩酸(SnとHCl)**」，「**還元**」というところは，出題されることがありますから注意しましょう。還元とは酸素が取れ

たり，水素がくっついたりすることをいいましたね。生じたアリニンはすぐに過剰に存在している塩酸と反応して「**アニリン塩酸塩**」を生成します。

アニリンはアンモニアと同レベルの非常に**弱い塩基**なので強酸である塩酸と反応して塩をつくります。連続 図10-2②の㋑のアニリン塩酸塩を生じる反応を説明しましょう。

図10-3

（Nは手が4本出ると＋となる）

重要★★★

$C_6H_5NH_2$ + HCl —中和反応→ $C_6H_5NH_3^+Cl^-$

（アニリン塩酸塩）

図10-3を見てください。アニリンに塩酸（HCl）を加えると，中和反応が起きます。すると**アニリン塩酸塩**という塩になるわけです。

なぜ“$NH_3^+Cl^-$”となるかを簡単に説明しましょう。普通，有機化合物は非金属どうしの結合だから，もう99％まで共有結合でできています。ところが例外的に，**“$NH_3^+Cl^-$”はイオン結合なんですね。「＋－」は，イオン結合を意味しています。**

おさえるべきポイントを1つ。**窒素（N）は手が4本出ると“＋”となる**んです。つまり，ここでは“－NH_3”のところで，＋のイオンになります。それに対してClが－のイオンとなり，＋と－で，図10-4のようにイオン結合をつくっているわけです。HとClの間を価標で結びたがる人がいるんですが，それはマチガイですよ。＋と－の引っ張り合い（クーロン力）だから，何も書かないんです。

図10-4

$C_6H_5NH_3^+Cl^-$ ⇒（詳しくは）$[C_6H_5-NH_3]^+ Cl^-$（H－N－H，上にH）

Nは手が4本出ると＋となる

$C_6H_5NH_3^+Cl^-$というのはイオン結合である

Nの手の数に注意

窒素（N）は手が4本出ると＋となる。

ニトロベンゼンにスズと塩酸を加えてアニリンが生成するとき，塩酸はかならず多量に加わってしまっているんです。そして過剰にあった塩酸と生じたアニリンがすぐに反応して，アニリン塩酸塩になり溶液中に存在しているんです。

次にアニリン塩酸塩をアニリンにもどす操作を説明します。図10-5 を見てください。

重要★★★　　図10-5

$$C_6H_5NH_3^+Cl^- + NaOH \longrightarrow C_6H_5NH_2 + NaCl + H_2O$$

（弱塩基の塩　＋　強塩基　⇄　弱塩基　＋　強塩基の塩）

アニリン塩酸塩は，アニリンという弱塩基からできた塩でしたね。これにアニリンより強い塩基である水酸化ナトリウムを反応させます。すると，弱塩基のアニリンと，強塩基からできた塩NaClと，あとは原子の数合わせで，水が生じてきます。これは少しややこしく感じますが，この反応式は入試によく出題されます。ぜひ覚えてください。

図10-6 にニトロベンゼンからアニリンを生成するまでの流れをまとめたので参考にしてください。

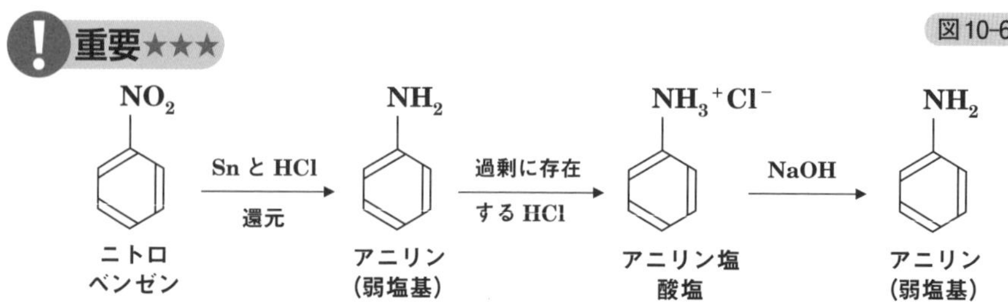

■ アニリンの性質

重要★★★　(1) アニリンはさらし粉水溶液で酸化すると赤紫色に呈色する。

第9講の**フェノールの性質で，「塩化鉄（Ⅲ）水溶液を加えると青紫～赤紫に呈色する」**とあったでしょう。あれと同じくらいに，このポイントは頻出です。**アニリンは，さらし粉水溶液で赤紫色になる**んですね。

さらに

重要★★　(2) $K_2Cr_2O_7$（ニクロム酸カリウム）の硫酸酸性水溶液を加えて酸化すると黒色のアニリンブラックという染料ができる。

これもアニリンの特性なのです（$K_2Cr_2O_7$は酸化剤である）。

以上が芳香族アミンの構造，製造過程，性質でした。次の「**単元1 要点のまとめ①**」できっちりまとめておきましょう。

単元1 要点のまとめ①

●芳香族アミン（アニリン）の構造と製造過程と性質

(1) 構造

アンモニアの水素原子を炭化水素基で置換した化合物をアミンという。炭化水素基が芳香族（ベンゼン環）のものが芳香族アミンである。

(2) アニリンの製造過程

重要★★★

① ベンゼン + HNO_3 →（ニトロ化，H_2SO_4）→ ニトロベンゼン（$C_6H_5NO_2$） + H_2O

② ニトロベンゼン（$C_6H_5NO_2$）→（還元，Sn と HCl）→ アニリン（$C_6H_5NH_2$）

③アニリンは弱塩基性を示し，強い酸である塩酸と反応して塩をつくる。スズと塩酸を加えて生成したアニリンは溶液中の過剰の塩酸とすぐに反応してアニリン塩酸塩に変化する。

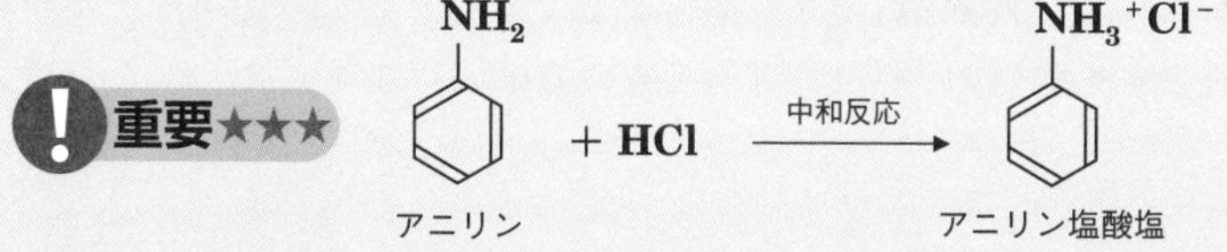

④アニリン塩酸塩を水酸化ナトリウムでアニリンにもどす。

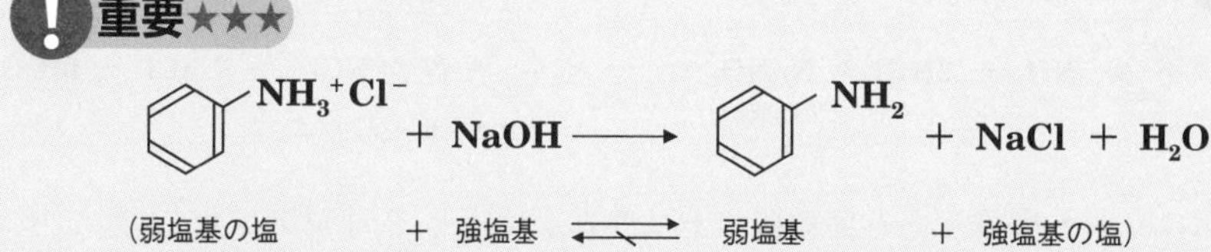

(3) アニリンの性質

①アニリンは，さらし粉水溶液で酸化すると赤紫色に呈色する。

②$K_2Cr_2O_7$（ニクロム酸カリウム）の硫酸酸性水溶液を加えて酸化すると黒色のアニリンブラックという染料ができる（$K_2Cr_2O_7$は酸化剤である）。

1-2 芳香族アミン（アニリン）の反応

■ アセチル化

芳香族アミンはどんな反応を示すのでしょうか。図10-7を見てください。これは第9講のアセチルサリチル酸の反応と似ているんですね。アセチル化は290ページを参照してください。

図10-7

重要★★

① アニリン（N−H） ＋ HO−C(=O)−CH_3（酢酸） —アセチル化→ アセトアニリド（解熱剤） ＋ H_2O

（アミド結合：N−C(=O)、アセチル基：C(=O)−CH_3）

重要★★★

①′ アニリン ＋ 無水酢酸（$(CH_3CO)_2O$） —アセチル化→ アセトアニリド ＋ CH_3COOH

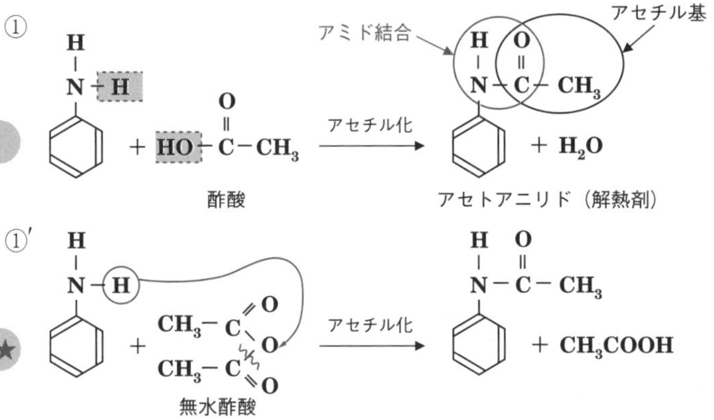

①（①′）でアニリンが酢酸（無水酢酸）と反応して「アセトアニリド」になる。−N(−)−C(=O)−の部分を「**アミド結合**」といいます。440ページの「**主な官能基**」の表でも確認してください。

アセトアニリドは，「**解熱剤**」です。熱冷ましですね。ちなみにアセチルサリチル酸も解熱剤です。解熱の“解”は“下”と書いてはいけませんよ。気をつけてくださいね。

■ ジアゾ化

重要★★★

図10-8

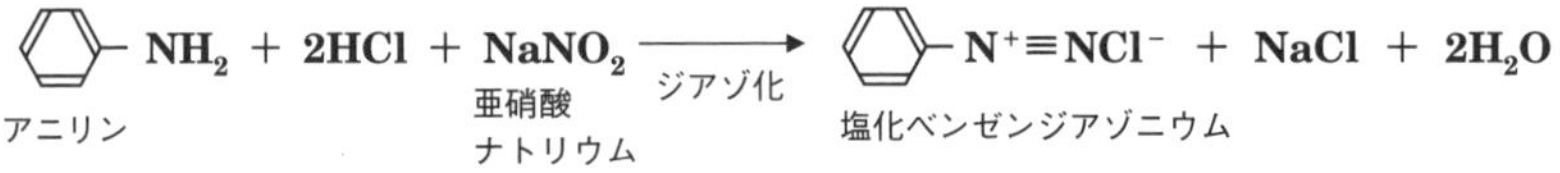

$$C_6H_5-NH_2 + 2HCl + NaNO_2 \xrightarrow{\text{ジアゾ化}} C_6H_5-N^+\equiv NCl^- + NaCl + 2H_2O$$

アニリン　亜硝酸ナトリウム　塩化ベンゼンジアゾニウム

アニリンと塩酸，あと**亜硝酸ナトリウム**が反応して，「**ジアゾ化**」が起こり，「**塩化ベンゼンジアゾニウム**」ができます。矢印の下（図10-8）の「**ジアゾ化**」という言葉がよく出題されるポイントです。この辺はもう覚えるしかありません。

図10-9に注目です。**「塩化ベンゼンジアゾニウム」の窒素（N）は手が4本出ているから＋のイオンです**（→304ページ「岡野流　必須ポイント⑯」）。そして，塩

素のClが－のイオンだから，＋と－のイオン結合です。Nの一方が＋となっていて，NとNの間は三重結合です。この物質をどうぞ，覚えてください。

図10-9

$C_6H_5-N^+\equiv NCl^-$

塩化ベンゼンジアゾニウム

そして，**亜硝酸ナトリウムの"亜"**にも注目です。硝酸ナトリウムならば，$NaNO_3$なんですよ。亜硝酸ナトリウムは，**Oを1個少なくして$NaNO_2$**と書きます。

■ ジアゾ化の覚え方

何を隠そう僕は記憶力が非常に悪いんです（苦笑）。でも悪いなりにもいい覚え方があるので，みなさんにも伝授します。

官能基の名前ジアゾ基を，ジアゾ化とか，塩化ベンゼンジアゾニウムの"ジアゾ"から覚えていったんです。それで**「ジアゾ基」とはどんな構造をしているか覚えたんです。**図10-10を見てください。名前と構造式，これなら難しくないでしょう。窒素は手が4本出ると＋となるんでしたね。図10-10**の状態から，塩化ベンゼンジアゾニウムが構造式で書けるようになったのです。あとは両辺で原子の数を合わせることに気をつければ，反応式は完成します。**

図10-10

ジアゾ基　$-N^+\equiv N$

■ カップリング

次に「**カップリング**」（ジアゾカップリングともいう）です。これは「アゾ基」をもつ化合物が生じる反応です。下の連続 図10-11①を見てください。まずは1本目の式から。フェノールと水酸化ナトリウム水溶液が反応して，ナトリウムフェノキシドができます。いいですね。

p-ヒドロキシアゾベンゼンのつくり方

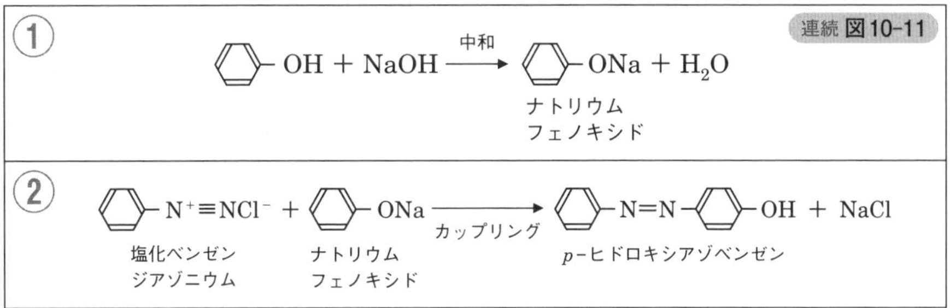

次は連続 図10-11②です。連続 図10-11①でできたナトリウムフェノキシドと塩化ベンゼンジアゾニウムの反応です。この反応を「カップリング」とか「ジアゾカップリング」といいます。できあがった物質は，

$C_6H_5-N=N-C_6H_4-OH$　P-ヒドロキシアゾベンゼン

です。これは**橙赤色**です。置換基がパラの位置だから「**p-ヒドロキシアゾベンゼン**」といい，**染料**や色素として広く使われています。よく出題されるポイントです。

p-ヒドロキシアゾベンゼンを見て，Hの数が1個足りないと思った人はいませんか？ 連続 図10-11③のように考えればわかるでしょう。

連続 図10-11 の続き

③

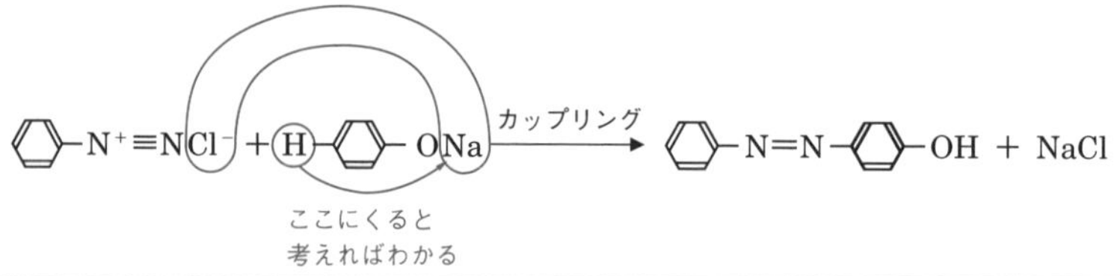

$C_6H_5-N^+\equiv NCl^- + H-C_6H_4-ONa \xrightarrow{\text{カップリング}} C_6H_5-N=N-C_6H_4-OH + NaCl$

ここにくると
考えればわかる

ベンゼン環にはじめからくっついているHが取れて，それでNaと置き換わるとp-ヒドロキシアゾベンゼンの構造式になります。

ここでも僕は官能基の名前，「アゾ基」からこの反応式が書けるようになりました。p-ヒドロキシアゾベンゼンのアゾから名前を覚えたんです。そして**「アゾ基」とはどんな構造をしているか覚えました** 図10-12。ジアゾ基と違ってNは手が4本出ていないので＋はつきませんね。**この基からp-ヒドロキシアゾベンゼンが構造式で書けるようになったのです。あとは塩化ベンゼンジアゾニウムのときのように，両辺で原子の数合わせをすれば，反応式はできあがります。**

図10-12

アゾ基　**−N=N−**
（またはアゾ結合）

では，まとめましょう。

単元1 要点のまとめ②

●芳香族アミン（アニリン）の反応

(1) アセチル化

① 重要★★

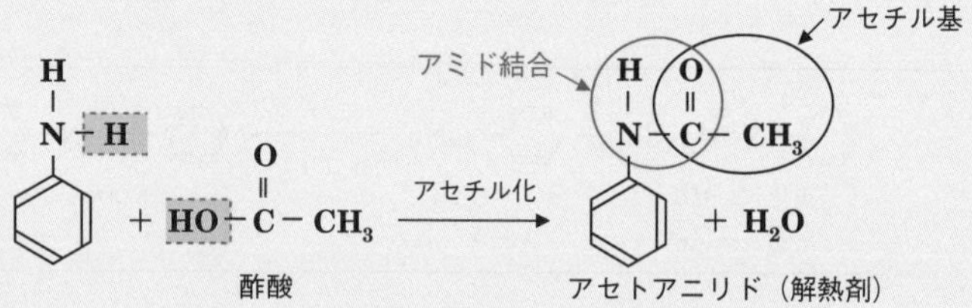

$C_6H_5-NH-H + HO-CO-CH_3 \xrightarrow{\text{アセチル化}} C_6H_5-NH-CO-CH_3 + H_2O$

酢酸　　アセトアニリド（解熱剤）

アミド結合　アセチル基

①′ 重要★★★

$C_6H_5-NH-H + (CH_3-CO)_2O \xrightarrow{\text{アセチル化}} C_6H_5-NH-CO-CH_3 + CH_3COOH$

無水酢酸

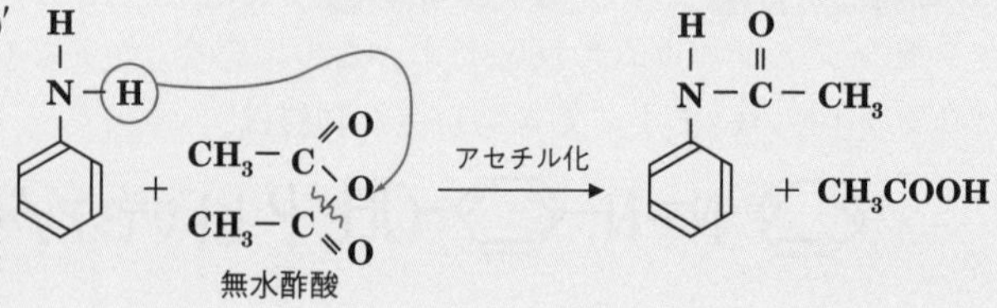

①と①′の主な生成物質は共にアセトアニリドであり，副生成物質として，それぞれ水と酢酸が生じる。①′の反応式は丸暗記しないと書けないが，①は$-NH_2$のHと$-COOH$のOHが取れてH_2Oができるという理屈がわかればすぐに書けるようになる。

※アセチル化…有機化合物中の$-OH$や$-NH_2$のHを$CH_3-\overset{\overset{\displaystyle O}{\|}}{C}-$（アセチル基）で置換した反応をいう。

(2) ジアゾ化とカップリング

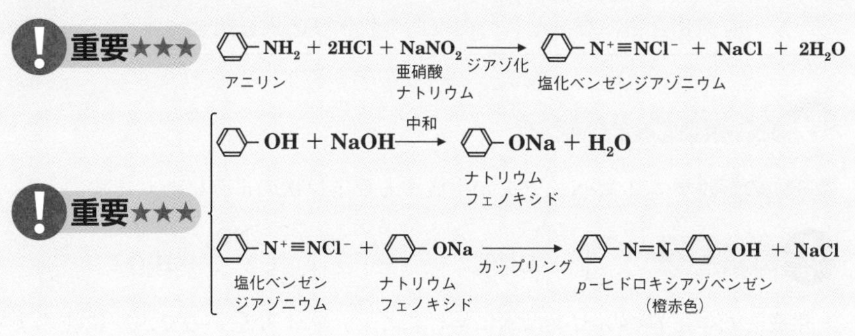

大変だとは思いますが，自分で鉛筆をもって繰り返し復習して，覚えましょう。

演習問題で力をつける㉙

アニリンからの誘導体について理解しよう！

次のA～Cの文章を読み，以下の問いに答えよ。

[A] 濃硫酸と濃硝酸の混合液にベンゼンを加えて，よく振り混ぜながら60℃で反応させた。反応終了後，(i)反応混合物を多量の水に入れると，ニトロベンゼンが得られた。

(1) 下線部(i)で，生成したニトロベンゼンは，(a)水の上に浮く，(b)水の底に沈む，(c)水に溶ける，のいずれであるか。その記号を記せ。

[B] ニトロベンゼンに濃塩酸とスズを加えて加熱すると，ニトロベンゼンは還元されて均一な水溶液になった。(ii)この溶液に，水酸化ナトリウム水溶液を加えてアルカリ性にした後，エーテルで抽出し，エーテルを蒸発させるとアニリンが得られた。

(2) 下線部（ii）の反応の化学反応式を記せ。
(3) 呈色反応を利用してアニリンを確認する方法を簡潔に記せ。

[C] (iii) アニリンの塩酸溶液に0～5℃で亜硝酸ナトリウムを作用させると，ジアゾ化が起こり，塩化ベンゼンジアゾニウムが生成した。この中にフェノールの水酸化ナトリウム水溶液を加えると (iv) 赤橙色の色素が得られた。
(4) 下線部（iii）の反応の化学反応式を記せ。
(5) 下線部（iv）の色素の構造式を記せ。
(6) 塩化ベンゼンジアゾニウム水溶液を加熱すると，気体を発生して別の有機化合物になった。この反応の化学反応式を記せ。

さて，解いてみましょう。

問 (1) の解説 ニトロベンゼンが生成する反応は次のようになります。

重要★★★

$$C_6H_6 + HNO_3 \xrightarrow{\text{ニトロ化}} C_6H_5NO_2 + H_2O$$

生成したニトロベンゼンは水に溶けにくく，水より重いので水中に沈みます。ニトロベンゼンの密度は1.2g/cm^{3}です。

∴　b …… **問 (1)** の【答え】

問 (2) の解説 ニトロベンゼンがスズと塩酸で還元するとアニリンが生成します。そのアニリンは反応液中の塩酸とさらに反応してアニリン塩酸塩になります。この化学反応式は次のようになります。

重要★★

$$2\,C_6H_5NO_2 + 3Sn + 14HCl \longrightarrow 2\,C_6H_5NH_3^+Cl^- + 3SnCl_4 + 4H_2O$$

問題文中に「ニトロベンゼンが還元されて均一な水溶液になった。」と書いてありますがこの「均一な水溶液」の部分がアニリン塩酸塩を表すのです。もしアニリンならば水に溶けませんので均一な水溶液になりません。

アニリン塩酸塩に水酸化ナトリウムを加えると次のような反応が起こります。

重要★★★

$$C_6H_5NH_3^+Cl^- + NaOH \longrightarrow C_6H_5NH_2 + NaCl + H_2O$$

（弱塩基の塩　＋　強塩基　⇄　弱塩基　＋　強塩基の塩）

$$\therefore\quad C_6H_5NH_3^+Cl^- + NaOH \longrightarrow C_6H_5NH_2 + NaCl + H_2O$$

（$C_6H_5NH_3Cl$ でも可）

…… 問(2) の【答え】

問(3)の解説 アニリンの検出反応です(「単元1　要点のまとめ①」を参照)。

∴ **さらし粉水溶液を加えると赤紫色を呈する。** …… 問(3) の【答え】

問(4)の解説 アニリンの塩酸溶液に亜硝酸ナトリウムを加えると次のようなジアゾ化反応が起こります。温度0～5℃で反応させることがポイントです。それより高い温度だと(6)の反応が起きてしまいます。

重要★★★

$$\therefore\quad C_6H_5NH_2 + 2HCl + NaNO_2 \longrightarrow C_6H_5N^+{\equiv}NCl^- + NaCl + H_2O$$

または

$$\therefore\quad C_6H_5NH_3^+Cl^- + HCl + NaNO_2 \longrightarrow C_6H_5N^+{\equiv}NCl^- + NaCl + H_2O$$

…… 問(4) の【答え】

問(5)の解説 塩化ベンゼンジアゾニウムにナトリウムフェノキシドを加えると次のようなカップリング反応(ジアゾカップリング反応)が起こります。

重要★★★

$$C_6H_5{-}N^+{\equiv}NCl^- + C_6H_5{-}ONa \xrightarrow{\text{カップリング}} C_6H_5{-}N{=}N{-}C_6H_4{-}OH + NaCl$$

p-ヒドロキシアゾベンゼン

$$\therefore\quad C_6H_5{-}N{=}N{-}C_6H_4{-}OH$$ …… 問(5) の【答え】

問(6)の解説 塩化ベンゼンジアゾニウム水溶液を高温にすると次の反応が起こります。第9講「単元3　要点のまとめ②」でも紹介しました。

重要★★★

$$\therefore\quad C_6H_5N^+{\equiv}NCl^- + H_2O \longrightarrow C_6H_5OH + N_2 + HCl$$

…… 問(6) の【答え】

単元2 芳香族化合物の分離

化学

芳香族化合物の混合溶液から，それぞれの物質を単独に分離していく操作を説明していきます。この内容は無機化学でやった「金属イオンの反応と分離（第4講 単元2）」に似ていますが，こちらは暗記せずに理論的に説明がつくのです。

単元2 要点のまとめ①

● 芳香族化合物の分離

次の（Ⅰ），（Ⅱ），（Ⅲ）の3つの反応で分離することができる。

（Ⅰ）酸＋塩基 ⟶ 塩＋水（中和反応）

（Ⅱ）弱酸の塩＋強酸 ⇄ 弱酸＋強酸の塩

（Ⅲ）弱塩基の塩＋強塩基 ⇄ 弱塩基＋強塩基の塩

☆ 塩はここでは必ず水に溶ける。塩以外の有機化合物はエーテル層または油層または上層に存在する。

☆（Ⅱ），（Ⅲ）の反応における「強弱」は相対的なものである。

☆ 塩（えん）…酸の水素原子が金属原子やNH_4^+と一部または全部が置き換わった化合物をいう。

（例）ⒽCl → NaCl　　Ⓗ$_2SO_4$ → $NaHSO_4$，$CaSO_4$

● 酸・塩基の強弱の順序

重要★★★

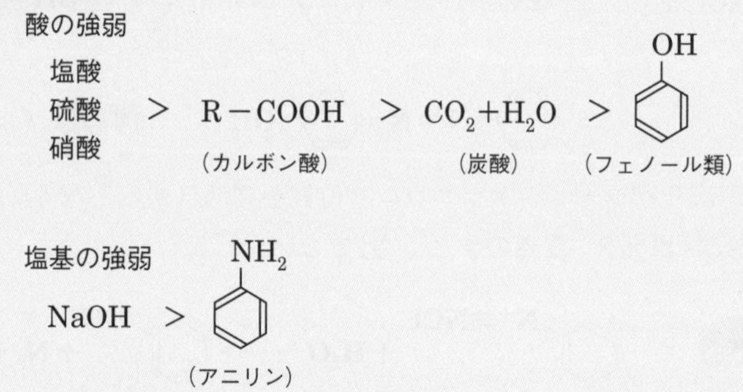

では演習問題を解いてみましょう。

演習問題で力をつける㉚

芳香族化合物の分離をマスターしよう！

問 化合物A（o−クレゾール），化合物B（m−キシレン），化合物C（サリチル酸），化合物D（アニリン）を含むジエルチルエーテル（以下エーテル）溶液から各成分を分離するために下図の操作を行った。A，B，C，Dが図の（ア）～（キ）のどの層に含まれるか記号で答えよ。ただし，分離は完全に行われたものとする。

図10-13

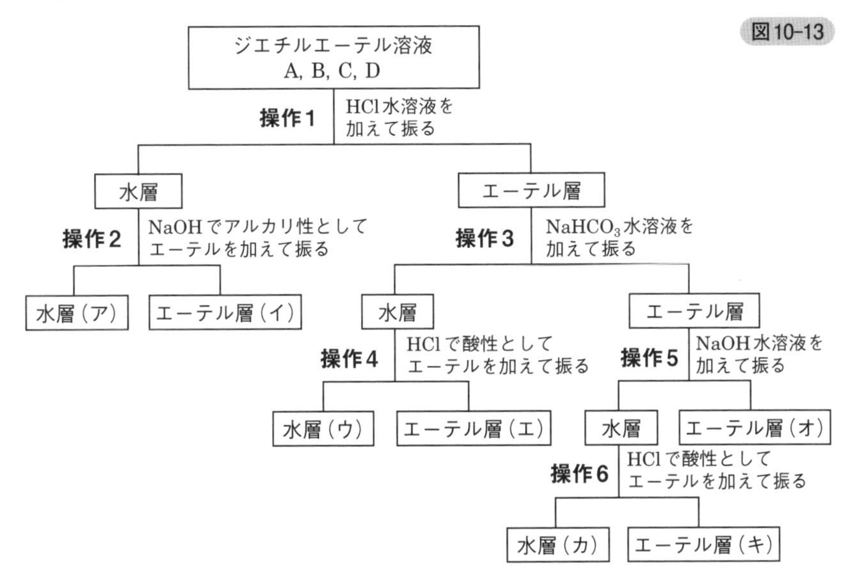

さて，解いてみましょう。

図10-14

芳香族化合物の分離

問題を解く前に説明しておきたいことがちょっとあります。図10-14を見てください。

o*－クレゾール**とは，ベンゼン環にヒドロキシ基（－OH）とメチル基（$-CH_3$）がオルトの位置関係でくっついたもの。m*－キシレン**はベンゼン環に2つのCH_3が1つずつ，メタの位置関係でくっついたもの。**サリチル酸**は，ベンゼ

OH, CH_3
o−クレゾール

CH_3, CH_3
m−キシレン

COOH
サリチル酸

NH_2
アニリン

ン環にカルボキシ基(－COOH)とヒドロキシ基(－OH)がオルトの位置関係でくっついたもの。そして**アニリン**はベンゼン環にアミノ基(－NH_2)がくっついたものです。これらの4つの物質はエーテルによく溶けるんです。試料のジエチルエーテル溶液には，これらの4つの有機化合物が入っています。

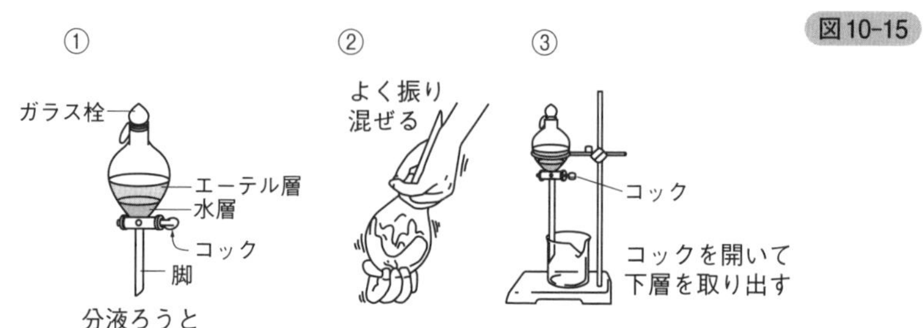

図10-15

ちょっとこの問題の実験について説明しておきましょう 図10-15 。分液ろうとを使うと，試料はエーテル(ジエチルエーテルを省略して単に「エーテル」と言います)と水の2層に分かれます(①)。エーテルは軽いから上になり，水は重いから下になりますね。「演習問題㉚」の操作1～6は 図10-15 の①～③の作業を繰り返すことです。

> **岡野の着目ポイント**　芳香族化合物は一般に水に溶けにくいのですが，酸性物質は塩基と，塩基性物質は酸と反応して塩を生成し，水に溶けるようになります。この性質を利用して混合物からそれぞれの物質をエーテルと水の層に分離することができるのです。

分離するときに重要なポイントは，次の3つの反応式です。

(Ⅰ) 酸 ＋ 塩基 ⟶ 塩 ＋ 水(中和反応)
(Ⅱ) 弱酸の塩＋強酸 ⇄ 弱酸＋強酸の塩
(Ⅲ) 弱塩基の塩＋強塩基 ⇄ 弱塩基＋強塩基の塩

(Ⅰ)はみなさんもよく知っておられる反応ですね。(Ⅱ)は弱酸の塩と強酸から弱酸と強酸の塩になる反応。これは第9講285ページでもやりました。(Ⅲ)は(Ⅱ)の“酸”という言葉が“塩基”に変わっただけの話ですから，そこは同じ考え方でいいでしょう。

(Ⅰ)(Ⅱ)(Ⅲ)の反応において1つ大事なポイントを言いますと，

塩は必ず水に溶ける

実を言うと溶けない塩もあります。例えば，無機化学で出てきたAgCl（塩化銀）。HClの水素原子が金属Agに変わった。AgClというのは水に溶けない塩の代表例ですね。しかし，入試の有機化合物の分離に関する問題で出てくる塩は，ほとんどナトリウム塩なんです。だから，「**必ず溶ける**」と言っておきます。それからもう1つ。

塩以外の有機化合物は油層またはエーテル層に存在する

入試問題では「**エーテル層**」とか「**油層**」さらに「**上層**」と書かれている場合がありますが，これらはすべて同じことです。

それから（Ⅱ）（Ⅲ）**の反応における「強弱」は相対的なものである，**ということもおさえておいてください。

ここまでいいでしょうか。それでは，これらを踏まえて例題の解答へまいりましょう！

さて，解いてみましょう。

「演習問題㉚」の 図10-13 を見てください，試料のジエチルエーテル溶液に「操作1　希塩酸と振り混ぜる」と書いてありますね。具体的に試料の中を表してみると 連続 図10-16① のようになります。（Ⅰ）の中和反応が起こります。

芳香族化合物が分離されていく流れ

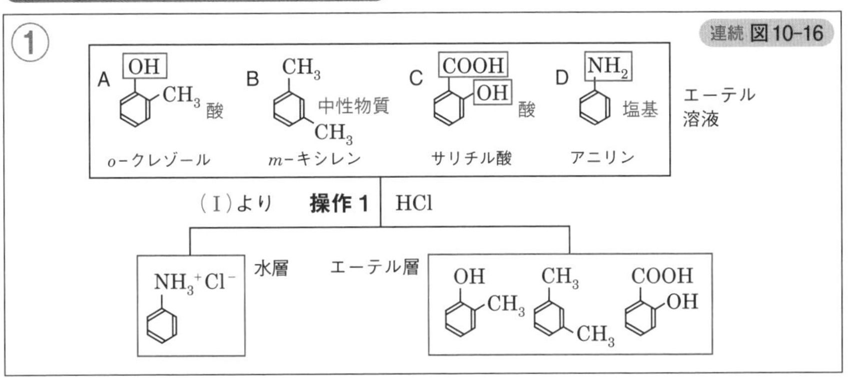

芳香族化合物が酸，塩基，中性物質であるかは次の「岡野流必須ポイント⑰」で覚えておくと便利です。

芳香族化合物の酸，塩基，中性物質の見分け方

芳香族を分離する問題では次の3つの基を覚えておこう。

重要★★★

- **・ー OH**（フェノール性のヒドロキシ基）………**酸**
- **・ー COOH**……**酸**
- **・ー NH_2**………**塩基**
- **・その他の基**……**中性物質**と考えてよい。

問題を見るとき，まず最初に4つの物質がもつ基を見ること。そして**注目するのは3つの基だけ**でいいんです。

まず，ベンゼン環に**直接OHがついたフェノール性のヒドロキシ基**です。これが存在すると**酸性**を示します。だから***o*-クレゾールは酸**。次に**カルボキシ基**（ー COOH）です。これは**酸性**を示す。よって，**サリチル酸はカルボキシ基とフェノール性ヒドロキシ基をもつので酸**です。3つ目は**アミノ基**（ー NH_2）です。アミノ基は**塩基性**を示す。よって**アニリンは塩基**。この3つの基だけ覚えておきましょう。**それ以外の基がついていれば，どんなものでもまず中性物質です。**ですから，この問題の*m*-キシレンのメチル基は中性を示すので中性物質です。*o*-クレゾールもこのメチル基の部分では中性ですが，全体では酸になります。

アドバイス ちなみに酸性にスルホ基（ー SO_3H），ベンゼンスルホン酸などもありますが，分離に関する問題にはまず出ません。ベンゼンスルホン酸が中和して塩になると，確かに水に溶けて水層のほうに入っていきます。そして，このあとまたベンゼンスルホン酸を取り出すためには，「弱酸の塩＋強酸」という関係にしなくちゃいけません。しかし，ベンゼンスルホン酸の塩は強酸からできている塩だから，強酸を使って取り出すことはできないのです。それは強酸の塩と弱酸は反応しないからですね。

もとあったベンゼンスルホン酸を，元のままの状態で取り出してくることは絶対できません。だから，強酸の物質はこの問題には入ってこないのです。

岡野のこう解く 操作1で加えた塩酸は酸性だから，塩基性の物質と中和反応を起こします。

操作1

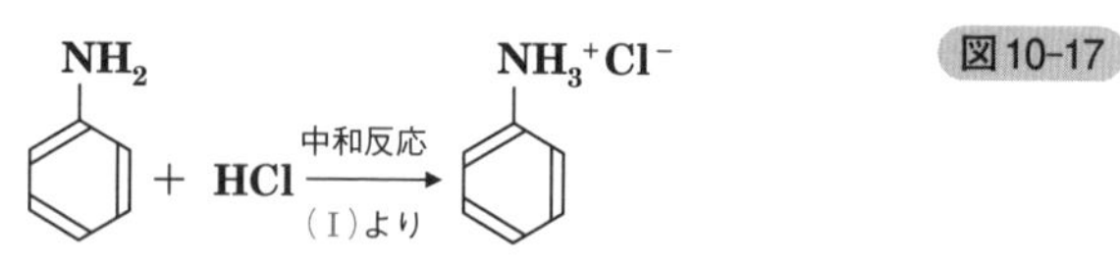

図10-17

図10-17は化学反応式です。**酸と酸**もしくは，**酸と中性物質は反応しません**から，塩基性のアニリンが中和反応を起こす。そしてアニリン塩酸塩

ができます。塩は水に溶けるから水層に行くわけです。残り3つの物質はエーテル層に残っています。ということで水層はアニリン塩酸塩が存在する。

このあとも，分液ろうとを使って水層とエーテル層をうまく分けることができます。するとまたエーテル層が3つの物質を含んで残るわけです。このようにどんどん分離させていく問題なんです。

今度は操作2です。連続 図10-16② を見てください。操作2はNaOH（水酸化ナトリウム）水溶液を水層に加えます。

連続 図10-16 の続き

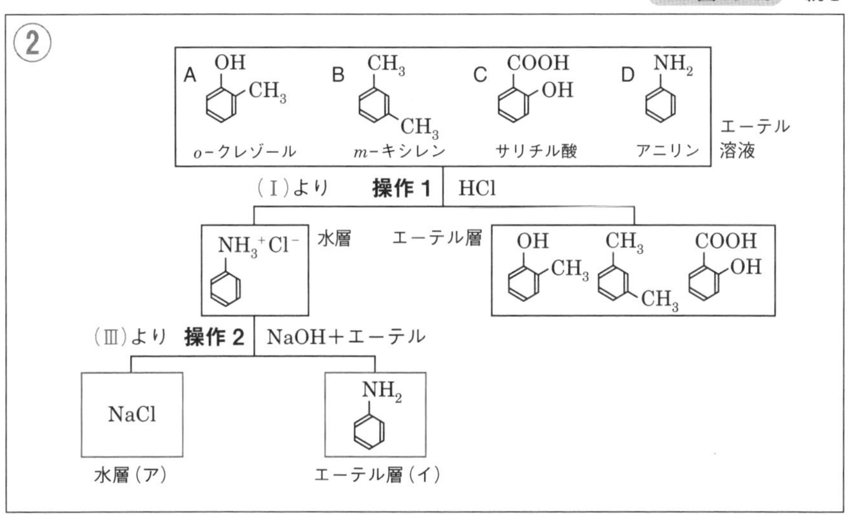

操作2

図10-18

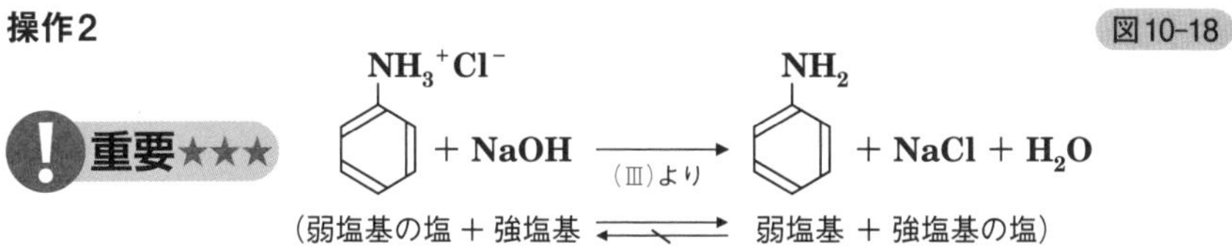

「弱塩基の塩」とは「弱塩基からできた塩」の意味です。ここではアニリンという弱い塩基からできた塩がアニリン塩酸塩で，この塩は「強い塩基」ここでは水酸化ナトリウムには反応してアニリンと塩化ナトリウムが生じます。

アニリンは塩ではない有機化合物なのでエーテル層（イ）に移り，塩化ナトリウムは塩なので水層（ア）に移ります。

次に操作3を確認しましょう。

連続 図10-16 の続き

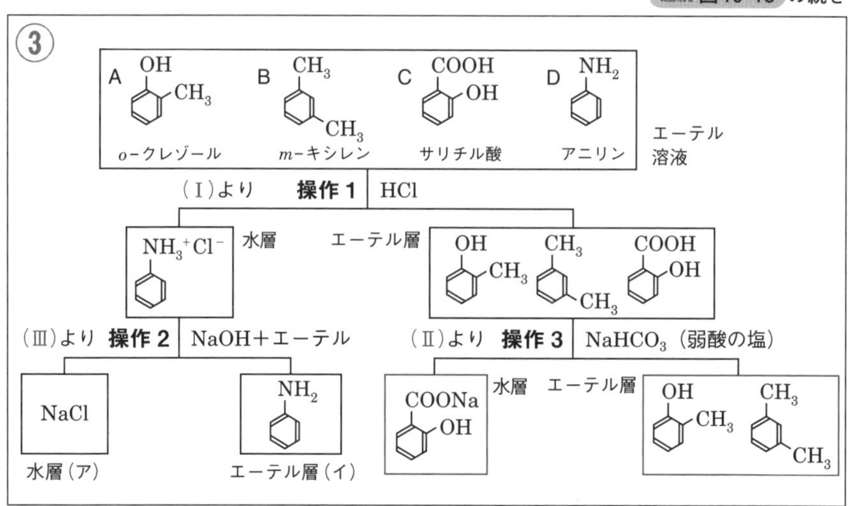

操作3　　図10-19

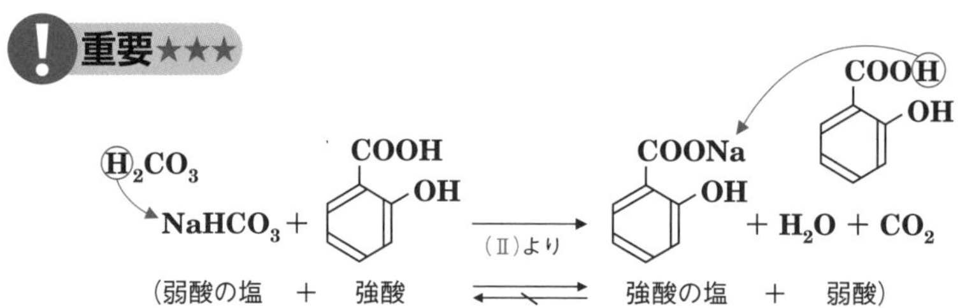

「弱酸の塩」とは「弱酸からできた塩」の意味で，ここでは炭酸からできた塩が$NaHCO_3$です。炭酸より強い酸（ここではサリチル酸の－COOH）とは反応しますが，炭酸より弱い酸（フェノール性の－OH）とは反応しません。

操作3で生じたサリチル酸ナトリウムは塩なので水層に移り，CO_2は水層の中で気体として発生します。またエーテル層では2つの物質が残っています。

次に操作4，5，6を確認しましょう。

これらの操作も同様で塩は水層に移り，塩以外の有機化合物はエーテル層に残ります。

連続 図10-16 の続き

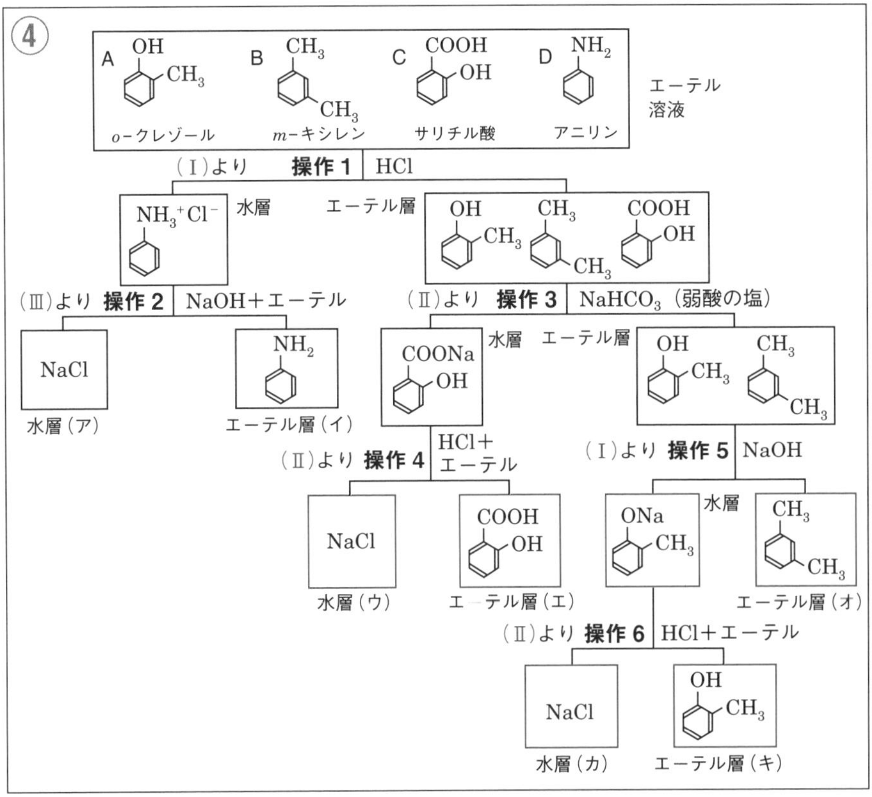

④

A o-クレゾール（OH, CH_3）　B m-キシレン（CH_3, CH_3）　C サリチル酸（COOH, OH）　D アニリン（NH_2）　エーテル溶液

（Ⅰ）より 操作1 HCl

水層：$NH_3^+Cl^-$（アニリン塩酸塩）　エーテル層：o-クレゾール，m-キシレン，サリチル酸

（Ⅲ）より 操作2 NaOH＋エーテル

NaCl　水層（ア）　NH_2（アニリン）　エーテル層（イ）

（Ⅱ）より 操作3 $NaHCO_3$（弱酸の塩）

水層：COONa, OH（サリチル酸ナトリウム）　エーテル層：o-クレゾール，m-キシレン

（Ⅱ）より 操作4 HCl＋エーテル

NaCl　水層（ウ）　COOH, OH（サリチル酸）　エーテル層（エ）

（Ⅰ）より 操作5 NaOH

水層：ONa, CH_3　CH_3, CH_3（m-キシレン）　エーテル層（オ）

（Ⅱ）より 操作6 HCl＋エーテル

NaCl　水層（カ）　OH, CH_3（o-クレゾール）　エーテル層（キ）

操作4 図10-20

$$\text{C}_6\text{H}_4(\text{OH})\text{COONa} + \text{HCl} \xrightarrow{(\text{Ⅱ})より} \text{C}_6\text{H}_4(\text{OH})\text{COOH} + \text{NaCl}$$

（弱酸の塩 ＋ 強酸 ⇄（左向きは起こらない） 弱酸 ＋ 強酸の塩）

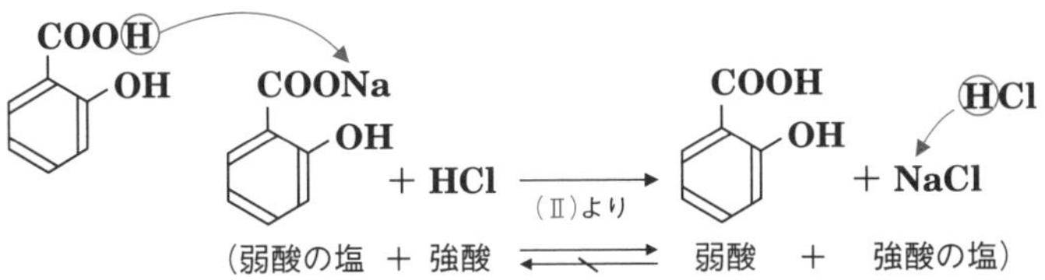

操作5 図10-21

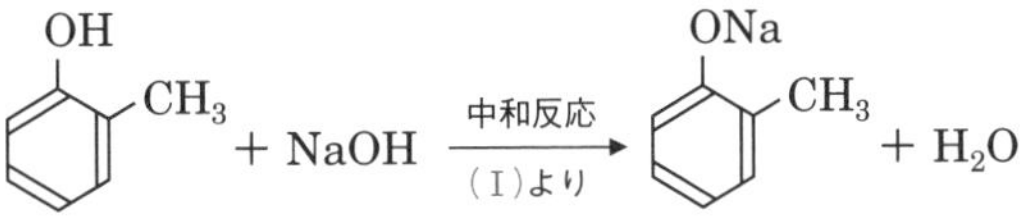

$$\text{C}_6\text{H}_4(\text{CH}_3)\text{OH} + \text{NaOH} \xrightarrow[(\text{Ⅰ})より]{中和反応} \text{C}_6\text{H}_4(\text{CH}_3)\text{ONa} + \text{H}_2\text{O}$$

操作6

図10-22

重要★★★

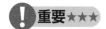

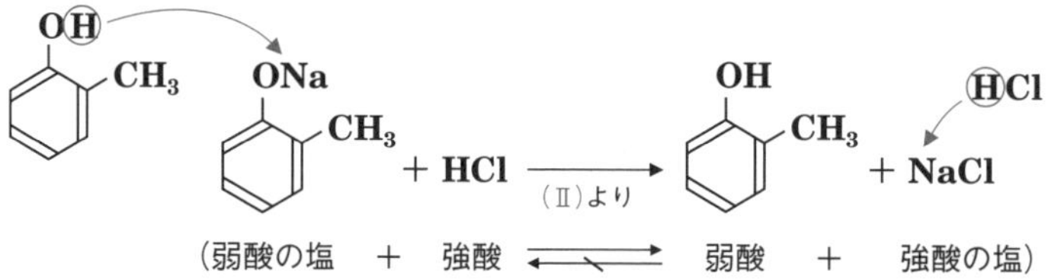

$$\text{o-クレゾール (OH, CH}_3\text{)} \rightarrow \text{(ONa, CH}_3\text{)} + HCl \xrightarrow{(\text{II})より} \text{(OH, CH}_3\text{)} + NaCl$$

（弱酸の塩　＋　強酸　⇄　弱酸　＋　強酸の塩）

連続 図10-16④から化合物A，B，C，Dが含まれる層が決まりました。

∴　(キ)……問(2) A の【答え】

∴　(オ)……問(2) B の【答え】

∴　(エ)……問(2) C の【答え】

∴　(イ)……問(2) D の【答え】

アドバイス　この問題でこんなふうに思った人はいませんか。操作1で酸と塩基が反応すると，塩と水ができるということは，エーテル溶液には酸と塩基が一緒に入っているから中和してしまうのではないか，と思ったでしょう。しかし，これは反応しません。水に溶けてH^+のイオンとOH^-のイオンに分かれたときに，酸と塩基が塩と水をつくる反応を起こすわけです。ところがエーテル溶液の中に入っていると，イオンに分かれません。

水に溶けるということは，水は極性分子なので，＋と－に偏りが生じます。だから水に溶け，イオンに分かれてくるのです。ところが，エーテルは無極性分子で酸や塩基をイオンに分けることをしませんので，このままの状態で存在しているということです。このようにご理解ください。

また，中性物質はエーテル層から次もエーテル層に残って，また次もエーテル層に残る。結局，最後までエーテル層に残っているのです。だからそういうふうに考えますと，分離の図の中で中性物質がどこに存在するか一目でわかります。

10講はこれで終わりです。9講，10講の芳香族化合物の内容は重要★★★の化学反応式を確実に覚えてください。入試ではそのまま出題されます。では次回またお会いしましょう。

第 11 講

合成高分子化合物

- 単元 1　縮合重合　化学
- 単元 2　付加重合　化学
- 単元 3　合成ゴム　化学
- 単元 4　ビニロン　化学

第 11 講のポイント

第 11 講からは「有機化学」です。「合成高分子化合物」をやっていきます。種類や合成によってできる物質を岡野流でシンプルに理解しましょう。

単元1 縮合重合

化学

こんにちは。今日から「**有機化学**」の内容をやってまいります。最初は『**合成高分子化合物**』です。高分子は，眺めるだけでは難しく感じます。ぜひ，書いてみることをおすすめします。

1-1 合成高分子の3つの反応

■ **合成高分子化合物とは**

合成高分子化合物というのは，

人が作る大きな分子量の化合物

です。**ナイロン66**，**フェノール樹脂**，**尿素樹脂**，**ポリエチレン**などがあります。

一方，**天然高分子化合物**は

天然に存在する大きな分子量の化合物

で第12講の**多糖類**，第13講の**タンパク質**などがあります。

■ **合成の反応は主に3種類**

合成高分子は，主に**縮合重合**，**付加重合**，**共重合**の**3種類の反応で合成**され，**合成樹脂**，**合成繊維**，**合成ゴム**などがあります。その他にも反応の種類はありますが，主なものはこれら3種類です。

まずは縮合重合により合成される物質を見ていきましょう。

1-2 縮合重合でできる物質

縮合重合は縮重合とも言いますが，正式には縮合重合です。重合とは小さな分子量のものが反応を繰り返し，大きな分子量の化合物に変化することをいいます。

重合を行う際の**原料の物質**（アジピン酸やヘキサメチレンジアミンなど）を**単量体**といい，重合によって合成される物質を**重合体**（ナイロン66など）といいます。

縮合重合により合成される物質は **表11-1** の2つが主なものです。

縮合重合は合成の際，**水 H_2O がとれて**大きな分子量になっていきます。例えばナイロン66は，アジピン酸とヘキサメチレンジアミンの分子間から水 H_2O が取れてできる物質です。

なお，**表11-1** の◎**の2つの化学反応式が出題されるので書けるようにしておきましょう。**

単元1 要点のまとめ①

●縮合重合でできる物質

表11-1

	物質名	単量体	重合体
◎	ナイロン66 (ポリアミド)	アジピン酸 $HOOC-(CH_2)_4-COOH$ ヘキサメチレンジアミン $H_2N-(CH_2)_6-NH_2$	$\left[\underset{\underset{O}{\parallel}}{C}-(CH_2)_4-\underset{\underset{O}{\parallel}}{C}-\underset{\underset{H}{\mid}}{N}-(CH_2)_6-\underset{\underset{H}{\mid}}{N} \right]_n$
◎	ポリエチレンテレフタラート (ポリエステル)	テレフタル酸  $HOOC-C_6H_4-COOH$ エチレングリコール $HO-CH_2-CH_2-OH$	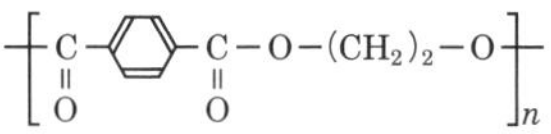 $\left[\underset{\underset{O}{\parallel}}{C}-C_6H_4-\underset{\underset{O}{\parallel}}{C}-O-(CH_2)_2-O \right]_n$

物質名 ナイロン66(6,6-ナイロンも可)

ナイロンろくろくといいます。「ろくじゅうろく」ではありません。

66は Cが 6個と6個という意味です。

表11-1 の最初，ナイロン66の単量体と重合体の名前はしっかりおさえておきましょう。

■ 単量体「アジピン酸」

まず，ナイロン66の最初の単量体は**アジピン酸**です（図11-1）。

Cが6個あって，両サイドが**カルボキシ基**$-COOH$です。残りは全部水素Hですが，図では省略しています。テストのときは，ちゃんと書いてくださいね。nはアジピン酸がn個という意味です。

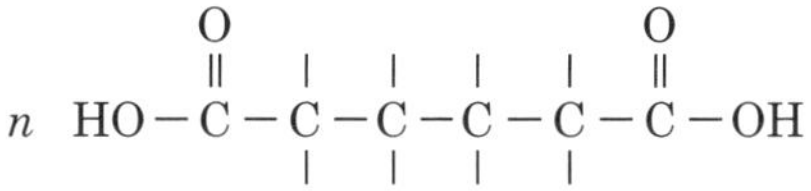

アジピン酸 図11-1

$$n\ HO-\underset{}{\overset{\overset{O}{\parallel}}{C}}-\underset{|}{\overset{|}{C}}-\underset{|}{\overset{|}{C}}-\underset{|}{\overset{|}{C}}-\underset{|}{\overset{|}{C}}-\overset{\overset{O}{\parallel}}{C}-OH$$

（注）Cの上下のHは省略しています。

■ 単量体「ヘキサメチレンジアミン」

そして，もうひとつの**6つのC**は，**ヘキサメチレンジアミン**です（図11-2）。

両サイドが**アミノ基**NH_2。**ヘキサ**は「**6つの**」という意味です。CH_2は**メチレン基**って言います（「主な官能基」→440ページ）。6つのメチレン基で**ヘキサメチレン**，2つアミノ基があるから**ジアミン**。

ヘキサメチレンジアミン 図11-2

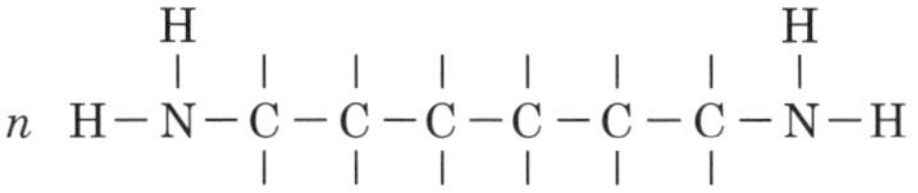

$$n\ H-\overset{\overset{H}{|}}{N}-\underset{|}{\overset{|}{C}}-\underset{|}{\overset{|}{C}}-\underset{|}{\overset{|}{C}}-\underset{|}{\overset{|}{C}}-\underset{|}{\overset{|}{C}}-\underset{|}{\overset{|}{C}}-\overset{\overset{H}{|}}{N}-H$$

（注）Cの上下のHは省略しています。

全部合わせて**ヘキサメチレンジアミン**。**アジピン酸**と**ヘキサメチレンジアミン**の名称は覚えてくださいね。入試で出題されます。

■ ナイロン 66 の縮合重合の流れ

ナイロン66の**6**と**6**は**アジピン酸とヘキサメチレンジアミン**の**炭素の数のこと**です。これら2つが反応すると縮合重合が起こって，両サイドのOHとHがとれます（連続 図11-3①）。

そして，これらをつないだ連続 図11-3②を**ナイロン66**または6,6－ナイロンって言っているんです。

ナイロン66の縮合重合

連続 図11-3

①

とれる　　とれる　　とれる

$$n\ \boxed{\mathrm{HO}}\!-\!\overset{\overset{\displaystyle\mathrm{O}}{\|}}{\mathrm{C}}-\mathrm{C}-\mathrm{C}-\mathrm{C}-\mathrm{C}-\overset{\overset{\displaystyle\mathrm{O}}{\|}}{\mathrm{C}}\!-\!\boxed{\mathrm{OH}} + n\ \boxed{\mathrm{H}}\!-\!\overset{\overset{\displaystyle\mathrm{H}}{|}}{\mathrm{N}}-\mathrm{C}-\mathrm{C}-\mathrm{C}-\mathrm{C}-\mathrm{C}-\mathrm{C}-\overset{\overset{\displaystyle\mathrm{H}}{|}}{\mathrm{N}}\!-\!\boxed{\mathrm{H}}$$

アジピン酸　　ヘキサメチレンジアミン

②

$$\xrightarrow{\text{縮合重合}} \left[\overset{\overset{\displaystyle\mathrm{O}}{\|}}{\mathrm{C}}-(\mathrm{CH_2})_4-\overset{\overset{\displaystyle\mathrm{O}}{\|}}{\mathrm{C}}-\overset{\overset{\displaystyle\mathrm{H}}{|}}{\mathrm{N}}-(\mathrm{CH_2})_6-\overset{\overset{\displaystyle\mathrm{H}}{|}}{\mathrm{N}}\right]_n + 2n\mathrm{H_2O}$$

ナイロン66

左から見ていくと，まずCOの二重結合から始まって，CH_2が4個，COの二重結合にNHがつながってきます。さらにCH_2が6個，最後にNHです。

$\boldsymbol{+2n\mathrm{H_2O}}$はアジピン酸とヘキサメチレンジアミンが1個ずつあったとき，とれた水の数です。1個と1個で2個とれますね（（連続 図11-3①）。ではn個ずつあったとしたら，とれる水はn個とn個で$2n$個です。だから$2nH_2O$なんです。

ここでご紹介した構造式や化学反応式は**すべて書けるように**，どうぞ練習しておいてください。**入試では化学反応式を書かせる問題が出題されます。**

重要★★★

$$n\,\mathrm{HO}-\overset{\overset{\displaystyle\mathrm{O}}{\|}}{\mathrm{C}}-(\mathrm{CH_2})_4-\overset{\overset{\displaystyle\mathrm{O}}{\|}}{\mathrm{C}}-\mathrm{OH} + n\,\mathrm{H_2N}-(\mathrm{CH_2})_6-\mathrm{NH_2}$$

$$\xrightarrow{\text{縮合重合}} \left[\overset{\overset{\displaystyle\mathrm{O}}{\|}}{\mathrm{C}}-(\mathrm{CH_2})_4-\overset{\overset{\displaystyle\mathrm{O}}{\|}}{\mathrm{C}}-\overset{\overset{\displaystyle\mathrm{H}}{|}}{\mathrm{N}}-(\mathrm{CH_2})_6-\overset{\overset{\displaystyle\mathrm{H}}{|}}{\mathrm{N}}\right]_n + 2n\mathrm{H_2O}$$

■ ナイロンの特徴

図11-4 の結合を**アミド結合**と言います。

ナイロン66 図11-4

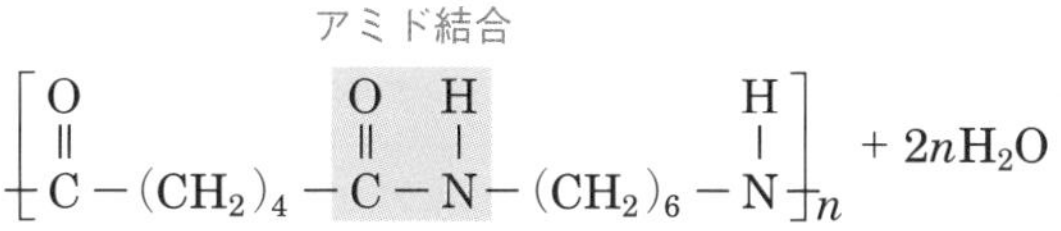

アミド結合

$$\left[\begin{array}{c} \mathrm{O} \\ \| \\ \mathrm{C} \end{array} - (\mathrm{CH_2})_4 - \begin{array}{c} \mathrm{O} \\ \| \\ \mathrm{C} \end{array} - \begin{array}{c} \mathrm{H} \\ | \\ \mathrm{N} \end{array} - (\mathrm{CH_2})_6 - \begin{array}{c} \mathrm{H} \\ | \\ \mathrm{N} \end{array}\right]_n + 2n\mathrm{H_2O}$$

ナイロンの特徴は，全般的にアミド結合がたくさん入っているところです。ナイロンは，アメリカの「カロザース」(1896 ～ 1937) という人が絹 (カイコの繭(まゆ)) に似た繊維を作ろうとして生まれました。カイコは虫ですから，タンパク質がたくさん入っている。だから，アミド結合のような結合をたくさん含めば，絹のような高級感で艶(つや)のある繊維が出来るんじゃないか？　ということで，ナイロンを作ったんです。

ポリは多数の，という意味です。ナイロンにはアミド結合がたくさん入っているから，**ポリアミド**という言い方があります。この言葉を覚えておいてください。

物質名 ポリエチレンテレフタラート

ポリエチレンテレフタラートは**ポリエチレンテレフタレート**とも言います。で，もう1つ別の言い方，ポリの**P**とエチレンの**E**，テレフタル酸の**T**で**PET**と言います。ペットボトルのペットです。あれは実はポリエチレンテレフタラートから作られています。

■ ポリエチレンテレフタラートの縮合重合の流れ

ポリエチレンテレフタラートも入試で化学反応式が書かされます。単量体は**テレフタル酸**と**エチレングリコール** (二価アルコール) が各n個です (次ページの 連続 図11-6①)。名前を書けるようにしておいてください。入試で出題されます。

ところで，－COOHが**パラ**の位置にあるものを**テレフタル酸**，**オルト**の位置を**フタル酸**，**メタ**の位置を**イソフタル酸**といいます (図11-15)。

図11-5

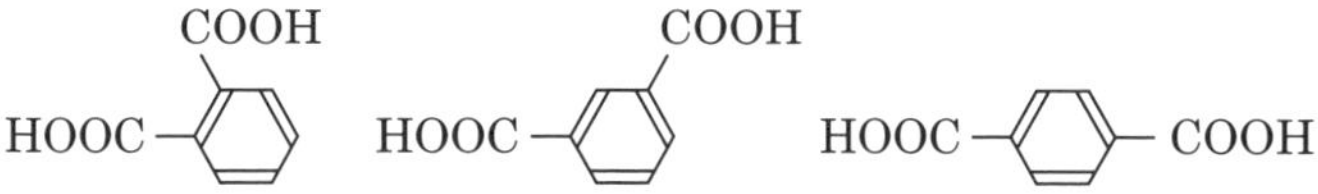

COOH / HOOC－(ベンゼン環)
(オルト)
フタル酸

COOH / HOOC－(ベンゼン環)
(メタ)
イソフタル酸

HOOC－(ベンゼン環)－COOH
(パラ)
テレフタル酸

ポリエチレンテレフタラートの縮合重合

連続 図11-6

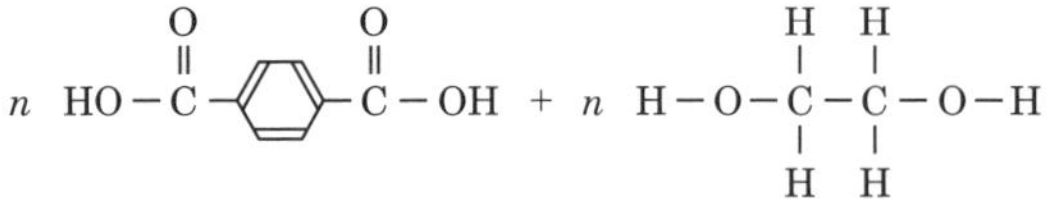

①

$$n\ HO-\overset{\overset{O}{\|}}{C}-C_6H_4-\overset{\overset{O}{\|}}{C}-OH + n\ H-O-\underset{H}{\overset{H}{C}}-\underset{H}{\overset{H}{C}}-O-H$$

テレフタル酸　　エチレングリコール

縮合重合により，テレフタル酸のOHとエチレングリコールのHがとれます（連続 図11-6②）。

連続 図11-6 の続き

②

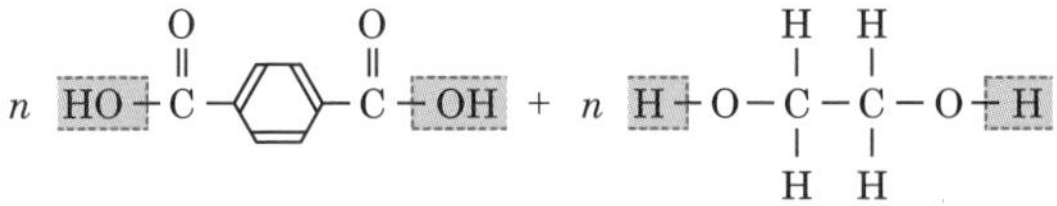

$$n\ \boxed{HO}-\overset{\overset{O}{\|}}{C}-C_6H_4-\overset{\overset{O}{\|}}{C}-\boxed{OH} + n\ \boxed{H}-O-\underset{H}{\overset{H}{C}}-\underset{H}{\overset{H}{C}}-O-\boxed{H}$$

テレフタル酸　　エチレングリコール

とれたら，連続 図11-6③ のように結合します。ナイロン66同様，水が2分子（$2nH_2O$）とれます。

連続 図11-6 の続き

③

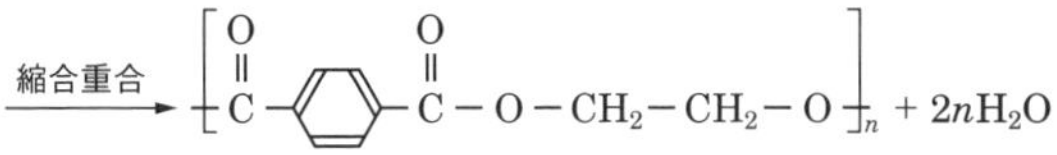

$$\xrightarrow{\text{縮合重合}} \left[\overset{\overset{O}{\|}}{C}-C_6H_4-\overset{\overset{O}{\|}}{C}-O-CH_2-CH_2-O\right]_n + 2nH_2O$$

ポリエチレンテレフタラート

重合体はポリエチレンテレフタラートという言い方をします。特徴は**エステル結合がたくさんある**ことです（図11-7）。

図11-7

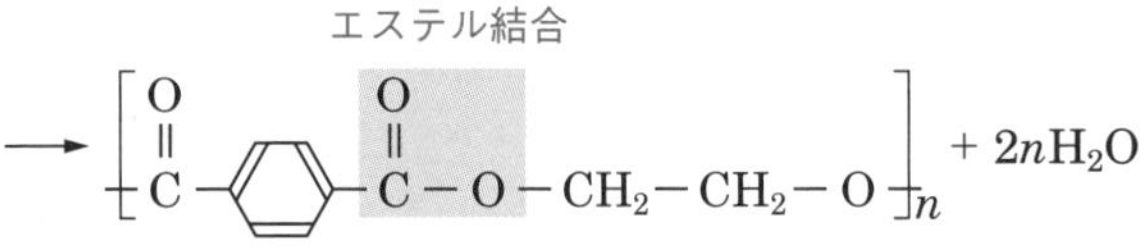

エステル結合

$$\longrightarrow \left[\overset{\overset{O}{\|}}{C}-C_6H_4-\boxed{\overset{\overset{O}{\|}}{C}-O}-CH_2-CH_2-O\right]_n + 2nH_2O$$

ポリエチレンテレフタラート

なお，ポリとは多数の，という意味でした。分子内にエステル結合がたくさん入っているから**ポリエステル**という言い方があります。この言葉も覚えておいてください。

なお，**ポリエチレンテレフタラートの合成反応は化学反応式まで正確に書けるようにしておいてください。入試でよく出題されます。**

重要★★★

$$n\,HO-\overset{O}{\overset{\|}{C}}-C_6H_4-\overset{O}{\overset{\|}{C}}-OH + n\,HO-CH_2-CH_2-OH$$

$$\xrightarrow{縮合重合} \left[\overset{O}{\overset{\|}{C}}-C_6H_4-\overset{O}{\overset{\|}{C}}-O-CH_2-CH_2-O\right]_n + 2nH_2O$$

1-3 付加縮合でできる物質

付加縮合は縮合重合の特殊例として扱っていただいて構いません。

単元 1 要点のまとめ②

● 付加縮合でできる物質

表11-2

物質名	単量体	重合体
フェノール樹脂	フェノール　C_6H_5OH ホルムアルデヒド　HCHO	$\left[-C_6H_2(OH)-CH_2-C_6H_2(OH)-\right]_n$
尿素樹脂	尿素　$CO(NH_2)_2$ ホルムアルデヒド　HCHO	$\left[\underset{H}{\overset{}{N}}-\underset{O}{\overset{}{C}}-\underset{H}{\overset{}{N}}-CH_2-\underset{H}{\overset{}{N}}-\underset{O}{\overset{}{C}}-\underset{H}{\overset{}{N}}\right]_n$
メラミン樹脂	メラミン $C_3N_3(NH_2)_3$（H_2N-C, $C-NH_2$, $C-NH_2$ をもつトリアジン環） ホルムアルデヒド　HCHO	$\left[\underset{H}{N}-C_3N_3(NH_2)-\underset{H}{N}-CH_2-\underset{H}{N}-C_3N_3(NH_2)-\underset{H}{N}\right]_n$

物質名 フェノール樹脂

表11-2 の最初，**フェノール樹脂**は単量体と重合体の名前を知っておいてください。これらの名称と構造式は入試で出題されます。反応の流れをご説明するので結果だけ書けるようにしてください。化学反応式を書く必要はありません。

■ 付加縮合の流れ

フェノール樹脂の単量体はフェノールと**ホルムアルデヒド**です(連続 図11-8①)。

2つの**フェノールのH**と**ホルムアルデヒドのO**がとれて水H_2Oとなります(連続 図11-8②)。

そして，とれて余ったHの手のところにCH_2が入り込んでくるんです(連続 図11-8③)。

そうしてできたのが**フェノール樹脂**です(連続 図11-8④)。この出来上がった物質が**重合体**です。

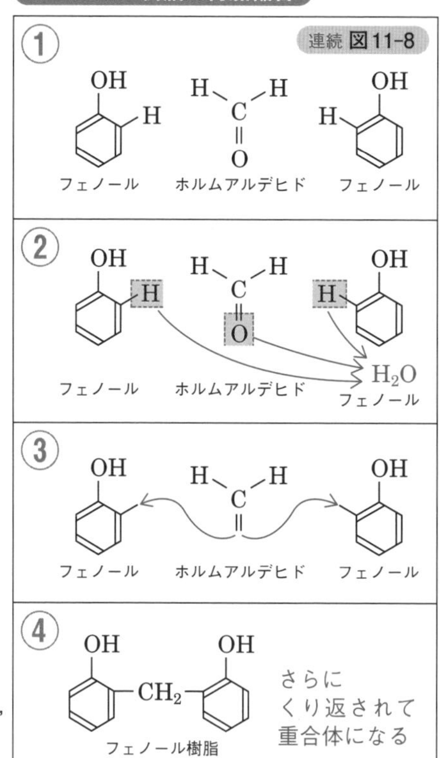

(注) ベンゼン環のHは，反応に関係するところのみ書いています。

■ フェノール樹脂は何個もつながっている

連続 図11-8では，2つのフェノールで説明しましたが，実際は図11-9のようにフェノールの他のHのところにもCH_2，CH_2と入り込んできます。

これらを数量的に表すことはなかなかできないので，入試では数量的に何が何倍でということは問われません。

図11-9

図11-10のように単量体の2つのフェノールとホルムアルデヒドから水H_2Oが抜けた一部分の構造式を見て，**これはフェノール樹脂だ**，と答えられるようにしておきましょう。入試ではよく出題されます。

フェノール樹脂 図11-10

フェノール + ホルムアルデヒド + フェノール —付加縮合 $-H_2O$→ $[\ \cdots CH_2 \cdots\ ]_n$(※)

(※) 数量的にはおかしな書き方ですが，何個もつながっているのでnとします。

物質名 尿素樹脂

表11-2 の2番目，**尿素樹脂**もフェノール樹脂と同じように考えます。

■ 尿素樹脂の単量体

尿素樹脂の単量体は**尿素**と**ホルムアルデヒド**です。これらの名称と構造式は入試で出題されます。化学反応式を書く必要はありません。尿素はCOの二重結合で両サイドにアミノ基NH_2が入ってきます（図11-11）。このCOは**カルボニル基**です。

尿素 図11-11

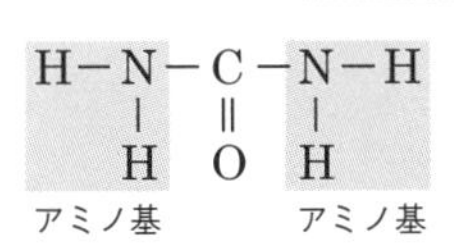

■ 尿素樹脂の付加縮合

連続 図11-12① のように2つの尿素とホルムアルデヒドが反応して，尿素のHと，ホルムアルデヒドのOがとれます。フェノール樹脂同様，連続 図11-12② のようにCH_2が間に入ってきます。

これらは何個もつながっているので，ちょっと数量的にはおかしいのですが，nとします。これが尿素樹脂です。

尿素樹脂の付加縮合

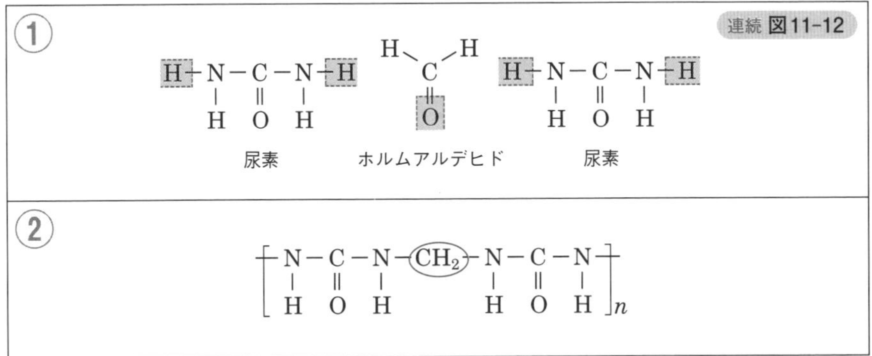

■ 尿素樹脂にはアミド結合はある？

図11-13 の囲ったところを**アミド結合**と言います（306ページ）。

図 11-13

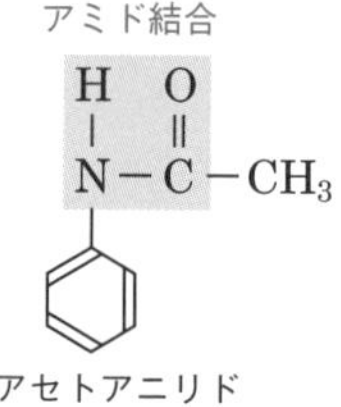

そして「**尿素樹脂にアミド結合があるか？**」と，よく出題されます。**答え**は「**ない**」が正解です。

尿素樹脂の窒素Nに付いていた水素Hは，全部ホルムアルデヒドと結びついて CH_2 っていう形になります（連続 図11-12③）。つまり，基本的にHはとれてしまうんです。

連続 図11-12 の続き

③

$$\left[\begin{array}{c} -\underset{\underset{H}{|}}{N}-\underset{\underset{O}{\|}}{C}-\underset{\underset{H}{|}}{N}-CH_2-\underset{\underset{H}{|}}{N}-\underset{\underset{O}{\|}}{C}-\underset{\underset{H}{|}}{N}- \end{array}\right]_n$$

Hが全部とれてCH_2になる

尿素樹脂

実際には，ほんの少し（1億の内の何個か）アミド結合が残っているかもしれませんが，岡野流では「**ほとんどのHがとれちゃうからアミド結合はない**」でご理解ください。表11-2（→327ページ）には，Hが書いてありますが，**反応がどんどん起こって最終的にはなくなります**。

連続 図11-12③ のHが全部とれてCH_2になった構造式を見て**尿素樹脂**だ，と答えられるようにしておきましょう。入試ではよく出題されます。

尿素樹脂とアミド結合

尿素樹脂にアミド結合はないと覚えよう。

物質名 メラミン樹脂

表11-2 の3番目，**メラミン樹脂**も前の2つと同様に考えます。

■ **メラミン樹脂の単量体**

メラミン樹脂の単量体は**メラミン**と**ホルムアルデヒド**です。

これらの名称と構造式は入試で出題されます。化学反応式を書く必要はありません。

■ メラミン樹脂の付加縮合

連続 図11-14①のように2つのメラミンとホルムアルデヒドが反応して，メラミンのHとホルムアルデヒドのOがとれます。フェノール樹脂，尿素樹脂同様，連続 図11-14②のようにCH_2が間に入ってきます。これらは何個もつながっているので，ちょっと数量的にはおかしいのですが，nとします。これがメラミン樹脂です。

メラミン樹脂の付加縮合

連続 図11-14

①

メラミン　ホルムアルデヒド　メラミン

②

n

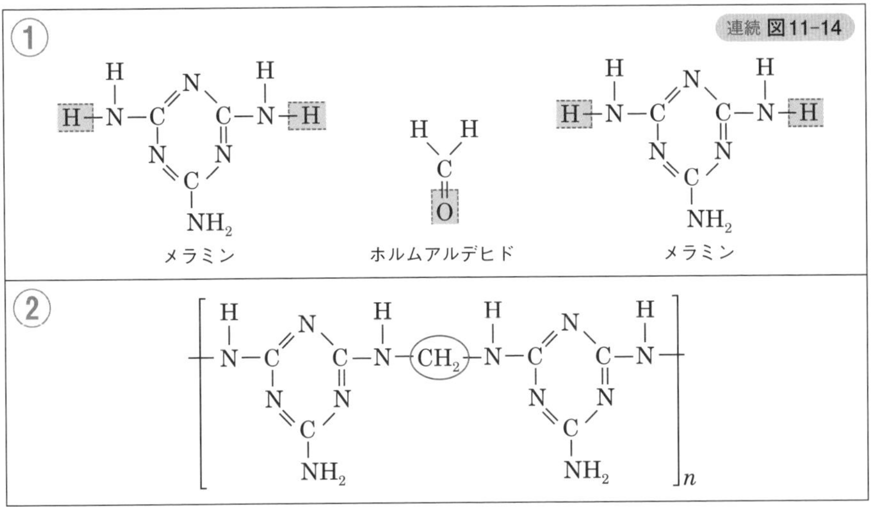

メラミン樹脂の窒素Nに付いている水素Hは，一部ホルムアテヒドと結びついてCH_2という形になります（連続 図11-14③）。つまり，一部のHはとれてしまいます。

連続 図11-14 の続き

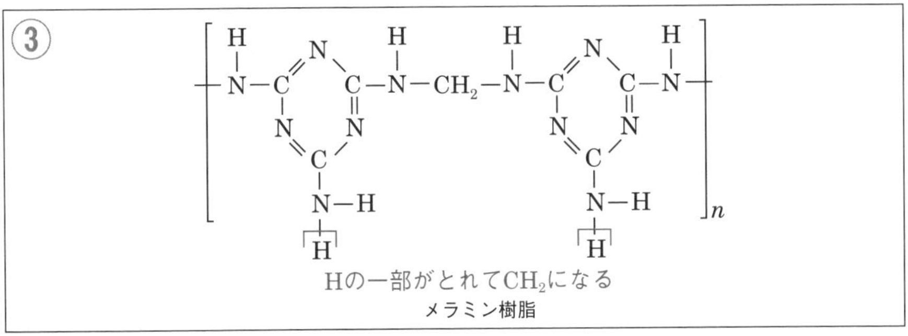

③

n

Hの一部がとれてCH_2になる

メラミン樹脂

アドバイス 付加縮合は縮合重合の特殊例として扱うと書きましたが，正確には付加反応と縮合反応の繰り返しで起きています。生成物は結果的に縮合重合の反応形式でつくった物質ができるのですが，反応過程には違いがあります。本文では縮合重合の反応形式で簡単に説明しましたが実際には次の反応が起きてます。フェノール樹脂を例にして反応式を書いてみます。

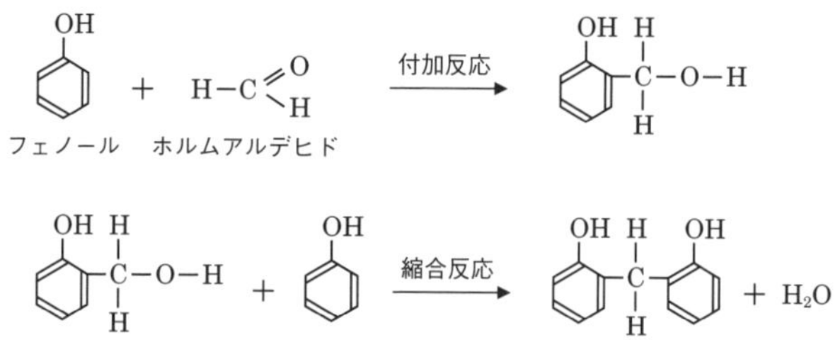

フェノール　ホルムアルデヒド　付加反応

縮合反応　+ H_2O

連続 図11-15 に詳しく構造式を使って示します。

連続 図11-15

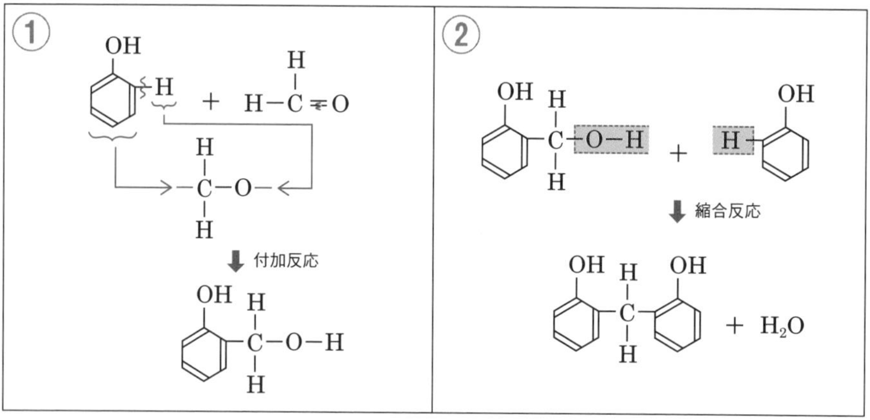

① 付加反応

② 縮合反応　+ H_2O

このように付加縮合と縮合重合は途中の反応は違いますが，結果は同じ物質ができます。

1-4 開環重合でできる物質

開環重合は縮合重合とはまったく関係ありませんが，ナイロン66がこの単元にあるので触れておきます。なお，**入試では，開環重合でできる物質は「ナイロン6」しかないと思ってかまいません。**

単元 1 要点のまとめ③

• 開環重合でできる物質

「ナイロン6」(6−ナイロンともいう)。

! 重要★★★

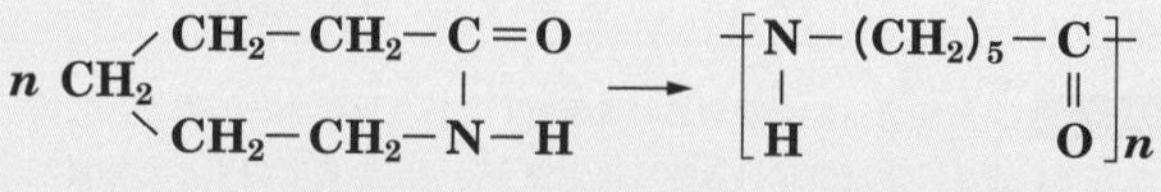

$$n\,CH_2\!\begin{array}{l} \diagup CH_2-CH_2-C=O \\ \diagdown CH_2-CH_2-N-H \end{array} \longrightarrow \left[\begin{array}{c} N-(CH_2)_5-C \\ | \qquad\qquad\quad \| \\ H \qquad\qquad\quad O \end{array}\right]_n$$

カプロラクタム　　ナイロン6

物質名 ナイロン6

重要★★★ ナイロン6の6はCの数です。

反応式は試験ではそんなに書かされませんが，一応見ていきましょう。

単量体は**カプロラクタム**（**ε**（イプシロン）**–カプロラクタム**ということもあります）です。6つのCは環状（輪っか）で，1つだけ**アミド結合**になっています（連続 図11-16①）。それ以外は全部水素Hなので，図では省略しています。

開環重合では環が開いて重合します。開く位置を覚えてください（連続 図11-16②）。

開くと真っ直ぐになります（連続 図11-16③）。

これがn個つながってナイロン6ができます（連続 図11-16④）。

両サイドの手には，どんどんこの真っ直ぐな部分が結びついていきます。例えば，最初に100個の分子があったら，同じこの順番で100個つながっていくんです。そうして巨大な分子になります。

なお，単量体の名称**カプロラクタム**と**開環重合**という重合形式は書けるようにしておきましょう。**入試でよく出題されます**。

ナイロン6と開環 連続 図11-16

①
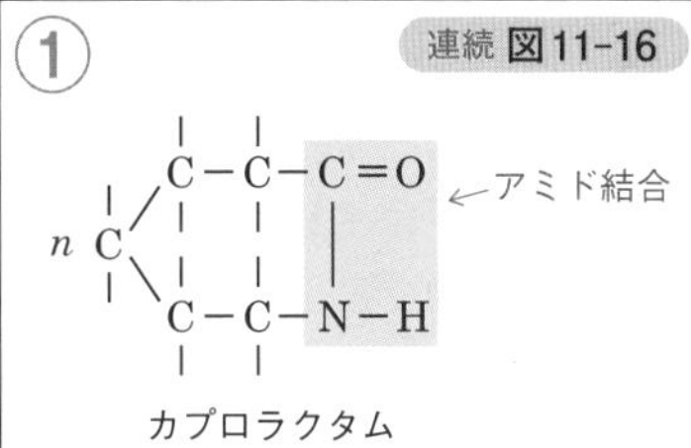

カプロラクタム

②

n C（環：C−C−C=O / C−C−N−H）←ここから開く

カプロラクタム

③

$$n\ -\underset{\mathrm{H}}{\underset{|}{\mathrm{N}}}-\mathrm{C}-\mathrm{C}-\mathrm{C}-\mathrm{C}-\mathrm{C}-\underset{\mathrm{O}}{\underset{\|}{\mathrm{C}}}-$$

④

開環重合 →

$$\left[\underset{\mathrm{H}}{\underset{|}{\mathrm{N}}}-(\mathrm{CH_2})_5-\underset{\mathrm{O}}{\underset{\|}{\mathrm{C}}}\right]_n$$

ナイロン6

■ アミド結合はどこにある？

連続 図11-16④には，**ナイロンの特徴**である**アミド結合がない**と思われるかもしれませんが，ちゃんとあります。それはナイロン6をつないでみるとわかりますよ（図11-17）。

ナイロン6をつなぐ 図11-17

$$-\underset{\mathrm{H}}{\underset{|}{\mathrm{N}}}-(\mathrm{CH_2})_5-\underset{\mathrm{O}}{\underset{\|}{\mathrm{C}}}-\underset{\mathrm{H}}{\underset{|}{\mathrm{N}}}-(\mathrm{CH_2})_5-\underset{\mathrm{O}}{\underset{\|}{\mathrm{C}}}-\underset{\mathrm{H}}{\underset{|}{\mathrm{N}}}-(\mathrm{CH_2})_5-\underset{\mathrm{O}}{\underset{\|}{\mathrm{C}}}-$$

確かに，つなぎ目ごとにアミド結合をたくさん含んでいますね。

単元2 付加重合

化学

付加重合により合成される物質をご紹介します。実は，先ほどの縮合重合が一番難しいんです。あとはだんだん簡単になってきますよ。

2-1 付加重合でできる物質

縮合重合では水H_2Oがとれました。中には塩化水素HClがとれる場合もあるんですが，入試で出てくる縮合重合は99.9%，水がとれると思っていいです。

ところが，付加重合は**付け加わる重合**なんです。そして，表11-3の◎**は全部，化学反応式が出題されるので書けるようにしておきましょう。**

単元2 要点のまとめ①

● 付加重合でできる物質

重要★★★

表11-3

	物質名	単量体		Xの化学式	合成反応の形態
◎	ポリエチレン	エチレン	$CH_2=CH_2$	H	n 単量体 $\begin{matrix} H & H \\ C & =C \\ H & X \end{matrix}$ → 重合体 $\left[\begin{matrix} H & H \\ -C & -C- \\ H & X \end{matrix}\right]_n$
◎	ポリ塩化ビニル	塩化ビニル	$CH_2=CH$–Cl	Cl	
◎	ポリアクリロニトリル	アクリロニトリル	$CH_2=CH$–CN	CN	
◎	ポリプロピレン	プロピレン	$CH_2=CH$–CH_3	CH_3	
◎	ポリスチレン	スチレン	$CH_2=CH$–(ベンゼン環)	C_6H_5	
◎	ポリ酢酸ビニル	酢酸ビニル	$CH_2=CH$–$OCOCH_3$	$OCOCH_3$	

■ **付加重合の例－ポリエチレン**

それでは，ポリエチレンを例に付加重合を見ていきましょう。

まずn個のエチレンがあります（連続 図11-18①）。

そして，エチレンのCとCの二重結合のうち，1本の手が切れます（連続 図11-18②）。それが両サイドに手を出してくるんです（連続 図11-18③）。Hの数は4つで変わりません。

そして，エチレン分子が例えば100個あったとき，全部両サイドに手が出て，隣同士でどんどんくっつきます。連続 図11-18③ の n はそんなふうに n 個くっついている状態を表します。

たくさんのエチレンという意味で，**ポリ**を入れて**ポリエチレン**ですね。

付加重合

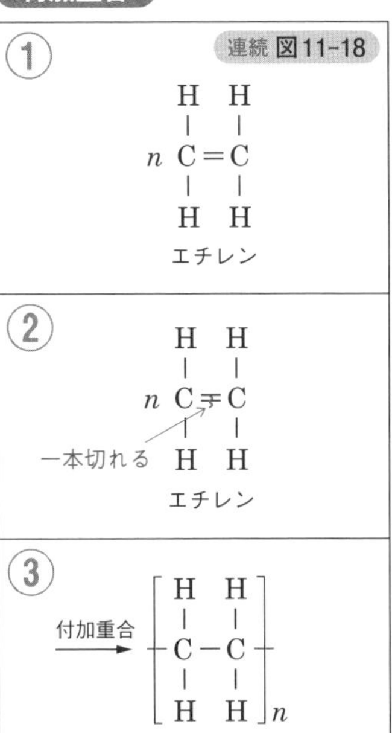

2-2 岡野流で覚える付加重合

表11-3（334ページ）の右側にXと書いてあります。ここは，先ほどのエチレンとポリエチレンの例でいうと，図11-19 の○のところです。

このXは付加重合の公式みたいなもので，**XがHなら，単量体はエチレン，重合体はポリエチレン**といったように，当てはめることができます。

図11-19

付加重合

エチレン　ポリエチレン

重要★★★

付加重合

単量体　重合体

物質名 ポリ塩化ビニル

Xが**Cl**なら，**単量体**は**塩化ビニル** $\left(\begin{array}{cc} H & H \\ | & | \\ C= & C \\ | & | \\ H & Cl \end{array}\right)$，**重合体**は**ポリ塩化ビニル**です（表11-3の上から2番目）。

アセチレンに塩化水素HClを加えると塩化ビニルができると182，183ページでやりました。

物質名 ポリアクリロニトリル

Xが**CN**なら，**単量体**は**アクリロニトリル** $\left(\begin{array}{cc} H & H \\ | & | \\ C= & C \\ | & | \\ H & CN \end{array}\right)$ といいます。

重合体は**ポリアクリロニトリル**です（表11-3 3行目）。

物質名 ポリプロピレン

Xが**CH_3**なら，**単量体**は**プロピレン** $\left(\begin{array}{cc} H & H \\ | & | \\ C= & C \\ | & | \\ H & CH_3 \end{array}\right)$ です。

アセチレンのところではあまり説明しなかったのですが，メチル基ならばCが3つで二重結合だから，**プロピレン**ですね。**重合体**は**ポリプロピレン**になります。

物質名 ポリスチレン

Xが**C_6H_5**なら，**単量体**は**スチレン** $\left(\begin{array}{cc} H & H \\ | & | \\ C= & C \\ | & | \\ H & C_6H_5 \end{array}\right)$ といいます。

ベンゼン環ですね。**重合体**は**ポリスチレン**です。

物質名 ポリ酢酸ビニル

Xが**$OCOCH_3$**なら**単量体**は**酢酸ビニル** $\left(\begin{array}{cc} H & H \\ | & | \\ C= & C \\ | & | \\ H & OCOCH_3 \end{array}\right)$ です。

アセチレンに対して酢酸を反応させますと，O－Hの結合が切れるんです。

さらにCとCの三重結合も1本分が切れて二重結合になります(連続 図11-20①)。

とれたHと$OCOCH_3$が，Cの1本ずつ出ている手のところにくっつきます(連続 図11-20②)。

それで出来上がったのが酢酸ビニルです(連続 図11-20③)。

これが付加重合すると**ポリ酢酸ビニル**になります。

単量体は酢酸ビニルです。

酢酸ビニル

連続 図11-20

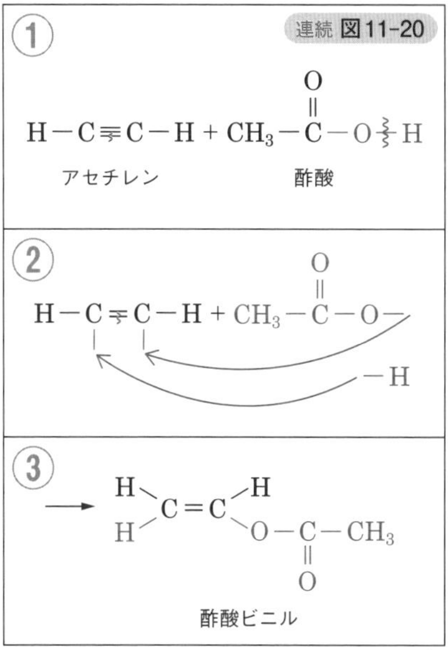

①
H−C≡C−H + CH_3−C(=O)−O−H
アセチレン　酢酸

②
H−C≡C−H + CH_3−C(=O)−O−　−H

③
→ CH_2=CH−O−C(=O)−CH_3
酢酸ビニル

2-3 その他の付加重合

その他の付加重合として，**ポリメタクリル酸メチル**を取り上げます。

教科書にはあんまり書いてないのですが，意外と試験によく出るんです。

物質名 ポリメタクリル酸メチル

ポリメタクリル酸メチルの場合，先ほどご説明したXの公式(→335ページ)とはちょっと違います。

H のところが，メチル基 CH_3 になっています 図11-21。

単量体はメタクリル酸メチルです。

公式とポリメタクリル酸メチルの違い 図11-21

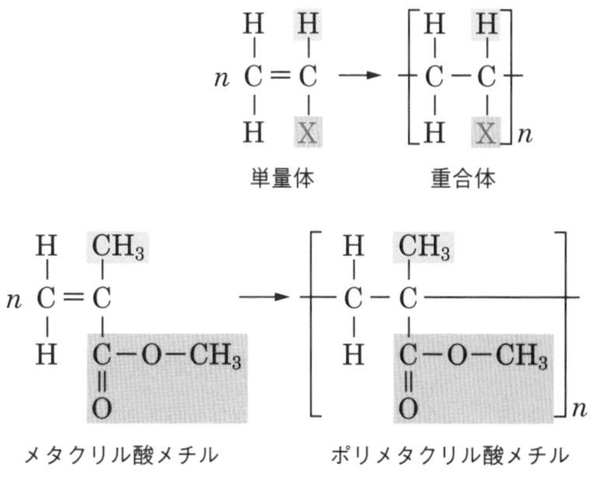

n CH_2=CHX → [−CH_2−CHX−]n
単量体　重合体

n CH_2=C(CH_3)−C(=O)−O−CH_3 → [−CH_2−C(CH_3)(C(=O)−O−CH_3)−]n
メタクリル酸メチル　ポリメタクリル酸メチル

アドバイス メタクリル酸メチルはエステルです。
メタクリル酸とメチルアルコールのエステル化から生成されます。

図11-22

$$\underset{\text{メタクリル酸}}{CH_2=C(CH_3)-C(=O)-OH} + \underset{\text{メチルアルコール}}{H-O-CH_3} \xrightarrow{\text{エステル化}} \underset{\text{メタクリル酸メチル}}{CH_2=C(CH_3)-C(=O)-O-CH_3} + H_2O$$

■ ポリ酢酸ビニルと混同しないように注意

酢酸ビニルは**OCO**CH_3でしたが，メタクリル酸メチルは**COO**CH_3なんです（図11-23）。

メタクリル酸メチルと酢酸ビニルが違うってところはしっかり押さえてください。この辺が出題されてきます。示性式で，$COOCH_3$，$OCOCH_3$って書いてあって，どちらかって聞いてきますよ。

酢酸ビニルとの違いに注意　図11-23

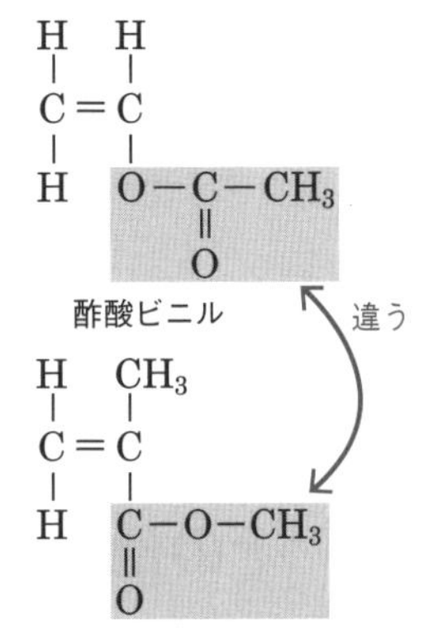

■ 有機ガラス

なお，ポリメタクリル酸メチルのことを**有機ガラス**と呼ぶことがあります。

有機ガラスは無機ガラスの代用品ではあるんですが，少し違います。有機ガラスは航空機や水族館に使われます。航空機や水族館のガラスは割れたらマズイですよね。だから，有機ガラスは非常に割れにくい，よっぽど強くて高価なガラスなんですね。

そうご理解いただいて，有機ガラスって言葉が出てたら，ポリメタクリル酸メチルだぞ，と書けるようにしてください。この辺もそういう形で出てまいります。

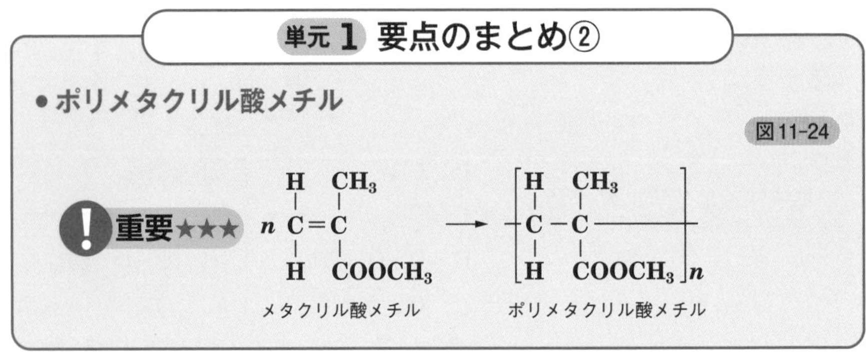

単元1 要点のまとめ②
●ポリメタクリル酸メチル
図11-24
重要★★★
H　CH3
n C＝C
H　COOCH3
メタクリル酸メチル
H　CH3
C－C
H　COOCH3 n
ポリメタクリル酸メチル

単元3 合成ゴム

化学

3-1 合成ゴムの名称と２つの形式

合成ゴムには**付加重合**と**共重合**による物質があります。表11-4 をご覧ください。上の3つが**付加重合**，下の2つが**共重合**です。これらは違う重合形式です。まず，付加重合の3つの物質から説明してまいります。

単元3 要点のまとめ①

● 合成ゴム

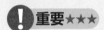

重要★★★

表11-4

	合成ゴムの名称	単量体の名称	単量体の化学式	合成ゴムの構造
付加重合	ブタジエンゴム	1,3−ブタジエン	$CH_2=CH-CH=CH_2$	$\text{-}[CH_2-CH=CH-CH_2]_n\text{-}$
	クロロプレンゴム	クロロプレン	$CH_2=C(Cl)-CH=CH_2$	$\text{-}[CH_2-C(Cl)=CH-CH_2]_n\text{-}$
	イソプレンゴム（天然ゴム）	イソプレン	$CH_2=C(CH_3)-CH=CH_2$	$\text{-}[CH_2-C(CH_3)=CH-CH_2]_n\text{-}$
共重合	アクリロニトリルブタジエンゴム（NBR）	アクリロニトリル	$CH_2=CH(CN)$	$\cdots-CH_2-CH(CN)-CH_2-CH=CH-CH_2-\cdots$
		1,3−ブタジエン	$CH_2=CH-CH=CH_2$	
	スチレンブタジエンゴム（SBR）	スチレン	$CH_2=CH(C_6H_5)$	$\cdots-CH_2-CH(C_6H_5)-CH_2-CH=CH-CH_2-\cdots$ 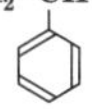
		1,3−ブタジエン	$CH_2=CH-CH=CH_2$	

3-2 付加重合でできる３つの合成ゴム

物質名 ブタジエンゴム

表の最初，**ブタジエンゴム**は付加重合のひとつです。この物質がわかれば，次の2つも理解できます。

なお，化学反応式はそんなに書かされません。

単量体は**1,3－ブタジエン**，炭素Cが4つと水素Hが6つです。

ブタンは**Cが4つの物質**です。**エン**は**二重結合**を表す言葉です。二重結合が1個ある場合，**ブテン**と言います。連続 図11-25①のように二重結合が2つある場合は，**ジエン**と言い，1番目と3番目の炭素にあるので**1,3－ブタジエン**となります。

連続 図11-25

①

$n\ CH_2{=}CH{-}CH{=}CH_2$（炭素に左から1，2，3，4の番号）

1,3-ブタジエン

②

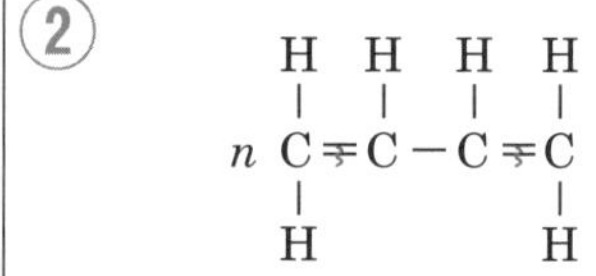

③

付加重合 → $\left[-CH_2{-}CH{=}CH{-}CH_2- \right]_n$

これが付加重合します。付加重合とは，二重結合が1本切れて（連続 図11-25②），両サイドに手が出て，それがどんどんどんどんつながっていくイメージです（連続 図11-25③）。

そのとき水素の数は変わりません。縮合重合の場合は水がとれて，縮みながら，大きな分子量のものにどんどんなっていく。しかし，付加重合は元の原子の数がまったく変わりません。**ここが縮合重合との最大の違いです**。

で，これをただ覚えるのもなかなか大変です。図11-26を見てください。

重要★★★　両サイドにあった二重結合が，真ん中に入ってくる。

ただこれだけの話なんです。○に注目してネ。この感覚だけをしっかり押さえてください。岡野流はシンプルですよ（図11-26）。

図11-26

重要★★★　$n\ CH_2{=}CH{-}CH{=}CH_2$（二重結合を○で囲む） 付加重合 → $\left[-CH_2{-}CH{=}CH{-}CH_2- \right]_n$（二重結合を○で囲む）

1,3-ブタジエン　　ブタジエンゴム

なお，1,3－ブタジエンの付加重合で出来た物質なら，ポリ1,3－ブタジエンっていうところですが，それはあまり使わず，**ブタジエンゴム**と言います。

物質名 クロロプレンゴム

表11-4 の**2つめ**，**クロロプレンゴム**はブタジエンゴムとどこが違うか？
図11-27 のように $\boxed{H}$ が $\boxed{Cl}$ **に変わっただけ**です。

図11-27

重要★★★

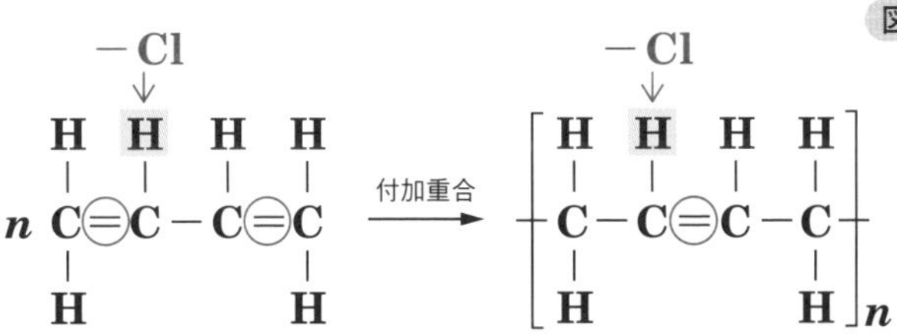

$$n\ \mathrm{CH_2{=}C(Cl){-}CH{=}CH_2} \xrightarrow{\text{付加重合}} \mathrm{\left[CH_2{-}C(Cl){=}CH{-}CH_2\right]_n}$$

クロロプレン　　クロロプレンゴム

物質名 イソプレンゴム

イソプレンゴムは**天然ゴム**と同じ構造をもつ合成高分子化合物です。天然ゴムを**生ゴム**という場合もあります。

ゴムの木に傷を付けると樹液（ラテックスといいます）が出てきます。その樹液を取り出して，ちょっと加工してゴムにするのが天然ゴム。一方，人間がその天然ゴムと同じ成分（イソプレン）で作った物質がイソプレンゴムです。

イソプレンゴムの**単量体**は**イソプレン**。ブタジエンゴムの $\boxed{H}$ がメチル基 $\boxed{CH_3}$ に変わっただけです（図11-28）。

図11-28

重要★★★

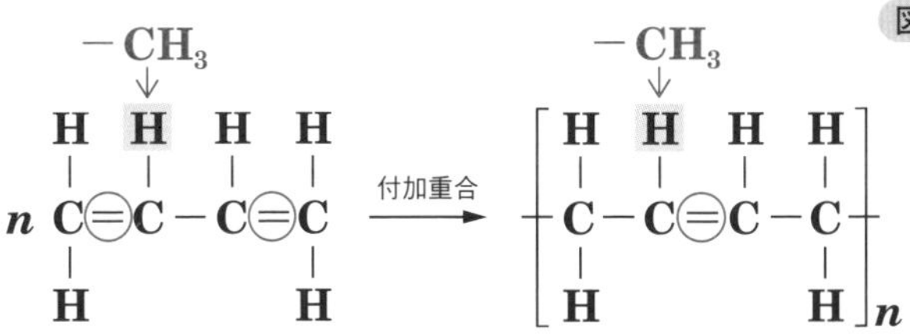

$$n\ \mathrm{CH_2{=}C(CH_3){-}CH{=}CH_2} \xrightarrow{\text{付加重合}} \mathrm{\left[CH_2{-}C(CH_3){=}CH{-}CH_2\right]_n}$$

イソプレン　　イソプレンゴム

イソプレンゴムは天然ゴムと同じ構造です。天然ゴムは天然から出来ているものですから不純物が多く，それに比べてイソプレンゴムは不純物を含まず品質が均一であることが特徴です。

合成ゴム３物質の付加重合の簡単な覚え方

(1) 単量体の両サイドの二重結合が付加重合で真ん中に入る（○のところ）。

(2) ブタジエンゴムのHが，塩素**Cl**なら**クロロプレンゴム**，メチル基**CH_3**なら**イソプレンゴム**と覚えよう。

図 11-29

重要★★★

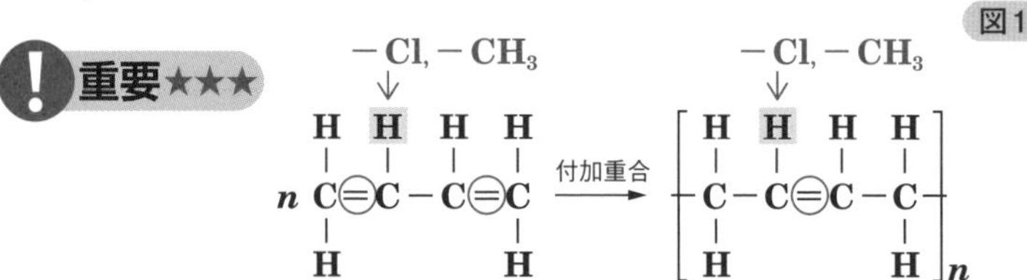

	単量体	重合体
H	1,3-ブタジエン	ブタジエンゴム
Cl	クロロプレン	クロロプレンゴム
CH_3	イソプレン	イソプレンゴム

3-3 共重合でできる２つの合成ゴム

表11-4 の**共重合**の２つの物質，**アクリロニトリルブタジエンゴム**と**スチレンブタジエンゴム**をご説明します。

物質名 アクリロニトリルブタジエンゴム

まず最初，**アクリロニトリルブタジエンゴム**（acrylo nitrile butadiene rubber），略して**NBR**っていいます。**N**は**ニトリル**です。アクリロでも**ABR**っていう略し方はしません。**Nニトリル**，**Bブタジエン**，**R**のゴムは**ラバーの略**です。

■ **単量体はアクリロニトリルとブタジエンの２つ**

単量体は**アクリロニトリル**です（図 11-30）。**CN**のところは実は三重結合です（図 11-31）。

アセチレンの三重結合は弱い結合が２本入っていましたが（→181ページ），アクリロニトリルのCとNの三重結合は全部強くて，付加反応は起きません。結合の種類が違うんです。

だから，アクリロニトリルは三重結合を書かなくていい。書いてもいいけど付加反応は起きない。

図 11-30

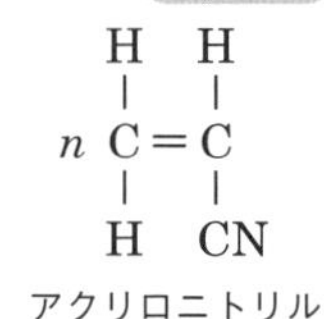

アクリロニトリル

図 11-31

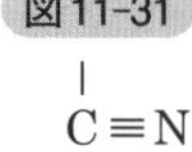

次に，もう1つの単量体が**1,3−ブタジエン**です。付加重合（→339ページ）のときもでましたが，今回は**共重合**です。

■ 付加重合と共重合の違い

付加重合と共重合の違いって何だろうか？　例えば 表11-3（→334ページ）の3番め，ポリアクリロニトリルのように**単量体が1種類の場合**，**付加重合**といいます。でも今回のように**2種類以上の単量体が付加重合するとき**は**共重合**っていうんです。

図11-32

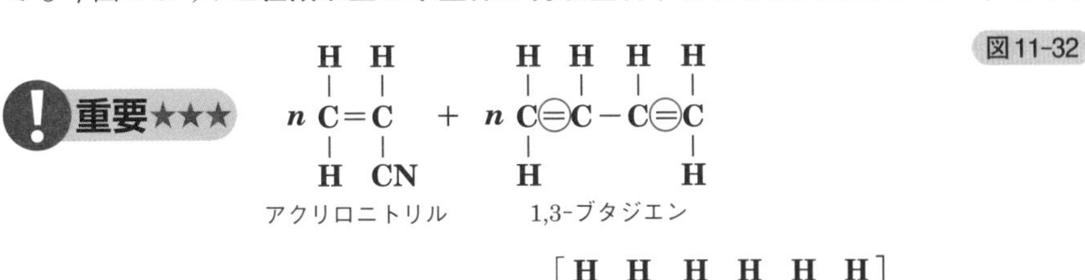

アクリロニトリルが両サイドに手を出します。1,3−ブタジエンは両サイドの二重結合が真ん中に入り込んできます。そうして出来上がったのがアクリロニトリルブタジエンゴム，NBRと言います。

物質名 スチレンブタジエンゴム

スチレンブタジエンゴムは，図11-33 の**−CN**の部分だけが，**ベンゼン環**と**置き換わるだけ**です。そうするとアクリロニトリルのところは**スチレン**になります。

図11-33

重要★★★

n C=C (H H / H CN) ＋ n C=C−C=C (H H H H / H H)

1,3-ブタジエン

スチレン

共重合 → −[C−C−C−C=C−C]n− (H H H H H H / H CN H H)

スチレンブタジエンゴム（SBR）

アクリロニトリルブタジエンゴムも同じく**－CN**をベンゼン環に置き換えると**スチレンブタジエンゴム**(**s**tyrene **b**utadiene **r**ubber)，略して**SBR**って言うんです。

だから1つしっかり押さえておけば，あとは，－CNならNBR，ベンゼン環ならSBRで非常にわかりやすくなると思います。

合成ゴムの共重合2物質はこう覚えろ

－CN なら NBR，ベンゼン環 なら SBR

単元4 ビニロン

化学

4-1 ビニロン

今日は日本で開発した繊維の第一号である**ビニロン**についてご説明します。

桜田一郎（1904 ～ 1986）が1939年に木綿に似た繊維を発明しました。木綿には水分を吸収する性質がありますが，ビニロンにも似た性質があります。

それではビニロンの製造工程を順次説明していきましょう。

■ けん化する

まず，アセチレンから酢酸ビニルをつくります（→186ページ）。

図11-34

重要★★★

$$\underset{\text{アセチレン}}{H-C\equiv C-H} + \underset{\text{酢酸}}{CH_3-\overset{\overset{\displaystyle O}{\|}}{C}-O-H}$$

$$\xrightarrow{\text{付加反応}} \underset{\text{酢酸ビニル}}{\begin{matrix} H \\ H \end{matrix}\!\!>C=C<\!\!\begin{matrix} H \\ O-\underset{\underset{\displaystyle O}{\|}}{C}-CH_3 \end{matrix}}$$

次に酢酸ビニルを付加重合させ，**ポリ酢酸ビニル**をつくります（図11-34 336，337ページ参照）。

図11-35

重要★★★

$$n\,\underset{\text{酢酸ビニル}}{\begin{matrix} H & & H & & \\ | & & | & & \\ C & = & C & & \\ | & & | & & \\ H & & O- & \underset{\underset{\displaystyle O}{\|}}{C} & -CH_3 \end{matrix}} \xrightarrow{\text{付加重合}} \underset{\text{ポリ酢酸ビニル}}{\left[\begin{matrix} H & & H & & \\ | & & | & & \\ C & - & C & & \\ | & & | & & \\ H & & O- & \underset{\underset{\displaystyle O}{\|}}{C} & -CH_3 \end{matrix}\right]_n}$$

エステル結合（O−C(=O)の部分）

ポリ酢酸ビニルの分子中に**エステル結合**があることに注目してください（図11-35）。エステル結合をもつ物質の総称をエステルといいます。つまり，**ポリ酢酸ビニルはエステルの一種**と考えられます。

エステルのけん化ではアルコールは元に戻る。これは**油脂**のところでも出てきましたね（→258ページ）。ポリ酢酸ビニルをけん化して**ポリビニルアルコール**をつくります。

ちなみにけん化とは**エステルを塩基で加水分解すること**でしたね。

図11-36

$$\left[\begin{array}{c} \mathrm{H}\quad\mathrm{H} \\ -\mathrm{C}-\mathrm{C}- \\ \mathrm{H}\quad \mathrm{O}-\underset{\underset{\mathrm{O}}{\|}}{\mathrm{C}}-\mathrm{CH_3} \end{array}\right]_n \xrightarrow[\mathrm{NaOH}]{\text{けん化}} \left[\begin{array}{c} \mathrm{H}\quad\mathrm{H} \\ -\mathrm{C}-\mathrm{C}- \\ \mathrm{H}\quad\mathrm{OH} \end{array}\right]_n$$

ポリ酢酸ビニル　　　　ポリビニルアルコール

このけん化反応で，カルボン酸である酢酸は**酢酸ナトリウム**CH_3COONaとして水に溶けています。

■ アセタール化反応を行う

ポリビニルアルコールはヒドロキシ基$-OH$をたくさん含む**親水コロイド**粒子なんです（「理論化学」262ページ）。

このポリビニルアルコールの水溶液を硫酸ナトリウム（電解質）の飽和水溶液中に押し出すと**塩析**が起こって繊維状に凝固します。この状態では$-OH$を多く含むため水に溶けすぎてしまい，繊維として使うことはできません。

そこでこのポリビニルアルコールの分子中に少し**水に溶けない部分をつくる**必要があります。そのために**アセタール化**を行うのです。

ポリビニルアルコールの中にホルムアルデヒドを加える反応です（連続 図11-37①）。

アセタール化反応

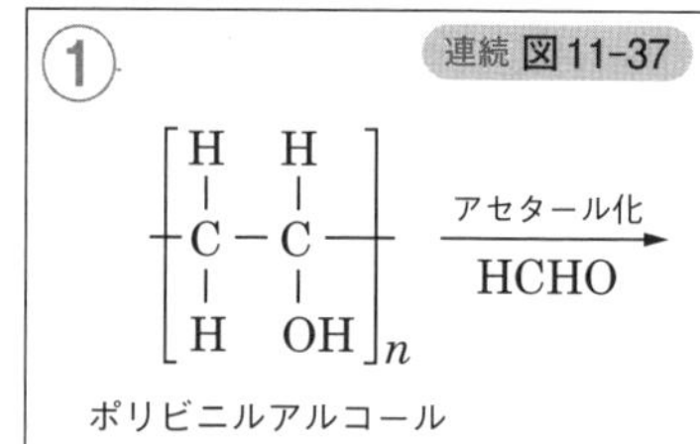

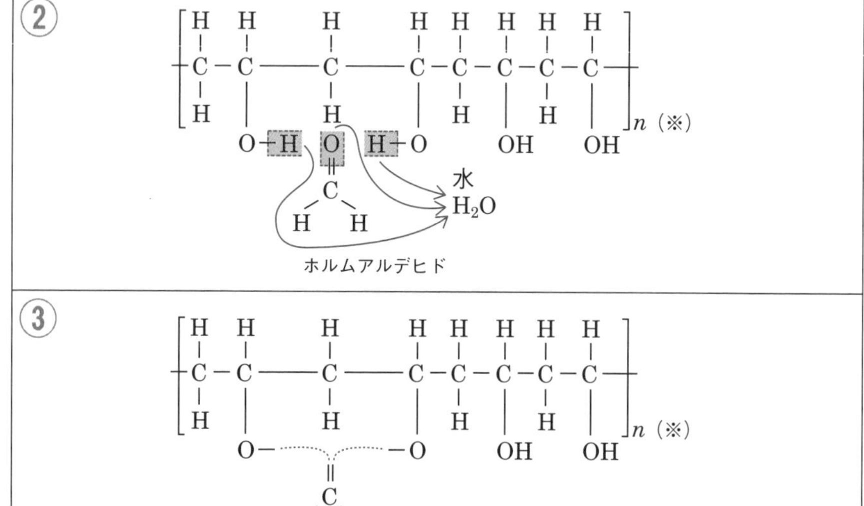

連続 図11-37 の続き

④ 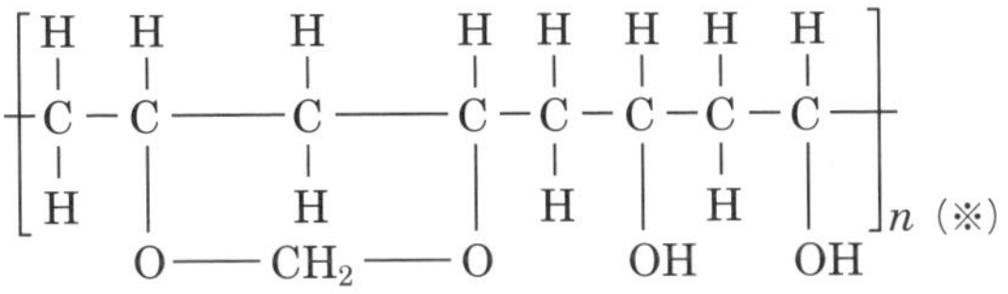
```
 ┌H   H       H       H   H   H   H   H ┐
  |   |       |       |   |   |   |   |
 ─C ─ C ───── C ───── C ─ C ─ C ─ C ─ C─
  |   |       |       |   |   |   |   |
 └H   |       H       |   H   |   H   | ┘n (※)
      O ──── CH2 ──── O       OH      OH
```
ビニロン

(※) 数量的にはおかしな書き方ですが，何個もつながっているのでnとします。

このようにしてできたのが**ビニロン**です（連続 図11-37②③④）。ビニロンにはメチレン基$-CH_2-$を含むので水に溶けにくくなります。

ヒドロキシ基$-OH$は水に溶けやすく，メチレン基$-CH_2-$は，水に溶けにくいのです。

実際にはビニロンの分子中にヒドロキシ基$-OH$が約60～70％残っているので吸湿性に富み，**木綿**に似た繊維になっています。

■ 付加重合による合成はできない

ポリビニルアルコールをつくるとき，単量体のビニルアルコールから付加重合の公式（→335ページ手書き）を使って合成すればいいじゃないか，とおっしゃる方もいらっしゃると思いますが，実はそれはできないのです。

ビニルアルコールは不安定で，すぐに**アセトアルデヒド**に変化してしまうからです（図11-38 185ページ）。

重要★★★ 図11-38

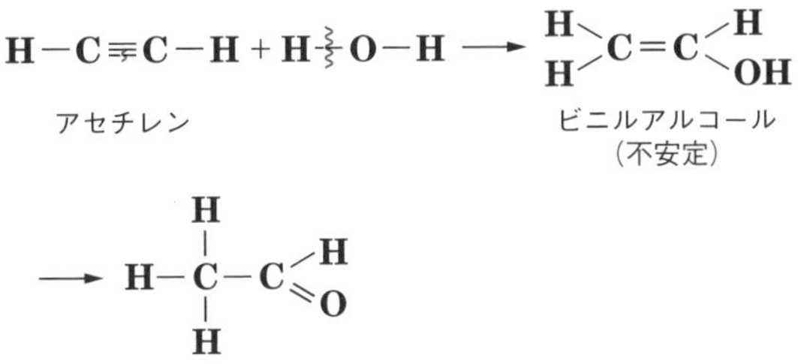

```
H−C≡C−H + H⌇O−H ──→  H＼C＝C／H
                       H／    ＼OH
  アセチレン            ビニルアルコール
                         （不安定）

          H
          |
 ──→  H − C − C／H
          |    ＼＼O
          H
     アセトアルデヒド
```

したがいまして，この方法からではポリビニルアルコールはできなかったのです。それで**ポリ酢酸ビニルのけん化**という方法を使ったのですね。

■ アセタール化の条件

アセタール化について少し説明しておきましょう。ホルムアルデヒドを加えて高分子をつくるものに**フェノール樹脂**，**尿素樹脂**，**メラミン樹脂**（→327～331ページ）がありました。では，これらの場合もアセタール化といってよいかといいますと，アセタール化ではないのです。

アセタール化の条件として，C－O－Cの**エーテル結合が存在すること**です。

ビニロンにはエーテル結合が2つありますが（図11-39），フェノール樹脂のときは図11-40ようにエーテル結合はありませんので，アセタール化とはいいません。

エーテル結合がある　図11-39　　　エーテル結合がない　図11-40

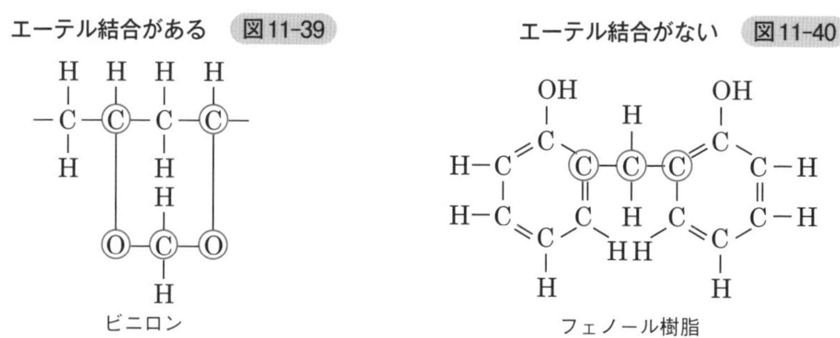

ビニロン　　　フェノール樹脂

なお，アセタール化は入試ではビニロンのときにしか出てこないと考えてかまいません。

4-2 熱可塑性樹脂と熱硬化性樹脂

ここでは熱可塑性樹脂と熱硬化性樹脂の特徴を見ていきます。

■ 熱可塑性樹脂

熱可塑性樹脂，これは漢字で書けるようにしてください。**可塑**（かそ）っていう字がちょっと難しそうに見えますね。特徴は

「**分子が線状のものが多く，加熱すると軟らかくなり，冷えると元に戻る性質を持つ**」というものです。**主に付加重合から成る樹脂がこの性質を持ちます**。具体的には表11-3（→334ページ）の**ポリエチレン**，**ポリ塩化ビニル**，**ポリアクリロニトリル…**といったものは全て熱可塑性樹脂です。この他に付加重合ではありませんがポリエチレンテレフタラート，ナイロン66，ナイロン6は熱可塑性樹脂ですが，これらは軽めに知っておいてください。

■ 熱硬化性樹脂

熱硬化性樹脂とは，「**加熱すると分子が立体的な網目状の構造になるため硬くなり，冷えても元に戻らない性質を持つ**」ものです。

だんだん，重合が強化されてくる感じですね。要するに化学変化が中で起こって「**冷えても元に戻らない**」んです。熱可塑性は冷えると元に戻るんですけど，熱硬化性は元に戻らない。それで硬くなってしまうんです。

主に付加縮合から成る樹脂がこの性質を持ちます。具体的には表11-2（→327ページ）の**フェノール樹脂**や**尿素樹脂**や**メラミン樹脂**は熱硬化性樹脂です。というような感じでご理解いただければよろしいと思います。

これで合成高分子に関しては，私の言いたいことは終わりました。あとは問題がどういうふうに出てくるか，どう解いていくか，そこを練習しましょう。

単元4 要点のまとめ①

●ビニロン

ビニロンは実際にはヒドロキシ基－OHが60～70%残っているので吸湿性に富み，木綿に似ている繊維である。

図11-41

$$n\ C_2H_2 \xrightarrow[CH_3COOH]{\text{付加}} n\ \begin{matrix} CH_2=CH \\ | \\ O-C-CH_3 \\ \| \\ O \end{matrix}$$

酢酸ビニル

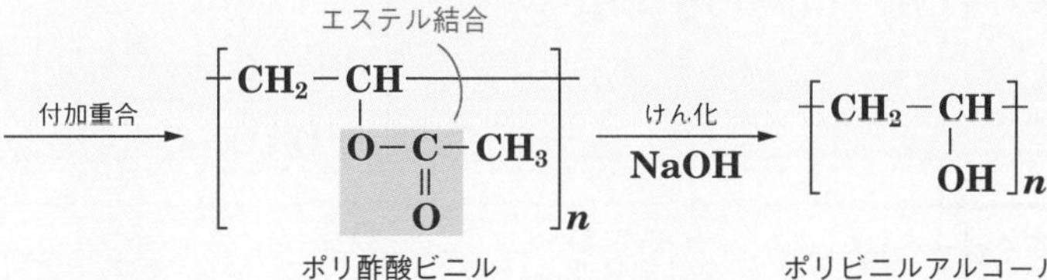

$$\xrightarrow[\text{アセタール化}]{HCHO} -[CH_2-\underset{|}{CH}-CH_2-\underset{|}{CH}-CH_2-\underset{\underset{OH}{|}}{CH}-CH_2-\underset{\underset{OH}{|}}{CH}]_n- \quad (O-CH_2-O \text{ で2つのCHを架橋})$$

ビニロン (※)

(※) 数量的にはおかしな書き方ですが何個もつながっているのでnとしちゃいます。

●熱可塑性樹脂

重要★★★

分子が線状のものが多く，加熱すると軟らかくなり，冷えると元に戻る性質を持つ。**主に付加重合から成る樹脂**がこの性質を持つ。

●熱硬化性樹脂

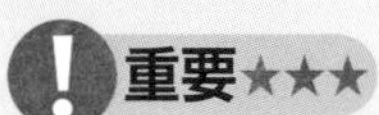

加熱すると分子が立体的な網目状の構造になるため硬くなり，冷えても元に戻らない性質を持つ。**主に付加縮合から成る樹脂**がこの性質を持つ。

演習問題で力をつける㉛

合成高分子化合物をしっかり確認！①

問 次の文章を読み，以下の問に答えよ。また，計算において高分子鎖の両末端の構造は無視し，数値は有効数字2桁で答えよ。原子量は H = 1.0，C = 12，N = 14，O = 16 を用いよ。

（ア） $\mathrm{[CH_2-CH(C_6H_5)]_n}$

（イ） $\mathrm{[CH_2-CH(CN)]_n}$

（ウ） $\mathrm{[NH-(CH_2)_5-C(=O)]_n}$

（エ） $\mathrm{[CH_2-CH(O-C(=O)-CH_3)]_n}$

（オ） $\mathrm{[CH_2-CH=CH-CH_2]_n}$

（カ） $\mathrm{[CH_2-C(CH_3)(C(=O)-O-CH_3)]_n}$

（キ） $\mathrm{[NH-(CH_2)_6-NH-C(=O)-(CH_2)_4-C(=O)]_n}$

（ク） $\mathrm{[O-(CH_2)_2-O-C(=O)-C_6H_4-C(=O)]_n}$

上の（ア）～（ク）は高分子化合物の構造式を示したものである。

(1) カプロラクタムと少量の水から合成される高分子はどれか。その記号とこの重合反応の名称を記せ。

(2) 縮合重合で合成される高分子はどれか。その記号を記せ。

(3) 付加重合で合成される高分子はどれか。その記号を記せ。

(4) 20gのナイロン66を得るために，何gのアジピン酸が必要か。ただし反応は完全に進行したものとする。

さて，解いてみましょう。

この問題をやるにあたっては最低でも（ア）～（ク）を見て，化学反応式が書けることが必要です。みなさんも必ずご自分で書いて練習してください。

(ア) ポリスチレン

まず(ア)は 表11-3 (→334ページ)と照らし合わせてみてください。表の下から2番目の**ポリスチレン**ですね。スチレンの二重結合が切れて，両サイドに手が出てn倍になったものです。

図11-42

重要★★★

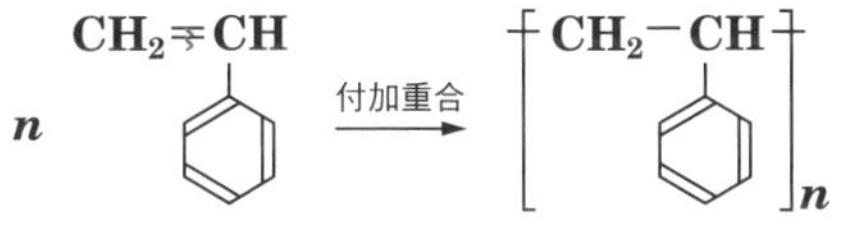

$n\,CH_2{=}CH(C_6H_5) \xrightarrow{付加重合} {-}\!\left[CH_2{-}CH(C_6H_5)\right]\!_n{-}$

スチレン　　　ポリスチレン

(イ) ポリアクリロニトリル

(イ)は何か？　CNですから元はアクリロニトリルなんです。それが両サイドに手が出て付加重合から重合体になって，**ポリアクリロニトリル**になります。

図11-43

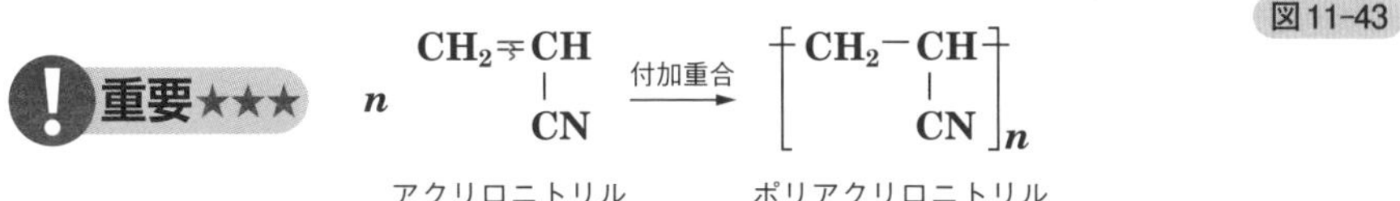

(ウ) ナイロン6 (6-ナイロン)

(ウ)を見ていただくと，炭素Cが1個，CH_2が5個です。

図11-44

重要★★★

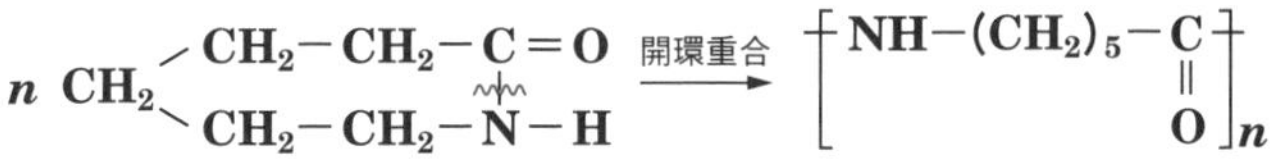

$n\,CH_2\langle^{CH_2-CH_2-C=O}_{CH_2-CH_2-N-H} \xrightarrow{開環重合} {-}\!\left[NH-(CH_2)_5-\underset{\underset{O}{\|}}{C}\right]\!_n{-}$

カプロラクタム　　　ナイロン6

これは6個の炭素Cからできた**ナイロン6**です。カプロラクタムはナイロン6の単量体でしたね。

(エ) ポリ酢酸ビニル

(エ)の着目は図の◯の部分。この部分は$COOCH_3$じゃなくて$OCOCH_3$。ということは酢酸ビニルの重合体で**ポリ酢酸ビニル**です。

図11-45

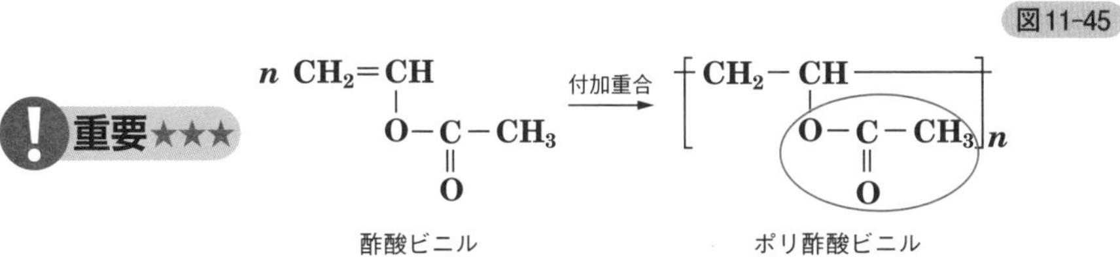

(オ) ブタジエンゴム

次, (オ) のところ。両サイドに二重結合があって1,3－ブタジエンといいました。で, 真ん中に二重結合が入ってきて重合体の**ブタジエンゴム**です。

図11-46

重要★★★

$$n\ \mathrm{CH_2{=}CH{-}CH{=}CH_2} \xrightarrow{\text{付加重合}} \mathrm{\left[CH_2{-}CH{=}CH{-}CH_2 \right]_n}$$

1,3-ブタジエン　　　ブタジエンゴム

(カ) ポリメタクリル酸メチル (有機ガラス)

(カ) はCの後にメチル基CH_3, あとは$COOCH_3$。これは**ポリメタクリル酸メチル**, **有機ガラス**です。航空機や水族館のガラスっていうふうに先ほど申しました。ちょっとわかりづらいと思うんですが, (エ) は$OCOCH_3$。(カ) は$COOCH_3$。結構際どい問題が出てますでしょう？　引っ掛けようとしてるんです。ここはきちっと理解してください。

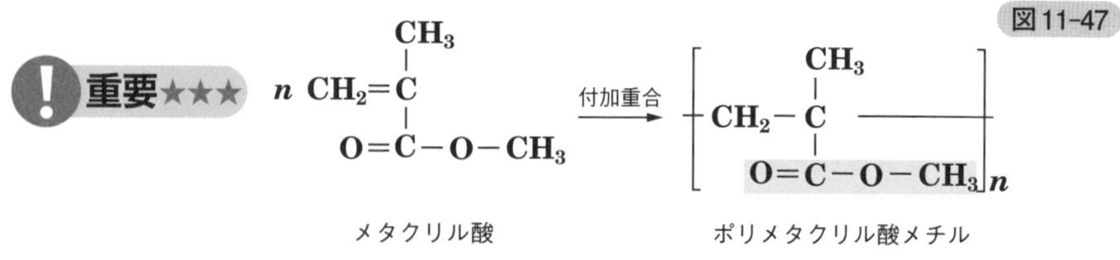

メタクリル酸　　　ポリメタクリル酸メチル

(キ) ナイロン66 (6,6―ナイロン)

(キ) は, ヘキサメチレンジアミンとアジピン酸が縮合重合した**ナイロン66**です。アミド結合もありますね。

→324ページで私は, アジピン酸のほうを先に書いて, ヘキサメチレンジアミンを後ろに書いていますが, (キ) はその逆です。表から見たか, 裏から見たかの違いで, 結果的には同じです。

図11-48

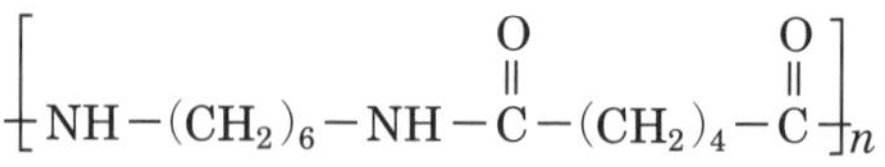

$$\mathrm{\left[NH{-}(CH_2)_6{-}NH{-}\overset{\displaystyle O}{\overset{\|}{C}}{-}(CH_2)_4{-}\overset{\displaystyle O}{\overset{\|}{C}} \right]_n}$$

(反応式は省略)

ナイロン66

(ク) ポリエチレンテレフタラート (フタレート)

(ク) も→326ページの説明とは逆になってます。これは, 単量体のテレフタル酸とエチレングリコールが縮合重合した**ポリエチレンテレフタラート** (**フタレート**) です。

図11-49

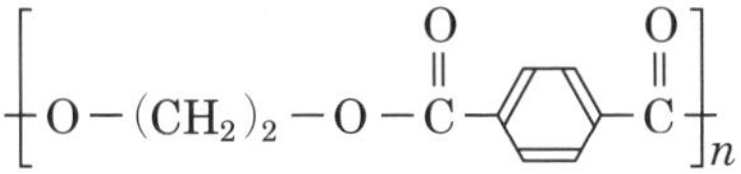

$$\left[O-(CH_2)_2-O-\overset{\overset{O}{\|}}{C}-C_6H_4-\overset{\overset{O}{\|}}{C} \right]_n$$

（反応式は省略）

ポリエチレンテレフタラート

英語で**モノ**，**ジ**，**トリ**と言いますでしょう？　**モノは1**を表します。**単量体**を**モノマー**って言うんです。

重合体は**ポリマー**。日常でもポリマーって言い方，使われますね。

それでは問題をやっていきましょう。

問 (1) の解説

> **岡野の着目ポイント**　カプロラクタムはナイロン6の単量体でした。だから，高分子はナイロン6を選べばいいんです。解答は（ウ）です。そして，重合形式はちょっと特殊なやつでした。環が開いて重合する開環重合が解答です。

こういう特殊な名前は試験で聞かれますよ。しっかり知っておいてください。

∴　**（ウ），開環重合** …… **問 (1)** の【答え】

問 (2) の解説　縮合重合で出来た物質ですから，**表11-1**（→323ページ）を思い出していただくと，ナイロン66とポリエチレンテフタラート，つまり（キ）と（ク）です。

∴　**（キ），（ク）** …… **問 (2)** の【答え】

問 (3) の解説　付加重合から出来たのは，上の問題でやった（ウ）（キ）（ク）以外のすべてです。

∴　**（ア）（イ）（エ）（オ）（カ）** …… **問 (3)** の【答え】

問 (4) の解説　計算問題です。20gのナイロン66を得るためにアジピン酸は何g必要ですか？って聞いているわけです。これは物質量の関係ですから，反応式を書いていきます。

n個のアジピン酸とn個のヘキサメチレンジアミン。そして縮合重合が行われ，巨大分子のナイロン66が1mol出来てくるんです。

$$\underset{n\,\mathrm{mol}}{\underset{\text{アジピン酸}}{nHOOC-(CH_2)_4-COOH}} + \underset{n\,\mathrm{mol}}{\underset{\text{ヘキサメチレンジアミン}}{nH_2N-(CH_2)_6-NH_2}}$$

$$\longrightarrow 1\underset{1\,\mathrm{mol}}{\left[OC-(CH_2)_4-CONH-(CH_2)_6-NH \right]_n} + \underset{2n\,\mathrm{mol}}{2nH_2O}$$

係数（→ 1）

分子量を計算してみると，アジピン酸は146です。ヘキサメチレンジアミンは116，ナイロン66は$226n$です。

$$\underset{n\,\text{mol}}{\underline{n\text{HOOC}-\overset{146}{(\text{CH}_2)_4}-\text{COOH}}} + \underset{n\,\text{mol}}{\underline{n\text{H}_2\text{N}-\overset{116}{(\text{CH}_2)_6}-\text{NH}_2}}$$

$$\longrightarrow 1\underset{1\text{mol}}{\underline{\text{+}\text{OC}-(\text{CH}_2)_4\overset{226n}{-}\text{CONH}-(\text{CH}_2)_6-\text{NH}\text{+}_n}} + \underset{2n\,\text{mol}}{\underline{2n\text{H}_2\text{O}}}$$

下の式の点線の部分が226で，それが何個あるかわからないからn個としています。

$$1\text{+}\left[\text{OC}-(\text{CH}_2)_4-\text{CONH}-(\text{CH}_2)_6-\text{NH}\right]_n\text{+}$$

ここからここまでが226

n個

1つの巨大分子

なお，このnを**重合度**と言います。**重合している割合**，度合いのことです。ここで，アジピン酸とナイロン66の比例関係を考えればいいんです。

比例関係

アジピン酸n molとナイロン66 1molの関係で反応を起こします。

アジピン酸	：	ナイロン66
n mol		1 mol

これをgに直しますと，アジピン酸は分子量146ですから1molあたり146g，そのn倍ですから，$n \times 146$gです。

ナイロン66は分子量$226n$なので$226n$gが1 molの質量です。

アジピン酸	：	ナイロン66
n mol		1 mol
$n \times 146$g		$226n$g

今回はナイロン66を20g得るのにアジピン酸は何g必要か。ということですから，次のような比例関係になります。必要とするアジピン酸をxgと置きます。

アジピン酸	：	ナイロン66
n mol		1 mol
$n \times 146$g	✕	$226n$g
xg		20g

対角線の積が，内項の積と外項の積だということで，xを求めましょう。

$$\therefore \quad x \times 226n = n \times 146 \times 20$$

$$\therefore\quad x=\frac{\cancel{n}\times146\times20}{226\cancel{n}}=12.9\fallingdotseq13\text{g}$$

∴ 13g …… 問(4) の【答え】
(有効数字2桁)

こういう問題って必ず不確定な文字のnが消えます。だから，どこで消えるかを楽しみに解いてください。消えなかったら，どこかに間違いがあります。

別解1

全部mol数にそろえる方法です。

アジピン酸 ： ナイロン66

$$\begin{pmatrix} n\,\text{mol} & & 1\,\text{mol} \\ \dfrac{x}{146}\,\text{mol} & \times & \dfrac{20}{226n}\,\text{mol} \end{pmatrix}$$

$$\therefore\quad \frac{20}{226\cancel{n}}\times\cancel{n}=\frac{x}{146}\times1$$

$$x=12.9\fallingdotseq13\text{g}$$

∴ 13g …… 問(4) の【答え】
(有効数字2桁)

別解2

mol法で解いてみましょう。 $w=nM$ を使います。

$$\frac{20}{226\cancel{n}}\times\cancel{n}\times146=12.9\fallingdotseq13\text{g}$$

ナイロン66のmol数　アジピン酸のmol数　アジピン酸のg数

そうしますと，どの解法でも13gです。

∴ 13g …… 問(4) の【答え】
(有効数字2桁)

重要★★★

- 構造式を見たときに何の物質かがわかること。
- その物質がどんな重合形式で作られたか思い出せること。

この2つが合成高分子化合物のポイントですよ。

それから重合度nを使った計算問題は，次の講でも出てきますので，さらに理解が深まると思います。

演習問題で力をつける㉜

合成高分子化合物をしっかり確認！②

問 次の文章を読み，下の問(1)～(4)に答えよ。

ゴムの木の樹皮から得られる乳濁液に，酸を加えて凝固させると，天然ゴムが得られる。天然ゴムは下記の〔Ⅰ〕で表される高分子化合物である。〔Ⅰ〕は［（ア）］が［（イ）］重合して生じる。①天然ゴムに［（ウ）］を混合して加熱すると，弾性，機械的安定性，耐薬品性などに優れたゴムとなる。これは，〔Ⅰ〕の分子間に［（ウ）］原子による［（エ）］構造ができるからである。一方，天然ゴムの構造を模倣して，耐油性，耐熱性などにおいて天然ゴムよりも優れた性質をもつ，②クロロプレンゴム（ポリクロロプレン）や③構造の一部が〔Ⅱ〕で表される合成ゴムも製品化されている。

〔Ⅰ〕 $\left[CH_2-\underset{\underset{CH_3}{|}}{C}=CH-CH_2 \right]_n$

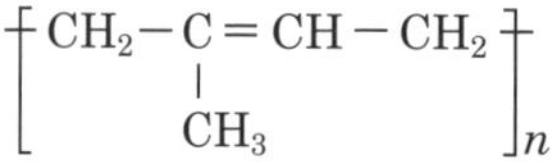

〔Ⅱ〕 $\cdots-CH_2-CH=CH-CH_2-\underset{\underset{C_6H_5}{|}}{CH}-CH_2-\cdots$

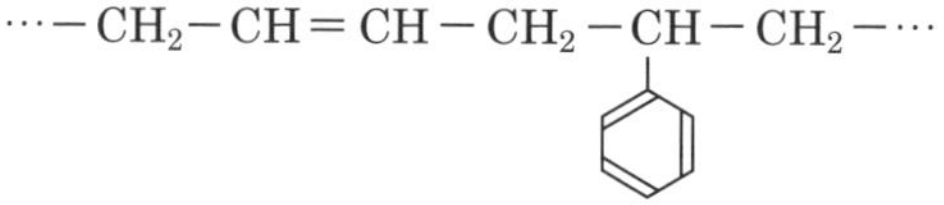

(1) ［（ア）］の化合物名と構造式を，上の〔Ⅰ〕,〔Ⅱ〕にならって示せ。

(2) ［（イ）］～［（エ）］に入る適切な語句を示せ。また，下線部①の操作の名称を書け。

(3) 下線部②の構造を〔Ⅰ〕にならって示せ。

(4) 下線部③の合成ゴムは2種類の化合物A（分子量104），B（分子量54）を混ぜて共重合させたもので，自動車用タイヤなどに用いられている。化合物A，Bの名称と構造式を示せ。

さて，解いてみましょう。

ゴムです。新しい言葉が出てきますから，問題を通してご理解いただき，覚えてください。

問(1)の解説 ゴムの木の太い幹にカッターナイフで傷をつけると樹液が出てくるんです。その樹液に酸を加えて凝固させると本来の天然ゴム，生ゴムが作られます。

岡野の着目ポイント 問題に「天然ゴムは，〔I〕で表される高分子化合物である。」とヒントが出ています。単量体は“イソプレン”です。341ページでやったイソプレンゴムを思い出せば大丈夫ですよね。

∴ **イソプレン** …… **問(1) (ア) 化合物名** の【答え】

$$\therefore \quad \mathbf{CH_2{=}\underset{\underset{\displaystyle CH_3}{|}}{C}{-}CH{=}CH_2}$$
…… **問(1) (ア) 構造式** の【答え】

問(2)の解説 (イ) は“付加”重合です。そうしてイソプレンゴムになります。

∴ **付加** …… **問(2) (イ)** の【答え】

(ウ) は“硫黄”です。知っておいてください。天然ゴムは割と弱いんです。だから，強くするために硫黄を加えます。

∴ **硫黄** …… **問(2) (ウ)** の【答え】

(エ) は“架橋”と言っています。漢字を書けるようにしてください。入試に出ます。

∴ **架橋** …… **問(2) (エ)** の【答え】

架橋構造を簡単に説明しますと，イソプレンゴムが何個も何個も，n個つながっていくわけです。

$$\left[CH_2{-}\underset{\underset{\displaystyle CH_3}{|}}{C}{=}CH{-}CH_2 \right]_n$$
図11-50

岡野の着目ポイント 細い針金やピアノ線は1本だとグニャっと曲がるでしょう？　これと同じで線状にズ～ッとつながっているゴム分子も1本だとグニャっと曲がるんです。

図11-51 のように平行にゴム分子があるとします。

その間を硫黄が橋を架(か)けて **図11-52** のようにSが真ん中をつないでいってくれるんです。この構造を**架橋構造**といいます。そうすると，1本だと弱かった構造も，硫黄で線と線の間を結んでいくと，結構ガッチリした構造のものになり，ゴムの強度と弾性が増します。

ゴム分子 **図11-51**

架橋構造 **図11-52**

さらに①の操作を“**加硫**”といいます。硫黄を加えるので加硫。この言葉を覚えてください。

∴　**加硫** …… **問(2)①の操作の名称** の【答え】

問(3)の解説 下線部②はクロロプレンゴムの単量体じゃなくて，重合体を書いてくださいということです。

$$\therefore \left[CH_2-\underset{\displaystyle Cl}{\underset{|}{C}}=CH-CH_2 \right]_n$$ …… **問(3)** の【答え】

なお，塩素のところがHだったらブタジエンゴムになります。

問(4)の解説 **共重合**という言葉が使われているから，おそらくはスチレンブタジエンゴムかアクリロニトリルブタジエンゴムのどっちかなんです。

岡野の着目ポイント 下線部③の合成ゴム〔Ⅱ〕の構造をしていると問題に書かれているので，ベンゼン環を持っています。したがって，スチレンブタジエンゴムだと判断できますね。

岡野のこう解く 1,3-ブタジエンの分子量を計算してみましょう。

Cは12が4個で48，Hが6個。$12 \times 4 + 1 \times 6 = 48 + 6 = 54$。ということはBは1,3-ブタジエンです。

Aの104はスチレンになります。Cが8個，Hが8個です。$12 \times 8 + 1 \times 8 = 96 + 8 = 104$。

図11-53

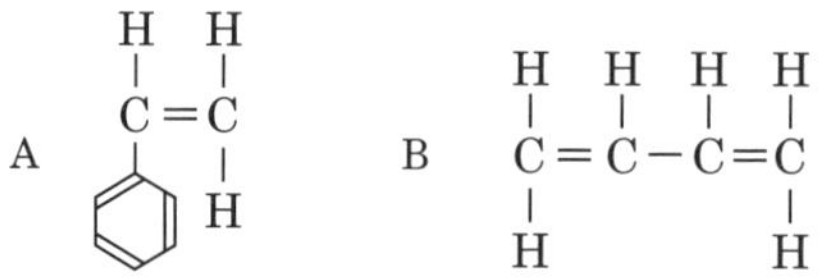

A（スチレン）：$C_6H_5-CH=CH_2$（H、Hが二重結合C=Cの各炭素に結合し、一方の炭素にベンゼン環、他方にHが結合した構造式）

B（1,3-ブタジエン）：$CH_2=CH-CH=CH_2$（H H H H / C=C−C=C / H H の構造式）

スチレン　　1,3-ブタジエン

つまり解答は次のようになります。

∴　**スチレン**　$C_6H_5-CH=CH_2$ …… **問(4)A** の【答え】

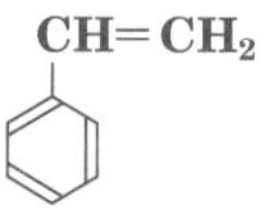

∴　**1,3-ブタジエン**　$CH_2=CH-CH=CH_2$ …… **問(4)B** の【答え】

演習問題で力をつける㉝

合成高分子化合物をしっかり確認！③

問 高分子化合物に関する以下の文中の［ア］～［キ］の空欄に適当な言葉あるいは数字を記入せよ。原子量はH = 1.0, C = 12.0, O = 16.0とする。数値は有効数字3桁で求めよ。

合成繊維のビニロンをつくるためには，まず原料の単量体である［ア］を［イ］重合させ，ポリ［ア］をつくる必要がある。次にこの重合体に対し，水酸化ナトリウムを用いて［ウ］化すると，ポリビニルアルコールという高分子を生成する。この［ウ］化において，43.0％で反応が起きたときポリビニルアルコールが2.20g得られた。このことから原料の重合体は［エ］g存在していたことになる。さて，このポリビニルアルコールは繊維にはなるが水に溶けやすいので，［オ］水溶液で処理を行うと，部分的に［カ］化される。この際，分子鎖中の近くに位置する［キ］基の一部は，互いにメチレン基(CH_2)で結ばれて環状になる。このようにして水に不溶性としたものがビニロンである。

さて，解いてみましょう。

問［ア］～［ウ］の解説 「単元4 要点のまとめ①」を参照してください。まず原料の単量体である“酢酸ビニル”を“付加”重合させポリ酢酸ビニルをつくります。次にこのポリ酢酸ビニルを水酸化ナトリウムを用いて“けん”化します。

∴ **酢酸ビニル** …… **問［ア］**の【答え】

∴ **付加** …… **問［イ］**の【答え】

∴ **けん** …… **問［ウ］**の【答え】

問 エ の解説

$$
\left[\begin{array}{cc} H & H \\ | & | \\ -C- & C- \\ | & | \\ H & OCOCH_3 \end{array}\right]_n (=86n) + nNaOH \xrightarrow{\text{けん化}} \left[\begin{array}{cc} H & H \\ | & | \\ -C- & C- \\ | & | \\ H & OH \end{array}\right]_n (=44n) + nCH_3COONa
$$

1mol　　　　　1mol

$$
\left(\begin{array}{c} 86ng \\ x \times 0.430g \end{array}\right) \times \left(\begin{array}{c} 44ng \\ 2.20g \end{array}\right)
$$

初めに存在していたポリ酢酸ビニルをxgとする。

43.0%が反応するので$x \times 0.430$gが反応するポリ酢酸ビニルの質量

$$\therefore \quad x \times 0.430 \times 44n = 86n \times 2.20$$

$$\therefore \quad x = \frac{86n \times 2.20}{0.430 \times 44n} = 10.0\text{g}$$

∴ **10.0g** …… **問 エ** の【答え】
（有効数字3桁）

問 オ ～ キ の解説 ポリビニルアルコールは－OH（ヒドロキシ基）をたくさん含むので水に溶けやすいため“ホルムアルデヒド”で“アセタール”化させます。このとき分子鎖中の近くに位置する“ヒドロキシ”基の一部がメチレン基で結ばれて環状になり，少し水に溶けにくくなります。これがビニロンです。

∴ **ホルムアルデヒド** …… **問 オ** の【答え】

∴ **アセタール** …… **問 カ** の【答え】

∴ **ヒドロキシ** …… **問 キ** の【答え】

初めてやられた方は，いろんな物質が出てくるんでビックリしちゃうんですが，全部を丸暗記じゃなくて，1つがわかっていればあとはちょっと原子を取り換えるみたいに要領のいい覚え方をすると，かなり楽になります。

ここを学習されている方は，入試で必ず点数に結びつきます。大きなポイントになると思いますよ。では，第11講はここまでです。次回お会いいたしましょう。

第 12 講

糖類（炭水化物）

単元 1　単糖類　化学
単元 2　二糖類　化学
単元 3　多糖類　化学

第 12 講のポイント

第 12 講は「糖類，炭水化物」といった「天然高分子」についてやっていきます。ただ覚えるのはキツイところですが，岡野流ならスッキリ整理されていて，とてもシンプルに覚えることができます。6 個の構造式がポイントですよ！

単元1 単糖類

化学

こんにちは。今日は，**第12講「糖類（炭水化物）」**をやってまいります。

分子量の大きな物質，それを高分子と言うわけですが，前回の合成高分子は人が物質を作ります。一方，**本講の「糖類（炭水化物）」と第13講「アミノ酸，タンパク質」**は天然に存在している高分子で，**天然高分子**といいます。

1-1 糖類

糖類は，教科書を見るといろんなことが書いてありますが，全部覚える必要はまったくありません。覚える内容は決まっています。

構造式なら6個でほとんど大丈夫です。

これからやりますが，6個（**α-グルコース，鎖状構造，β-グルコース，マルトース，セロビオース，スクロース**）は演習問題㉞（→384ページ）でスクロース以外は詳しく書き方を説明します。それを知れば，そんなに難しくないとおわかりいただけると思います。

■ 炭水化物

糖類は$C_m(H_2O)_n$の式で表されます。m**個**の**炭素C**とn**個**の**水**H_2Oの**化合物**なので，これを**炭水化物**といいます。ただし，**酢酸**$C_2(H_2O)_2$だけは例外です。酢酸を除いて

重要★★★ 糖類は，$C_m(H_2O)_n$の炭水化物

とご理解ください。

■ 糖類の種類と化学式

糖類は，大きく分けると**単糖類**，**二糖類**，**多糖類**があります。そしてそれぞれの化学式は，次のとおりです。

重要★★★

単糖類 … $C_6H_{12}O_6$
二糖類 … $C_{12}H_{22}O_{11}$
多糖類 … $(C_6H_{10}O_5)_n$

全部をただ覚えるのはなかなかキツイでしょう。とにかく糖類は分類が3つあるぞ，ということです。

さらに，それぞれの中にも種類があります。単糖類が3つ。二糖類が4つ。それから多糖類が3つ。全部で合わせて10個です。

糖類は十ある

と思ってください。

それではこれから，一つひとつを見ていきましょう。

単元1 要点のまとめ①

● **糖類**

糖類は一般に $C_m(H_2O)_n$ で表されるので**炭水化物**と呼ぶ。例外として酢酸 $C_2(H_2O)_2$ がある。

● **糖類の分類と化学式**

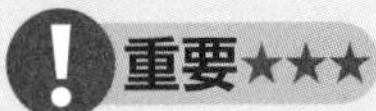

単糖類 … $C_6H_{12}O_6$

二糖類 … $C_{12}H_{22}O_{11}$

多糖類 … $(C_6H_{10}O_5)_n$

1-2 単糖類の特徴と種類

■ **炭水化物**

糖類の1つ，**単糖類**は次の化学式です。

重要★★★ $C_6H_{12}O_6$

炭水化物 $C_m(H_2O)_n$ の形にすると $C_6(H_2O)_6$ で，炭素Cが6個，水 H_2O が6倍の化合物です。

■ **単糖類の種類**

単糖類には3つの種類があり，同じ化学式を持っています。

重要★★★

グルコース（ブドウ糖）
フルクトース（果糖）
ガラクトース

です。日常的にはブドウ糖や果糖と聞くほうが多いでしょう。なお，ガラクトースに日本語名はありません。これら3つの名称を覚えておいてください。

重要★★★ 糖を表す接尾語はオース

です。3つの名称の語尾がいずれもオースになっていますね。これはこのあと説明します二糖類や多糖類の一部でも同じことが言えます。

■ 単糖類には還元性がある

重要★★★ 単糖類はすべて還元性があります。

還元性はフェーリング反応，銀鏡反応を示すことで判断できます。フェーリング液を加えるとCu^{2+}の青色だったものが，Cu_2Oになり赤色の沈殿が生じるという，例のフェーリング反応です（231ページ）。

銀鏡反応は，ホルミル基を持っている物質に銀鏡が生じる反応です（231ページ）。だから，グルコースの中にはホルミル基を含むことがわかります（のちほど詳しくご説明します）。

1-3 酵素

■ 酵素チマーゼと反応式

チマーゼはアルコール発酵のときの酵素です。**単糖類**（**グルコース，フルクトース，ガラクトース**）**なら何でもいい**です。

下記のようにエタノールと二酸化炭素が発生します。**反応式は必ず書けるようにしておきましょう**。炭素数Cが6個，水素Hが12個，酸素Oが6個で，反応後もちょうど数があっています。

重要★★★

$$C_6H_{12}O_6 \xrightarrow{\text{チマーゼ}} 2C_2H_5OH + 2CO_2$$

単糖類（グルコースなど）　エタノール　二酸化炭素

チマーゼの代わりに**酵母**と書いてあることもあります。**酵母菌**の酵母です。実際は，酵母菌がチマーゼを出して反応させていますが，**酵母とのみ書いてあっても発酵が起きる**とご理解ください。

■ 酵素の働き

酵素と聞くと，何かありがたそうに聞こえますが，要は生物体内における**触媒**です。また，酵素は**タンパク質**からできています。そして最適**温度**，最適**pH**によって**著しい触媒作用**を示します。

■ 無機触媒と酵素の違い

前にご紹介した無機の触媒作用では，例えば酸素を発生させるときに過酸化水素に酸化マンガン(Ⅳ) MnO_2 を加えて反応させたり，塩素酸カリウム $KClO_3$ に MnO_2 を加えたりしました(41，42ページ)。

酵素との違いは，無機触媒の場合，**無機物質からできた触媒**で反応速度を大きくします。一方，酵素の場合は，**生体内で働く触媒でタンパク質からできています**。その触媒作用は，生体内の決まった反応だけにしか示しません。例えばマルターゼという酵素はマルトースという二糖類を加水分解するときだけにしか触媒作用を示しません。このように決まった物質だけにしか作用しないのが酵素の特徴で，これを**基質特異性**といいます。

■ 酵素は触媒作用が大きい

無機触媒に対して，**酵素は50倍から100倍の触媒作用**があると言われています。

例えば，無機の触媒を使ってある反応をさせると50分かかりました。一方，酵素で一番いいときの条件すなわち最適温度と最適pHで反応させると，1分でできちゃうんです。ただし，条件が悪くなると，触媒作用はずいぶん衰えます。

また酵素はタンパク質からできているので，**温度が高いと変性**(406，407ページ)して触媒作用を示さなくなってしまいます。

■ 水溶液中でのグルコース

水溶液中のグルコースは，**α-グルコース**，**鎖状構造**，**β-グルコース**の3つが平衡の状態になっています(「単元1　要点のまとめ②」)。これらの構造式については，のちほどの「演習問題㉞」で詳しく取り上げますので，そのとき一緒に書いて覚えましょう。

単元1 要点のまとめ②

● **単糖類…$C_6H_{12}O_6$**

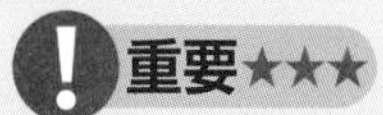

グルコース(ブドウ糖)
フルクトース(果糖)
ガラクトース
} すべて単糖類は**還元性**あり

①酵素チマーゼでエタノールを生成する
(アルコール発酵)

重要★★★ $C_6H_{12}O_6 \xrightarrow{\text{チマーゼ}} 2C_2H_5OH + 2CO_2$

酵素…生物体内における**触媒**であり，**タンパク質からできていて**，最適**温度**，最適**pH**により著しい触媒作用をもち，**基質特異性**がある。

② **水溶液中でのグルコース**

重要★★★ 3つの構造式は書けるようにしておくこと。

図12-1

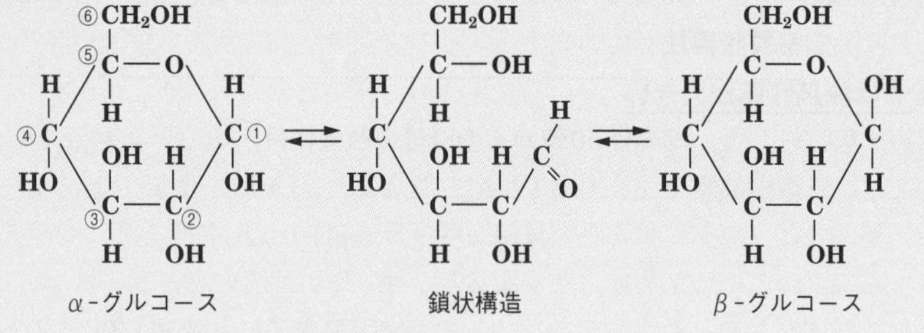

α-グルコース　　鎖状構造　　β-グルコース

3つの構造式の書き方は演習問題㉞で示します。

単元2 二糖類

化学

今度は二糖類をご説明します。二糖類はその名の通り，単糖類2つが結びついたもので，4つの種類があります。

2-1 二糖類の化学式

二糖類の化学式は

重要★★★ $C_{12}H_{22}O_{11}$

です。覚えにくいとよく言われますが，大丈夫です。

要は単糖類（$C_6H_{12}O_6$）2個分から水H_2Oを1個引けばいいんです。そうすれば二糖類の化学式になります。

$$\underbrace{(C_6H_{12}O_6)_2}_{\text{単糖類2個}} - \underbrace{H_2O}_{\text{水1個}}$$
$$= C_{12}H_{22}O_{11}$$

単糖類2個はC 12個，H 24個，O 12個で，そこから水のH 2個，O 1個を引くと$C_{12}H_{22}O_{11}$の二糖類の化学式がつくれます。また$C_{12}H_{22}O_{11} \Rightarrow C_{12}(H_2O)_{11}$ですから，炭水化物になっています。

どうぞイメージ的にはこれを覚えておいてください。私も絶対間違えない自信があります。怖くなくなりますよ。

二糖類の化学式の覚え方

単糖類2個から水H_2Oを1個引く。

2-2 二糖類の種類

■ **二糖類は4種類**

二糖類は単糖類が2つ結びついたもので，**4つの物質**があります（「単元2　要点のまとめ①」）。

マルトースは，昔は**麦芽糖**って言いました。矢印の上の**マルターゼ**は**酵素**です。二糖類のマルトースを単糖類のグルコース2つに加水分解します（詳しくは「**2-3 二糖類の加水分解**」）。

スクロースは**ショ糖**とも言います。僕も浸透圧ではショ糖水溶液と書きました（「理論化学」249ページ）。

ラクトースは**乳糖**とも言います。最後が**セロビオース**。これら4つの物質の名前を覚えてください。やはり語尾はオースになります。

単元2 要点のまとめ①

- **二糖類**…$C_{12}H_{22}O_{11}$

重要★★★

マルトース（麦芽糖） $\xrightarrow{\text{マルターゼ}}$ **グルコース＋グルコース**

スクロース（ショ糖） $\xrightarrow[\text{スクラーゼ}]{\text{インベルターゼ}}$ **グルコース＋フルクトース**（※）

ラクトース（乳糖） $\xrightarrow{\text{ラクターゼ}}$ **グルコース＋ガラクトース**

セロビオース $\xrightarrow{\text{セロビアーゼ}}$ **グルコース＋グルコース**

スクロースを除いて**還元性**あり。

（※）スクロースが加水分解されてグルコースとフルクトースになる変化を**転化**といい，この混合溶液を**転化糖**という。

■ 二糖類の酵素名は語尾変化で覚える

矢印の上のマルターゼなどは二糖類のマルトースを単糖類のグルコースに加水分解する**酵素**ですが，これらの名前もすべて覚えてください。インベルターゼ以外は語尾変化で覚えることができます。

マルトース，スクロースなど，4つの二糖類の語尾は全部**オース**となってます。この**オースは糖**を表しましたね。そして，

$$\text{オース} \longrightarrow \text{アーゼ}$$

にすると**酵素名**です。

例えば，マルトースの語尾**オース**が**アーゼ**に変化したらマルターゼ，ラクトースやセロビオースも同様に**オース**が**アーゼ**に変化してラクターゼ，セロビアーゼです。

■ **スクロースの酵素は慣用名で**

一方，**スクロースの酵素名**は**インベルターゼ**っていいます。これは昔ながらの言い方で，慣用名です。入試ではこの言い方で一番多く出ます。もし問題文にインベルターゼって出てきたときは，スクロースを分解する酵素だと思い出してください。

ただし，最近の教科書では，**スクラーゼ**とも載っているので，解答にスクラーゼと書いても大丈夫です。

二糖類の酵素名の覚え方

二糖類の４種類の酵素は，語尾変化**オース→アーゼ**で覚える。

ただし**スクロースの酵素**は入試では**インベルターゼ**と書かれることが多いです。

2-3 二糖類の加水分解

二糖類は，単糖類が2つ結びついたものです。だから，単糖類2つに加水分解できます。

■ **ガラクトースに注意**

二糖類の4つの物質が，どんな酵素によって何に分解されるのかは「単元2　要点のまとめ①」を見て覚えましょう。

マルトースは単糖類のグルコースの2分子に分解，**スクロースはグルコース＋フルクトースの混合溶液**に分解します。**ラクトースはグルコース＋ガラクトースの混合溶液**。**セロビオースはグルコース＋グルコース**です。

これらの中では，ガラクトースがあまり聞き慣れないですが，出題されます。ご注意ください。

■ **スクロース以外に還元性あり**

！重要★★★ **二糖類はスクロースを除いて還元性があります。**

一方，単糖類はすべて還元性がありました(→365ページ)。

教科書にはなかなかまとまって書いていませんが，還元性があるかないかを問う問題は意外と多いです。何が還元性があって，何が還元性がないかをキチッと押さえておいてください。

■ **転化糖はスクロースのみ**

スクロースが加水分解されてグルコース＋フルクトースになる変化を**転化**といい，その混合溶液を**転化糖**といいます。

ラクトースも混合溶液（グルコース＋ガラクトース）ですが，転化糖とはいいません。**転化糖や転化はスクロースのときのみに使う言葉**です。よく引っかけ問題が出ますから，強く知っておいてください。

■ **構造式**

二糖類の構造式は**マルトース，セロビオース，スクロース**の3つが書ければOKです。これらの構造式は演習問題㉞で詳しく練習します。

なお，糖類で覚える構造式はこれら二糖類の3つと，**単糖類のグルコース3つ**（**α-グルコース，鎖状構造，β-グルコース**）の全部で**6**つが書ければ大丈夫です。

6つの構造式を以下に示します。

水溶液中でのグルコース

重要★★★　3つの構造式は書けるようにしておきましょう。

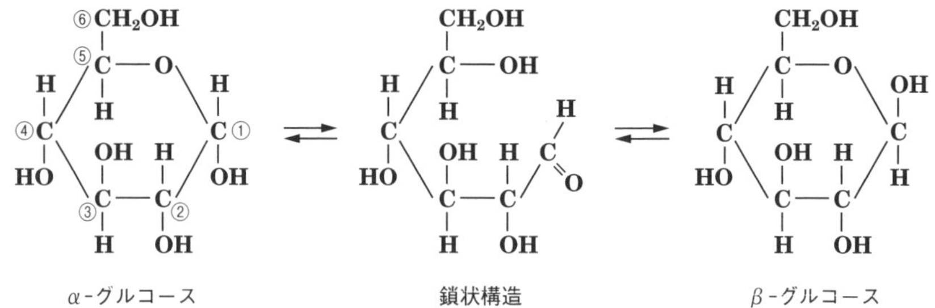

α-グルコース　　鎖状構造　　β-グルコース

マルトース（α-グルコース2分子から成る）

重要★★★

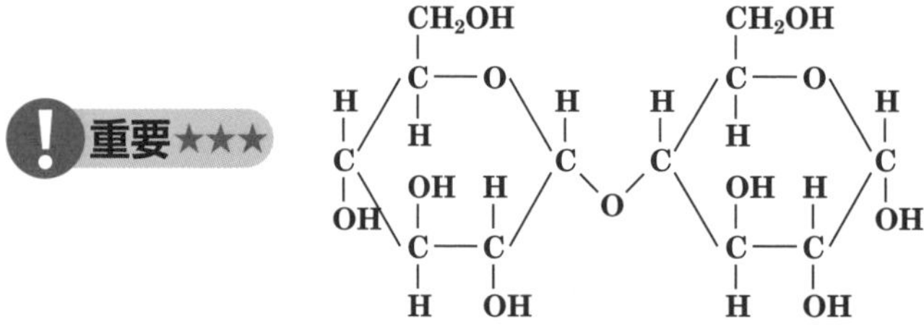

セロビオース（β-グルコース2分子から成る）

重要★★★

スクロース（α-グルコースとβ-フルクトースから成る）

重要★★★

スクロースの構造式は丸暗記になりますが，その他の5つは演習問題㉞（→376ページ）のところで書き方まで詳しく説明します。

アドバイス 環状構造の単糖類と二糖類のうち右端に

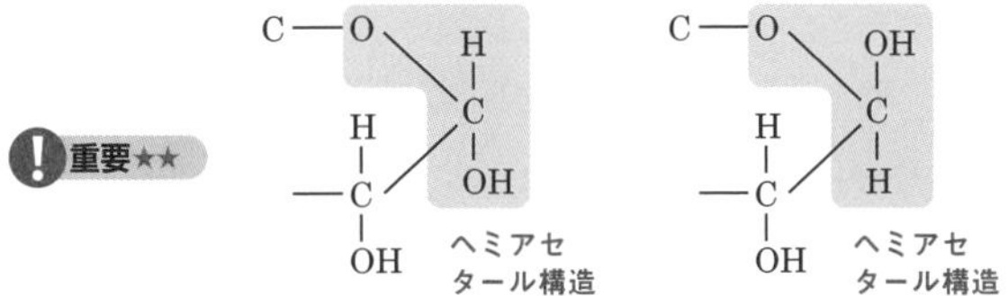

のようなヘミアセタール構造をもつ**α-グルコース**，**β-グルコース**，**マルトース**，**セロビオース**は還元性を示します。ヘミアセタール構造がホルミル基をもつ構造に変化する（→379ページ）ので還元性を示すのです。この“ヘミアセタール構造”という名称は軽く知っておいてください。

アセタール構造はエーテル結合を2つもつときをいいますがヘミアセタール構造は1つもつときの構造です。ヘミというのは半分という意味です。アセタール構造は348ページのビニロンのところで出てきた“アセタール化”と関係があります。

単元3 多糖類

3-1 多糖類の化学式と種類

多糖類の化学式は,

重要★★★ $(C_6H_{10}O_5)_n$

ですが,「これ覚えにくい」ってよく聞きます。でも岡野流ならできますよ。

■ 多糖類の化学式

単糖類 $C_6H_{12}O_6$ から水 H_2O を1個引きます。それの n 倍が多糖類だって考えてください。

$$(C_6H_{12}O_6 - H_2O)_n$$

単糖類　水

$$= (C_6H_{10}O_5)_n$$

多糖類

単糖類はC 6個, H 12個, O 6個で, そこから水のH 2個, O 1個を引き, n 倍すると多糖類です。

また, $C_6H_{10}O_5 \Rightarrow \mathbf{C_6(H_2O)_5}$ ですから, ちゃんと炭水化物になっていますね。多糖類の式は, ぜひこうやって覚えていきましょう。

多糖類の化学式

単糖類 $C_6H_{12}O_6$ から水 H_2O 1個を引き, n 倍する。

■ 多糖類の種類

多糖類には**デンプン**, **セルロース**, **グリコーゲン**の3つの種類があります。

デンプンとセルロースは**植物の多糖類**です。**米**とか**イモ**とか, みんなデンプンですよね。セルロースは**植物の中の葉っぱ**や**木の幹の皮**です。

グリコーゲンは, **動物体内に存在する多糖類**です。

単元3 要点のまとめ①

● 多糖類の種類

植物の多糖類
- **デンプン**（米，イモなど）
- **セルロース**（葉っぱ，木の幹の皮，植物の細胞壁など）

動物体内に存在する多糖類
- **グリコーゲン**（動物体内，主に肝臓や筋肉に存在）

多糖類には**還元性**はない。

3-2 デンプン

デンプンには**アミロース**と**アミロペクチン**の2種類があります。アミロースは20～30%，アミロペクチンは70～80%の割合です。

■ アミロース

アミロースの特徴は**直鎖状構造**（**α-グルコースが①と④位で縮合重合したもの**）で，**熱水に溶けます**。直鎖状構造や①と④位については，演習問題㉞のところで構造式と共に詳しくご説明します。

分解酵素はアミラーゼです。アミロースの中のオースがアーゼに変わります。

■ アミロペクチン

アミロペクチンは**枝分かれ構造**で，**熱水に溶けません**。また，「単元3　要点のまとめ②」に「①と⑥位で縮合重合した部分もある」とありますが，これは①④位はもちろんあるんだけれども，①⑥位もあるということです。ここもアミロース同様，演習問題㉞のところで詳しくご説明します。

■ ヨウ素デンプン反応

デンプンを水に溶解してヨウ素溶液を加えると**青紫色**または**青色**になります。これを**ヨウ素デンプン反応**と言います。

ヨウ素デンプン反応は**セルロースでは起こりません**。デンプンでのみ起こります。

3-3 セルロース

植物の細胞壁，綿，麻，パルプなどの主成分であり，直鎖状構造（β-グルコースが①と④位で縮合重合したもの）で，枝分かれはありません。

■ セルロースのアセチル化とエステル化

セルロースの繰り返し単位中には3つのOH基があるからアセチル化，エステル化などの反応が起こります。

①トリアセチルセルロース

$(C_6H_{10}O_5)_n$は示性式では$[C_6H_7O_2(OH)_3]_n$と表される。

重要★★★ $[C_6H_7O_2(OH)_3]_n + 3n(CH_3CO)_2O \xrightarrow[H_2SO_4]{\text{アセチル化}} [C_6H_7O_2(OCOCH_3)_3]_n + 3nCH_3COOH$

（$[C_6H_7O_2(OH)_3]_n$：セルロース，$(CH_3CO)_2O$：無水酢酸，$[C_6H_7O_2(OCOCH_3)_3]_n$：トリアセチルセルロース）

アセチル化（→290ページ）は－OHや－NH_2のHを$CH_3-\underset{\underset{O}{\|}}{C}-$（アセチル基）で置換した反応です。

$(OH)_3 \xRightarrow{\text{アセチル化}} (OCOCH_3)_3$に変化していることに注目してください。

②トリニトロセルロース

重要★★★ $[C_6H_7O_2(OH)_3]_n + 3nHNO_3 \xrightarrow[H_2SO_4]{\text{エステル化}} [C_6H_7O_2(ONO_2)_3]n + 3nH_2O$

（$[C_6H_7O_2(ONO_2)_3]n$：トリニトロセルロース）

トリニトロセルロースはニトロ基をもっていますがニトロ化合物ではなく，硝酸エステルです。ニトロ化合物とは，炭素原子に直接ニトロ基が結合したニトロベンゼンのような化合物のことをいいます。

エステル化は一般にカルボキシ基の－OHとアルコールの－Hから水が取れて縮合する反応ですが，拡大解釈してオキソ酸（酸素を含む酸のこと）の－OHとアルコールの－Hから水が取れて縮合する反応もエステル化と拡大して定義されます。

$(-O-H \quad HO-NO_2 \xRightarrow{\text{エステル化}} -O-NO_2 + H_2O)$（$HO-NO_2$：硝酸）

①と②の化学反応式は書けるように練習しておいてください。

■ シュバイツァー試薬

セルロースは水酸化銅（Ⅱ）$Cu(OH)_2$を濃アンモニア水に溶かした溶液（**シュバイツァー試薬**）には溶けます。この溶液はテトラアンミン銅（Ⅱ）イオン$[Cu(NH_3)_4]^{2+}$（深青色）を含みます（→121ページ）。

重要★★★ $Cu(OH)_2 + 4NH_3 \longrightarrow [Cu(NH_3)_4]^{2+} + 2OH^-$

■ セルロースの利用

①**再生繊維**･･･天然に存在するセルロースを処理して溶液とし，紡糸してもとのセルロースに再生されてできた繊維をレーヨンといいます。

レーヨンにはセルロースの溶かし方によって2種類の銅アンモニアレーヨン（キュプラともいう）とビスコースレーヨンがあります。

● **銅アンモニアレーヨン**（シュバイツァー試薬$[Cu(NH_3)_4]^{2+}$を用いるとき）
（**キュプラ**ともいう）

● **ビスコースレーヨン**（二硫化炭素CS_2を用いるとき）

②**半合成繊維**･･･セルロースに無水酢酸および少量の濃硫酸などを加えて，アセチル化し，繊維としたもので合成と再生の中間の繊維です。

● **アセテート**（アセテート繊維）

単元3 要点のまとめ②

● **多糖類…** $(C_6H_{10}O_5)_n$

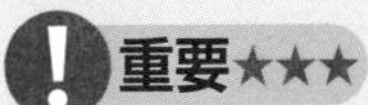

デンプン —アミラーゼ→ **マルトース** —マルターゼ→ **グルコース**
セルロース —セルラーゼ→ **セロビオース** —セロビアーゼ→ **グルコース**
グリコーゲン —加水分解→ **グルコース**

} 多糖類には**還元性**はない。

(a) デンプン

① {
アミロース（20～30%）
直鎖状構造（α－グルコースが①と④位で縮合重合したもの）で**熱水に溶ける**。
アミロペクチン（70～80%）
枝分かれ構造（①と⑥位で縮合重合した部分もあるもの）で**熱水**に溶けない。
}

② デンプンを水に溶解してヨウ素（I_2）溶液を加えると**青紫色**または**青色**になる（**ヨウ素デンプン反応**）。

(b) セルロース

① 植物の細胞壁，綿，麻，パルプなどの主成分。

② 直鎖状構造（β－グルコースが①と④位で縮合重合したもの）。枝分かれはない。

③ セルロースの繰り返し単位中には3つのOH基があるからアセチル化，エステル化などの反応が可能（トリアセチルセルロース，トリニトロセルロース）。

ⅰ　**トリアセチルセルロース**

重要★★★　$[C_6H_7O_2(OH)_3]_n + 3n(CH_3CO)_2O \xrightarrow[H_2SO_4]{アセチル化} [C_6H_7O_2(OCOCH_3)_3]_n + 3nCH_3COOH$

ⅱ　**トリニトロセルロース**

重要★★★　$[C_6H_7O_2(OH)_3]_n + 3nHNO_3 \xrightarrow[H_2SO_4]{エステル化} [C_6H_7O_2(ONO_2)_3]_n + 3nH_2O$

④　水酸化銅（Ⅱ）を濃アンモニア水に溶かした溶液（シュバイツァー試薬）に溶ける。この溶液中には錯イオンであるテトラアンミン銅（Ⅱ）イオン$[Cu(NH_3)_4]^{2+}$を含んでいる（121ページ）。

(c)　セルロースの利用

①　**再生繊維**…天然に存在するセルロースを処理して溶液とし，紡糸してもとのセルロースに再生されてできた繊維をレーヨンという。レーヨンにはセルロースの溶かし方によって2種類の銅アンモニアレーヨン（キュプラともいう）とビスコースレーヨンとがある。

- **銅アンモニアレーヨン**（シュバイツァー試薬$[Cu(NH_3)_4]^{2+}$を用いるとき）（キュプラともいう）
- **ビスコースレーヨン**（二硫化炭素CS_2を用いるとき）

②　**半合成繊維**…セルロースに無水酢酸および少量の濃硫酸などを加えて，アセチル化し，繊維としたもので合成と再生の中間の繊維である。

- **アセテート**（アセテート繊維）

演習問題で力をつける㉞

糖類の用語と構造式を覚えよう！

問　グルコースは，フェーリング液を還元するので分子内に1個の［(a)］（名称）基をもつと考えられるが，ふつう結晶状態では環の構造のα-グルコースである。水溶液中では，**α-グルコース，環の開いた直鎖構造およびβ-グルコースが一定の割合で混じった平衡状態にある**。α-およびβ-グルコースは5個の［(b)］（名称）基をもつ。

単糖類2分子が水1分子を失って縮合したものを (c) (名称)類という。スクロースの構造式は，下図のとおりであるが，グルコースはα－グルコースの構造をとっている。酸や酵素(インベルターゼ)のはたらきによって (d) (語句)され，スクロース1分子がグルコースと (e) (化合物名)各1分子になる。

多数個の単糖分子が水を失って縮合重合したものを (f) (名称)類という。グルコースが縮合重合したデンプンの溶液に (g) (名称)を加えると青紫色に発色する。

図12-2

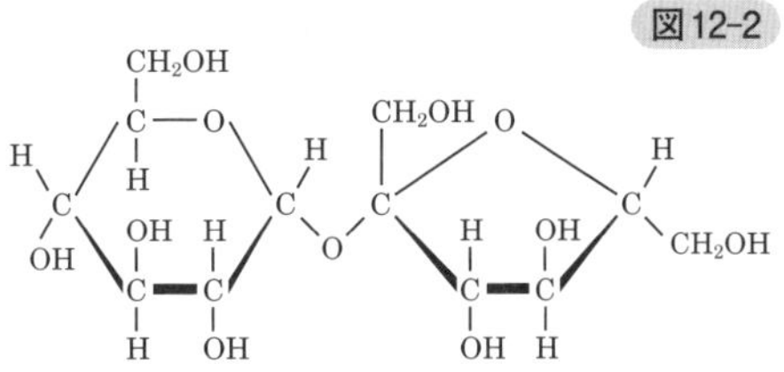

(1) (a) ～ (g) を，(　　)内の指示にしたがって記せ。

(2) 文章中の下線部の平衡状態に関し，次の (h) ～ (j) に最も適当な構造式を，文章中のスクロースの構造式(図12-2)にならって記せ。

(h) ⇄ (i) ⇄ (j)

α－グルコース　グルコース直鎖構造　β－グルコース

さて，解いてみましょう。

水溶液中のグルコース

問題を解くにあたって，**グルコース(ブドウ糖)の構造式**がわからないといけません。だから，まず(2)からやっていきましょう。

問題文の最初の文章を見てください。次のように書いています。

「**グルコースは結晶状態では環の構造のα－グルコースである。**」

結晶は**固体**という言葉に置き換えるとわかりやすいです。そしてその次，「**水溶液中では，α－グルコース，環の開いた直鎖構造，およびβ－グルコースが一定の割合で混じった平衡状態にある。**」とあります。

つまり，グルコースは

水の中では3つの状態が全部存在

しているんです。で，それらを書いてくださいというのが(2)の問題です。

α-グルコースの構造式

問(2) (h) の解説 α-グルコースから書いていきます。まず，連続 図12-3①のように六角形を書きましょう。1つだけOがあるのにご注意ください。

次にヒドロキシ基OHを2つ入れます。そして，私はいつもこのOHは「**同じ下向き**」と入れているんです（連続 図12-3②）。

あとはOHを上，下と互い違いに書きます（連続 図12-3③）。

グルコースはCが全部で6つ必要です。ここでCH_2OHを加えます。OHはやっぱり互い違いだから，今度は上向きです（連続 図12-3④）。

最後にCに全部Hを入れてやれば (h) の解答です（連続 図12-3⑤）。これが非常に重要なα-グルコースの構造式です。

ご自分で1回書いてみると，そんなでもないぞと，おわかりいただけると思います。

∴ 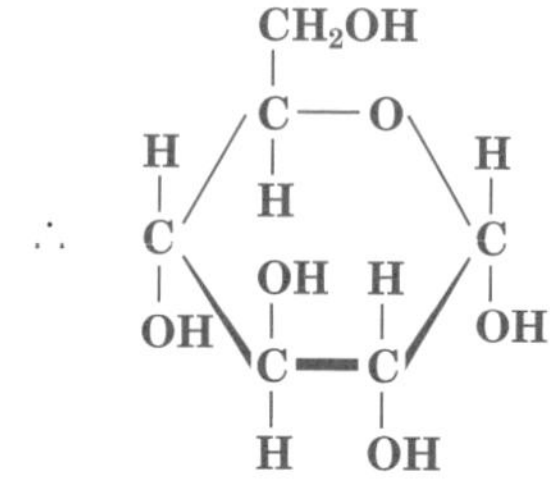

…… **問(2) (h)** の【答え】

（注意）問題文のスクロース 図12-2 の構造式には太線の部分があります。これは太い方が手前にあるということを意味しています。だから，(2) の解答もちょっと太めにして書いておきました。

α-グルコースの構造式

① 連続 図12-3

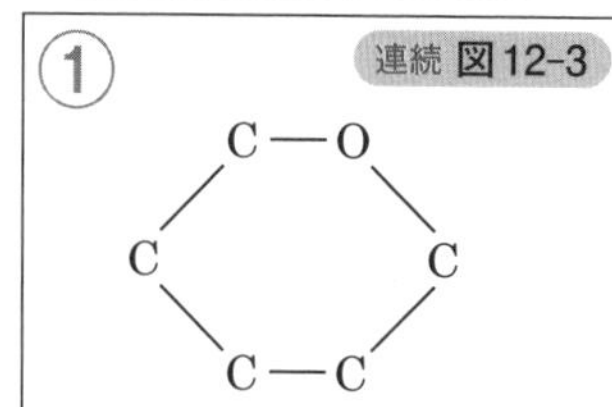

②

C—O
C　C
C—C　OH
OH
（同じ下向き）

③

C—O
C　OH　C
OH　C—C　OH
OH
（同じ下向き）

④

CH_2OH ←加える
C—O
C　OH　C
OH　C—C　OH
OH
（同じ下向き）

⑤ 重要★★★

グルコースの直鎖構造

問(2) (i) の解説 **直鎖構造**は，「単元1 要点のまとめ②」（→366ページ）には**鎖状構造**と書いています。これはどちらでも構いません。直鎖は枝分かれがないということです。

先ほどのα－グルコースの右端に書いたOHのHがOに飛んでいってOHになっちゃう。

そしてOとCの手が切れて，炭素Cと下向きのOの手が余っている状態になります（連続 図12-4①②）。

そして，余ったOとCの手が結びついて二重結合になるんですね（連続 図12-4③）。

残りはα－グルコースから全然変わっていません。そのまま写せばいいんです（連続 図12-4④）。

なお，図12-5の［　　］の部分を**ホルミル基**といいます。このホルミル基があるから，グルコースは銀鏡反応，フェーリング反応を示すんです。

図12-5

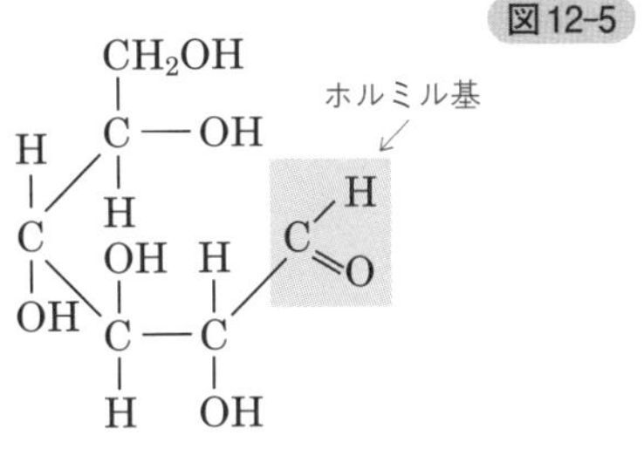

グルコースの直鎖構造

連続 図12-4

①
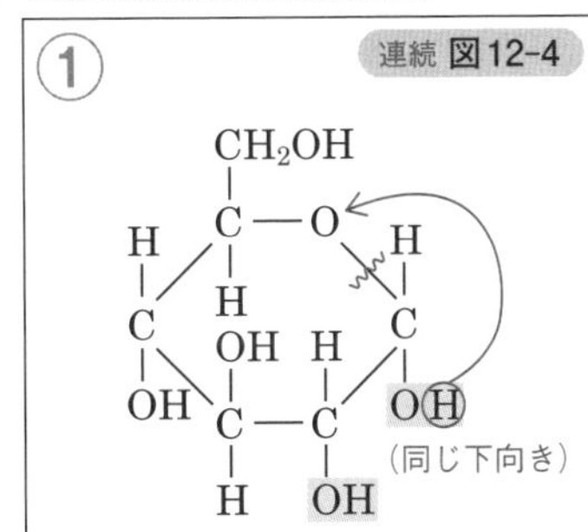

②
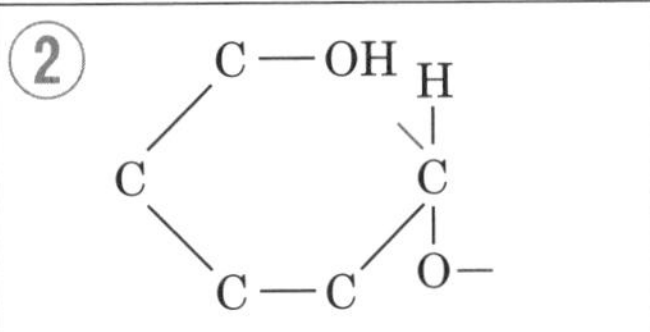

③
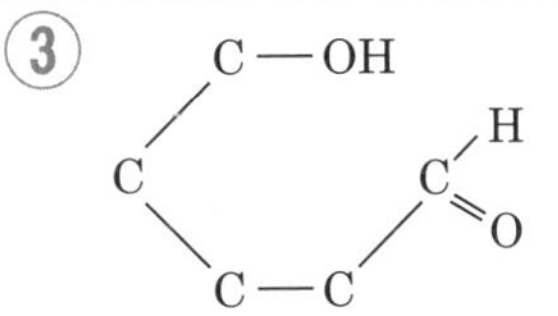

④ 重要★★★
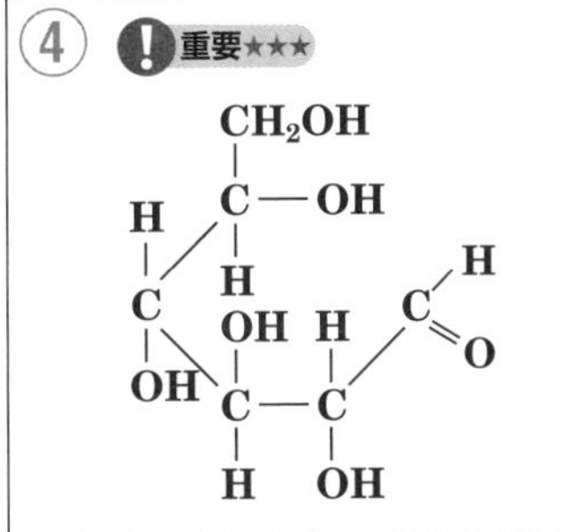

∴ ……問(2) (i) の【答え】

β－グルコースの構造式

問(2) (j) の解説 今度は，β－グルコースです。まず最初に，α－グルコースと同じように六角形を書きます（図12-6）。そして，αとβの違いは，**一番右端のHとOHがひっくり返るだけ**（図12-7）。あとは全部同じです。

六角形　図12-6

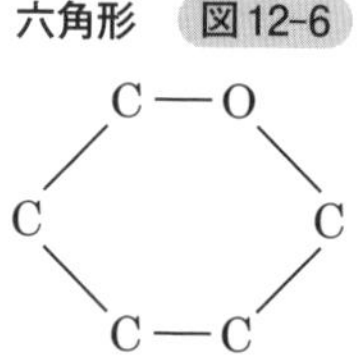

α－グルコースの構造　図12-7　　β－グルコースの構造　図12-8

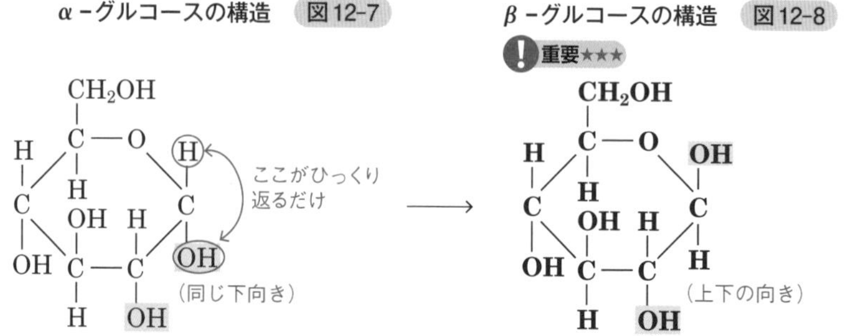

β－グルコースでは「**上下の向き**」ですね。

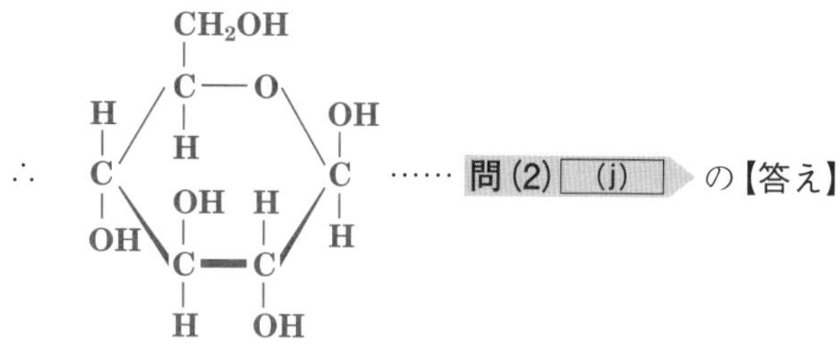

二糖類の加水分解での注意

二糖類は，水が加わること（加水分解）で，単糖類2つになります。例えば，マルトースはグルコース2つになります（→368ページ）。

$$\text{マルトース（麦芽糖）} \xrightarrow{\text{マルターゼ}} \text{グルコース＋グルコース} \cdots ①$$

また，単糖類2つは，水が取れる（縮合する）ことによって，二糖類になります。マルトース（→370，382ページ）はα－グルコースとα－グルコースが結びついてできています。

そこで，よく聞かれるのは，マルトースは加水分解するとα－グルコース＋α－グルコースではないのか？　という質問です。しかし，αとするのは間違いです。

加水分解直後は，α－グルコース2つに分かれますが，その次の瞬間から，鎖状構造も，β－グルコースも存在する平衡状態になります。**水溶液中のグルコースは必ず3つが存在する平衡状態**なんです。だから，加水分解したときに

α－グルコース＋α－グルコースという書き方はダメなんです。水溶液は全部の状態のグルコースが存在するので①式のようにグルコース＋グルコースが正しいのです。セロビオース（→371，386ページ）も同じです。セロビオースはβ－グルコース2分子から作ります。だけど，加水分解した後は水がたくさんあるので，やはり

3つの構造が常に存在

します。だからグルコース＋グルコースと書くんです（→368ページ）。

多糖類の加水分解

多糖類の1つ，**デンプンは二糖類のマルトースに加水分解**されます。それがさらに**グルコースに分解**します。この場合も同様にα－グルコースでは間違いです。水溶液中は全部の状態があるので，グルコースですね（→375ページ）。

セルロースも二糖類のセロビオースに変わって，グルコースです。β－グルコースっていいません（→375ページ）。

グリコーゲンは，動物体内の多糖類です。だから，これはグルコースに戻る（→375ページ）。これは単純でいいですね。

なお，**多糖類には還元性はありません**。

問（1）の解説 それでは（1）の解答をやっていきましょう。

（a）… 図12-5（→379ページ）をご覧いただきまして，“ホルミル”基です。水溶液中には全部の状態があるから銀鏡反応，フェーリング反応を示します。

∴ **ホルミル** …… **問（1）（a）** の【答え】

（b）… α，βで5個同じものというと“ヒドロキシ”基OHです。

∴ **ヒドロキシ** …… **問（1）（b）** の【答え】

（c）… “二糖”類です。

∴ **二糖** …… **問（1）（c）** の【答え】

（d）… “加水分解”です。水がとれてスクロースができますが，逆にとれた水が加わって，元のグルコースとフルクトースに分解する。そういうのを加水分解って言ってます。

∴ **加水分解** …… **問（1）（d）** の【答え】

（e）… “フルクトース”。368ページ「単元2　要点のまとめ①」の二糖類の上から2番目をご参照ください。グルコース＋フルクトースって書いてあります。

∴ **フルクトース** …… **問（1）（e）** の【答え】

（f）…“多糖”類ですね。縮合重合は「合成高分子」でやりました。水がとれながらどんどんどんどん大きな分子量のものになっていくことです。

∴　**多糖** …… **問(1)（f）** の【答え】

（g）…“ヨウ素溶液”です。ヨウ素の固体をポンと入れても青紫色になりません。

∴　**ヨウ素溶液** …… **問(1)（g）** の【答え】

マルトース（α－グルコース2分子）の構造式

マルトースの構造式を一緒に書いていきましょう。

マルトースは二糖類でα－グルコース2分子からできています。α－グルコースは，連続 図12-3で書きましたね。それを2つ並べるんです（連続 図12-9①）。

そして，この2つから連続 図12-9②のように水が取れるんです。

すると，とれたところの手が1本ずつ余っています（連続 図12-9③）。

それが，くっついて，出来上がったのがマルトースです（連続 図12-9④）。糖類で覚えておきたい4つ目の構造式です。

マルトースの構造式

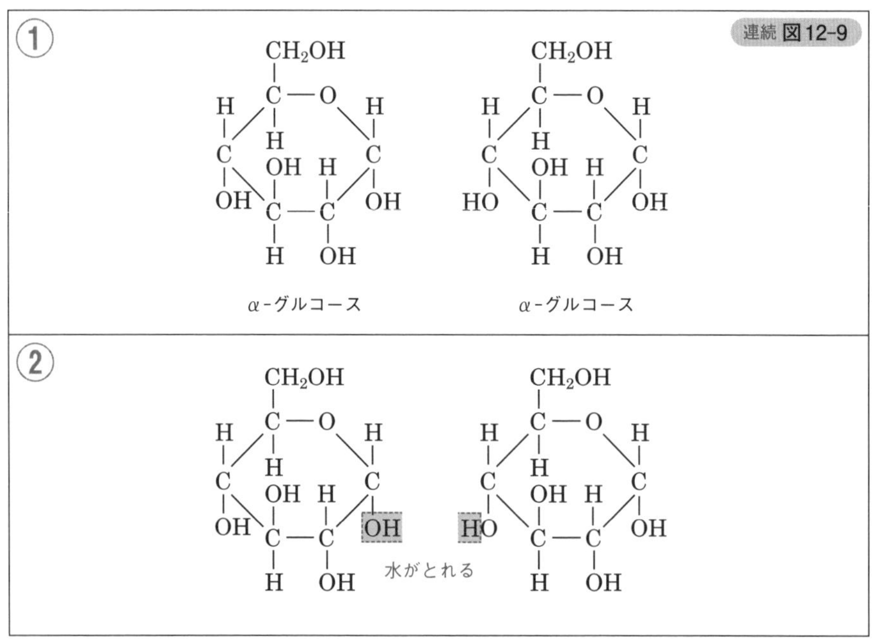

連続 図12-9 の続き

③

くっつく

④

重要★★★

マルトース

グリコシド結合（エーテル結合）

図12-10 の結合は何ですか？　と入試問題で問われることがあります。

図12-10

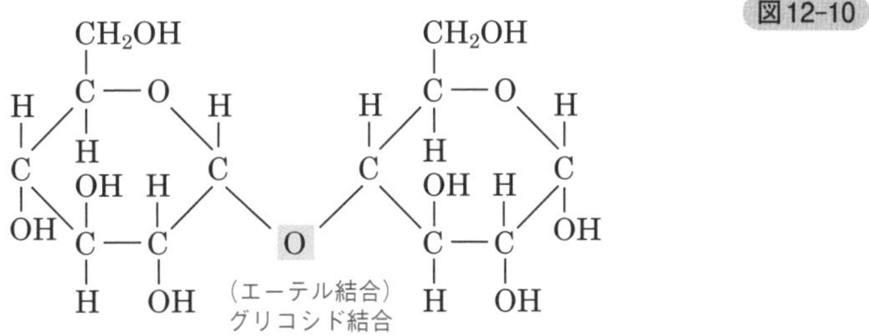

C－O－Cだから**エーテル結合**です。それでも全然構わないんですが，**グリコシド結合**っていう特殊な言い方があります。これは知っておいてください。

デンプン－アミロースの構造式

グルコースの炭素Cには番号があります。**炭素番号①と④位でズ～ッと多数くっ付いたものがデンプン**になるわけです。多数だから多糖類です。

マルトースの構造式　図12-11

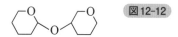

マルトース

マルトースの構造式を略して書くと，図12-12のような書き方をします。

図12-12

図12-13のようにOの部分を活かして繰り返し書いていきます。このように**直鎖状**になっているものをデンプンの中でも特に**アミロース**といいます。ずっと①，④位で一直線に結合します。373ページに書いてある①，④位っていうのは，そういう意味なんです。

アミロースの構造式　図12-13

直鎖状構造

デンプン―アミロペクチンの構造式

デンプンにはアミロースとアミロペクチンがありました。**アミロペクチン**は**枝分かれ**っていう複雑な部分があるんです。

⑥位のCH_2OHの**OH**と，①位のCに結合するOHの**H**がとれて（連続 図12-14①），それが結びついて連続 図12-14②の形になるんです。結びついたところはC—O—Cでグリコシド結合（エーテル結合）です。

グリコシド結合

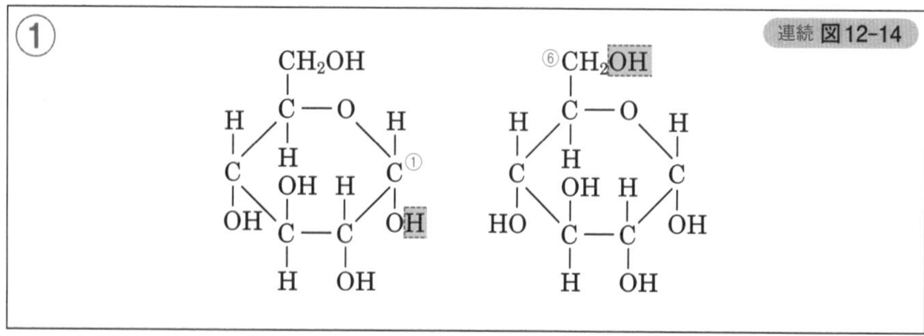

連続 図12-14 の続き

②
アミロペクチン

ここのところにCが隠れている

グリコシド結合

CH_2

枝分かれ構造

図12-15 を見てください。今2つしか書いていませんが，スダレのようにずっと枝分かれします。

またCH_2のCは⑥なんです。だから①，④結合以外に，①，⑥でくっ付いている枝の部分もあるっていうことです。

アミロペクチンの構造式 図12-15

6 CH_2

枝分かれ構造

これがデンプンの中のアミロース，それからアミロペクチンです。この辺のところのイメージ，知っておいてくださいね。

セロビオースの構造式

構造式はセロビオースで最後です。セロビオースはβ－グルコース2分子です。早速書いてみましょう。

六角形は同じです。β－グルコースは「**上下の向き**」を思い出してください。炭素CにはOHが上行って，下行って，上行って，下行って，あと残り全部Hです（連続 図12-16①）。

ただ，真横に同じものを書くと，不都合が起こります。上にあるOHと下のOHは結びつけられないんです（連続 図12-16②）。

セロビオースの構造式

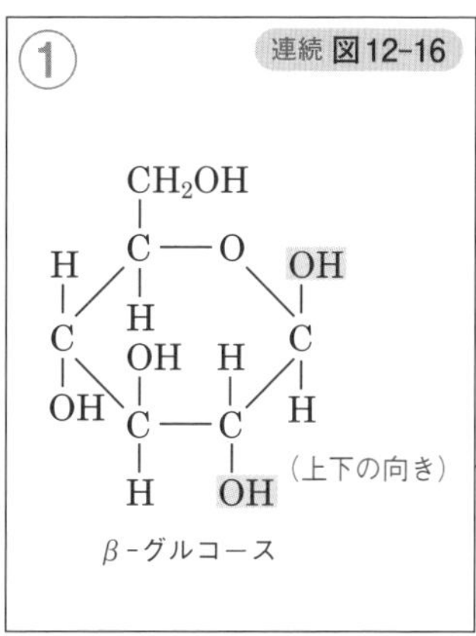

連続 図12-16 の続き

②

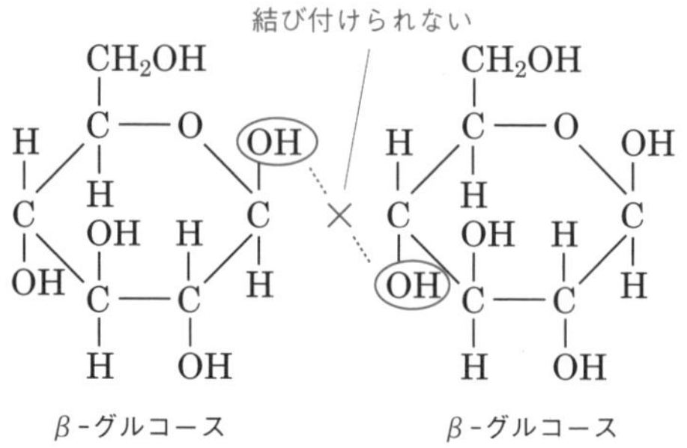

結び付けられない
β-グルコース
β-グルコース

だから，せんべいみたいに上下を逆に裏返すんです（連続 図12-16③）。

連続 図12-16 の続き

③

上下を逆に
裏返す
β-グルコース
β-グルコース

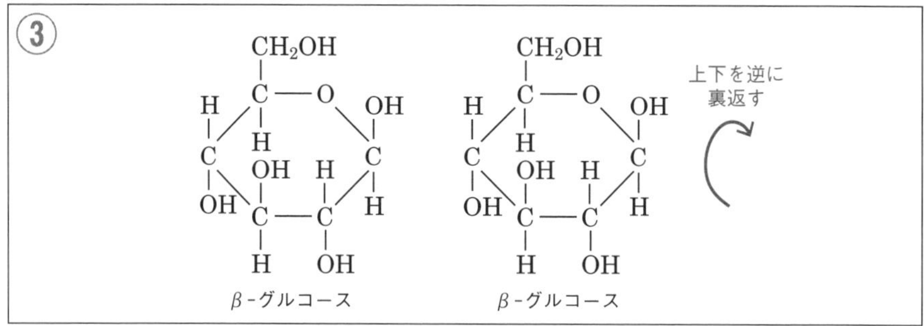

まず左側に構造式を書いて，右側にはそれを裏返したものをゆっくり丁寧に写してください（連続 図12-16④）。左の構造式で上と書かれている部分は右では下に，左の構造式で下と書かれた部分は右では上になります。これがわかっていただければもうあとは書けます。

連続 図12-16 の続き

④

β-グルコース
β-グルコース

そうしますと，水が取れます（連続 図12-16⑤）。

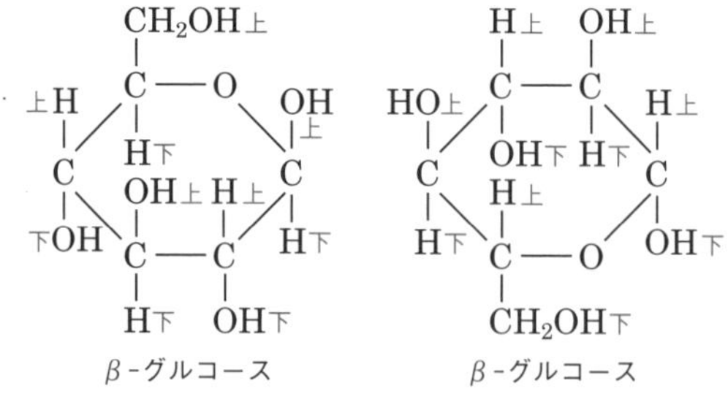

連続 図12-16 の続き

⑤

β-グルコース　β-グルコース

そして真ん中のところが結びついて**グリコシド結合**ができます（連続 図12-16⑥）。これを**セロビオース**と言ってます。がんばって書けるようにしてください。

連続 図12-16 の続き

⑥

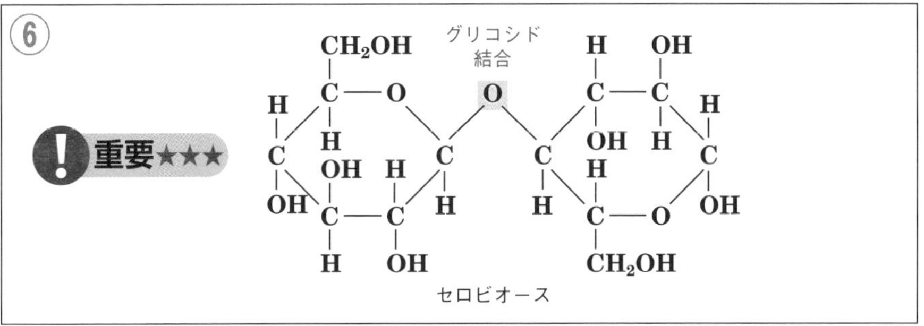

セロビオース

セルロースの構造式

セルロースもやっちゃいましょう。これは簡単です。ポイントは**Oがあるほうに Oがくる**んです（図12-17）。上なら上，下なら下です。

グリコシド結合は上，下，上，下です。

これをセルロースといいます。これも①，④結合で，**直鎖状構造**をしており，枝分かれはありません。

セルロースの構造式 図12-17

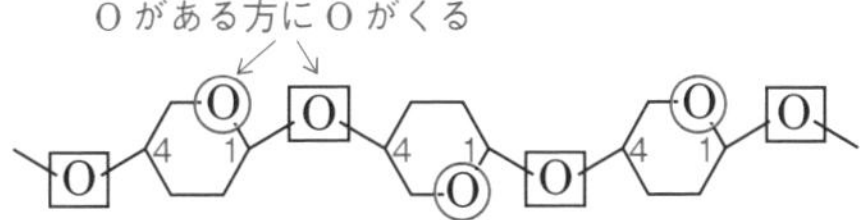

演習問題で力をつける㉟

「多糖類の加水分解」と「アルコール発酵」を理解しよう！

問 A　次の文章は糖類について述べたものである。文章を読んで，空欄 (a) ～ (p) に適当な語句を入れよ。

デンプンを酸とともに加熱すると，加水分解されて (a) を生じる。(a) のように，それ以上加水分解されない糖類を (b) という。これに対し，デンプンのように加水分解されて多数の (b) を生じる糖類を (c) という。デンプンが米，麦，イモ類などの主要な成分であるのに対し，(d) は植物の細胞壁の主成分である。デンプンと (d) は構成単位が (a) であるという共通点はあるが，デンプンでは (e) が多数結合しているのに対し，(d) では (f) である点が異なる。そのため，デンプンはヒトの唾液などに含まれる消化酵素 (g) により分解され，さまざまな分子量の (h) を経て，二糖である (i) に分解された後，(i) はさらに酵素 (j) により (a) にまで分解・吸収されるのに対して，(d) はヒトの消化器官内ではほとんど消化吸収されない。

サトウキビやテンサイから得られる甘味の強い二糖である (k) は，酸あるいは酵素 (l) による加水分解で (a) と (m) を生成する。哺乳動物の乳中にのみ含まれる二糖である (n) は，酸あるいは酵素 (o) による加水分解で (a) と (p) を生じる。

B　アルコール発酵によってグルコースからエタノールと二酸化炭素が生じる。このとき起こる反応を化学反応式で示せ。また，グルコース90gから計算上何gのエタノールが得られるか。有効数字2桁で求めよ。(H = 1.0，C = 12，O = 16)

さて，解いてみましょう。

問A (a) ～ (p) の解説

(a) (b) …「もうこれ以上加水分解しない一番元になる糖」とあるため，(b) が“単糖類”だとわかります。だから (a) は“グルコース”が解答です。

∴　**グルコース** ……　**問A (a)** の【答え】

∴　**単糖類** ……　**問A (b)** の【答え】

なお，(a) はα－グルコースではありません。水溶液中は3つの状態が存在するのでグルコースが正しい書き方です。

(c) …「多数の単糖類を生じる」ですから“多糖類”です。

∴　**多糖類** ……　**問A (c)** の【答え】

(d) …植物の細胞壁って書いてあります。葉っぱとか細胞壁は“セルロース”です。

∴ **セルロース** …… 問A (d) の【答え】

(e) … “α－グルコース”が2個くっ付いたものがマルトース，それが何個も何個もくっ付いていくとデンプンになるわけです。

β－グルコース2分子だと，セロビオース。だから (e) の解答は，α－グルコースです。

∴ **α－グルコース** …… 問A (e) の【答え】

(f) …セルロースは“β－グルコース”が何個も何個も結びついていますね。

∴ **β－グルコース** …… 問A (f) の【答え】

(g) …デンプンの分解酵素は“アミラーゼ”でしたね。あの枝分かれのない直鎖構造のアミロースが語尾変化(オース→アーゼ)してアミラーゼです。

∴ **アミラーゼ** …… 問A (g) の【答え】

(h) …デンプンをアミラーゼで加水分解すると途中にデンプンより小さいさまざまな分子量の多糖の混合物である“**デキストリン**”が生じます。この名称は初めて出てきますが，入試では出題されるので是非覚えておいてください。

∴ **デキストリン** …… 問A (h) の【答え】

(i) …デンプンはα－グルコースからできています。その二糖ですから“マルトース”（麦芽糖）です。

∴ **マルトース** …… 問A (i) の【答え】

(j) …マルトースが語尾変化(オース→アーゼ)して“マルターゼ”です。

∴ **マルターゼ** ……… 問A (j) の【答え】

(k) …サトウキビとテンサイはスクロースです。もしかしてマルトースかな？　って思われた方，マルトースはもう1回使ってますよ。甘味があって二糖だと“スクロース”です。

∴ **スクロース** …… 問A (k) の【答え】

(l) …スクロースの分解酵素は“インベルターゼ”，もし忘れたなら“スクラーゼ”って書いても大丈夫です。スクロースのオースをアーゼに変えればスクラーゼです。

∴ **インベルターゼ**（または**スクラーゼ**）…… 問A (l) の【答え】

(m) …スクロースはインベルターゼによる加水分解でグルコースと“フルクトース”に分解されます。

∴ **フルクトース** …… 問A (m) の【答え】

もし［(k)］をマルトースだと思っても，マルトースはグルコースとグルコースを生成するわけだから，ここで間違いに気がつくわけです。

［(n)］…哺乳動物の乳中にのみ含まれる二糖は“ラクトース”です。

∴　**ラクトース** ……　**問A (n)** の【答え】

［(o)］…ラクトースの分解酵素は，オースをアーゼに変えて“ラクターゼ”です。

∴　**ラクターゼ** ……　**問A (o)** の【答え】

［(p)］…ラクトースはラクターゼによってグルコース＋“ガラクトース”に加水分解されます。［(p)］は意外と解答が出づらいところです。

∴　**ガラクトース** ……　**問A (p)** の【答え】

問Bの解説　まず，化学反応式です。$C_6H_{12}O_6$の係数を1とすると，C_2H_5OHとCO_2は2となる点にお気をつけください。そのまま解答になります。

∴　$\mathbf{C_6H_{12}O_6 \longrightarrow 2C_2H_5OH + 2CO_2}$ ……　**問B反応式** の【答え】

次は，物質量の関係です。$C_6H_{12}O_6$: $2C_2H_5OH$です。そうすると，$C_6H_{12}O_6$が1molあるときC_2H_5OH 2molが反応します。また，分子量は$C_6H_{12}O_6$が180，C_2H_5OHは46なんです。

$$\underset{1\text{mol}}{C_6H_{12}O_6} : \underset{2\text{mol}}{2C_2H_5OH} \quad \begin{pmatrix} C_6H_{12}O_6 = 180 \\ C_2H_5OH = 46 \end{pmatrix}$$

1molは分子量にgを付けた質量です。だからグルコース1molは180gです。そしてエタノールは1 molは46g。2 molだから2倍して92gです。

$$\underset{1\text{mol}}{C_6H_{12}O_6} : \underset{2\text{mol}}{2C_2H_5OH}$$

$$\begin{pmatrix} 180\text{g} & & 2\times 46\text{g} \\ 90\text{g} & & x\text{g} \end{pmatrix}$$ 生じるC_2H_5OHをxgとする。

$$\therefore 180x = 90 \times 2 \times 46$$

$$\therefore \quad x = \frac{90 \times 2 \times 46}{180} = 46\text{g}$$

∴　**46g** ……　**問B計算値** の【答え】
（有効数字2桁）

別解

$$\frac{90}{180} \times 2 \times 46 = 46\text{g}$$

グルコースのmol数　エタノールのmol数　エタノールのg数

∴　**46g** ……　**問B計算値** の【答え】
（有効数字2桁）

第12講はここまでです。次回またお会いしましょう。

第 13 講

アミノ酸，タンパク質

単元 1　アミノ酸の一般的性質　化学
単元 2　アミノ酸，タンパク質の検出反応　化学
単元 3　ペプチド結合，タンパク質の組成，アミノ酸の等電点　化学

第 13 講のポイント

第 13 講は「アミノ酸，タンパク質」についてやっていきます。ここも「糖類（炭水化物）」同様，たくさんの構造式が出てきます。でも，岡野流ならたった6つ覚えればOK。しかも，全部を丸暗記しなくて済むコツがあるので，しっかり理解してください。

単元 1 アミノ酸の一般的性質

化学

アミノ酸とタンパク質は「糖類」の延長線上にあります。教科書にはたくさんの構造式が載っていますが，実は6つ覚えれば，ほとんど大丈夫ですよ。

1-1 アミノ酸の一般式

■ アミノ酸とタンパク質

アミノ酸も**タンパク質**もよく聞かれますでしょ？　手の皮膚とか，爪とか，髪の毛とか，こういうのは全部タンパク質でできています。その

タンパク質の一番の元になるもの

をアミノ酸といいます。

アミノ酸が何個も何個も結びついて，大きな分子量のタンパク質になっているんです。

■ α－アミノ酸の一般式

多糖類のデンプンは，α－グルコースが何個も何個も結びついてできていました。タンパク質も同じで，**α－アミノ酸**というものが何個も何個も結びついています。

図13-1 はα－アミノ酸の一般式です。

図13-1

重要★★★

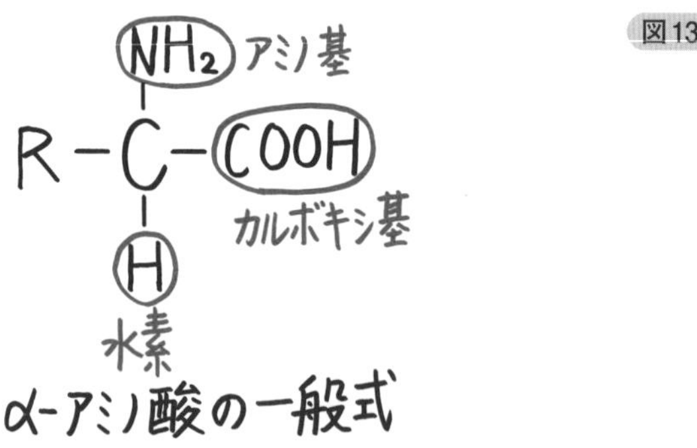

アミノ基NH_2，カルボキシ基COOH，水素Hの**3点セット**が特に重要です。しっかり覚えておいてください。

Rは**水素H**や**メチル基CH_3**，さらに**窒素N**を含む原子団，**硫黄S**を含む原子団などと置き換わって，いろいろな種類のα－アミノ酸になります。

α－アミノ酸には，**グリシン**，**アラニン**，**グルタミン酸**，**アスパラギン酸**，**リ**

シンなど，20種類前後があります。

構造式については，6個覚えれば，ほとんど困ることはないでしょう。のちほど詳しく触れますので，ここではまず**α-アミノ酸の一般式をしっかり覚えてください。**

■ **β-アミノ酸**

グルコースのときは，α-グルコースの他に，β-グルコースがあって，重要な役割を示しました。では今回**β-アミノ酸**もあるのか？　実は存在するんですが，入試にはあまり出ません。

αの場合，1つの炭素Cにアミノ基とカルボキシ基が入っています（図13-2左）。

一方，βは1つの炭素Cじゃなくて，2つの炭素Cにアミノ基とカルボキシ基がそれぞれ入っています（図13-2右）。

αとβの違い 図13-2

NH_2 ─C─ COOH　　α-アミノ酸

NH_2 COOH ─C─C─　　β-アミノ酸

さらに炭素Cが3つに増えて，アミノ基とカルボキシ基の間が離れると，**γ-アミノ酸**といいます（図13-3）。

でも入試に出るのはα-アミノ酸の一般式です。これをしっかり押さえれば大丈夫です。ほかについては，存在するという事実だけを知っておいてください。

Cが3つ 図13-3

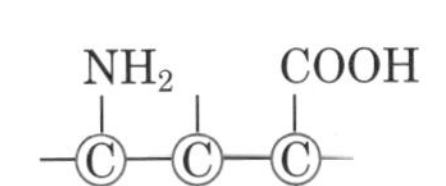

γ-アミノ酸

1-2 アミノ酸の特徴

■ **一般に無色の結晶**

結晶という言葉は固体という言葉に言い換えて考えます。アミノ酸は，

一般には無色の固体

です。

結晶について

結晶は固体と言い換えて考えるべし。

■ **水に溶けやすいが，有機溶媒には溶けにくい**

アミノ基NH_2は水に溶けて塩基性を示します。カルボキシ基COOHも水に溶けやすく酸性を示します。ということで

一般にはアミノ酸も水に溶けやすい

でも，**有機溶媒には溶けにくい**。電荷が＋と－の偏りがあるような分子を極性分子といいます（「化学基礎」86ページ，「理論化学」28ページ）。水は極性分子です。極性分子同士は仲がいいので，アミノ酸は極性分子なので水に溶けやすい。

有機溶媒は，無極性のものが多いので無極性分子同士では溶け合うんです。したがって，アミノ酸は溶けにくいんですね。

■ **酸とも塩基とも反応**

酸は**アミノ基NH_2**の部分**と反応**，**塩基**は**カルボキシ基COOH**の部分**と反応**します。こういった**酸とも塩基とも反応**するものを

両性化合物

といいます。

両性って言葉を入れさせる問題があります。両性物質とか，両性電解質って書いてある問題もありました。**両性**というところにご注意ください。

■ **溶液中でのイオンの構造**

α－アミノ酸をpH7の真水，**中性溶液中**に入れた場合，図13-4中のような**双性イオンの構造**を持ったものが一番多く存在します。

酸性溶液中では図13-4左の**陽イオンの構造**，**塩基性溶液中**では図13-4右の**陰イオン構造**のものが多く存在します。

重要★★★　　溶液中でのα－アミノ酸のイオン構造　図13-4

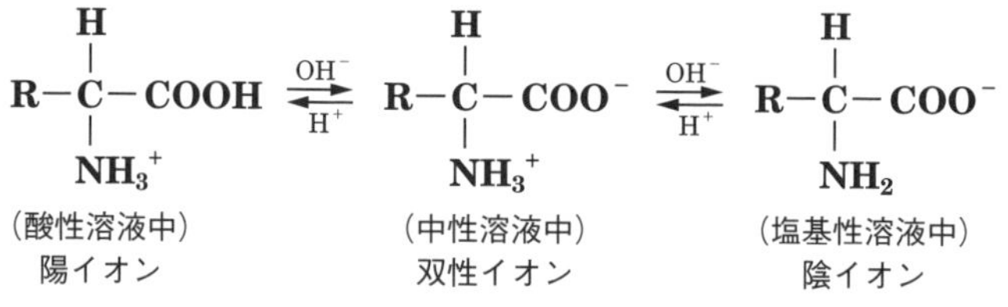

$$\mathrm{R{-}\underset{\underset{NH_3^+}{|}}{\overset{\overset{H}{|}}{C}}{-}COOH} \underset{H^+}{\overset{OH^-}{\rightleftarrows}} \mathrm{R{-}\underset{\underset{NH_3^+}{|}}{\overset{\overset{H}{|}}{C}}{-}COO^-} \underset{H^+}{\overset{OH^-}{\rightleftarrows}} \mathrm{R{-}\underset{\underset{NH_2}{|}}{\overset{\overset{H}{|}}{C}}{-}COO^-}$$

（酸性溶液中）陽イオン　（中性溶液中）双性イオン　（塩基性溶液中）陰イオン

これら3つは試験にでます。でも，ただ暗記しろと言われても非常に難しいです。覚え方のコツがありますので，のちほど**演習問題㊱**で一緒に書きましょう。

1-3 アミノ酸の種類

■ **グリシン**

グリシンはα－アミノ酸の一つです。特徴は，

！重要★★★ ただ一つ鏡像異性体をもたないα-アミノ酸

です。

構造式はα－アミノ酸の一般式（図13-1）の中で，**Rの部分がH**になっています（図13-5）。

炭素Cにくっついた4つの原子または原子団を見ると，Hが2つあります。くっついた4つの原子または原子団全部が違う場合，その炭素原子を**不斉炭素原子**といいます（→165ページ）。

図13-5

！重要★★★

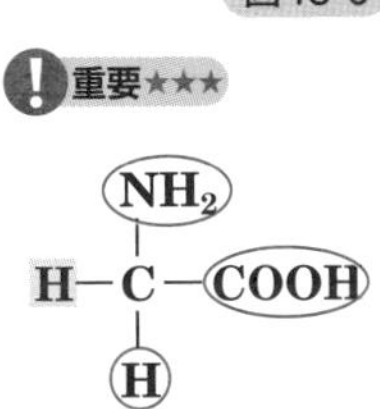

グリシンの構造式

グリシンはHが2つあるから不斉炭素原子をもちません。**不斉炭素原子がないα－アミノ酸は，グリシンだけ**です。

このグリシンの構造式は書けるようにしておいてください。

■ アラニン

アラニンは**鏡像異性体をもつα－アミノ酸の中で最も簡単なもの**です。不斉炭素原子を持つと鏡像異性体が存在するんでしたね。**Rにはメチル基CH_3**が入ります。なお，図13-6 では，CとCが結びつくので，**H_3C**とCをH_3の右側に書きましたが，**CH_3**と書いてもかまいません。

アラニンは，炭素Cにくっついた4つの原子または原子団が全部違うものなので，**不斉炭素原子**が存在します。なお，図13-6 のように＊**印**を付けると，不斉炭素原子を表します。

！重要★★★ 図13-6

NH_2
H_3C－C*－COOH
H

アラニンの構造式

アラニンの構造式も書けるようにしておいてください。

■ グルタミン酸・アスパラギン酸

グルタミン酸，アスパラギン酸は**名前と性質を覚えてください**。構造式は書けなくていいです。

特徴は，**酸性アミノ酸**であり**カルボキシ基を2つもつ**のですが，**Rにカルボキシ基COOHを入れてはいけません**。不斉炭素原子をもたないのはグリシンだけです 連続 図13-7①

連続 図13-7② の　　　のところ（次のページを参照）に**メチレン基CH_2**が何個か入って，その左に**COOH**がきます。このように**カルボキシ基が2**

グルタミン・アスパラギン酸

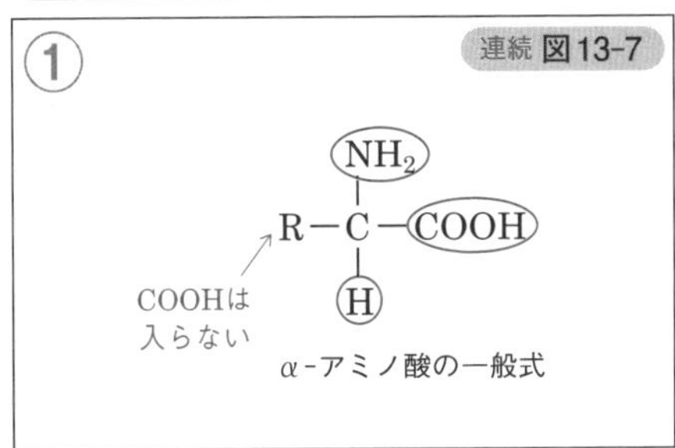

α-アミノ酸の一般式

つあるものを**酸性アミノ酸**といいます。

弱塩基性の**アミノ基NH_2が1個**，**弱酸性**の**カルボキシ基COOHが2個**ですから，1個ずつが打ち消し合って，1個が残り，**水溶液は弱酸性を示す**んです。

なお，**アスパラギン酸**は 連続 図13-7③ の　　　の**CH_2が1個のみ**です。**グルタミン酸**は**CH_2が2つ**入ります。

入試にはグルタミン酸の方が多く出ます。グルタミン酸ナトリウムで有名なのは，味を感じさせる素，味の素ですよね。日本で発見されました。新聞にもよく出てくるし，言葉としてポピュラーになったわけです。

連続 図13-7 の続き

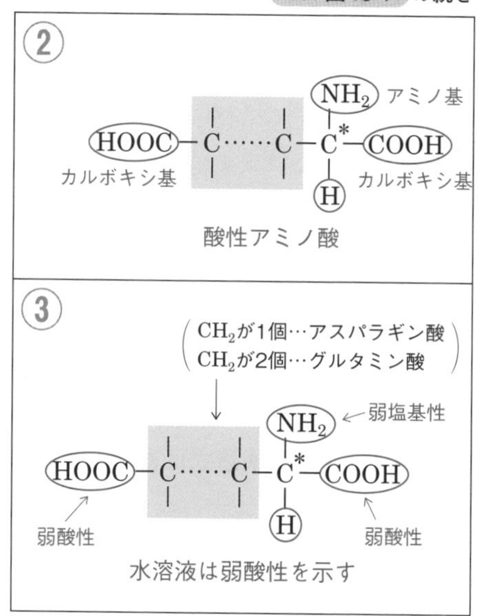

ただ最近は，アスパラギン酸が入試にちょっと出始めてるんです。ちょろっとね。だから，アスパラギン酸も言葉としては知っておいてください。

■ リシン

リシンは塩基性アミノ酸であり，アミノ基を2つもつものです。リシンは名前と性質を覚えてください。構造式は書けなくていいです。

グルタミン酸のカルボキシ基COOHが**アミノ基NH_2**に変わったのがリシンです。リシンは，**カルボキシ基よりアミノ基が1個多い**ですから，**塩基性アミノ酸**です。

図13-8 の　　　には**CH_2が4個**入ります。

図13-8

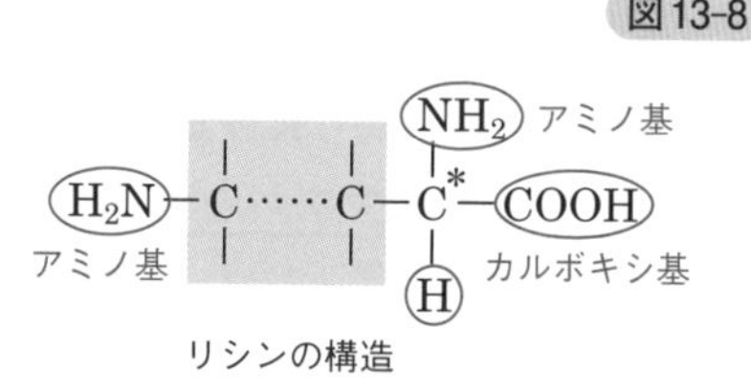

リシンの構造

単元1 要点のまとめ①

●アミノ酸・タンパク質の一般的性質

重要★★★ の6つ（α－アミノ酸の一般式，陽イオン，双性イオン，陰イオン，グリシン，アラニン）の構造式は入試で出題されます。どれもしっかり書けるようにしておきましょう。

①α－アミノ酸の一般式

②一般に無色の結晶。

③水に溶けやすいが，有機溶媒には溶けにくい。

④酸とも塩基とも反応する（両性化合物）。

⑤溶液中のα－アミノ酸のイオン構造。

重要★★★ 陽イオン，双性イオン，陰イオンの3つの構造式

図13-9

$$R-\underset{NH_3^+}{\overset{H}{C}}-COOH \underset{H^+}{\overset{OH^-}{\rightleftarrows}} R-\underset{NH_3^+}{\overset{H}{C}}-COO^- \underset{H^+}{\overset{OH^-}{\rightleftarrows}} R-\underset{NH_2}{\overset{H}{C}}-COO^-$$

（酸性溶液中）陽イオン　（中性溶液中）双性イオン　（塩基性溶液中）陰イオン

⑥グリシン…ただひとつ鏡像異性体を持たないα－アミノ酸。

⑦アラニン…鏡像異性体を持つα－アミノ酸の中で最も簡単なもの。

⑧グルタミン酸
アスパラギン酸 ｝…酸性アミノ酸であり，カルボキシ基を2つ持つ。

⑨リシン…塩基性アミノ酸であり，アミノ基を2つ持つ。

グルタミン酸，アスパラギン酸，リシンは名前と性質を覚えてください。構造式は書けなくていいです。

単元2 アミノ酸，タンパク質の検出反応

化学

2-1 検出反応の種類

検出反応によって，どんなアミノ酸か，構造を知ることができます。そして，入試でよく出てくるのが次の4種類です。

重要★★★

① キサントプロテイン反応
② ビウレット反応
③ 硫黄反応
④ ニンヒドリン反応

②はビュレットと混同しないようにご注意ください。**ビュレットは滴定のときに使う器具**です（「化学基礎」160ページ，「理論化学」97ページ）。

それではひとつずつ見ていきましょう。

2-2 キサントプロテイン反応

■ ベンゼン環を持つ物質に反応

キサントプロテイン反応は，**ベンゼン環を持つアミノ酸やタンパク質**に反応します。ベンゼン環を持つ物質は

重要★★★ チロシン，フェニルアラニン

です。**この名前と性質を覚えてください**。構造式は覚えなくてもいいです。

■ 実験操作と反応

具体的な実験ですが，卵の白身，卵白を用意し，蒸留水を加えて5倍くらいに薄めます。そして**濃硝酸を加えます**（連続 図13-10①）。

すると，**ベンゼン環がニトロ化され**て溶液が**黄色**に変わります（連続 図13-10②）。

さらに，冷えたところで**アンモニア水を加える**と，今度は**橙黄色**になります（連続 図13-10③）。

キサントプロテイン反応

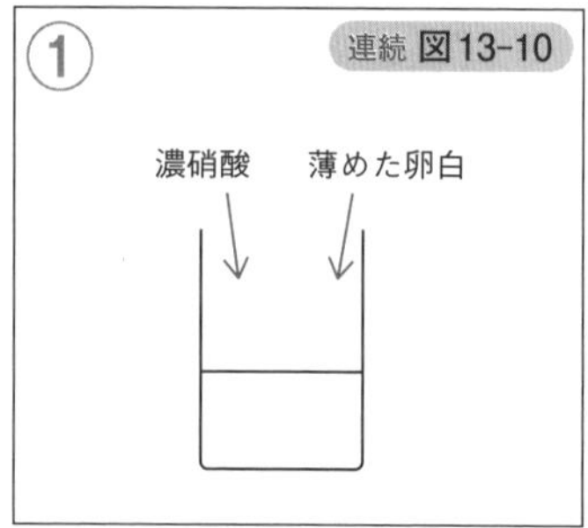

学校で硝酸を使って実験された方，指や爪が黄色くなりませんでした？ 1週間くらいすると消えるんですが，実は指の皮膚にベンゼン環が入ってるんですね。

連続 図13-10 の続き

② 黄色くなる

③ 冷えた後 アンモニア水 橙黄色になる

■ **チロシン，フェニルアラニン**

チロシン，フェニルアラニンはベンゼン環を持つアミノ酸です。フェニルアラニンの場合，名前に**フェニル**とあるので，ベンゼン環が入っているとお分かりになると思います。

「主な官能基」（→440ページ）をご覧いただくと，**フェニル基ーC_6H_5**（⌬）って書いてありますが，ベンゼンから1個水素が取れて，1本手が余っているのがフェニル基です。一方，チロシンもベンゼン環を含みますが，フェニルアラニンと違って，ヒントがなく，覚えるしかありません。

重要★★★ 両方ともベンゼン環がある

ということを知っておいてください。

2-3 ビウレット反応

■ **ペプチド結合**

タンパク質は**α-アミノ酸が結合**してできています。**2個結合**していたら**ジペプチド**，**3個**だと**トリペプチド**といいます。また，**α-アミノ酸のつなぎ目の部分**を**ペプチド結合**といいます。

■ **ペプチド結合が2個以上で反応**

ビウレット反応は，**ペプチド結合を2個以上もつトリペプチド以上**で反応します。なお，ジペプチドやペプチド結合については，「単元3　ペプチド結合とタンパク質の組成」で詳しくご説明します。

トリペプチド 図13-11

ペプチド結合

α-アミノ酸3分子が結合

■ **実験操作と反応**

5倍に薄めた卵白に水酸化ナトリウム水溶液を加え，よく混ぜます。そのあとスポイトで**硫酸銅(Ⅱ)水溶液$CuSO_4$**を1滴か2滴垂らし，もし，ビウレット反応が陽性だったら，**赤紫色**が出てきます。色を覚えてください。

2-4 硫黄反応

■ 硫黄を含むアミノ酸やタンパク質に反応

硫黄反応は，名前の通り，**硫黄を含むアミノ酸やタンパク質と反応**します。

硫黄を含んでいるアミノ酸は，

重要★★★ メチオニン，システイン，シスチン

です。**名前と性質だけ覚えれば大丈夫です**。構造式をかけなくてもいいです。もし，構造式が書いてあって，硫黄反応が陽性なものはどれか？　という問題があっても，硫黄を含むものを選べば，それが解答です。

■ 実験操作と反応

まず，薄めた卵白に水酸化ナトリウム水溶液を加えます。

次に，**酢酸鉛（Ⅱ）$(CH_3COO)_2Pb$**水溶液を入れます。この酢酸鉛（Ⅱ）は2個の酢酸イオンCH_3COO^-と鉛（Ⅱ）イオンPb^{2+}が結びついたものです。

反応すると，酢酸鉛（Ⅱ）のPb^{2+}がS^{2-}と結びついて，**黒色沈殿PbS硫化鉛（Ⅱ）**が生成し，黒くなります。

$$Pb^{2+} + S^{2-} \longrightarrow PbS$$

硫化物はほとんどが黒い色だと119ページでやりました。ちょっと復習ですが，黒以外の色は3つです。硫化カドミウムCdSが黄色，硫化亜鉛ZnSが白色，硫化マンガン（Ⅱ）MnSが淡赤色（たんせきしょく）でした。

あとは鉛も含めて全部黒色です。黒くなったら，硫黄を含んでいると分かります。

2-5 ニンヒドリン反応

■ どんなアミノ酸またはタンパク質も検出

ニンヒドリン反応は，

どんなアミノ酸またはタンパク質でも検出する反応

です。タンパク質は，α－アミノ酸が結びついてできています。ニンヒドリン反

応は，このα－アミノ酸1分子でも，2個結びついたジペプチドでも，3個結びついたトリペプチドでも，たくさんでも，どんなものでも反応を起こします。

一方，ビウレット反応の場合は，α－アミノ酸が3個結びついたトリペプチド以上で反応という違いがあります。

■ **実験操作と反応**

薄めた卵白に**ニンヒドリン水溶液**を数滴入れます。もし陽性なら，**赤紫～青紫色**に変化します。

ビウレット反応もニンヒドリン反応も共に紫系統の色の変化が起こります。

単元2 要点のまとめ①

● **アミノ酸，タンパク質の検出反応**

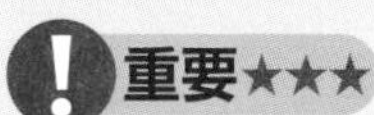

①キサントプロテイン反応

ベンゼン環を持つアミノ酸よりなるタンパク質の検出。

（ベンゼン環がニトロ化される）

濃硝酸で**黄色**，さらにNH_3水で**橙黄色**。

例：**チロシン，フェニルアラニン**

②ビウレット反応

ペプチド結合を2個以上持つトリプチド以上で反応する。

（アミノ酸とジペプチドでは反応しない）

NaOH，$CuSO_4$ ⟶ **赤紫色**

③硫黄反応

硫黄を含むタンパク質と反応する。

NaOH，酢酸鉛（Ⅱ）⟶ PbS黒色沈殿

例：**メチオニン，システイン，シスチン**

④ニンヒドリン反応

アミノ酸またはタンパク質の検出反応。

ニンヒドリン水溶液 ⟶ **赤紫～青紫色**

チロシン，フェニルアラニン，メチオニン，システイン，シスチンは名前と性質は覚えてください。構造式は書けなくていいです。

単元3 ペプチド結合，タンパク質の組成，アミノ酸の等電点 化学

3-1 ジペプチド

■ タンパク質とは

タンパク質は，**α-アミノ酸が縮合重合によりつながった高分子化合物**です。

そして，α-アミノ酸が**2個くっつく**と**ジペプチド**，**3個だとトリペプチド**，**たくさんだとポリペプチド(タンパク質)**といいます。α-アミノ酸とタンパク質の関係は，糖類のα-グルコースとデンプンと同じような関係だといえます。

また，α-アミノ酸同士がつながった部分を

! 重要★★★ ペプチド結合

と呼びます。

それでは**ジペプチドの構造式**を見ていきましょう。

■ ジペプチドの構造式

連続 図13-12① はα-アミノ酸の一般式です。単元1の 図13-1 と比べると，配置が少し違います。**アミノ酸，タンパク質の結合に関係する問題**では，**左側にアミノ基NH_2，右側にカルボキシ基COOHを書く**ことが決まっています。

ジペプチドは，**2つのα-アミノ酸分子が縮合して結びついて**出来ます（連続 図13-12②）。

縮合ですから，カルボキシ基のOHとアミノ基のHがとれるんです（連続 図13-12③）。

これ，合成高分子でもやりましたね。アジピン酸のカルボキシ基とヘキサメチレンジアミンのアミノ基，OHとHがとれて，**アミド結合**ができました(→325ページ)。

ところが，全く同じ形のこの結合をここでは**ペプチド結合**と

連続 図13-12

①

$$\mathrm{H_2N-\underset{\underset{R}{|}}{\overset{\overset{H}{|}}{C}}-\overset{\overset{O}{\|}}{C}-OH}$$

アミノ基　　カルボキシ基

α-アミノ酸の一般式

②

$$\mathrm{H_2N-\underset{\underset{R}{|}}{\overset{\overset{H}{|}}{C}}-\overset{\overset{O}{\|}}{C}-OH + H-\overset{\overset{H}{|}}{N}-\underset{\underset{R}{|}}{\overset{\overset{H}{|}}{C}}-COOH}$$

α-アミノ酸　　α-アミノ酸

③

$$\mathrm{H_2N-\underset{\underset{R}{|}}{\overset{\overset{H}{|}}{C}}-\overset{\overset{O}{\|}}{C}\boxed{-OH} + \boxed{H-}\overset{\overset{H}{|}}{N}-\underset{\underset{R}{|}}{\overset{\overset{H}{|}}{C}}-COOH}$$

いいます（連続 図13-12④）。

連続 図13-12 の続き

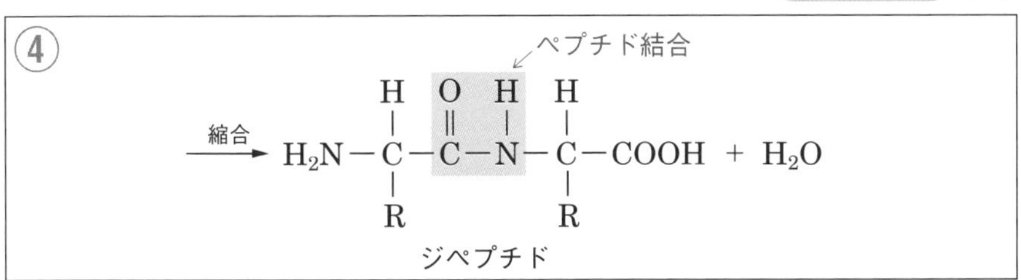

アミノ酸2分子から水が取れて，ペプチド結合を1つ持つ物質のことを**ジペプチド**っていうんです。

■ アミド結合とペプチド結合

アミド結合の一番分かりやすい例としては，**アセトアニリド**があります（→306ページ）。

図13-13

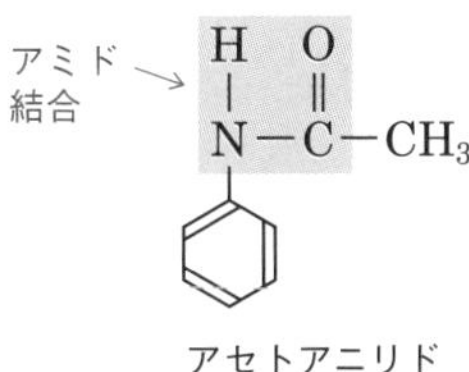

しかし，ジペプチドで「アミド結合」と解答に書くと不正解です。

アミド結合のうち，**アミノ酸，タンパク質の場合はペプチド結合**という言い方をします。

だから，アセトアニリドでペプチド結合と解答を書くと，やはりバッテンです。アミノ酸，タンパク質のときだけペプチド結合です。

■ N末端，C末端

トリペプチドを例に説明していきましょう。図13-11（→399ページ）でも示しましたが，もう少し詳しく見ていきましょう。

α-アミノ酸3分子から水2分子が取れて，トリペプチドができます。

アミノ酸，タンパク質の結合に関する問題では左側にアミノ基NH_2，右側にカルボキシ基COOHを書く約束になっています。

そして，左側のアミノ基NH_2の残った側を**N末端**と呼び，右側のカルボキシ基の残った側を**C末端**と呼んでいます。

図13-14

H O H H O H H

$H_2N-C-C-N-C-C-N-C-COOH$

R R R

N末端 C末端

トリペプチド

入試問題にはペプチドを作っている**アミノ酸の配列順序を決める問題**がありますが，このとき

重要★★★ N末端側からC末端側の順に書く

ことが必要になります。逆に書くと不正解になります。

【例題6】
グリシン1分子とアラニン2分子を使って考えられるトリペプチドの構造式をすべて記せ。構造式はN末端（縮合に使用されていないアミノ基の残った末端）のアミノ酸を左側にして記せ。ただし，鏡像異性体を考慮する必要はない。

さて，解いてみましょう。

【例題6】の解説 グリシンをG，アラニンをAとしてトリペプチドの配列を考えてみましょう。トリペプチドは全部で㋑〜㋩の**3つ**が考えられます。

$H_2N-G-A-A-COOH$ —— ㋑
$H_2N-A-A-G-COOH$ —— ㋺
$H_2N-A-G-A-COOH$ —— ㋩

アミノ酸の配列では㋑と㋺は異なる物質です。

数学ではG＋A＋A＝A＋A＋Gですが，アミノ酸の配列では数学の交換法則は成り立ちません。

では考えられるトリペプチドの構造式をN末端を配慮して書いてみましょう。

確認しておきますがグリシンの構造式は$H_2N-\underset{H}{\overset{H}{C}}-\underset{O}{\overset{}{\underset{\|}{C}}}-OH$，アラニンの構造式は$H_2N-\underset{CH_3}{\overset{H}{C}}-\underset{O}{\underset{\|}{C}}-OH$です。この2つの構造式は書けるようにしておきましょう。

N末端を考慮すると$-NH_2$を左にし，$-COOH$を右にすることが重要です。

- $H_2N-\underset{H}{\overset{H}{C}}-\underset{O}{\underset{\|}{C}}-OH + H-\overset{H}{N}-\underset{CH_3}{\overset{H}{C}}-\underset{O}{\underset{\|}{C}}-OH + H-\overset{H}{N}-\underset{CH_3}{\overset{H}{C}}-\underset{O}{\underset{\|}{C}}-OH$

  グリシン　　アラニン　　アラニン

$$\longrightarrow H_2N-\underset{H}{\overset{H}{C}}-\underset{O}{\underset{\|}{C}}-\overset{H}{N}-\underset{CH_3}{\overset{H}{C}}-\underset{O}{\underset{\|}{C}}-\overset{H}{N}-\underset{CH_3}{\overset{H}{C}}-\underset{O}{\underset{\|}{C}}-OH + 2H_2O$$

ペプチド結合

トリペプチド

```
        H               H   H                      H   H
        |               |   |                      |   |
• H2N─C ─C┼OH  +  H┼N─C ─C┼OH  +  H┼N─C─C─OH
        |   ‖                   |   ‖                  |   ‖
       CH3 O                  CH3 O                  H   O

                         H          H   H          H   H
                         |          |   |          |   |
   ────→  H2N ─C ─C─N─C ─C─N─C ─C─OH + 2H2O
                         |   ‖          |   ‖          |   ‖
                        CH3 O         CH3 O          H   O
```

```
        H               H   H                      H   H
        |               |   |                      |   |
• H2N─C ─C┼OH  +  H┼N─C ─C┼OH  +  H┼N─C ─C─OH
        |   ‖                   |   ‖                  |   ‖
       CH3 O                  H   O                  CH3 O

                         H          H   H          H   H
                         |          |   |          |   |
   ────→  H2N ─C ─C─N─C ─C─N─C ─C─OH + 2H2O
                         |   ‖          |   ‖          |   ‖
                        CH3 O          H   O         CH3 O
```

```
              H         H   H         H   H
              |         |   |         |   |
∴   H2N─C─C─N─C ─C─N─C ─C─OH
              |   ‖         |   ‖         |   ‖
              H   O       CH3 O       CH3 O

              H         H   H         H   H
              |         |   |         |   |
∴   H2N─C ─C─N─C ─C─N─C─C─OH
              |   ‖         |   ‖         |   ‖
             CH3 O       CH3 O         H   O

              H         H   H         H   H
              |         |   |         |   |
∴   H2N─C ─C─N─C─C─N─C ─C─OH
              |   ‖         |   ‖         |   ‖
             CH3 O         H   O       CH3 O
```

……**【例題6】**の【答え】

3-2 タンパク質の組成

■ 単純タンパク質

タンパク質はアミノ酸が縮合重合で何個も何個も結びついてできています。

タンパク質を加水分解したとき，**アミノ酸だけが生じるタンパク質**を**単純タンパク質**といいます。

単純っていう言葉は漢字で覚えてください。

■ 複合タンパク質

一方，**加水分解によってアミノ酸以外の物質も生じるタンパク質**を**複合タンパク質**といいます。

核酸（→426ページ），色素，リン酸，糖類などを含むタンパク質のことです。

複合という言葉も漢字で覚えてください。

■ タンパク質の変性

タンパク質の変性がどういう現象かといいますと，例えば，卵白を熱くなっているフライパンにポトンと落とします。すると，だんだん熱が加わって白くなりますね。液体から固体になってるんですね。

固体を冷やしても，ドロッとした卵白には戻りません。タンパク質を構成しているアミノ酸の配列順序は変わっていないんですが，変わったのは水素結合による**立体構造**です。

この現象を**タンパク質の変性**といいます。

熱だけでなく，**強酸**，**強塩基**，**重金属イオン**（Cu^{2+}やPb^{2+}など），**有機溶媒（アルコール**や**アセトンなど）**が作用しても，**タンパク質は凝固**します。

こういった，**液体から固体になって，元に戻らない現象**がタンパク質の変性です。酵素はタンパク質からできていますが，変性が起きると，その触媒作用を失います。これを**酵素の失活**と呼びます。

■ タンパク質の構造

タンパク質の構造には一次構造から四次構造まであります。

①**一次構造**とはアミノ酸の配列順序のことをいいます。

②**二次構造**とはアミノ酸の配列順序は変りませんが，タンパク質分子間で水素結合によってできる安定な**α-ヘリックス**（らせん形構造）や**β-シート**（ジグザグ形構造）などの構造のことをいいます。

③**三次構造**とはタンパク質分子間で**ジスルフィド結合**（—S—S—硫黄原子2つ（ジ）がつながった結合）やイオン結合などによりタンパク質の原子が一部組み換わる立体構造のことをいいます。ジスルフィド結合についてはシステイン2分子からシスチンを生成する反応（酸化反応）を例にして示します。

重要★★

$$\underset{\text{システイン}}{\mathrm{H-\overset{NH_2}{\underset{COOH}{C}}-CH_2-S-H}}\quad \underset{\text{システイン}}{\mathrm{H-S-CH_2-\overset{NH_2}{\underset{COOH}{C}}-H}}$$

$$\xrightarrow[(-2\mathrm{H})]{\text{酸化}} \mathrm{H-\overset{NH_2}{\underset{COOH}{C}}-CH_2-\underbrace{S-S}_{\text{シスチン}}-CH_2-\overset{NH_2}{\underset{COOH}{C}}-H+2H^++2e^-}$$

（S−S：ジスルフィド結合）

④**四次構造**とは複数のタンパク質の立体構造の集合状態をいい，代表例として**ヘモグロビン**などがあります。

タンパク質の構造は軽めに知れば大丈夫ですが，**α-ヘリックス**，**β-シート**，

ジスルフィド結合，**ヘモグロビン**などの言葉は覚えておいてください。

水素結合やらせん形構造については，**演習問題㊱**で詳しくご説明します(→**413**ページ)。

単元3 要点のまとめ①

● **タンパク質の組成**

重要★★★

①α-アミノ酸が縮合重合して，ペプチド結合でつながってできた高分子化合物をタンパク質という。

②**単純タンパク質**…加水分解によってアミノ酸だけを生じるタンパク質をいう。

複合タンパク質…加水分解によってアミノ酸以外の物質も生じるタンパク質をいう。

● **タンパク質の変性**

重要★★★

タンパク質は熱，強酸，強塩基，重金属イオン(Cu^{2+}やPb^{2+}など)，有機溶媒(アルコールやアセトンなど)により凝固する。この現象を**タンパク質の変性**といい，一度凝固すると元には戻らない。

演習問題で力をつける㊱

グリシンの3つのイオン構造式をマスターしよう！

問 次の文を読み，下の問に答えよ。

アミノ酸は，中性もしくは中性に近い水溶液中では，酸とも塩基とも反応する［（ア）］イオンとして存在し，a<u>酸や塩基を加えるとそれに応じて分子の形が変形する</u>。各アミノ酸ともそれぞれ一定のpHにおいては，分子内で正，負の電荷が打ち消され，見かけ上分子が電荷をもっていないようにふるまう。このときのpHの値を等電点という。

アミノ酸を，b<u>エタノールでエステル化</u>してできた分子は［（イ）］の性質を失う。また，無水酢酸を作用させると［（ウ）］結合が生成する。

アミノ酸が，一定の順序で縮合重合して［（エ）］結合を形成し，高分子になったものがタンパク質である。タンパク質中の，［（エ）］結合に含まれる ＞N−H基と，他の［（エ）］結合に含まれる ＞C=O 基との間に形成される

（オ）結合は，タンパク質の分子内や分子間にも起こり，タンパク質に特有の（カ）形構造やジグザグ形構造の形成に寄与する。また，タンパク質は水に溶けると，（キ）コロイドとなる。この溶液に，硫酸アンモニウムなどの電解質を多量に加えると，タンパク質は沈殿する。この沈殿反応を（ク）とよぶ。

(1) 文中の空欄（ア）～（ク）に適当な語句を記入せよ。

(2) 下線部aについて，グリシンの(a)酸性水溶液，(b)塩基性水溶液中での構造を官能基の電荷の状態を明示して構造式で記せ。

(3) グリシンに下線部bの反応を行ったときの生成物の構造式を記せ。

さて，解いてみましょう。

問(2)の解説　(2)番の問題からやりましょう。この演習問題は，**グリシンの構造式が書けないとできない**んです。394ページに出てきた図13-4の溶液中でのアミノ酸のイオンの構造式です。

陽イオン，双性イオン，陰イオンを岡野流で書いていきましょう。

双性イオン(中性溶液)

まず，図13-4(→394ページ)の真ん中にある中性溶液からです。α－アミノ酸の中でもグリシンは一般式のRがHです(→394ページ参照)。また，アミノ酸，タンパク質の結合には関係ないですから，N末端の必要はありません(連続 図13-15①)。

中性溶液中でアミノ酸は，水に溶けます。するとカルボキシ基COOHのH^+が離れて，COO^-になります(連続 図13-15②)。

そして，とれたH^+がNH_2にくっつきます(連続 図13-15③)。

理由ですが，例えばアンモニアが水H_2Oに溶けると，$NH_4{}^+$とOH^-のイオンに分かれますよね。アンモニア分子に水素イオン1個が加わって，アンモニウムイオンになります。

$$NH_3 + H_2O \rightleftarrows NH_4{}^+ + OH^-$$

双性イオンの構造式

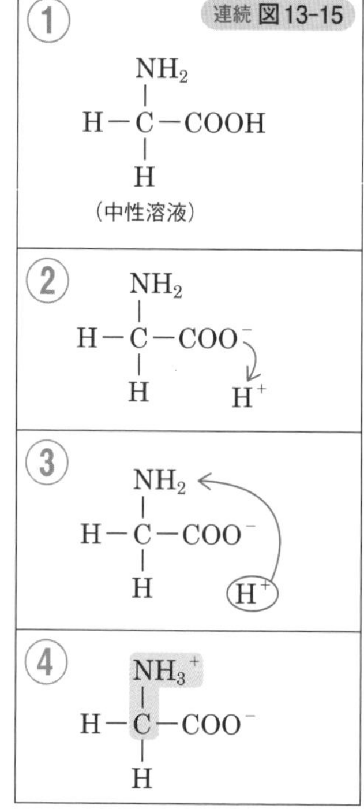

これと同じような感じで飛び出てきたH^+がNH_2にくっついて，$NH_3{}^+$になるんです。

ここでいつもご説明してるのは，

窒素は手が4本出ると＋

になるという点です(→303ページ)。

窒素Nには炭素Cが1つと水素Hが3つで，手が4本出てますね。だから＋になってます（連続 図13-15④）。

カルボキシ基は，酢酸のことを思い出していただければ，CH_3COOHがCH_3COO^-とH^+というふうに分かれますね。

それで，あまり見たことがないと思いますが，1つのイオンに＋と－が1個ずつ入ってるんです（図13-16）。これを**双性イオン**っていいます。中性溶液中では主に双性イオンの形で存在しています。

＋と－がある　図13-16

$$\begin{array}{c} NH_3{}^{\oplus} \\ | \\ H-C-COO^{\ominus} \\ | \\ H \end{array}$$

双性イオン

陽イオン（酸性溶液）

次は，双性イオンの左側に酸性溶液中の構造式を書きます。

まず，平衡の矢印を書きましょう。

普通，平衡の矢印は必ず ⇄ の向きの書き方をしますが，岡野流では話を分かりやすくするために，⇆ の向きで書きます（連続 図13-17①）双性イオンを中心にして考えるからです。

酸性というと，例えば水溶液中に塩酸をバ～ンと加えますと，一番多く含んでいるのは水素イオンH^+です。つまり，矢印向こう側に水素イオンが加わるんです（連続 図13-17②）。

プラスの水素イオンがたくさんあるのが酸性溶液なんですよ。

この＋と＋は反発してくっつきません。だけど，＋と－はお互いに引き合うんですよ（連続 図13-17③）。

陽イオンの構造式

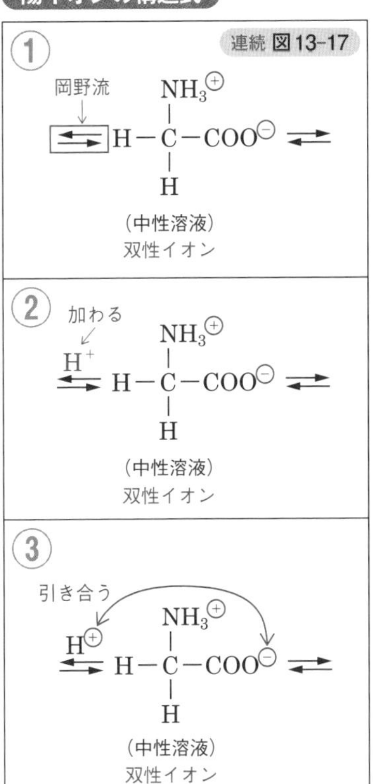

それで，引き合った後の形が 連続 図13-17④ の左側です。これが，酸性溶液中での主な形なんです。

酸性溶液中の構造式を見ると，＋が1個しかありません。**陽イオン**ですね。

連続 図13-17 の続き

④

酸性溶液中では＋が1個

$$H-\underset{\underset{H}{|}}{\overset{\overset{NH_3^{\oplus}}{|}}{C}}-COOH \overset{H^{\oplus}}{\rightleftarrows} H-\underset{\underset{H}{|}}{\overset{\overset{NH_3^{\oplus}}{|}}{C}}-COO^{\ominus} \rightleftarrows$$

（酸性溶液）　陽イオン　　（中性溶液）　双性イオン

陰イオン（塩基性溶液）

今度は双性イオンの右側，塩基性（アルカリ性）の溶液です。塩基性ですからOH^-を多く含んでいます。だから，今度はOH^-がガバッと増えてくるんです 連続 図13-18① 。

そして，＋と－が引き合って，OH^-とNH_3^+が結びつきます 連続 図13-18② 。

この場合も，イメージとしてはアンモニウムイオンです。OH^-がくっついた場合，$NH_4^+ + OH^-$は，アンモニア水$NH_3 +$ H_2Oって書くんです。

$$NH_4^+ + OH^- \longrightarrow NH_3 + H_2O$$

それと同じように，水分子がとれまして，今回はアミノ基NH_2になりますね（ 連続 図13-18③ ）。

陰イオンの構造式

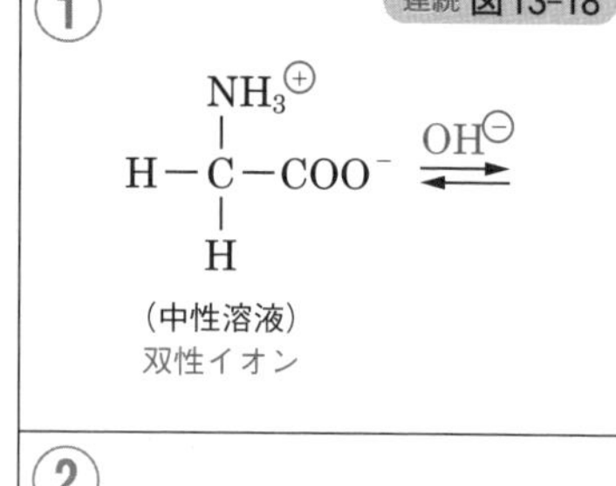

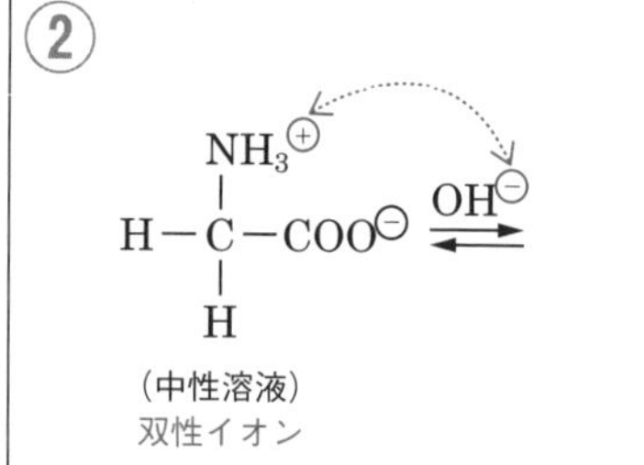

③

$$H-\underset{\underset{H}{|}}{\overset{\overset{NH_3^{\oplus}}{|}}{C}}-COO^{\ominus} \overset{OH^{\ominus}}{\rightleftarrows} H-\underset{\underset{H}{|}}{\overset{\overset{\boxed{NH_2}}{|}}{C}}-COO^{\ominus} + \boxed{H_2O}$$

アミノ基

（中性溶液）　双性イオン　　（塩基性溶液）　陰イオン

今度は−が1個だけ残りました。こういうのを**陰イオン**といいます。

塩基性溶液中では主に陰イオンの形で存在します。

つまり，双性イオンを中心に考えてH^+やOH^-を加えることによって，陽イオンや陰イオンを作ることができるんです。

以上が溶液中でのα−アミノ酸（グリシン）のイオンの構造式です。

溶液中でのα−アミノ酸のイオン構造式 図13-19

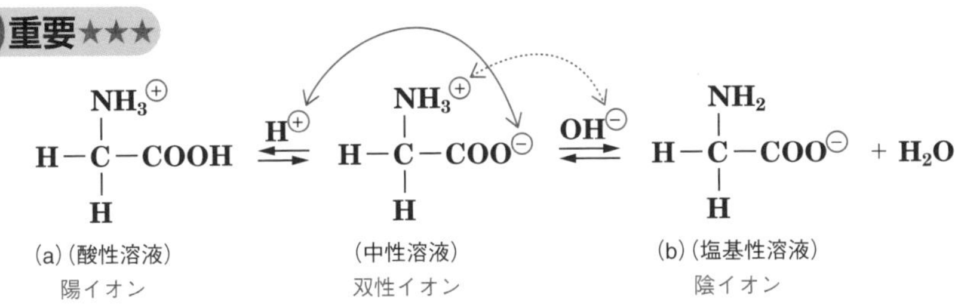

$$\therefore\ \mathrm{H-\underset{\underset{\displaystyle H}{|}}{\overset{\overset{\displaystyle NH_3^+}{|}}{C}}-\underset{\underset{\displaystyle O}{\|}}{C}-OH}$$ …… 問(2)(a) の【答え】

$$\therefore\ \mathrm{H-\underset{\underset{\displaystyle H}{|}}{\overset{\overset{\displaystyle NH_2}{|}}{C}}-\underset{\underset{\displaystyle O}{\|}}{C}-O^-}$$ …… 問(2)(b) の【答え】

これは暗記しようとすると大変です。**岡野流**で書けるようにしてください。

なお，$-COOH$，$-COO^-$の構造式は正式には，$\mathrm{-\underset{\underset{\displaystyle O}{\|}}{C}-OH}$，$\mathrm{-\underset{\underset{\displaystyle O}{\|}}{C}-O^-}$と書きます。

問(1) （ア） の解説 中性ですから“双性”イオンです。

∴ **双性** …… 問(1) （ア） の【答え】

問(1) （イ） の解説 **酸の性質を失う**っていうんですね。理由は**エステル化が起こっているから**です。

アミノ酸（グリシン）にエタノールを加えた例をやってみます。まずグリシンとエタノールですね（連続 図13-20①）。

そして，エステル化が起こります（連続 図13-20②）。

エステル化の例

① 連続 図13-20

$$\mathrm{H-\underset{\underset{\displaystyle H}{|}}{\overset{\overset{\displaystyle NH_2}{|}}{C}}-\underset{\underset{\displaystyle O}{\|}}{C}-OH\ +\ H-O-C_2H_5}$$

グリシン　　エタノール

カルボン酸のOHとアルコールのHがとれます。スポンと抜けて**エステル結合**ができてくるんです（連続 図13-20③）。

今，**失ったのは酸の性質**ですね。COOHのH^+になる部分が潰されちゃったんです。

（イ）は"酸"という解答になります。

∴　酸 …… 問(1)（イ）の【答え】

連続 図13-20 の続き

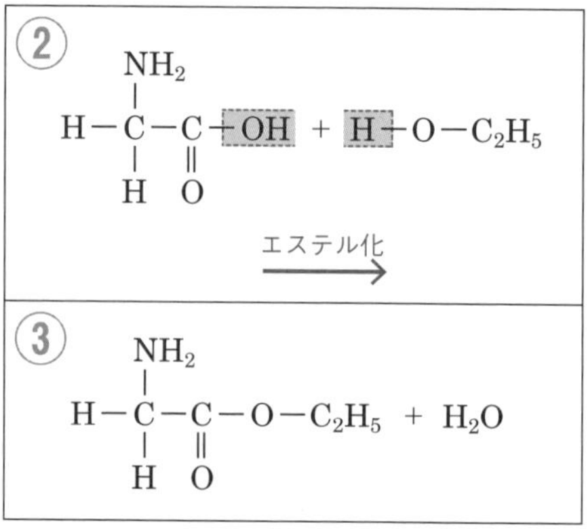

②
$$H-\underset{H}{\overset{NH_2}{C}}-\underset{}{\overset{}{C}}(=O)-OH + H-O-C_2H_5 \xrightarrow{\text{エステル化}}$$

③
$$H-\underset{H}{\overset{NH_2}{C}}-C(=O)-O-C_2H_5 + H_2O$$

問(1)（ウ）の解説　"アミド"結合です。グリシンに無水酢酸を加える反応ですね。書いてみましょう。まずグリシンです。結合が関係するのでNH_2の構造をちゃんと書きます。それに無水酢酸を加えます（連続 図13-21①）。

ここはアセチルサリチル酸とかアセトアニリドのところでやりましたね（→290，306ページ）。

アミノ基のHが，Oに飛んでいきまして，酢酸分子を作ります（連続 図13-21②）。で，余った手のCH_3CO（アセチル基）とNが結びつくことで，連続 図13-21③ができ上がってくるんです。

そうしますと，図のところに**アミド結合**ができています。これが解答です。

∴　アミド

…… 問(1)（ウ）の【答え】

アミド結合の例

連続 図13-21

①
$$H-\underset{H}{\overset{H-N-H}{C}}-COOH + (CH_3-CO)_2O$$

グリシン　　無水酢酸

②
$$H-\underset{H}{\overset{H-N-H}{C}}-COOH + (CH_3-CO)_2O \xrightarrow{\text{アセチル化}}$$

③ アミド結合
$$H-\underset{H}{\overset{H-N-C(=O)-CH_3}{C}}-COOH + CH_3COOH$$

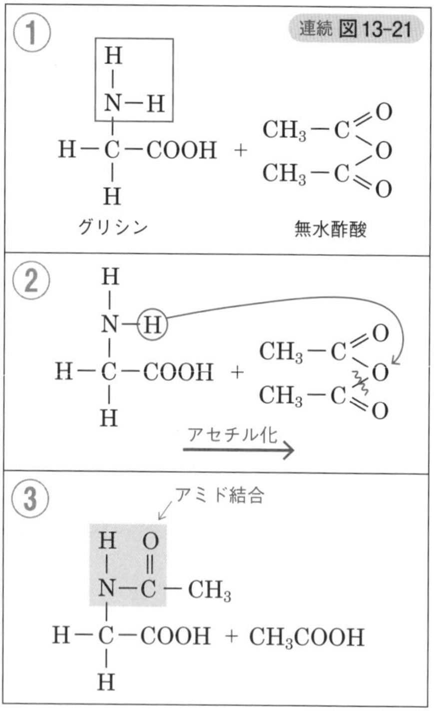

アミノ酸2分子ならペプチド結合なんですが，アミノ酸と無水酢酸ですから，アミド結合となります。

問(1) （エ） の解説 今度はアミノ酸が何個も縮合重合したので，“ペプチド”結合です。

∴ **ペプチド** …… **問(1) （エ）** の【答え】

問(1) （オ） の解説 “水素”結合です。C＝O基とN－H基ですから，**「ホンとに来るよ合格通知」F，O，N，Cl**（「化学基礎」（→52ページ），「理論化学」（→20ページ））のうち，水素Oと窒素Nがあります。

F，Ⓞ，Ⓝ，Cl

このOとNのところが，電子を自分の側に引っ張り込む力が強いんです。だから，**水素結合**が起こるということなんですね。

∴ **水素** …… **問(1) （オ）** の【答え】

問(1) （カ） の解説 **“らせん”形構造**です。どのようなものか，図でご説明します。

らせん構造は，アミノ酸がペプチド結合でどんどんつながっていて，図のようになっています。そして，ここにC＝OやN－Hが入っていたとします（連続 図13-22①）。

酸素Oは炭素Cとの共有電子対を自分の方にグッと引っ張り，ごくごく小さなマイナスの電荷を帯びてきて，δ－となります。

窒素Nは水素Hとの共有電子対を自分の側に引っ張ります。窒素がごくごく小さなマイナスの電荷を帯びてきてδ－に，水素は逆にごくごく小さなプラスの電荷を帯びてきてδ＋になっています（連続 図13-22②）。

そして，向かい合っている，δ－とδ＋が引き合って，結びつくんです（連続 図13-22③）。

これが**水素結合**です。

このδ－とδ＋の小さなクーロン力の話は，「化学基礎」（→95ページ），「理論化学」（→31ページ）で水H_2Oを例にご説明しました。それと同じような感じです。

それによって，らせんがビシッと固定されてできているのが**らせん形構造**です。らせん形構

らせん形構造

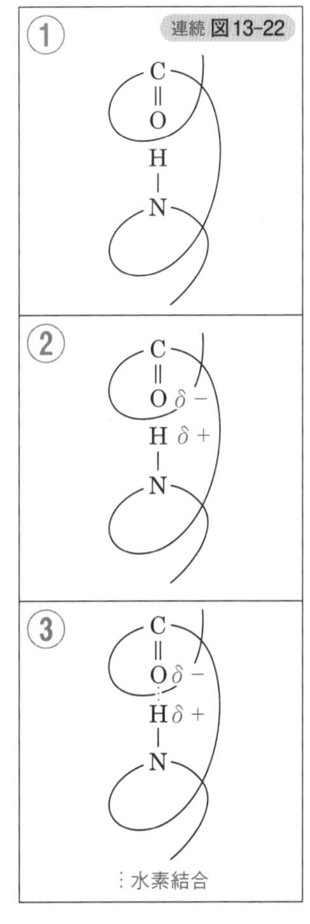

造は**タンパク質の特徴**ですよ。このらせん形構造には**α−ヘリックス**という名前がついています。覚えておいてください。ちなみにヘリックスとはらせんを意味します。

∴　**らせん** …… **問(1)** (カ) の【答え】

問(1) (キ) (ク) **の解説**　**田んぼでゼッケン乾かん。**

「理論化学」(→262ページ)で説明しましたね。親水コロイドの覚え方，「田」がタンパク質，「で」がでんぷんです。

“親水”コロイドの特徴は多量の電解質で沈殿することで，**“塩析”**っていうんでしたね。

凝析とは疎水コロイドが少量の電解質で沈殿することをいいました。

∴　**親水** …… **問(1)** (キ) の【答え】

∴　**塩析** …… **問(1)** (ク) の【答え】

問(3)の解説　酸の性質がなくなったときの構造式ですね。(1)（イ）のところで書いた 連続 図13-20③ (→412ページ)が解答です。

```
        NH2           H   H
        |             |   |
∴  H—C—C—O—C—C—H …… 問(3) の【答え】
        |   ‖         |   |
        H   O         H   H
```

単元3 要点のまとめ②

● **タンパク質の構造**

①**一次構造**…アミノ酸の配列順序をいう。

②**二次構造**…アミノ酸の配列順序は変らないが，タンパク質分子間で水素結合によってできる安定な**α−ヘリックス**(らせん形構造)，**β−シート**(ジグザグ形構造)などの構造をいう。

③**三次構造**…タンパク質分子間で**ジスルフィド結合**(—S—S—硫黄原子2つ(ジ)がつながった結合)やイオン結合などによりタンパク質の原子が一部組み換わる立体構造をいう。

④**四次構造**…複数のタンパク質の立体構造の集合状態をいう。代表例として**ヘモグロビン**などがある。

タンパク質の構造は軽めに知っておけば大丈夫です。

演習問題で力をつける㊲

アミノ酸，タンパク質の検出反応と計算問題に挑戦！

問 a　次の文を読んで，問い(1)〜(3)に答えよ。

タンパク質に水酸化ナトリウム水溶液を加えて部分的に加水分解した。いろいろな長さのペプチドが得られたが，そのうち3種類のA，BおよびCについて次の実験を行った。操作①では試料Aのみ，操作②では試料Bのみ，そして操作③では試料Cのみ反応して呈色した。

操作①　水酸化ナトリウムを加えたのち，少量の硫酸銅(Ⅱ)水溶液を加えた。
操作②　濃硝酸を加えて加熱し冷却後，アンモニア水を加えた。
操作③　濃い水酸化ナトリウム水溶液と酢酸鉛(Ⅱ)水溶液を加えて加熱した。

(1) 操作①，②および③の反応で生じる色はそれぞれ何色か。ただし②は何色から何色と記せ。
(2) 操作①，②および③の反応名を記せ。

(3) 試料BおよびCには，それぞれどのような原子または原子団があるか。その名称を記せ。ただし，原子団にはペプチド結合を含まないものとする。

b　ある食品2.00gに含まれる窒素分をすべてアンモニアガスとして発生させ，その量をもとめたところ，0.0272gであった。タンパク質の窒素含有量を13%とすると，この食品に何%のタンパク質が含まれているか。小数点以下第1位まで示せ。(N = 14，H = 1.0)

さて，解いてみましょう。

問a (1) (2) の解説 ①は“ビウレット反応”ですから“赤紫色”。または紫色でも◯になると思います。

②は“キサントプロテイン反応”です。最初は濃硝酸で“黄色”で，それからアンモニア水で“橙黄色”。

③の硫黄反応はPbSの“黒色”です。

∴ ① **赤紫色**
∴ ② **黄色から橙黄色**
∴ ③ **黒色** …… **問a (1)** の【答え】

∴ ① **ビウレット反応色**
∴ ② **キサントプロテイン反応**
∴ ③ **硫黄反応** …… **問a (2)** の【答え】

問a(3)の解説 Bはキサントプロテイン反応でBのみ起こったので“ベンゼン環”。Cは硫黄反応を起こしたので，“硫黄原子”を含みます。

∴　B　ベンゼン環
∴　C　硫黄原子　……問a(3)の【答え】

問bの解説 まず，アンモニア0.0272g中に含まれる窒素の質量を求めます。

アンモニアの分子量は17です（図13-23）。17gのアンモニアがあると，14g分は窒素の質量です。

図13-23

$$\overbrace{\underbrace{N}_{14}H_3}^{17}$$

問題ではアンモニアが0.0272gですから，窒素の質量をxgとすると，次の式になります。

$17g : 14g = 0.0272g : xg$

内項の積と外項の積で計算しますと，0.0224gが窒素の質量になります。

$17x = 14 \times 0.0272$

$\therefore \quad x = \dfrac{14 \times 0.0272}{17} = 0.0224g\,(N)$

岡野の着目ポイント タンパク質中に窒素を13%含むということは，次のところがポイントです。

100gのタンパク質に13gの窒素を含んでいる。

%だと割合になるから難しくなります。具体的に100gあたり13g含んでいると考えた方が断然わかりやすいです。

岡野のこう解く 窒素の質量は先ほど求めた0.0224gです。タンパク質の質量をygとすると，次のような比例式が成り立ちます。

タンパク質　N
$100g : 13g = yg : 0.0224g$

計算すると，0.1723gになりました。2.00gの試料の中に0.1723gのタンパク質が含まれているんです。

$13y = 100 \times 0.0224$

$\therefore \quad y = \dfrac{100 \times 0.0224}{13} = 0.1723g$（タンパク質）

さらに，何%かを求めます。

$\therefore \quad \dfrac{0.1723g}{2.00g} \times 100 = 8.61 \fallingdotseq 8.6\%$

∴ 8.6%（小数第1位）…… **問b** の【答え】

3-3 アミノ酸の等電点（とうでんてん）

等電点は，アミノ酸の電荷が全体として0となるときのpHの値をいいます。双性イオンは電荷が0ですので，アミノ酸の陽イオンとアミノ酸の陰イオンの物質量やモル濃度が等しくなるとき，全体の電荷は0となります。

【例題7】

アラニンは水溶液中で次のような電離平衡が成り立っている。

$$H_3N^+-CH(CH_3)-COOH \rightleftarrows H_3N^+-CH(CH_3)-COO^- + H^+ \text{ —— ①}$$

$$H_3N^+-CH(CH_3)-COO^- \rightleftarrows H_2N-CH(CH_3)-COO^- + H^+ \text{ —— ②}$$

①式の電離定数K_1は5.0×10^{-3}mol/Lであり，②式の電離定数K_2は2.0×10^{-10}mol/Lである。

アラニンの等電点はいくらか。数値は有効数字2桁で求めよ。

さて，解いてみましょう。

【例題7】の解説 初めにアラニンの陽イオン，双性イオン，陰イオンを次のように決めます。

アラニンの陽イオン……A^+
アラニンの双性イオン…$A^\pm$
アラニンの陰イオン……A^-

①式は　$A^+ \underset{}{\overset{K_1}{\rightleftarrows}} A^\pm + H^+$ —— ①

②式は　$A^\pm \underset{}{\overset{K_2}{\rightleftarrows}} A^- + H^+$ —— ②

電離定数K_1，K_2は次のように表せます（「理論化学」327ページ参照）。

$$K_1 = \frac{[A^\pm][H^+]}{[A^+]} \Rightarrow [A^+] = \frac{[A^\pm][H^+]}{K_1} \text{ —— ㋑}$$

（右辺は分子／左辺は分母）

$$K_2 = \frac{[A^-][H^+]}{[A^\pm]} \Rightarrow [A^-] = \frac{K_2[A^\pm]}{[H^+]} \text{ —— ㋺}$$

（右辺は分子／左辺は分母）

等電点ではアラニンの陽イオンの濃度$[A^+]$とアラニンの陰イオンの濃度$[A^-]$が等しくなるので$[A^+]=[A^-]$である。

㋑と㋺の左辺どうしが等しいので右辺どうしも等しくなる。

$$\therefore\quad \frac{\cancel{[A^{\pm}]}[H^+]}{K_1}=\frac{K_2\cancel{[A^{\pm}]}}{[H^+]}$$

$$\therefore\quad K_1K_2=[H^+]^2$$

$$\therefore\quad [H^+]=\sqrt{K_1K_2}=\sqrt{5.0\times10^{-3}\times2.0\times10^{-10}}=\sqrt{1.0\times10^{-12}}$$
$$=1.0\times10^{-6}=10^{-6}\text{mol/L}$$

ではpHを**[公式9]** $\boxed{\mathrm{pH}=-\log_{10}[H^+]}$に代入して求めてみましょう。

$$\therefore\quad \mathrm{pH}=-\log_{10}10^{-6}=6.0$$

∴　**6.0** ……**【例題7】**の【答え】
（有効数字2桁）

単元3 要点のまとめ③

• アミノ酸の等電点

等電点は，アミノ酸の電荷が全体として0となるときのpHの値をいう。双性イオンは電荷が0であるので，アミノ酸の陽イオンとアミノ酸の陰イオンの物質量やモル濃度が等しくなるとき，全体の電荷は0となる。

第13講はここまでです。次回最終講でまたお会いしましょう。

第 14 講

イオン交換樹脂，核酸

単元 1　イオン交換樹脂　化学

単元 2　核酸　化学

第 14 講のポイント

第 14 講は「イオン交換樹脂，核酸」についてやっていきます。イオン交換樹脂では，陽イオン交換樹脂と陰イオン交換樹脂の働きを理解し，演習問題に取り組みます。「核酸」は，DNA と RNA のしくみや構造，用語を理解していきます。

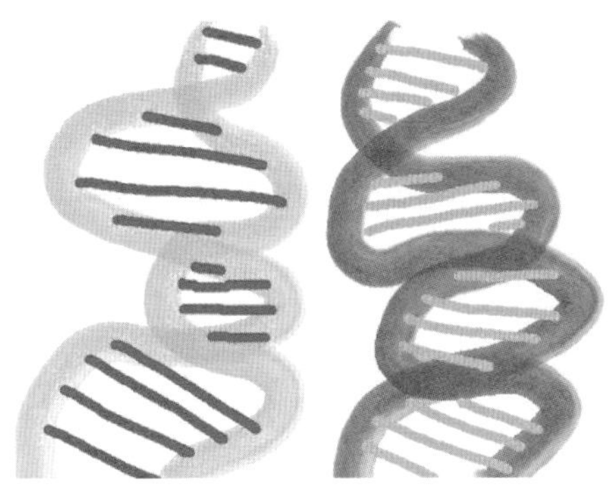

単元1 イオン交換樹脂

化学

1-1 陽イオン交換樹脂

■ 陽イオン交換樹脂とは

陽イオン交換樹脂は，

重要★★★ 陽イオンをH^+と交換する働きをもつ樹脂

のことです。陽イオンをNa^+としますと下式の丸の付いたHとNa^+が置き換わります。

$$R-SO_3H + Na^+ \longrightarrow R-SO_3Na + H^+$$

なお，陽イオン交換膜とは違います。陽イオン交換膜は，電気分解のとき出てくる話で陽イオンのみを通過させる膜のことです。

■ H^+とNa^+が置き換わる

では，わかりやすく書いてみましょう。ベンゼンスルホン酸のところで出てきましたが**スルホ基が，ベンゼン環をもつ炭化水素基(R)に結合した物質**を**陽イオン交換樹脂**と呼んでいます。ここでは簡略して$R-SO_3H$と表します。

例えば，そこに食塩水NaClを流し込みます（連続 図14-1①）。

$R-SO_3H$は酸ですから$R-SO_3^-$とH^+が結び付いてますよね（連続 図14-1②）。

その水素イオンH^+が陽イオンNa^+と置き換わるんです（連続 図14-1③）。

置き換わって，Na^+がマイナスのイオン$R-SO_3^-$と結び付けば電気的に中性の状態で，$R-SO_3Na$になります。そして，水素イオンH^+が出てくるわけですね連続 図14-1④。

陽イオン交換樹脂

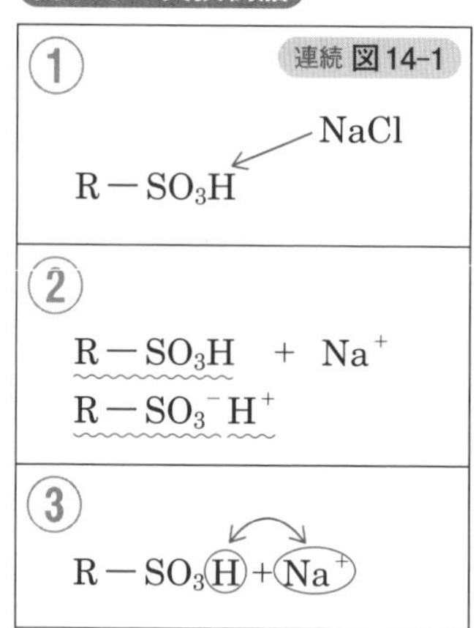

連続 図14-1 の続き

④ $R-SO_3H + Na^+ \longrightarrow R-SO_3Na + H^+$

このように陽イオンを水素イオンと置き換える働きを持つ樹脂を陽イオン交換樹脂といってるわけですね。

やってることは置き換えるだけです。

■ **塩酸を含む**

例えば今入れた食塩水NaClですが，**塩化物イオンCl^-**が残っています。だから中ではH^+とCl^-で塩酸HClができています。

1-2 陰イオン交換樹脂

■ **陰イオン交換樹脂とは**

陰イオン交換樹脂とは，

重要★★★ 陰イオンをOH^-と交換する働きをもつ樹脂

のことです。ここでは簡略して$R-N^+(CH_3)_3OH^-$と表します。

先ほどの続きで陽イオン交換樹脂のところで残ったNaClのCl^-が次のようにOH^-と置き換わります。

$$R-N^+(CH_3)_3OH^- + Cl^- \longrightarrow R-N^+(CH_3)_3Cl^- + OH^-$$

なお，陰イオン交換樹脂の化学式は覚える必要はありません。問題文に何らかの形で書いてありますので，それを使って反応式を作ればいいわけです。

■ **NaClのCl^-とOH^-が置き換わる**

それでは見ていきましょう。**窒素Nは手が4本出ると＋になる**。Rで1個使っていて，メチル基が3つくっついています。つまり，窒素Nは手が4本出ていて，N^+です（連続 図14-2①）。

それにOH^-（連続 図14-2②）。

そして，陽イオン交換樹脂のところで残ったNaClのCl^-を置き換えます。そうして出てくるのが，$R-N^+(CH_3)_3Cl^-$とOH^-なんです。

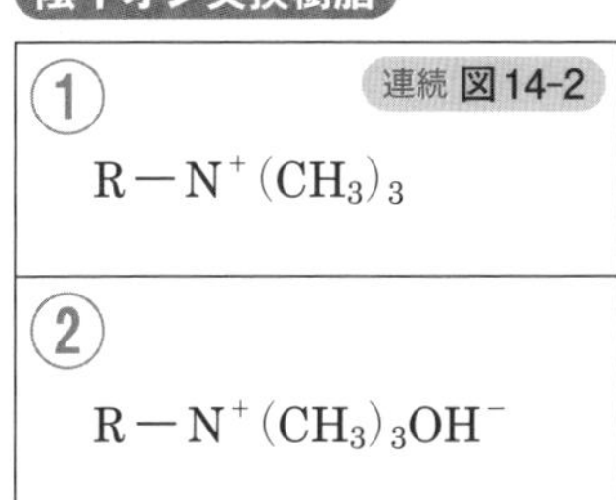

連続 図14-2 の続き

③

$$R-N^+(CH_3)_3OH^- + Cl^- \longrightarrow R-N^+(CH_3)_3Cl^- + OH^-$$

■ **結果，真水が出てくる**

H^+とOH^-が結び付いて，H_2Oになります。

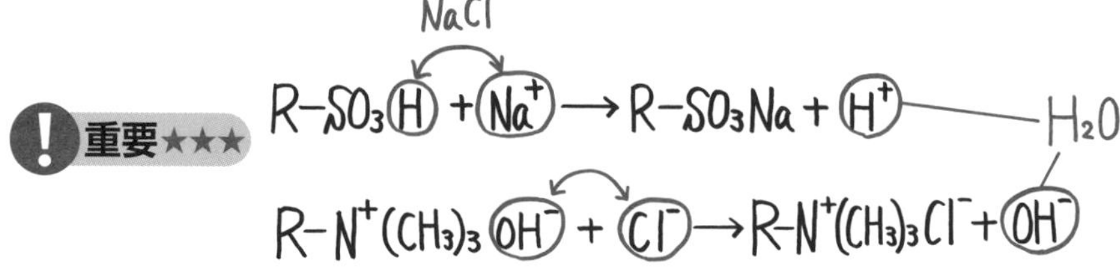

だから，陽イオン交換樹脂と陰イオン交換樹脂の混合物に食塩水を流し込んでも出てくるものは最終的には真水になって純粋な水になります。このようにしてできた水を**イオン交換水（純水）**といいます。実験室ではイオン交換水をすごくたくさん作り，多量に使います。

■ **陽イオン交換樹脂と陰イオン交換樹脂はセット**

純水を作るときには陽イオン交換樹脂と陰イオン交換樹脂はこのように別々ではなく一緒に混ぜて使用します。黄土色みたいな色の樹脂です。

水道水はいろんなイオンを含んでいるので，実験器具を洗うときは非常に都合が悪いんですね。塩化物イオンCl^-などを含んでいますから。そこで，陽イオン交換樹脂と陰イオン交換樹脂を混ぜたものに水道水を通すと**純水**ができてきます。

■ **陽イオン交換樹脂と陰イオン交換樹脂の再生**

使用済みの**陽イオン交換樹脂**に**強酸**（**塩酸**，**硫酸**など）の水溶液を，使用済みの**陰イオン交換樹脂**に**強塩基**（**水酸化ナトリウム**など）の水溶液を加えると元の状態にもどります。なぜなら次の「単元1　要点のまとめ①」の㋑式と㋺式の逆反応が起きるからです。再生することにより何度でも使用できるようになるのです。

単元 1　要点のまとめ①

● **陽イオン交換樹脂・陰イオン交換樹脂**

陽イオン交換樹脂…陽イオンをH^+と交換する働きをもつ樹脂

例：$R-SO_3H+Na^+ \longrightarrow R-SO_3Na+H^+$ ―― ㋑

陰イオン交換樹脂…陰イオンをOH^-と交換する働きをもつ樹脂

例：$R-N^+(CH_3)_3OH^-+Cl^- \longrightarrow R-N^+(CH_3)_3Cl^-+OH^-$ ―― ㋺

演習問題で力をつける㊳

イオン交換樹脂の性質を理解しよう！

問 イオン交換樹脂$R-SO_3H$をつめたカラムがある。これに0.10mol/Lの硫酸銅（Ⅱ）水溶液10mLを流し入れ，十分に水洗した。反応が定量的に行われたものとして，次の問いに答えよ。数値は有効数字2桁で求めよ。

① 上記イオン交換反応を化学反応式で示せ。

② イオン交換反応により生成した水素イオンは何molか。

③ 流出液を0.10mol/Lの水酸化ナトリウム水溶液で中和すると，何mLを要するか。

さて，解いてみましょう。

問①の解説

岡野の着目ポイント カラムとはイオン交換樹脂などを入れる円筒形のガラス管をいいます。問題文の「**化学反応式**で示せ」がポイントです。イオン反応式ではありませんよ。

まずNaClの場合で練習してみましょう。下の式はイオン反応式です。

$$R-SO_3H + Na^+ \longrightarrow R-SO_3Na + H^+$$

これを化学反応式にするにはCl^-を両辺に加えるんです。

$$R-SO_3H + Na^+ \longrightarrow R-SO_3Na + H^+$$

（Na^+とH^+のそれぞれにCl^-を加える）

$$\therefore\ R-SO_3H + NaCl \longrightarrow R-SO_3Na + HCl$$

よろしいですか。では問題をやってみましょう。初めにこちらを見てください。

$$2R-SO_3H + Cu^{2+}$$

$2R-SO_3H$とありますが，銅（Ⅱ）イオンCu^{2+}ですから，$R-SO_3H$が2個ないと銅が置き換われないんですよ。

$$R-SO_3H$$
$$R-SO_3H \quad Cu^{2+}$$

これを化学式で書くと

$$2R-SO_3H + Cu^{2+}$$

となります。

そして，$2R-SO_3H$ と Cu^{2+} が結びつくと，次のようになります。

$$2R-SO_3H + Cu^{2+} \longrightarrow (R-SO_3)_2Cu + 2H^+$$

できたのが $(R-SO_3^-)$ 2つ分で，そこにHの代わりに Cu^{2+} がくっついたんですね。そして，Hが2つ出ていきましたから $2H^+$ ですね。

岡野のこう解く　で，この式でいいような感じもするのですが，これはイオン反応式です。化学反応式にするためには，硫酸銅（Ⅱ）水溶液とあるので，硫酸イオン SO_4^{2-} を両辺に加えるんです。

$$2R-SO_3H + \underset{\uparrow\ SO_4^{2-}}{Cu^{2+}} \longrightarrow (R-SO_3)_2Cu + \underset{\uparrow\ SO_4^{2-}}{2H^+}$$

ですから，解答は次のようになります。

$$\therefore\ \mathbf{2R-SO_3H + CuSO_4 \longrightarrow (R-SO_3)_2Cu + H_2SO_4}$$

……**問①**の【答え】

$2H^+$ と SO_4^{2-} で硫酸 H_2SO_4 ができてたんですね。

問②の解説

岡野の着目ポイント　まず式を見てください。

$$2R-SO_3H + \underset{1\text{mol}}{1Cu^{2+}} \longrightarrow (R-SO_3)_2Cu + \underset{2\text{mol}}{2H^+}$$

銅（Ⅱ）イオン Cu^{2+} がもし1molあれば，水素イオン H^+ は2mol生じてきます。1mol対2mol。

$$\underset{1\text{mol}}{Cu^{2+}} : \underset{2\text{mol}}{2H^+}$$

ならば，銅（Ⅱ）イオン Cu^{2+} は何molだったかっていうと，硫酸銅（Ⅱ）$CuSO_4$ 水溶液を見てください。この濃度が0.10mol/Lで10mLあります。

岡野のこう解く　硫酸銅（Ⅱ）$CuSO_4$ が1molあれば，必ず銅（Ⅱ）イオン Cu^{2+} も1molだから，同じmol数です。だから，次のような式が成り立ちます。

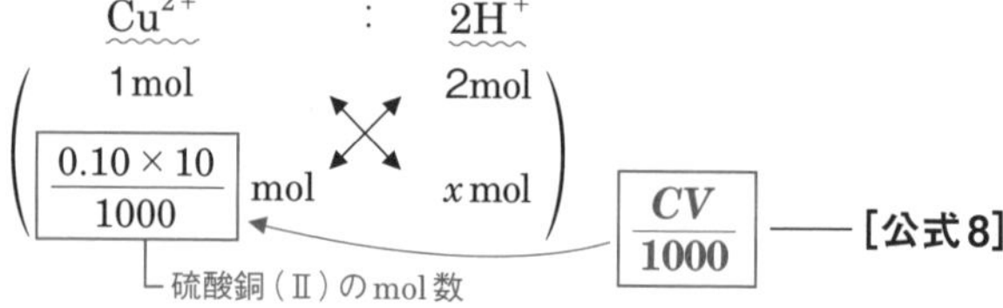

$$\therefore \quad x = \frac{0.10 \times 10 \times 2}{1000} = 2.0 \times 10^{-3}\text{mol}$$

∴ **2.0×10^{-3}mol** …… **問②** の【答え】
（有効数字2桁）

これが解答です。これだけの水素イオンが生じてきたわけです。

問③の解説 今度は②で生じた水素イオンを中和させるのに必要な水酸化ナトリウム水溶液の体積(mL)を求めましょうってことです。

中和滴定の問題ですね。酸から生じるH^+のmol数と塩基から生じるOH^-のmol数が等しくなるようにして求めます（「化学基礎」163 ～ 166ページ，「理論化学」105ページ）。

岡野のこう解く H^+とOH^-の物質量が等しいとき中和反応は過不足なく起こります。

H^+の物質量＝OH^-の物質量（反応式は不要）

H^+のmol数は②で求まりましたから，塩基から生じるOH^-のmol数がわかれば計算ができます。

塩基が出すOH^-のmol数 ⟹ 塩基のmol数×価数

NaOHは1価の塩基です。

問題には水酸化ナトリウム水溶液のモル濃度が0.10mol/Lと書いてあります。あと，必要な水酸化ナトリウム水溶液をxmLとします。

H^+のmol数は②の答えの値です。

$$\therefore \quad \underbrace{2.0 \times 10^{-3}\text{ mol}}_{H^+\text{のmol数}} = \underbrace{\frac{0.10 \times x}{1000} \times \underset{\text{価数}}{1}}_{OH^-\text{のmol数}}$$

$\therefore \quad x = 20$mL

∴ **20mL** …… **問③** の【答え】
（有効数字2桁）

要は陽イオン交換樹脂はH^+と陽イオンが置き換わる。陰イオン交換樹脂はOH^-と陰イオンが置き換わる。この原理さえしっかりおさえておけば大丈夫ですよ。

単元2 核酸

化学

核酸は，生物を選択されてる方は得意かもしれませんが，化学からすれば，ちょっと嫌な分野ですよね。この単元では，言葉を覚えることが大事です。それでは解説していきます。

2-1 DNAとRNA

核酸には次の2つの種類があります。

重要★★★

DNA（デオキシリボ核酸）

RNA（リボ核酸）

そしてこの**D**と**R**にすごく大きな意味があります。DNAのDはデオキシリボ核酸のデ(D)です。RNAのRはリボ核酸のリ(R)なんです。この2つは主に**生物の遺伝**に中心的な役割を果たしています。

■ **DNA**

DNAは次の3つからできています。

重要★★★

有機塩基（アデニン，チミン，グアニン，シトシン）

五炭糖（デオキシリボース）

リン酸

これらの言葉はどうぞ知っておいてください。

有機塩基はあまり馴染みがないと思いますが，窒素をたくさん含んでいます。

図14-3はDNAの一部なんですが，窒素がいろんなところにたくさん出てます。アデニン，シトシン，チミン，グアニンと書いてありますが，この窒素を含んでいる化合物全部を，漠然と有機塩基，と呼んでいるんです。

図14-3

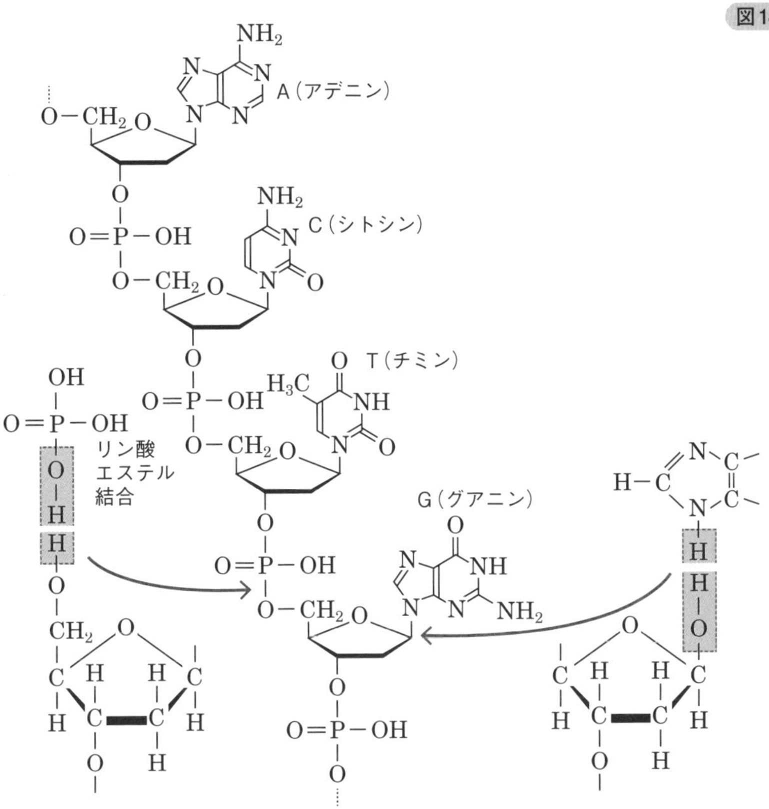

DNA の構造の一部

五炭糖は，**ペントース**ともいいます。**オース**は**糖**を表す言葉で，モノ，ジ，トリ，テトラ，ペンタの**ペンタ**にオースでペントースです。そして**デオキシリボース**という五炭糖があります。実は，**デオキシ**の**D**が，DNAのDなんですね。

あとはリン酸。有機塩基と五炭糖，リン酸の3つが一緒に結合した物質がDNAです。

■ **RNA**

RNAは次の3つからできています。

重要★★★

有機塩基（アデニン，ウラシル，グアニン，シトシン）

五炭糖（リボース）

リン酸

RNAはDNAに非常に似ています。**有機塩基**（**アデニン**，**ウラシル**，**グアニン**，**シトシン**）と**五炭糖**（**リボース**），**リン酸**なんですよ。3つともDNAとほぼ同じなんです。ただし，有機塩基のところで

重要★★★　DNAではチミン，RNAではウラシル

が異なっています。また，五炭糖の種類が

重要★★★　DNAではデオキシリボース，RNAではリボース

で異なっています。

そして，これら2つ（有機塩基と五炭糖）の違いが入試に出題されるんです。

かなりレベルの高い大学を受けられる方は，リボースの構造式は覚えておいてください。

リボースとデオキシリボースの差を見るような問題，どちらかを書かせる問題が出てきます。

図14-4

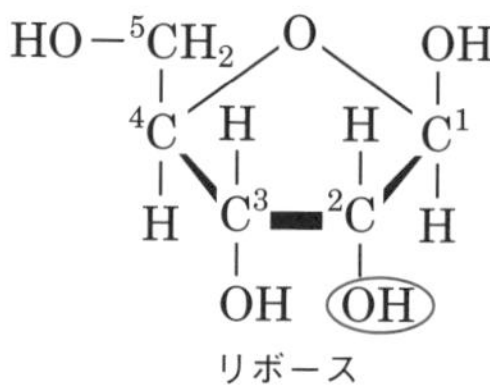

リボース

■ デオキシリボースの構造式

デオキシの**デ**は除去や否定を表す接頭語です。**オキシ**は**酸素**を表します。だから，デオキシとは酸素を除去するという意味で，**リボースの酸素が一部とれた構造**をしています。

どこからとれたか，図14-4，図14-5の赤丸のところです。リボースのOHのOが取れています。

試験で，リボースの構造式は書かれていて，デオキシリボースを書かせる問題がよく出てきますよ。

図14-5

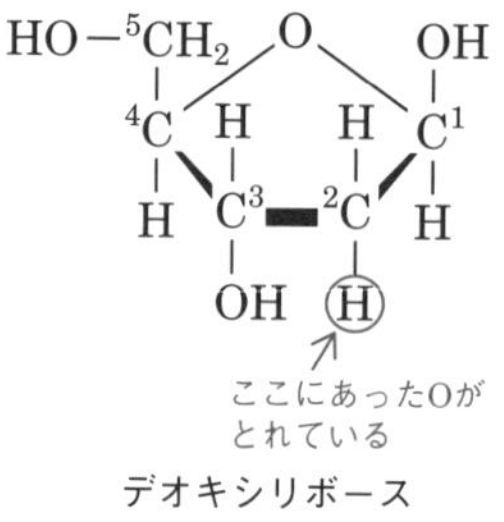

デオキシリボース

■ ヌクレオチド

DNAを○・△・□で表すと，連続 図14-6①のようになります。

○が有機塩基です。有機塩基は窒素を含んだ物質ですよ。△が五炭糖（デオキシリボース），□はリン酸です。

DNAは有機塩基，五炭糖（デオキシリボース），リン酸の3つの結合した部分が入ってるわけです。

そして，さらに□（リン酸）の上に△，その左右に□，○と出てきます。

ヌクレオチド

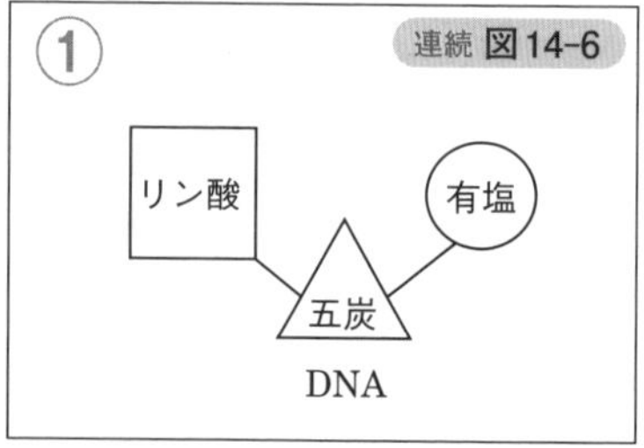

連続 図14-6 の続き

②
リン酸
有塩
五炭
DNA

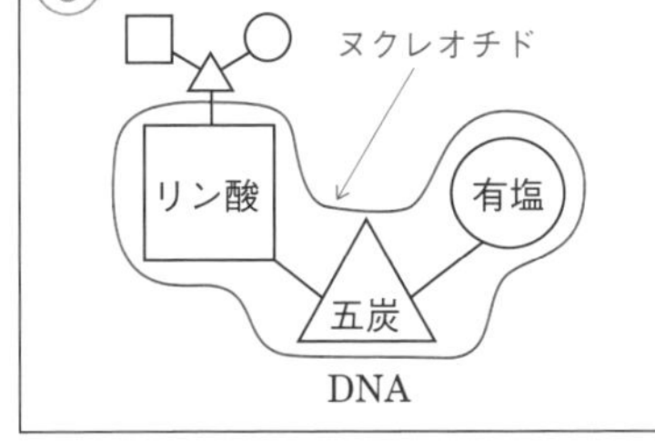

さらにまた□の上に△，その左右に□，○と，どんどん積み重なっていきまして，DNAができます 連続 図14-6②。

またヌクレオチドとは，□，△，○の3つが結びついた1セットだけの部分をいいます 連続 図14-6③。

さらに**ヌクレオチドが何個も何個も縮合重合してつながった高分子で，五炭糖がデオキシリボースならDNA，五炭糖がリボースならRNAになるんです。**

■ チミンとウラシル

核酸を構成している有機塩基は，DNAが**アデニン**，**チミン**，**グアニン**，**シトシン**で，RNAが**アデニン**，**ウラシル**，**グアニン**，**シトシン**です。

有機塩基のうち，**グアニン**，**アデニン**，**シトシンの3種類はDNAとRNAで共通**しています。そして，

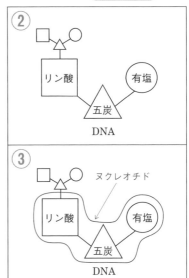

重要★★★ DNAはチミン，RNAはウラシルのみ違います。

そこが有機塩基のDNAとRNAが持ってる物質の違いとなります。

2-2 DNAの二重らせん構造

DNAのポリヌクレオチド（ヌクレオチドが何個も縮合重合してつながった高分子）鎖は，2本が対になって**二重らせん構造**を形成しており，ポリヌクレオチド鎖間では，**A（アデニン）**と**T（チミン）**が2本の水素結合で，**G（グアニン）**と**C（シトシン）**が3本の水素結合で塩基対をつくっています。このように対になる塩基どうしが決まっていることを**相補正**といいます。

ちなみにRNAには二重らせん構造はありません。

図14-7

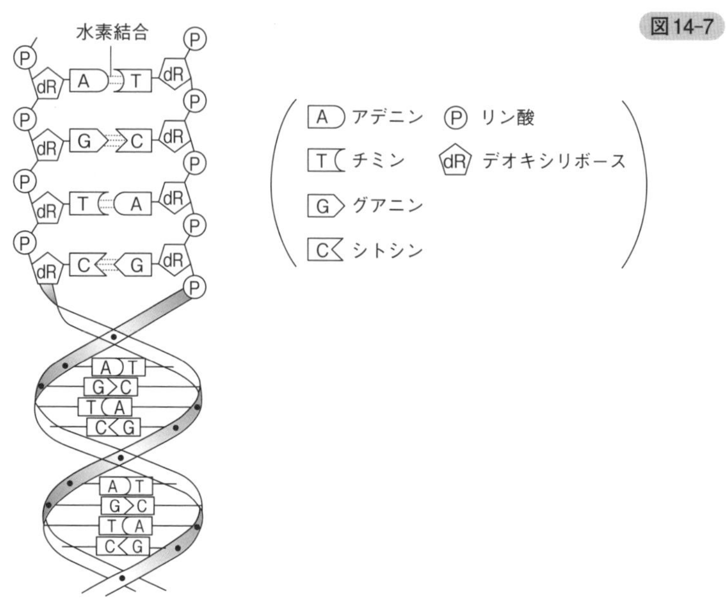

DNAの二重らせん構造

図14-8

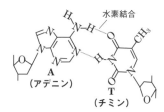

A-T（水素結合2本）

水素結合

A
（アデニン）

T
（チミン）

G-C（水素結合3本）

水素結合

G
（グアニン）

C
（シトシン）

DNAの塩基対

■ ADPとATP

ADPとATPはヌクレオチドの一種で，有機塩基のアデニンと五炭糖のリボースさらにリン酸が結合してできた物質です。

ADP（アデノシン二リン酸）のDは「モノ，ジ」の**ジ**なんです。**2つのリン酸がくっついたもの**，という意味です。Pはリン酸（phosphoric acid）を表します。

それから，**ATP（アデノシン三リン酸）のT**は**トリ**で**3つのリン酸がくっついたもの**です。

そして，次の式は軽く覚えておきましょう。

重要★

$$ATP + H_2O \longrightarrow ADP + H_3PO_4 \quad \Delta H = -30\,kJ$$

（発熱）

リン酸3分子が結び付いていたATPに水H_2Oを加えると，ADPとリン酸H_3PO_4に加水分解されます。そのときATP 1molあたりに30kJの熱が放出され生命活動のエネルギーに使われます。

この反応式は知っておかれるとよろしいと思います。

単元2 要点のまとめ①

●核酸

(1) DNAとRNA

核酸にはDNA（デオキシリボ核酸）とRNA（リボ核酸）の2つがある。ともに生物の遺伝に中心的な役割を果たしている。

① DNA

有機塩基（アデニン，チミン，グアニン，シトシン）と**五炭糖**（デオキシリボース）と**リン酸**からできている。

② RNA

有機塩基（アデニン，ウラシル，グアニン，シトシン）と五炭糖（リボース）とリン酸からできている。

(2) リボースの構造式

図14-4

HO−$^5CH_2$　O　OH

^4C　H　H　C^1

H　C^3　^2C　H

OH　OH

リボース

(3) デオキシリボースの構造式

デオキシとはオキシ（酸素）がないという意味でリボースの酸素が一部とれた構造をしている。

図14-5

HO−$^5CH_2$　O　OH

^4C　H　H　C^1

H　C^3　^2C　H

OH　H

デオキシリボース

ここにあったOがとれている

(4) ヌクレオチド

DNAやRNAの中の有機塩基（有機塩基には，窒素が含まれている）と五炭糖とリン酸が結合した部分を**ヌクレオチド**といい，それらが何個も縮合重合してつながった高分子をDNAまたはRNAという。

(5) DNAの構造の一部

図14-3

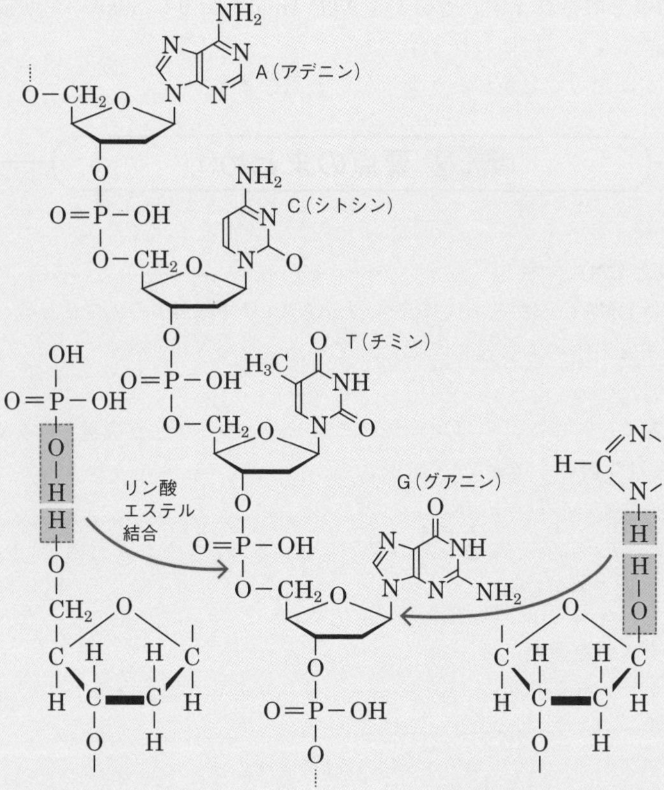

A（アデニン）

C（シトシン）

T（チミン）

G（グアニン）

リン酸エステル結合

＊糖の炭素原子と水素原子は省略

(6) DNAの二重らせん構造

DNAのポリヌクレオチド（ヌクレオチドが何個も縮合重合してつながった高分子）鎖は，2本が対になって**二重らせん構造**を形成しており，ポリヌクレオチド鎖間では，**A（アデニン）**と**T（チミン）**が2本の水素結合で，**G（グアニン）**と**C（シトシン）**が3本の水素結合で塩基対をつくっている。このように対になる塩基どうしが決まっていることを**相補性**という。

ちなみにRNAには二重らせん構造はない。

図14-7

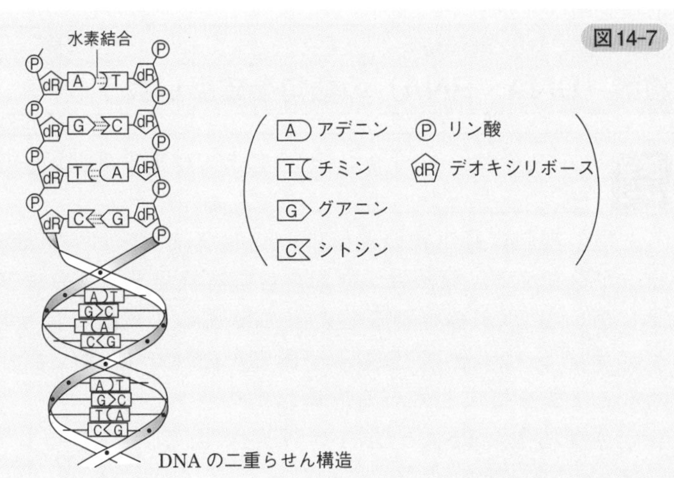

DNAの二重らせん構造

A-T（水素結合2本）　　G-C（水素結合3本）　図14-8

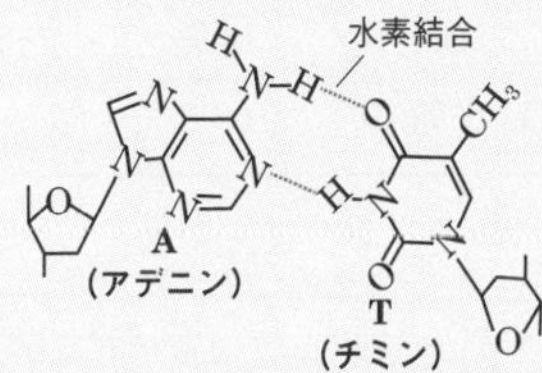

水素結合
G
（グアニン）
C
（シトシン）

DNAの塩基対

(7) ADP（アデノシン二リン酸）とATP（アデノシン三リン酸）の構造の一部（Pはリン酸（phosphoric acid）を表す）

図14-9

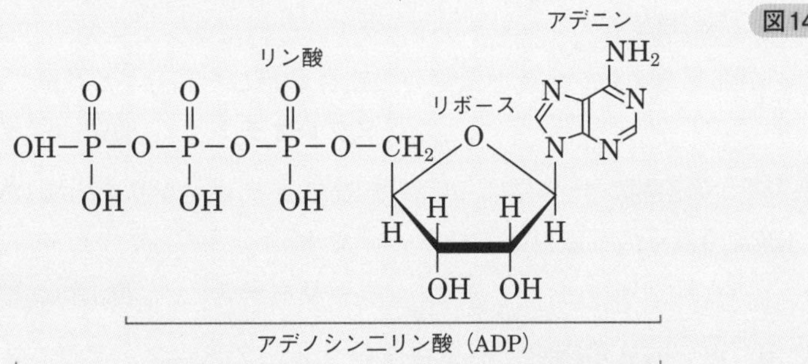

ATP 1molからリン酸分子1molがとれるとADP 1molが生じる。このとき30kJの熱量が発生し，生命活動のエネルギーに使われる。下にΔHを書き加えた化学反応式を示す。

$$ATP + H_2O \longrightarrow ADP + H_3PO_4 \quad \Delta H = -30KJ$$

（発熱）

演習問題で力をつける㊴

核酸（DNA・RNA）の語句を確認しよう！

問 次の文章の（　a　）～（　h　）にあてはまる適切な語句，物質名を答えよ。

生物の細胞には生物の遺伝に中心的な役割を示す核酸と呼ばれる高分子が存在する。核酸は，窒素を含む有機塩基，糖および（　a　）が結合した（　b　）が縮合重合したものである。核酸にはリボ核酸(RNA)とデオキシリボ核酸(DNA)がある。RNAの糖は（　c　）からなっている。核酸を構成している有機塩基のうち，グアニン，アデニン，シトシンの3種はRNAとDNAで共通である。残りの1つはRNAでは（　d　），DNAでは（　e　）である。

DNAを構成している有機塩基はグアニン，アデニン，シトシン，（　e　）の4種類であり，グアニンとシトシンは（　f　）本の（　g　）結合で，アデニンと（　e　）は（　h　）本の（　g　）結合で塩基対を形成している。

さて，解いてみましょう。

問（　a　）の解説 核酸は，有機塩基，五炭糖，および“リン酸”ですね。だからaはリン酸です。

∴　**リン酸** ……　**問（　a　）**の【答え】

問（　b　）の解説 “ヌクレオチド”です。有機塩基，五炭糖，リン酸の3つが結合した部分をヌクレオチドといい，縮合重合した高分子が核酸です。

∴　**ヌクレオチド** ……　**問（　b　）**の【答え】

問（　c　）の解説 核酸にはリボ核酸RNAとデオキシリボ核酸DNAがあります。RNAのほうの五炭糖は“リボース”です。

∴　**リボース** ……　**問（　c　）**の【答え】

問（　d　）（　e　）の解説 有機塩基のうち，グアニン，アデニン，シトシンの3種類はRNAとDNAに共通しています。

DNAではチミン，RNAでは“ウラシル”だけが違います。あとの3つは同じなんです。

よって解答は（　d　）がウラシルですね。それから（　e　）が“チミン”です。

∴　**ウラシル** ……　**問（　d　）**の【答え】

∴　**チミン** ……　**問（　e　）**の【答え】

問(f)(g)(h)の解説 G(グアニン)とC(シトシン)が“3”本の“水素”結合で，A(アデニン)とT(チミン)が“2”本の水素結合で塩基対をつくっています。

∴ 3 …… 問(f) の【答え】

∴ 水素 …… 問(g) の【答え】

∴ 2 …… 問(h) の【答え】

演習問題で力をつける㊵

塩基対の構造を理解しよう！

問 DNA中の4種類の塩基は，分子間で水素結合を形成して対となり，二重らせん構造を安定に保っている。図14-10はDNAの二重らせんの一部である。右側の塩基(赤色部分はシトシン)と水素結合を形成する左側の部分Xとして最も適当なものを，次の①から④のうちから一つ選べ。

図14-10

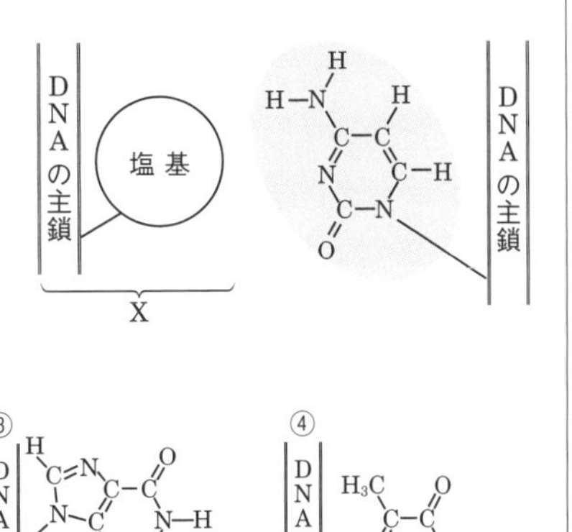

①

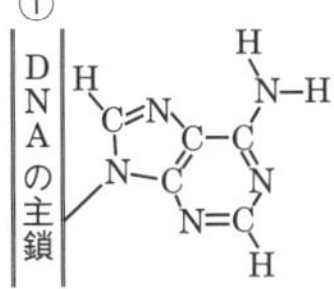

② ③ ④

(センター／改)

さて，解いてみましょう。

問の解説 「単元2 要点のまとめ①」の(6) 図14-8 (→433ページ)を参照してください。この問題のヒントは右側の塩基がシトシンであることです。相補性によりC(シトシン)とG(グアニン)が3本の水素結合を形成します。①～④との組み合わせで水素結合を3本もつのは次のページの図14-11から③です。④では2本しかもちません。よって③が解答です。

図14-11

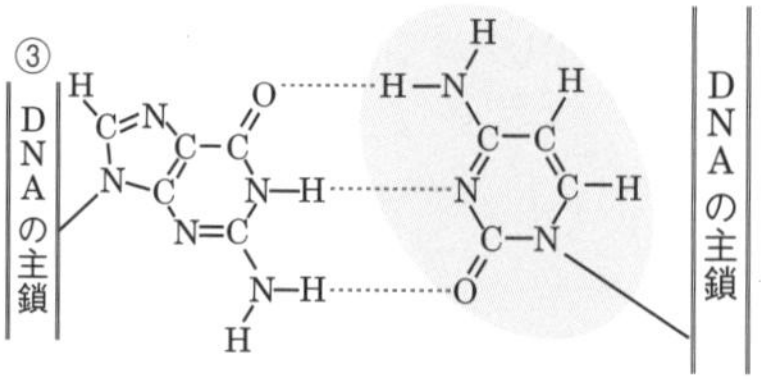

③

DNAの主鎖

DNAの主鎖

∴　③……問の【答え】

ちなみに①の塩基はA(アデニン)，②の塩基は(シトシン)，③の塩基はG(グアニン)，④の塩基はT(チミン)です。この問題は①～④の塩基の名称と構造式がわからなくても解けるようになっています。A－Tで2本の水素結合，G－Cで3本の水素結合をもつことさえ知っていれば解けるのです。

これですべて終わりです。あとはゆっくりと落ち着いて試験会場に行っていただいて，授業を思い出しながらテストを受けてきてください。良い結果を出すことを，心からお祈りいたします。

頑張ってください，ご健闘をお祈りいたします。

「岡野流 必須ポイント」「要点のまとめ」 INDEX

大事なポイント・要点が理解できたか，チェックしましょう。

「岡野流　必須ポイント」INDEX

「要点のまとめ」INDEX

「演習問題で力をつける」「例題」 INDEX

学んだことを「演習問題で力をつける」で確認しましょう。また，【例題】では，解きながら単元を学びます。

「演習問題で力をつける」INDEX

「例題」INDEX

酸化剤，還元剤のe^-を含む反応式

●酸化剤（反応前後の化学式の変化）

酸化剤は，自分自身は還元されて（酸化数が減少する），相手を酸化する（◎は最も頻出。☆は暗記すること）。

◎☆ $\mathbf{MnO_4^- \rightarrow Mn^{2+}}$

$MnO_4^- + 8H^+ + 5e^- \rightarrow Mn^{2+} + 4H_2O$

☆ **希**$\mathbf{HNO_3 \rightarrow NO}$

$HNO_3 + 3H^+ + 3e^- \rightarrow NO + 2H_2O$

☆ **濃**$\mathbf{HNO_3 \rightarrow NO_2}$

$HNO_3 + H^+ + e^- \rightarrow NO_2 + H_2O$

☆ **熱濃**$\mathbf{H_2SO_4 \rightarrow SO_2}$

$H_2SO_4 + 2H^+ + 2e^- \rightarrow SO_2 + 2H_2O$

◎☆ $\mathbf{Cr_2O_7^{2-} \rightarrow 2Cr^{3+}}$

$Cr_2O_7^{2-} + 14H^+ + 6e^- \rightarrow 2Cr^{3+} + 7H_2O$

☆ $\mathbf{SO_2 \rightarrow S}$

$SO_2 + 4H^+ + 4e^- \rightarrow S + 2H_2O$

◎☆ $\mathbf{H_2O_2 \rightarrow 2H_2O}$

$H_2O_2 + 2H^+ + 2e^- \rightarrow 2H_2O$

◎☆ $\mathbf{Cl_2 \rightarrow 2Cl^-}$

$Cl_2 + 2e^- \rightarrow 2Cl^-$

（ハロゲンはF_2，Br_2，I_2も同じ）

☆ $\mathbf{Fe^{3+} \rightarrow Fe^{2+}}$

$Fe^{3+} + e^- \rightarrow Fe^{2+}$

☆ $\mathbf{O_2 \rightarrow 2H_2O}$

$O_2 + 4H^+ + 4e^- \rightarrow 2H_2O$

☆ $\mathbf{O_3 \rightarrow O_2 + H_2O}$

$O_3 + 2H^+ + 2e^- \rightarrow O_2 + H_2O$

●還元剤（反応前後の化学式の変化）

還元剤は，自分自身は酸化されて（酸化数が増加する），相手を還元する（◎は最も頻出。☆は暗記すること）。

☆ $\mathbf{H_2S \rightarrow S}$

$H_2S \rightarrow S + 2H^+ + 2e^-$

◎☆ $\mathbf{Fe^{2+} \rightarrow Fe^{3+}}$

$Fe^{2+} \rightarrow Fe^{3+} + e^-$

◎☆ $\mathbf{H_2O_2 \rightarrow O_2}$

$H_2O_2 \rightarrow O_2 + 2H^+ + 2e^-$

☆ $\mathbf{SO_2 \rightarrow SO_4^{2-}}$

$SO_2 + 2H_2O \rightarrow SO_4^{2-} + 4H^+ + 2e^-$

◎☆ $\mathbf{H_2C_2O_4 \rightarrow 2CO_2}$

$H_2C_2O_4 \rightarrow 2CO_2 + 2H^+ + 2e^-$

☆ $\mathbf{2S_2O_3^{2-} \rightarrow S_4O_6^{2-}}$

$2S_2O_3^{2-} \rightarrow S_4O_6^{2-} + 2e^-$

◎☆ $\mathbf{2Cl^- \rightarrow Cl_2}$

（ハロゲン化物イオンはF^-，Br^-，I^-も同じ）

$2Cl^- \rightarrow Cl_2 + 2e^-$

☆ $\mathbf{H_2 \rightarrow 2H^+ + 2e^-}$

☆ $\mathbf{Na \rightarrow Na^+ + e^-}$

（他の金属も同じ）

主な官能基

特性基	記号	性質	例
アルキル基	$-C_nH_{2n+1}$ (R－で表すこともある)	電子供与性	$-C_2H_5$ エチル基 $-C_3H_7$ プロピル基
フェニル基	$-C_6H_5$	電子吸引性	⌬$-CH=CH_2$ スチレン
エーテル結合	$(C)-O-(C)$	中性	CH_3OCH_3 ジメチルエーテル
ヒドロキシ基	$-OH$		
アルコール性		中性	CH_3OH メタノール
フェノール性		弱酸性	⌬$-OH$ フェノール
カルボキシ基※	$-C{\lt}^{O}_{OH}$	酸性	CH_3COOH 酢酸
アミノ基	$-NH_2$	塩基性	⌬$-NH_2$ アニリン
アミド結合	$-\underset{\underset{O}{\Vert}}{C}-\underset{\underset{H}{\vert}}{N}-$	加水分解する	⌬$-NHCOCH_3$ アセトアニリド
アゾ基 (またはアゾ結合)	$-N=N-$	カップリング反応で生成	⌬$-N=N-$⌬$-OH$ 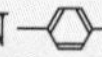 *p*-ヒドロキシアゾベンゼン
ジアゾ基	$-N^+\equiv N$	不安定。カップリング反応をする	⌬$-N^+\equiv N\ Cl^-$ 塩化ベンゼンジアゾニウム
エチレン結合	$>C=C<$	付加反応しやすい	$CH_2=CH_2$ エチレン
アセチレン結合	$-C\equiv C-$	付加反応しやすい	$CH\equiv CH$ アセチレン
アセチル基	CH_3CO-		 ⌬(OCOCH$_3$)(COOH) アセチルサリチル酸
メチレン基	$-CH_2-$		$H_2N-(CH_2)_6-NH_2$ ヘキサメチレンジアミン
酸無水物の結合	$-C(=O)-O-C(=O)-$	水と反応すると酸になる	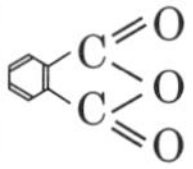 ⌬(C=O)(C=O)O 無水フタル酸
スルホ基	$-SO_3H$	強酸性	⌬$-SO_3H$ ベンゼンスルホン酸
ニトロ基	$-NO_2$	中性。還元すると$-NH_2$になる	⌬$-NO_2$ ニトロベンゼン
カルボニル基	$>C=O$	中性	$(NH_2)_2CO$ 尿素 CH_3COCH_3 アセトン
ホルミル基※	$-C{\lt}^{O}_{H}$	中性。 還元性がある	CH_3CHO アセトアルデヒド
エステル結合※	$-C{\lt}^{O}_{O-}$	加水分解によりカルボン酸とアルコールに分解	$CH_3COOC_2H_5$ 酢酸エチル
ビニル基	$CH_2=CH-$	付加重合する	$CH_2=CHCl$ 塩化ビニル

※カルボキシ基，ホルミル基，エステル結合に含まれる$-\underset{\underset{O}{\Vert}}{C}-$もカルボニル基とよぶことがある。

C_7H_{16}の構造異性体の構造式と名称

C_7H_{16}の分子式をもつ化合物には全部で9種類の構造異性体があります。以下に異性体の構造式9個を示します。ただし，Hは省略しています。
この9個がすらすらつくれるようになれば，有機化学分野は飛躍的に伸びます。自分でも書いてみましょう。

```
 |  |  |  |  |  |  |
-C－C－C－C－C－C－C-
 |  |  |  |  |  |  |
```

ヘプタン

```
 |  |  |  |  |  |
-C－C－C－C－C－C-
 |  |  |  |  |  |
            -C-
             |
```

2-メチルヘキサン

```
 |  |  |  |  |  |
-C－C－C－C－C－C-
 |  |  |  |  |  |
         -C-
          |
```

3-メチルヘキサン

```
          |
         -C-
 |  |  |  |  |
-C－C－C－C－C-
 |  |  |  |  |
         -C-
          |
```

2,2-ジメチルペンタン

```
       |
      -C-
 |  |  |  |  |
-C－C－C－C－C-
 |  |  |  |  |
      -C-
       |
```

3,3-ジメチルペンタン

```
 |  |  |     |  |
-C－C－C─────C－C-
 |  |  |     |  |
      -C-   -C-
       |     |
```

2,3-ジメチルペンタン

```
 |  |  |  |  |
-C－C－C－C－C-
 |  |  |  |  |
   -C-   -C-
    |     |
```

2,4-ジメチルペンタン

```
 |  |  |  |  |
-C－C－C－C－C-
 |  |  |  |  |
      -C-
       |
      -C-
       |
```

3-エチルペンタン

```
            |
           -C-
 |  |       |  |
-C－C───────C－C-
 |  |       |  |
   -C-     -C-
    |       |
```

2,2,3-トリメチルブタン

索引

タ行

■ナ行

■ハ行

マ行・ヤ行

ラ行・ワ行

岡野雅司先生からの役立つアドバイス

化学は計算と暗記をバランスよく勉強しよう！

化学は計算する分野と，理解して覚える分野とで，バランスよく成り立っています。覚えることが苦手な人は，計算分野でカバーし，逆に「覚えるのは得意だけど計算は苦手だ」という人は暗記で点を稼ぐということができます。

「理論化学」「無機化学」「有機化学」のうち，理論化学が，いわゆる計算分野です。理論化学では，計算の対象となるものの量的な関係をつかむことがポイントになります。

一方，無機化学，有機化学は比較的覚える内容が多い分野ですから，勉強した分だけ得点につながっていきます。

これら３分野をバランスよく学習していくことが，化学で高得点をとるための秘訣といえるでしょう。

私の本書の授業では，化学が苦手な人でも充分理解できるように，基本を大切に，ていねいに説明しています。化学が得意な人は予習中心で（どんどん進んでも）いいのですが，初歩の人や苦手な人は，復習中心で学習していきましょう。

無理のない理解で，最終的には入試化学の合格点以上のものを目指していきます。

無機化学，有機化学は岡野流を役立てよう！

無機化学，有機化学は，覚える内容を絞って，体系立てて，納得しながら覚えるようにします。覚える量をできるだけ少なくしたい人は，ぜひ岡野流を役立ててください。

理論化学は計算分野ですので，気を抜くと，すぐに力が落ちてしまいます。継続的に練習しておくことが大切です。どれだけ正確に解けるかは，復習量がモノをいいます。量的な関係を理解し，化学の本質をつかむようにしましょう。

復習で問題を解くときは，ノートを見ながらではなく，自分の力だけで解くことが大切です。ノートを見て，何となくわかった気になっているだけではダメ。自分の力でスラスラできるくらいまで何回も最低5回はやりこみましょう。

まんべんなく，好き嫌いなく復習をして自信をつけたら，過去問に取り組みます。その際，本番のつもりで時間を計りながら解いてください。間違ったところが自分の弱点ですから，今まで自分がやってきたもの（ノート，テキスト，参考書など）で再復習をするといいでしょう。

入試では，とれて当たり前の問題を，確実にとれることが大切です。難問で合否が決まることはまずないと考えていいです。私といっしょに，最後までがんばっていきましょう！

最重要化学公式一覧

公式 1　質量数＝陽子数＋中性子数　（陽子数＝原子番号）

公式 2　原子量＝（各同位体の相対質量×存在比）の総和

公式 3　$n = \dfrac{w}{M}$

（n：原子または分子の物質量（mol）
w：質量（g）
M：原子量または分子量または式量（原子量を用いるときは単原子分子扱いのもの，あるいは原子の物質量（mol）を求めたいとき））

$n = \dfrac{V}{22.4}$

（n：気体の物質量（mol）
V：標準状態（0℃，1.013×10^5Pa）における気体のL数）

$n = \dfrac{a}{6.02 \times 10^{23}}$

（n：原子または分子の物質量（mol）
a：原子または分子の個数）

公式 4　質量パーセント濃度（%）＝ $\dfrac{溶質のg数}{溶液のg数} \times 100$

公式 5　モル濃度（mol/L）＝ $\dfrac{溶質の物質量（mol）}{溶液のL数}$

質量モル濃度（mol/kg）＝ $\dfrac{溶質の物質量（mol）}{溶媒のkg数}$

公式 6　$K_w = [H^+] \times [OH^-] = 1.0 \times 10^{-14}$ $(mol/L)^2$　（水のイオン積）

$[H^+]$は，水素イオン濃度を表し，単位はmol/Lである。
$[OH^-]$は，水酸化物イオン濃度を表し，単位はmol/Lである。

公式 7　$[H^+]$または$[OH^-] = CZ\alpha$

（C：酸または塩基のモル濃度
Z：酸または塩基の価数
α：電離度）

公式 8　溶質の物質量（mol）＝ $\dfrac{CV}{1000}$（mol）

（C：モル濃度
V：溶液のmL数）

公式 9　$pH = -\log_{10}[H^+] \Longrightarrow [H^+] = 10^{-pH}$

$[H^+]$は，水素イオン濃度を表し，単位はmol/Lである。

公式 10　$pOH = -\log_{10}[OH^-]$

$[OH^-]$は，水酸化物イオン濃度を表し，単位はmol/Lである。

公式 11　$pH + pOH = 14$

公式 12　電気量＝it　クーロン（C）　（i：電流　アンペア　t：秒）

1mol（6.02×10^{23}個）の電子（e^-）がもつ電気量は9.65×10^4（C）である。

流れる電子（e^-）の物質量＝ $\dfrac{it}{9.65 \times 10^4}$（mol）

公式 13　$\dfrac{PV}{T} = \dfrac{P'V'}{T'}$……（ボイル・シャルルの法則）

PとVについてはそれぞれ両辺で同じ単位を用いなければいけない。

（P, P'：気体の圧力 Pa，hPa，kPa，mmHg
V, V'：気体の体積 L，mL，cm^3
T, T'：絶対温度（273＋t℃）K）

公式 14　$PV = nRT$あるいは$PV = \dfrac{w}{M}RT$（気体の状態方程式）

（P：気体の圧力（Pa）（単位は指定されている）
V：気体の体積（L）（単位は指定されている）
n：気体の物質量（mol）　R：気体定数8.31×10^3 Pa·L/（K·mol）
T：絶対温度（273＋t℃）K　w：気体の質量（g）
M：気体の原子量または分子量）

公式 15　$P_{(全圧)} = P_A + P_B + P_C$……（ドルトンの分圧の法則）

混合気体の全圧は，各成分気体の分圧の和に等しい。

全圧を$P_{(全圧)}$，成分気体A，B，C……の分圧をP_A，P_B，P_C……とする。

公式 16　分圧＝全圧×モル分率

公式 17　モル分率＝$\dfrac{成分気体の物質量(mol)}{混合気体の全物質量(mol)} = \dfrac{成分気体の体積}{混合気体の体積}$（ただし同温同圧のとき）

$= \dfrac{成分気体の分圧}{混合気体の全圧}$（ただし同温同体積のとき）

公式 18　$\Delta t = k \cdot m$

（Δt：沸点上昇度または凝固点降下度
k：モル沸点上昇またはモル凝固点降下
m：溶質粒子合計の質量モル濃度）

公式 19　$\pi V = nRT$あるいは$\pi V = \dfrac{w}{M}RT$（浸透圧を表す式）

（π：浸透圧（Pa）　（単位は指定されている）
V：溶液の体積（L）（単位は指定されている）
n：溶質の物質量（mol）　T：絶対温度（273＋t℃）K
R：気体定数8.31×10^3 Pa·L/（K·mol）
M：溶質の分子量　w：溶質の質量（g））

公式 20　化学平衡の法則　$K = \dfrac{[C]^c[D]^d}{[A]^a[B]^b}$　［ ］はモル濃度〔mol/L〕を表す。

可逆反応　aA＋bB ⇄ cC＋dD（a, b, c, dは係数）が平衡状態にあるとき，上式が成り立つ。

K：平衡定数。温度が一定ならば，平衡定数も一定値を示す。

公式 21　$K_P = \dfrac{(P_C)^c(P_D)^d}{(P_A)^a(P_B)^b}$

K_P：圧平衡定数。P_A，P_B，P_C，P_Dは各成分気体の分圧を表す。温度が一定ならば，圧平衡定数も一定である。

イオンの価数の一覧表

イオン式と名称		価数	イオン式と名称		価数	イオン式と名称		価数
H^+	水素イオン	1	NH_4^+	アンモニウムイオン	1	CO_3^{2-}	炭酸イオン	2
Na^+	ナトリウムイオン	1	F^-	フッ化物イオン	1	$H_2PO_4^-$	リン酸二水素イオン	1
Ag^+	銀イオン	1	Cl^-	塩化物イオン	1	HPO_4^{2-}	リン酸一水素イオン	2
K^+	カリウムイオン	1	Br^-	臭化物イオン	1	PO_4^{3-}	リン酸イオン	3
Pb^{2+}	鉛イオン	2	I^-	ヨウ化物イオン	1	MnO_4^-	過マンガン酸イオン	1
Ba^{2+}	バリウムイオン	2	O^{2-}	酸化物イオン	2	CrO_4^{2-}	クロム酸イオン	2
Ca^{2+}	カルシウムイオン	2	S^{2-}	硫化物イオン	2	$Cr_2O_7^{2-}$	ニクロム酸イオン	2
Zn^{2+}	亜鉛イオン	2	CN^-	シアン化物イオン	1	ClO_4^-	過塩素酸イオン	1
Mg^{2+}	マグネシウムイオン	2	NO_3^-	硝酸イオン	1	ClO_3^-	塩素酸イオン	1
Al^{3+}	アルミニウムイオン	3	OH^-	水酸化物イオン	1	ClO_2^-	亜塩素酸イオン	1
Cu^+	銅(Ⅰ)イオン	1	CH_3COO^-	酢酸イオン	1	ClO^-	次亜塩素酸イオン	1
Cu^{2+}	銅(Ⅱ)イオン	2	HSO_4^-	硫酸水素イオン	1	SCN^-	チオシアン酸イオン	1
Fe^{2+}	鉄(Ⅱ)イオン	2	SO_4^{2-}	硫酸イオン	2	$S_2O_3^{2-}$	チオ硫酸イオン	2
Fe^{3+}	鉄(Ⅲ)イオン	3	HCO_3^-	炭酸水素イオン	1	$C_2O_4^{2-}$	シュウ酸イオン	2

金属のイオン化傾向について

金属のイオン化列をゴロで覚えよう

(大) Li	K	Ca	Na	Mg	Al	Zn	Fe	Ni	Sn	Pb	(H_2)	Cu	Hg	Ag	Pt	Au (小)
リッチニ	カソウ	カ	ナ	マ	ア	ア	テ	ニ	スン	ナ	ヒ	ド	ス	ギル	ハク(借)	キン

金属のイオン化列と化学的性質

イオン化傾向が大きい金属は酸化されやすく，反応性に富んでいる。逆に，イオン化傾向の小さい金属は不活発で安定である。その関係を酸素・水・酸についてまとめると，次表のようになる。

金属の酸素・水・酸に対する反応性の一覧表

<table>
<tr><th colspan="2">金属のイオン化列</th><th>Li</th><th>K</th><th>Ca</th><th>Na</th><th>Mg</th><th>Al</th><th>Zn</th><th>Fe</th><th>Ni</th><th>Sn</th><th>Pb</th><th>(H_2)</th><th>Cu</th><th>Hg</th><th>Ag</th><th>Pt</th><th>Au</th></tr>
<tr><td rowspan="2">空気中での酸化</td><td>常温</td><td colspan="4">内部まで酸化</td><td colspan="9">表面が酸化</td><td colspan="4">酸化されない</td></tr>
<tr><td>高温</td><td colspan="5">燃焼し酸化物になる</td><td colspan="9">強熱により酸化物になる</td><td colspan="3">酸化されない</td></tr>
<tr><td colspan="2">水との反応</td><td colspan="4">常温ではげしく反応</td><td>熱水と反応</td><td colspan="3">高温で水蒸気と反応</td><td colspan="7">反応しない</td></tr>
<tr><td colspan="2">酸との反応</td><td colspan="8">希塩酸，希硫酸など，うすい酸と反応し水素を発生する</td><td></td><td></td><td colspan="3">酸化作用の強い酸と反応</td><td colspan="2">※王水と反応</td></tr>
</table>

※濃硝酸と濃塩酸を体積比 1:3 で混合した溶液（「1 升 3 円」と覚える）

Pbは塩酸とは$PbCl_2$となり，硫酸とは$PbSO_4$となって沈殿するので，それ以上は反応しなくなる。

（酸化作用の強い酸）熱濃硫酸　濃硝酸　希硝酸

不動態

濃硝酸によって金属の表面にち密な酸化被膜ができる。この酸化被膜ができることで反応が進まなくなる。このような状態を不動態という（希硝酸では起こらない）。不動態をつくる金属には Al，Fe，Ni などがある。それらの金属の覚え方を下に示す。

覚え方

Al，	Fe，	Ni			
あ	て	に	できない	不動（不動態）	産

カバー	● 小野貴司（やるやる屋本舗）
カバー写真	● 有限会社写真館ウサミ
本文制作	● BUCH⁺
本文イラスト	● ふじたきりん、村上雪、吉田博通（ワイワイデザインスタジオ）
編集協力	● 岡野絵里

岡野（おかの）の化学（かがく）が
初歩（しょほ）からしっかり身（み）につく
「無機化学（むきかがく）」「有機化学（ゆうきかがく）」

2023年11月22日　初版　第1刷発行

著　者　岡野雅司（おかのまさし）
発行者　片岡 巌
発行所　株式会社技術評論社
東京都新宿区市谷左内町21-13
電話　03-3513-6150 販売促進部
03-3267-2270 書籍編集部
印刷・製本　株式会社加藤文明社

ISBN978-4-297-13775-5 C7043
Printed in Japan

●本書に関する最新情報は、技術評論社ホームページ（http://gihyo.jp/）をご覧ください。

●本書へのご意見、ご感想は、技術評論社ホームページ（http://gihyo.jp/）または以下の宛先へ書面にてお受けしております。電話でのお問い合わせにはお答えいたしかねますので、あらかじめご了承ください。

〒162-0846
東京都新宿区市谷左内町21−13
株式会社技術評論社書籍編集部
『岡野の化学が
初歩からしっかり身につく
「無機化学」「有機化学」』係
FAX：03-3267-2271